COURS

DE

GÉOMÉTRIE DESCRIPTIVE

DE

L'ÉCOLE POLYTECHNIQUE.

ΑΕΙ Ο ΘΕΟΣ ΓΕΩΜΕΤΡΕΙ

COURS

DE

GÉOMÉTRIE DESCRIPTIVE

DE

L'ÉCOLE POLYTECHNIQUE,

COMPRENANT LES

ÉLÉMENTS DE LA GÉOMÉTRIE CINÉMATIQUE,

PAR A. MANNHEIM,

COLONEL D'ARTILLERIE, PROFESSEUR A L'ÉCOLE POLYTECHNIQUE.

Illustré de 256 figures dans le texte.

DEUXIÈME ÉDITION.

PARIS,

GAUTHIER-VILLARS, IMPRIMEUR-LIBRAIRE

DU BUREAU DES LONGITUDES, DE L'ÉCOLE POLYTECHNIQUE,

SUCCESSEUR DE MALLET-BACHELIER,

Quai des Grands-Augustins, 55.

1886

AVERTISSEMENT.

Depuis la première Édition de cet Ouvrage, j'ai publié en 1882, dans les *Nouvelles Annales de Mathématiques*, deux articles [1] relatifs à l'enseignement de la Géométrie descriptive.

J'ai proposé d'introduire dans les Éléments les procédés pratiques employés par les Ingénieurs : les plans de projection, et par suite la ligne de terre, n'interviennent que par leurs directions. Ce système a été immédiatement adopté dans plusieurs lycées de Paris, en Russie, en Belgique, en Portugal, etc., et je l'ai naturellement suivi dans cette nouvelle Édition.

Le plan général de mon Cours ressort clairement de la Table des matières. La *Géométrie cinématique* [2] est exposée

---

(1) Ces articles ont été réunis dans une brochure intitulée : *Premiers éléments de la Géométrie descriptive*. Cette brochure a été traduite en langue russe par M. le professeur Liguine, de l'Université d'Odessa.

(2) Lorsqu'a paru la première Édition de cet Ouvrage, M. Resal a inséré dans les *Comptes rendus de l'Académie des Sciences* une *Note sur les différentes branches de la Cinématique*, dont je citerai ce passage : « M. Mannheim, par » de nomrebuses et intéressantes applications, a montré que l'emploi des pro- » positions élémentaires de la Géométrie cinématique constitue une méthode » nouvelle d'une véritable originalité.

» La Géométrie cinématique de M. Mannheim n'est pas simplement la par- » tie géométrique de la Cinématique telle qu'on l'étudiait jusqu'ici. Elle consi- » dère en outre les figures mobiles de formes variables, comprend aussi la » recherche des propriétés relatives aux figures de forme invariable pour les- » quelles le déplacement n'est pas absolument défini....

» Comme dans cette courte Note je n'ai eu pour objet que de fixer quelques » définitions, je n'insiste pas sur la valeur du Livre de M. Mannheim. Qu'il me » soit pourtant permis de dire que, à mon point de vue, ce beau Travail établit » un point de repère important dans l'histoire de la Science. »

en plusieurs Parties donnant lieu chacune à un certain nombre d'applications. C'est ainsi, par exemple, qu'après avoir étudié le déplacement d'un plan dans l'espace, j'arrive à construire la normale à la surface de l'onde et, par suite, je trouve les points coniques et les plans tangents singuliers de cette surface.

On doit remarquer que j'ai conservé à la *Géométrie cinématique* le rôle prépondérant que je lui avais donné et qui m'avait permis, avantage très précieux, d'apporter l'*unité de méthode dans les démonstrations*.

Cette Édition contient de nouvelles applications de *Géométrie cinématique* extraites, comme presque tous les *Suppléments*, de mes travaux personnels; elle renferme en outre des modifications nombreuses et d'importantes additions.

Ainsi, j'ai ajouté l'étude du conoïde de Plücker, cette surface du troisième ordre si utile dans la théorie des déplacements d'une figure assujettie à quatre conditions; j'ai introduit dans la théorie de la courbure des surfaces le point que j'ai appelé *point représentatif* d'un élément de surface réglée, dont le premier j'ai fait usage, et qui m'a permis d'exposer très simplement cette théorie. Etc.

Comme on le voit par le titre de mon Cours, les leçons proprement dites comprennent les *Éléments de la Géométrie cinématique;* mais ce Livre, dans son ensemble, peut tenir lieu d'un Ouvrage spécial de *Géométrie cinématique,* grâce à ses nombreux *Suppléments* et aux indications bibliographiques qui sont données lorsque les questions traitées, ou à étudier, auraient exigé trop de développements.

PRÉFACE DE LA PREMIÈRE ÉDITION.

Après quinze années de professorat, pendant lesquelles je me suis efforcé sans cesse d'améliorer et de compléter mon enseignement, je me décide à publier ce Livre.

Il contient les Leçons que j'ai faites à l'École Polytechnique pendant l'hiver 1878-1879.

En les reproduisant pour ainsi dire sans modification, j'ai l'espoir de leur laisser une forme plus vivante que si j'avais recherché une rédaction concise.

On sait que les élèves admis à l'École Polytechnique sont déjà familiarisés avec les Éléments de la Géométrie descriptive. Il est donc nécessaire de posséder ces Éléments en commençant la lecture de cet Ouvrage; de même que, pour la suite, il faut se reporter aux notions que les élèves acquièrent dans le Cours d'Analyse.

Cet Ouvrage est divisé en deux Parties.

La première contient l'étude des différents modes employés pour la représentation des corps. Ceux-ci sont supposés terminés par les surfaces les plus simples, c'est-à-dire les surfaces planes, cylindriques, coniques, sphériques ou les surfaces du second ordre.

Après une Leçon sur les ombres et une autre sur les projections cotées, commence l'étude des différentes perspectives.

J'ai conservé sans aucun changement le *trait de perspective* que M. de la Gournerie, auquel j'ai eu l'honneur de succéder à l'École, avait adopté pour la perspective conique et qu'il a exposé dans son excellent *Traité de Perspective linéaire* (1).

Pour profiter de cette première Partie du Cours, une simple lecture ne saurait suffire : il est indispensable d'y joindre le tracé de nombreuses épures.

Les surfaces que l'on rencontre le plus fréquemment dans la pratique, telles que les surfaces réglées, les surfaces de révolution et les surfaces hélicoïdales, sont traitées dans la deuxième Partie.

C'est aussi dans cette deuxième Partie que se trouvent les éléments de la *Géométrie cinématique,* exposés didactiquement pour la première fois.

Voici comment j'ai été amené à entrer dans cette voie nouvelle.

En 1867, le Conseil de perfectionnement de l'École Polytechnique, sur la proposition éclairée et libérale du général Favé, qui commandait alors l'École, accorda aux professeurs la faculté de modifier leur enseignement.

Profitant de cette latitude, j'ai commencé, dès cette époque, à faire usage de plusieurs propriétés relatives aux déplacements des figures; j'en ai successivement ajouté d'autres.

---

(1) Je saisis cette occasion pour exprimer publiquement toute ma gratitude à M. de la Gournerie, qui, avec la plus grande bienveillance, m'a beaucoup aidé au début de mon enseignement en voulant bien me communiquer ses programmes détaillés et ses notes.

Ce sont des propriétés de cette nature que j'ai groupées dans mon Cours sous le nom de *Géométrie cinématique*.

Dans des Mémoires divers et de nombreuses Notes, présentés à l'Académie des Sciences, j'avais préparé, depuis longtemps, les matériaux de cette branche particulière de la Géométrie. La plupart de ces travaux sont coordonnés dans cet Ouvrage; ainsi réunis ils forment, à proprement parler, un corps de doctrine.

Tandis que la *Cinématique* a pour objet l'étude du mouvement indépendamment des forces, la *Géométrie cinématique* a pour objet l'étude du mouvement indépendamment des forces et *du temps* (1).

Il s'agit bien là du déplacement des figures et non du mouvement tel qu'il est considéré en Mécanique, car à ce dernier point de vue « ... il n'y a réellement *mouvement* que

---

(1) Qu'on me permette de rappeler les noms de trois illustres géomètres français que j'aime à citer :

AMPÈRE, qui a distingué dans la Mécanique la branche particulière qu'il a nommée *Cinématique;*

PONCELET, qui a créé magistralement l'Enseignement de la Cinématique à la Sorbonne en 1838;

M. CHASLES, dont les beaux travaux de Géométrie ont notablement contribué aux progrès de la Cinématique.

Grâce à ces maîtres, cette branche de la Science est maintenant universellement étudiée, des chaires spéciales ont été fondées, de nombreux Ouvrages ont été publiés. Parmi ceux-ci je me borne à signaler l'important *Traité de Cinématique pure* de M. RESAL.

A son tour la *Géométrie cinématique* (*) doit être séparée de la Cinématique proprement dite, et un bel avenir me semble aussi lui être réservé.

(*) « Non seulement les questions du déplacement d'une figure sur le plan ou dans l'espace se rattachent à la Cinématique...., mais elles forment même les éléments naturels de cette partie de la Mécanique. » (CHASLES, *Comptes rendus des séances de l'Académie des Sciences*, t. LI, p. 855.)

» quand, l'idée du temps pendant lequel a lieu le déplace-
» ment étant jointe à celle du déplacement lui-même, il en
» résulte la notion de vitesse plus ou moins grande avec
» laquelle il s'opère... [1] ».

En employant d'une manière systématique des propriétés qui concernent les déplacements des figures, comme procédé très simple de démonstration, je suis arrivé à constituer une nouvelle méthode géométrique au moyen de laquelle j'ai pu résoudre des problèmes jusqu'ici réservés à l'Analyse infinitésimale.

Ces propriétés, d'ailleurs intéressantes en elles-mêmes, et qui sont d'une application immédiate en *Mécanique,* m'ont également permis de faire une *Leçon d'Optique géométrique.* J'ai ainsi cherché à réunir tout ce qui, dans les Cours de Mécanique et de Physique, est relatif à la Géométrie; car ce n'est que par une liaison bien entendue des différents Cours de l'École que l'enseignement général de cette grande Institution peut présenter une certaine unité.

Les Applications de la Géométrie cinématique à la Géométrie descriptive concernent le raccordement des surfaces réglées, la théorie de la courbure des surfaces, l'étude des surfaces de vis à filet triangulaire ou carré et enfin certains problèmes relatifs aux surfaces réglées générales.

Toutes ces Applications, ainsi que celles dont il est question plus loin, sont le fruit de mes recherches personnelles ; elles sont présentées dans cet Ouvrage sous une forme appropriée à l'enseignement.

J'ai ajouté à plusieurs Leçons des Suppléments qui ren-

---

[1] AMPÈRE, *Essai sur la philosophie des Sciences,* p. 69.

ferment quelques développements relatifs à la théorie des surfaces et montrent l'utilité des surfaces que j'ai appelées *normalies*.

Dans d'autres Suppléments, j'ai donné diverses Applications de Géométrie cinématique, afin de faire mieux connaître et de propager une méthode féconde qui me semble digne de l'attention des géomètres.

La dernière Leçon est consacrée aux surfaces topographiques et à leur emploi pour la représentation des Tables.

Tout en me conformant au dernier programme arrêté par le Conseil de perfectionnement, j'ai donc agrandi ma tâche, et mon Cours comprend non seulement l'*Art du trait,* mais tout l'*Enseignement géométrique* de l'École.

La partie théorique est ainsi plus développée; mais je me suis rappelé ce que disait l'illustre Lamé en 1840 dans la Préface de la deuxième édition de son *Cours de Physique* :
« Les études suivies à l'École Polytechnique sont loin d'être
» uniquement destinées à faire connaître une suite de cal-
» culs, de formules, de figures, de phénomènes physiques
» et chimiques. Leur utilité principale est d'exercer cette
» faculté de l'intelligence à laquelle on donne le nom de
» *raisonnement*. »

TABLE DES MATIÈRES.

PREMIÈRE PARTIE.

ÉTUDE DES DIFFÉRENTS MODES DE REPRÉSENTATION DES CORPS.

OMBRES SUR LES FIGURES GÉOMÉTRALES.

PROJECTIONS COTÉES.

PERSPECTIVE LINÉAIRE CONIQUE.

---

[1] *Voir*, p. XVIII, la Table des Matières contenues dans les Suppléments.

SECONDE PARTIE.

COURBES ET SURFACES,

COMPLÉMENT THÉORIQUE ET APPLICATIONS.

COURBES PLANES.

GÉOMÉTRIE CINÉMATIQUE.

COURBES GAUCHES.

SURFACES ENVELOPPES. — SURFACES RÉGLÉES.

GÉOMÉTRIE CINÉMATIQUE (suite).

APPLICATIONS DE GÉOMÉTRIE CINÉMATIQUE.

GÉOMÉTRIE CINÉMATIQUE (suite).

APPLICATIONS DE GÉOMÉTRIE CINÉMATIQUE.

APPLICATIONS DE LA THÉORIE DE LA COURBURE DES SURFACES.

GÉOMÉTRIE CINÉMATIQUE (fin).

APPLICATIONS DE GÉOMÉTRIE CINÉMATIQUE.

SURFACES DÉVELOPPABLES.

SURFACES GAUCHES.

TABLE DES MATIÈRES

CONTENUES DANS LES SUPPLÉMENTS AUX LEÇONS.

(¹) Les titres en italiques sont ceux des Suppléments relatifs à la Géométrie cinématique.

COURS

DE

GÉOMÉTRIE DESCRIPTIVE.

PREMIÈRE PARTIE.

ÉTUDE DES DIFFÉRENTS MODES DE REPRÉSENTATION DES CORPS.

PREMIÈRE LEÇON.

OMBRES SUR LES FIGURES GÉOMÉTRALES.

Définitions relatives aux dessins d'Architecture ou de Machines. — Définitions relatives aux ombres. — Nature de la ligne de séparation d'ombre et de lumière pour les surfaces les plus simples. — Méthodes générales pour la détermination des ombres : — méthode des plans sécants, — méthode des plans tangents, — méthode des projections obliques. — Points brillants.

Définitions relatives aux dessins d'Architecture ou de Machines. — Les différentes projections orthogonales employées pour les dessins d'Architecture ou de Machines prennent des noms particuliers que nous allons définir.

On donne le nom d'*élévation* à la projection d'une façade d'un édifice sur un plan vertical parallèle aux arêtes horizontales de cette façade.

L'ensemble de la section faite par un plan horizontal, situé à une certaine hauteur au-dessus du sol d'un étage d'un édifice, et de la projection sur ce plan des objets placés au-dessous de lui porte le nom de *plan*. Pour l'indication complète de la disposition intérieure de l'édifice, on fait autant de plans qu'il y a d'étages.

La section par un plan vertical, mené perpendiculairement à la direction des grandes arêtes horizontales d'une des façades, est appelée *coupe*. On distingue les coupes longitudinales et les coupes transversales, et l'on a soin, comme pour le *plan*, de projeter sur le plan sécant les objets placés derrière ce plan relativement au spectateur.

Lorsqu'il s'agit du dessin des Machines, on a encore des *élévations* et un *plan*, mais le *plan* est une projection horizontale de l'ensemble de la machine; le plan sur lequel on projette n'est pas un plan sécant. Les plans, les élévations et les coupes portent le nom de *figures géométrales*.

Si l'on veut compléter le tracé linéaire de manière à le transformer en une figure faisant image, on ajoute des *teintes* et des *ombres*. Il est évident que, si une circonférence de cercle est tracée sur le dessin d'une élévation, on ne sait pas ce que représente cette figure; mais, si l'on y ajoute des ombres et des teintes, on peut parfaitement montrer s'il s'agit d'une demi-sphère en relief ou d'une demi-sphère en creux.

Définitions relatives aux ombres. — Occupons-nous des ombres dans la méthode des projections orthogonales, en supposant que le corps lumineux est réduit à un point.

Lorsque les rayons lumineux sont parallèles, on suppose que leur direction est celle de la diagonale d'un cube dont une face est parallèle au plan vertical de projection et une autre face parallèle au plan horizontal de projection. Le cube, placé comme nous venons de l'indiquer, est représenté (*fig.* 1) en projection verticale et en projection horizontale par deux carrés égaux entre eux. La projection d'une diagonale du cube est, sur chacun des plans de projection, une diagonale de ces carrés. On voit alors que les projections d'un rayon lumineux sont des droites faisant un angle de 45° avec la direction de la ligne de terre [1].

---

[1] Je rappelle que le plan horizontal de projection est toujours supposé au-des-

Donnons maintenant quelques définitions relatives aux ombres.

Un corps de dimensions finies reçoit des rayons lumineux; il est éclairé par ces rayons et les intercepte; les différents points situés dans le prolongement de ces rayons ne sont pas éclairés et sont dits *dans l'ombre*. Les rayons qui sont ainsi interceptés par le corps sont renfermés dans une suite de rayons dont nous allons examiner la situation.

Pour cela, prenons en particulier un rayon lumineux. Supposons qu'il traverse le corps; il y a un point d'entrée et un point de sortie. Transportons ce rayon lumineux de façon que le point d'entrée et le point de sortie se confondent. Ce rayon particulier, sur lequel

Fig. 1.

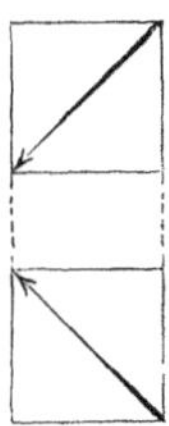

il y a maintenant deux points confondus, est *tangent* à la surface qui limite le corps; s'il s'appuie sur la ligne d'intersection de deux surfaces, on peut aussi le considérer comme étant une tangente.

L'ensemble des rayons qu'on peut obtenir ainsi, et sur chacun desquels il y a deux points confondus, constitue ce que l'on appelle le *cône d'ombre* ou le *cylindre d'ombre*, et le lieu des points qu'on obtient en considérant sur chacun de ces rayons le point qui représente la réunion des deux points dont nous venons de parler est la *ligne de séparation d'ombre et de lumière*, qu'on appelle encore *ligne d'ombre propre*.

---

sous de l'objet à représenter et que le plan vertical est éloigné au delà de cet objet par rapport au spectateur.

La situation des plans de projection n'étant pas fixée, leur intersection, c'est-à-dire *la ligne de terre, est indéterminée*.

Je ne trace pas cette droite sur les épures, mais sa direction est connue, puisqu'elle est perpendiculaire à la droite qui joint les deux projections d'un même point de l'espace. Nous parlerons de la direction de la ligne de terre, comme si cette droite était tracée.

Si l'on prolonge les rayons lumineux qui forment le cône d'ombre, leurs traces sur une nouvelle surface déterminent une ligne à laquelle on donne le nom de *ligne d'ombre portée.*

Prenons une surface et imaginons d'un point lumineux s (*fig.* 2) des rayons tangents à cette surface ; nous avons pour chacun de ces rayons lumineux un point de contact ; en réunissant ces points de contact a, b, c, nous obtenons la ligne d'ombre propre. Au point a, par exemple, le plan tangent au cône d'ombre est le plan déterminé par la génératrice sa et par la tangente en a à la ligne d'ombre propre. Mais ces deux droites sont tangentes à la surface éclairée; par conséquent, le plan tangent en a au cône est le plan tangent en a à la surface. Nous voyons donc qu'aux différents points de la ligne d'ombre propre le cône et la surface ont les mêmes plans tan-

Fig. 2.

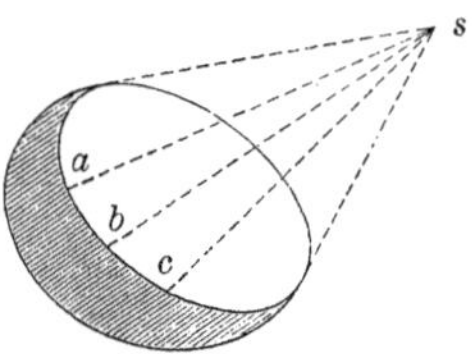

gents. On dit alors que *le cône d'ombre est circonscrit à la surface qui limite le corps éclairé.*

Il est important de remarquer que le cône d'ombre est formé, en général, de surfaces différentes, et que la ligne de séparation d'ombre et de lumière n'est pas une ligne continue.

Prenons, par exemple, une surface polyédrale, c'est-à-dire terminée par des plans ; nous allons voir bien nettement que, lorsqu'on suit la ligne d'ombre propre, on est obligé de quitter une ligne pour passer à une autre qui ne rencontre pas celle-ci.

Soient deux murs verticaux se coupant à angle droit (*fig.* 3). Plaçons l'un de ces murs parallèlement au plan vertical de projection, et supposons qu'il y a, formant moulure, un *bandeau* en pierre. Prenons les rayons lumineux dirigés comme il a été dit précédemment et cherchons l'ombre portée par l'ensemble des deux murs et du bandeau sur le plan horizontal (H').

S'il n'y avait pas de bandeau, l'ombre portée serait limitée à l'ombre portée par la verticale projetée au point a. Cherchons l'ombre portée par le bandeau. L'ombre portée par le segment vertical $b'c'$ est b_1c_1; la perpendiculaire au plan vertical qui se projette en b' a pour ombre portée la perpendiculaire à la ligne de terre qui passe par le point b_1; cette droite rencontre la ligne d'ombre portée par la verticale a en un point m_1; le rayon lumineux qui a pour trace m_1 est projeté verticalement suivant $m'b'$: il rencontre à la fois l'arête d'intersection des deux murs et la perpendiculaire au plan vertical menée par le point b'. De même, si nous prenons l'ombre de l'horizontale parallèle au plan vertical de projection qui passe par c', nous obtenons la parallèle à la ligne de terre menée à partir du point c_1; cette droite rencontre la ligne am_1 en un point n_1, qui est sur (H') la trace d'un

Fig. 3.

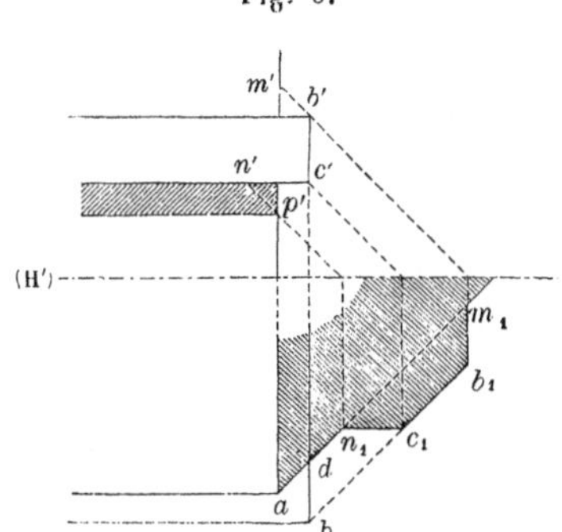

rayon qui rencontre au point p' l'arête verticale du mur et au point n' l'horizontale qui passe par le point c'.

Nous pouvons maintenant suivre la ligne de séparation d'ombre et de lumière. Si nous partons du point le plus haut de l'arête d'intersection des deux murs, nous avons la portion de cette ligne qui vient se terminer au point m' et qui porte son ombre sur le plan horizontal (H').

Au-dessous de m', le mur est bien éclairé, mais l'ombre n'est pas portée sur le plan (H') : elle est portée sur le plan horizontal qui termine le bandeau à sa partie supérieure.

Arrivé en m', le rayon lumineux rencontre la perpendiculaire au plan vertical projeté en b'; à partir de ce point de rencontre, qui est projeté horizontalement au point d, la ligne de séparation d'ombre et de lumière est le segment compris entre ce point d et le point b. Le rayon lumineux continuant à se déplacer s'appuie le long de la verticale $b'c'$ et vient se retourner sur l'horizontale $c'n'$. A partir de là, il y a ligne de séparation d'ombre et de lumière sur la moulure et ombre portée sur le mur. Enfin, sur l'arête du mur, c'est à partir du point p' que nous devons continuer la ligne de séparation d'ombre et de lumière.

Cet exemple montre bien comment, lorsqu'un corps est terminé par un ensemble de surfaces, il importe de suivre la ligne de séparation d'ombre et de lumière et de bien voir comment on délimite le contour de l'ombre portée.

A l'occasion de cet exemple, faisons quelques remarques.

En projection horizontale l'ombre portée par une verticale est toujours une ligne parallèle à la projection horizontale du rayon lumineux, quelle que soit la surface sur laquelle se trouve l'ombre portée. Ainsi, dans l'exemple précédent, l'arête verticale a porte son ombre sur le plan supérieur de la moulure, puis sur le plan (H'), et, en projection horizontale, on a une seule et même ligne qui se continue.

Remarquons également qu'un plan mené parallèlement au rayon lumineux a pour trace, sur une surface quelconque, une ligne qui est l'ombre portée d'une ligne quelconque tracée sur ce plan. Nous ferons bientôt usage de cette remarque.

Nature de la ligne de séparation d'ombre et de lumière pour les surfaces les plus simples. — Si le corps est terminé par des plans, la ligne de séparation d'ombre et de lumière se compose d'une suite de droites, comme nous venons de le voir, et, au lieu d'un cône d'ombre, on a une pyramide d'ombre.

Si le corps est terminé par une surface cylindrique ou par une surface conique, la ligne de séparation d'ombre et de lumière se compose de génératrices de ces surfaces, et le cône d'ombre se compose de plusieurs plans.

S'il s'agit d'une sphère, la ligne de séparation d'ombre et de lumière, dans le cas d'un point lumineux, est un petit cercle, et le cône d'ombre est un cône de révolution.

Examinons le cas où la surface qui limite le corps est une surface du second degré. Considérons une surface à centre, le corps lumineux étant réduit à un point, et démontrons que *la ligne d'ombre propre est une ligne plane dont le plan est conjugué du diamètre qui passe par le point lumineux.*

Par le point lumineux s et le centre o de la surface, menons un plan sécant; il coupe la surface suivant une conique acb (*fig.* 4). Nous obtenons deux points de la ligne d'ombre propre en prenant les points de contact a, b des tangentes à cette courbe issues du point lumineux s. Menons la corde ab, et joignons le point s au point o par une droite qui rencontre la courbe au point c et la corde au point d. Nous savons que l'on a toujours $od \times os = \overline{oc}^2$, et que la corde ab est parallèle à la tangente ct à la courbe. Nous pouvons conclure de là que, quel que soit le plan sécant mené par la droite os, le point d est toujours le même. Quel que soit le plan sécant, nous avons donc à mener à partir du point d une parallèle

Fig. 4.

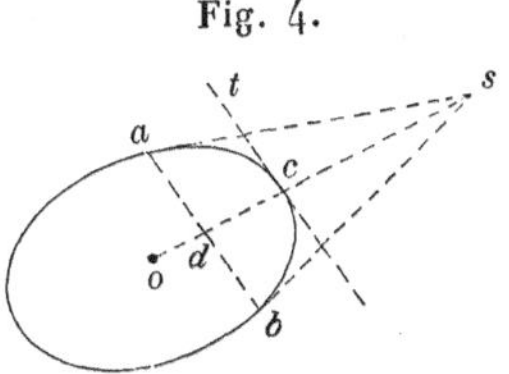

à une tangente en c pour obtenir une corde de contact telle que ab. Toutes les tangentes en c appartiennent au plan tangent en ce point à la surface du deuxième degré, et l'ensemble des parallèles à ce plan menées à partir du même point d constitue le plan de la courbe d'ombre. Nous voyons, en outre, que ce plan est conjugué de la direction os, puisqu'il est parallèle au plan tangent en c.

Lorsque le point s est à l'infini, le plan de la courbe d'ombre passe par le centre; et, si la surface du deuxième degré est dépourvue de centre, le plan de la courbe d'ombre est parallèle à l'axe.

Méthodes générales pour la détermination des ombres. — Après avoir indiqué la nature des lignes d'ombre lorsque les surfaces considérées sont des surfaces cylindriques, coniques, sphériques ou du second ordre, nous allons parler des procédés généraux employés lorsqu'il s'agit de surfaces quelconques.

Les procédés que nous allons exposer sont toujours les mêmes, quel que soit le mode de représentation; les tracés seuls diffèrent.

Méthode des plans sécants. — On distingue d'abord ce qu'on appelle la *méthode des plans sécants*. Par le point lumineux on mène des plans qui coupent, suivant certaines lignes, la surface qui limite le corps éclairé ; dans chacun de ces plans on mène par le point lumineux des tangentes à ces lignes ; les points de contact qu'on détermine ainsi *peuvent* appartenir à la ligne d'ombre. Je dis qu'ils *peuvent appartenir*, parce que nous allons voir qu'il y a lieu de choisir parmi les points de contact ceux qui forment la ligne de séparation d'ombre et de lumière.

Prenons pour exemple la surface de révolution engendrée par la rotation du contour *abc* (*fig.* 5) autour de la droite *st* ; l'intérieur du corps est entre le contour et l'axe, et le point lumineux est placé en *s* sur l'axe. Quel que soit le plan mené par le point *s* et par l'axe de révolution, nous avons toujours comme intersection une ligne méridienne. Nous devons, d'après ce qui a été

Fig. 5.

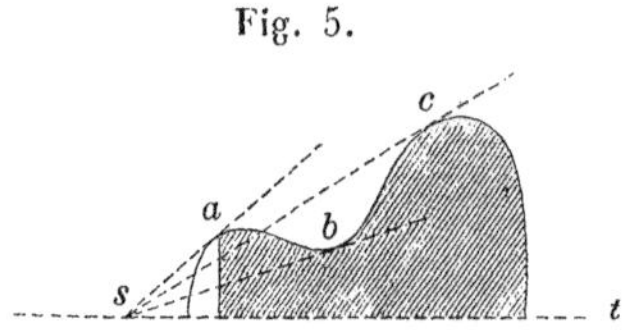

dit, mener des tangentes à cette courbe de section : nous obtenons ainsi les points de contact *a*, *b*, *c*. Si nous prenons les points analogues situés dans tous les plans méridiens, le lieu des points *a* est la circonférence qui se projette suivant la perpendiculaire à l'axe menée par le point *a* ; de même pour le point *b* et pour le point *c*. Il résulte de la disposition des points *a*, *b*, *c* que la partie éclairée est en avant du parallèle qui contient le point *a*, et que tout le reste de la surface est dans l'ombre ; par conséquent, les circonférences qui contiennent les points *b* et les points *c* n'appartiennent pas à la ligne de séparation d'ombre et de lumière.

Si la tangente en *a* rencontrait le contour *abc*, on aurait sur le corps éclairé une circonférence qui serait l'ombre portée par le parallèle qui contient *a*.

Lorsque les rayons sont parallèles entre eux, on mène les plans sécants parallèlement à ces rayons lumineux ; c'est ainsi qu'on procède dans le dessin d'Architecture. Si, par exemple, on veut déterminer les lignes d'ombre propre et d'ombre portée qui sont relatives à un chapiteau de colonne, on emploie des plans verticaux, parallèles aux rayons lumineux.

Nous allons représenter un chapiteau de colonne et indiquer sommairement comment on opère, dans ce cas, pour déterminer les lignes d'ombre propre et d'ombre portée.

Supposons le chapiteau représenté (*fig.* 6) par sa projection verticale, et par sa projection horizontale (sur la figure nous n'indiquons pas cette dernière projection); coupons ce chapiteau par un plan vertical parallèle au rayon lumineux; à l'aide des deux projections, nous déterminons les lignes d'intersection de ce plan sécant avec les différentes surfaces qui limitent le chapiteau.

Fig. 6.

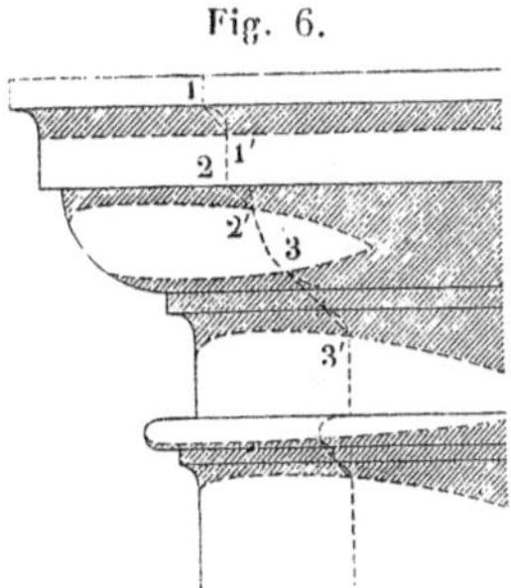

Nous obtenons ainsi un contour 1, 2, 3, ... Par les sommets saillants de ce contour menons des parallèles au rayon lumineux. La parallèle au rayon lumineux menée du point 1 rencontre le contour au point 1'; par ce point passe une ligne d'ombre portée.

Comme nous connaissons la nature de la moulure, nous pouvons tout de suite mener par 1' la parallèle à l'arête de la moulure qui contient 1, pour obtenir la ligne d'ombre portée.

Par le sommet saillant 2 menons une parallèle au rayon lumineux; cette ligne rencontre le contour en un certain point 2', qui appartient à la ligne d'ombre portée. Nous menons ensuite une tangente parallèle au rayon lumineux; elle rencontre le contour au point 3', qui est l'ombre portée du point de contact 3; ce point de contact appartient à la ligne d'ombre propre.

Sur la moulure appelée *quart de rond,* il y a à déterminer, au moyen d'un certain nombre de plans sécants, les différents points de la ligne d'ombre portée, tels quc 2', et les points de la ligne d'ombre propre, tels que 3.

On continue de la même manière pour achever la détermination des ombres sur le chapiteau.

Méthode des plans tangents. — Nous ne ferons que citer la *méthode des plans tangents,* qui sera développée plus tard.

Méthode des projections obliques. — Nous passons à la méthode connue sous le nom de *méthode des projections obliques.* Précédemment, à l'occasion de l'ombre portée par deux murs, nous avons, sans nommer cette méthode, fait usage du principe sur lequel elle repose. Nous allons maintenant exposer ce principe.

Fig. 7.

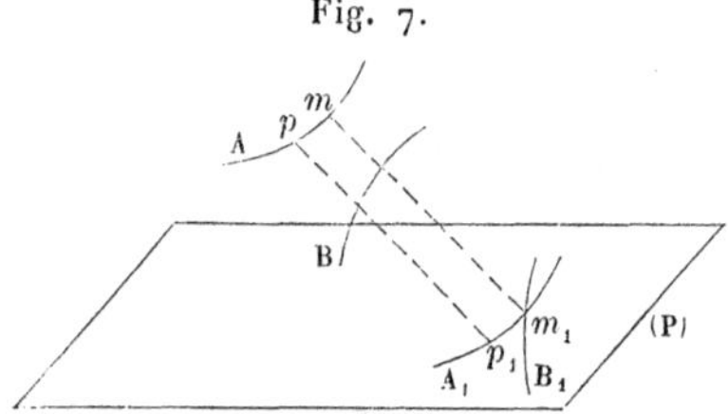

Soient deux lignes A et B (*fig.* 7). Nous voulons déterminer le point de la ligne A qui porte son ombre sur la ligne B, et cette ombre elle-même sur la ligne B.

Pour cela nous faisons usage d'un plan auxiliaire (P), et nous déterminons les ombres portées sur ce plan par les lignes A et B, qu'on peut appeler les *projections obliques* de A et de B. Nous obtenons une ligne A_1 et une ligne B_1. Il est clair que le point de rencontre m_1 de ces deux lignes est la trace sur le plan (P) d'un rayon lumineux qui rencontre les lignes A et B. Le point m où ce rayon rencontre la ligne A est le point qui porte ombre, et le point où il rencontre la ligne B est l'ombre portée sur cette ligne.

Ainsi le principe bien simple qui conduit, comme on le voit, à déterminer l'ombre portée d'une ligne sur une autre se réduit à ceci : *On prend les projections obliques des deux lignes sur un même plan, et les points de rencontre de ces projections sont les traces des projetantes qui rencontrent à la fois les deux lignes dont on s'occupe.*

Remarque. — Si l'on considère un point p de la ligne A et la projection oblique p_1 de ce point sur le plan (P), la tangente en p à la ligne A se projette obliquement suivant la tangente en p_1 à la ligne A_1, puisque cette droite est la trace sur le plan (P) du plan tangent le long de pp_1 au cylindre projetant de A. (Nous examinerons plus loin le cas où la projetante est tangente à A.)

Prenons pour exemple la surface de révolution engendrée par le contour $a'c'd'$ tournant autour de la verticale o (*fig.* 8) : nous

Fig. 8.

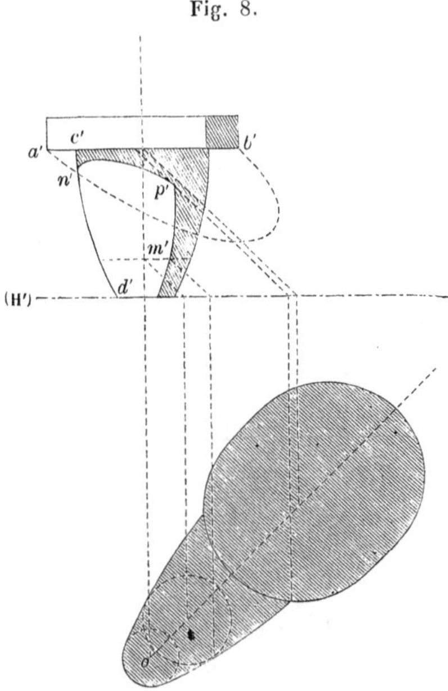

avons, pour projection horizontale, des circonférences concentriques (qui ne sont pas tracées sur la figure).

Cherchons l'ombre portée par le parallèle $a'b'$ sur la surface de révolution engendrée par $c'd'$. Pour cela on prend l'ombre portée par $a'b'$ sur différents parallèles de cette surface de révolution, en appliquant ce que nous venons de dire. Pour effectuer les constructions, nous cherchons les ombres portées par ces différents parallèles, sur le plan horizontal (H'). Comme les plans de ces circonférences sont parallèles au plan (H'), leurs ombres portées sont des circonférences qui leur sont respectivement égales. La trace sur (H′) de la parallèle au rayon lumineux menée par le centre de $a'b'$ est le centre de l'ombre portée par ce parallèle. De ce point comme centre, avec un rayon égal au rayon de la circonférence $a'b'$, nous n'avons qu'à décrire une circonférence, et nous avons l'ombre portée par $a'b'$ sur le plan horizontal (H′). De même pour les parallèles de la surface de révolution. En prenant les points de rencontre de l'ombre portée par $a'b'$ avec les ombres portées par ces différents parallèles et relevant ces points comme nous venons de le dire, nous déterminons autant de points que nous voulons de la courbe d'ombre portée par $a'b'$ sur la surface $c'd'$; en réunissant tous ces points, nous obtenons cette courbe d'ombre portée.

Le procédé qui vient de servir à tracer la ligne d'ombre portée conduit aussi à la détermination de la ligne d'ombre propre.

Supposons cette ligne connue, et prenons un parallèle qui la rencontre en un point m'. En ce point m', le plan tangent à la surface de révolution est parallèle au rayon lumineux, et, d'après une remarque précédente, la trace de ce plan sur le plan (H′) est l'ombre portée par toutes les lignes contenues dans ce plan; en particulier, c'est l'ombre portée par la tangente en m' au parallèle et par la tangente en m' à la courbe d'ombre propre.

Puisque les ombres portées par ces deux courbes sont tangentes à une même droite en un même point, il en résulte que ces deux courbes ont pour ombres portées des lignes tangentes entre elles.

Il suffit donc de chercher les ombres portées par les différents parallèles sur le plan horizontal (H′); on obtient une suite de circonférences dont les centres sont sur la parallèle menée du point o à la projection horizontale du rayon lumineux. Dès lors, on n'a qu'à tracer une courbe tangente à toutes ces circonférences pour avoir la ligne d'ombre portée; chacun des points de contact avec ces circonférences, étant relevé par une parallèle au rayon lumineux, détermine sur les parallèles eux-mêmes des points tels que m'. Plus tard, quand nous aurons parlé des *courbes enveloppes,* nous verrons qu'on peut dire que la ligne d'ombre portée est ici l'*enveloppe* des ombres portées par les parallèles de la surface de révolution.

Nous venons de chercher l'ombre portée sur un plan horizontal; mais, dans la méthode des projections obliques, le plan auxiliaire n'est pas nécessairement un plan horizontal. Cherchons, par exemple, le point n' de la courbe d'ombre portée situé sur la ligne méridienne. Ce point est l'ombre portée par un certain point de $a'b'$; nous avons donc à chercher l'ombre d'une ligne $a'b'$ sur une ligne $c'd'$ située dans le plan méridien parallèle au plan vertical de projection. Pour déterminer ce point, nous n'avons qu'à prendre l'ombre portée par $a'b'$ sur ce plan vertical; c'est une ellipse qui rencontre $c'd'$ au point cherché n'. Puisque le point n' est sur la ligne de contour apparent de la surface de révolution, la courbe d'ombre portée est tangente en ce point à la ligne $c'd'$.

On démontre aisément qu'au point de rencontre p' de la courbe d'ombre propre et de la courbe d'ombre portée la tangente à la courbe d'ombre portée est le rayon lumineux lui-même.

Nous avons parlé de la méthode des projections obliques dans le cas où les projetantes sont parallèles à une même direction; tout ce que nous avons dit s'applique au cas d'une projection conique, c'est-à-dire lorsque les rayons lumineux partent d'un même point.

Points brillants. — Terminons ce qui est relatif aux ombres en définissant les *points brillants*.

Lorsqu'on applique le lavis à un dessin, il y a certaines parties des surfaces éclairées qu'on laisse sans teintes et qui entourent ce qu'on appelle les *points brillants*. Considérons une surface polie et réfléchissante représentée sur le plan vertical de projection, et supposons qu'il existe un rayon lumineux qui soit réfléchi par cette surface, de façon que ce rayon soit renvoyé dans la direction des projetantes. Comme il s'agit ici du plan vertical de projection, et que les projetantes sont des perpendiculaires à ce plan, il y a alors un rayon lumineux qui est renvoyé de façon que dans le plan normal, au point où ce rayon rencontre la surface (l'angle d'incidence étant égal à l'angle de réflexion), le rayon soit réfléchi perpendiculairement au plan vertical. Le point où ce rayon rencontre la surface est un *point brillant*.

Appelons R la direction des rayons lumineux, P la direction d'une perpendiculaire au plan vertical de projection. Nous connaissons l'angle (P, R), et, en prenant la bissectrice de cet angle, nous avons la direction de la normale N au point brillant. Un point brillant est donc un point pour lequel la normale est parallèle à cette direction, ou encore, c'est un point où le plan tangent à la surface éclairée est parallèle à un plan perpendiculaire à N.

Ainsi, chercher un point brillant, c'est chercher le point de contact de la surface qui limite le corps avec un plan tangent qui est parallèle à une direction connue.

Au lieu d'un point brillant, on peut avoir une suite de points brillants formant une *ligne brillante;* c'est ce qui arrive, par exemple, pour les surfaces cylindriques et les surfaces coniques.

Voilà ce qui est relatif aux ombres et aux procédés généraux applicables dans tous les modes de représentation.

Nous avons donné quelques exemples, mais il est facile d'en trouver d'autres. Ainsi, par la méthode des projections obliques, on peut chercher l'ombre d'un segment de droite sur un tétraèdre, en déterminant l'ombre de la droite sur les différentes arêtes du tétraèdre. On peut encore chercher l'ombre d'une droite sur une surface conique en prenant l'ombre de la droite sur un certain nombre de génératrices de cette surface; l'ombre d'un cône sur un autre cône, ce qui revient à prendre les intersections de ce dernier cône et des plans d'ombre du premier.

Ce n'est qu'à la condition de s'exercer sur un grand nombre d'exemples qu'on peut arriver à traiter facilement les problèmes concernant les ombres.

DEUXIÈME LEÇON.

PROJECTIONS COTÉES.

Méthode des projections cotées. — Problèmes relatifs à la ligne droite et au plan. Plan tangent à un cône. — Problème d'ombre.

Méthode des projections cotées. — Lorsque l'étendue horizontale de l'objet à représenter est d'une dimension beaucoup plus grande que la hauteur des différents points de cet objet, on a sur le plan vertical de projection des points très rapprochés les uns des autres. La lecture de cette projection verticale serait difficile, on ne l'emploie pas; on fait usage de la seule projection horizontale dont les différents points sont accompagnés de nombres indiquant leurs hauteurs au-dessus d'un plan horizontal qu'on appelle *plan de comparaison*. On a ainsi une projection cotée.

On a recours à la méthode des projections cotées pour la représentation des Fortifications; on l'emploie aussi en Topographie et en Hydrographie. Dans le dessin des Fortifications, le plan de comparaison est au-dessous de tous les points de l'ensemble à représenter; dans ce cas, les hauteurs des points sont des *altitudes*. D'une façon générale, le nombre que l'on place près de la projection d'un point porte le nom de *cote*.

Problèmes relatifs à la ligne droite et au plan. — *Représentation d'une ligne droite.* — Une ligne droite est représentée par sa projection et la cote de deux de ses points.

Soit (*fig.* 9) la droite ab, qui est la projection sur le plan de comparaison d'une droite de l'espace. La hauteur du point a est indiquée auprès de la projection de ce point; de même pour le point b. On doit ajouter, en outre, l'échelle du dessin à l'aide de laquelle on peut mesurer les hauteurs marquées près des projections des points de la figure.

Graduer une droite. — Nous allons résoudre par la méthode des projections cotées un certain nombre de problèmes élémentaires. Pour cela nous avons besoin de montrer comment on prépare, pour ainsi dire, l'emploi d'une droite. Lorsqu'une droite doit intervenir dans la solution d'un problème, on indique sur cette droite, afin d'en faire usage plus facilement, les points dont les cotes sont marquées par des nombres entiers. C'est ce que l'on appelle *graduer une droite*. Les points ainsi déterminés portent le nom de *points à cotes rondes*.

Si, par exemple, nous voulons trouver le point c, dont la cote est 3, nous n'avons qu'à établir cette proportion : la distance ac ou x est à la différence de cote entre le point coté 3 et le point

Fig. 9.

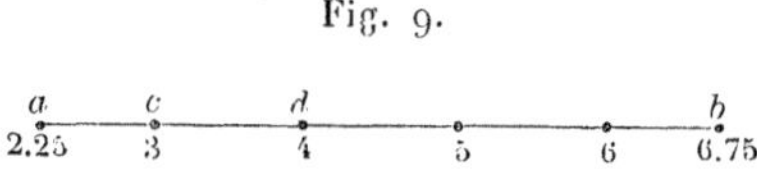

coté 2,25, c'est-à-dire 0,75, comme la longueur ab est à la différence de cote entre 6,75 et 2,25, c'est-à-dire 4,50 :

$$\frac{ac \text{ ou } x}{0,75} = \frac{ab}{4,50}.$$

Nous connaissons la longueur ab mesurée à l'échelle du dessin ; au moyen de cette proportion, nous déterminons un certain nombre x qui correspond à une longueur mesurée à l'aide de l'échelle du dessin, et nous obtenons le point c en portant cette longueur à partir du point a.

Nous pouvons de même déterminer le point d, pour lequel la cote est 4, par la proportion

$$\frac{cd \text{ ou } x}{1} = \frac{ab}{4,50}.$$

Cette longueur cd, qui est, sur la projection de la droite, la distance de deux points dont la cote diffère de l'unité, est ce qu'on appelle l'*intervalle*.

L'intervalle étant déterminé, nous pourrions porter cet intervalle successivement sur la droite et nous aurions les points à cotes rondes. Mais, lorsqu'il s'agit d'un tracé graphique, il ne suffit pas de trouver le moyen théorique qui conduit à la solution du problème : il faut encore chercher parmi les constructions celle qui donne le résultat le plus exact.

Dans la pratique, on opère ainsi : on détermine le point à cote ronde le plus voisin de chacune des extrémités de la droite; près du point a, par exemple, on cherche le point coté 3, et près du point b le point coté 6; il ne reste plus alors qu'à partager la distance comprise entre le point coté 3 et le point coté 6 en trois parties égales, ce qui donne les points cotés 4 et 5. De cette façon, la droite se trouve graduée.

Le procédé dont nous venons de faire usage pour graduer la droite est celui que l'on désigne sous le nom de procédé *arithmétique*. Il en existe un autre que l'on désigne sous le nom de procédé *graphique*.

Considérons (*fig.* 10) le plan vertical qui projette la droite; il

Fig. 10.

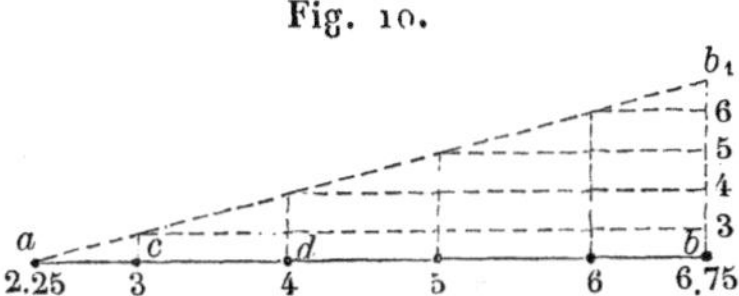

se projette tout entier suivant la droite ab. Supposons que, dans ce plan, on mène une horizontale par le point a : c'est l'horizontale qui a la même cote que le point a, c'est-à-dire l'horizontale 2,25. Faisons tourner ce plan vertical autour de cette horizontale 2,25 pour l'amener à être parallèle au plan de comparaison; après le mouvement de rotation, le point qui se projetait en b vient se projeter au point b_1, tel que la distance bb_1 égale la différence de cote entre le point b et le point a, soit 4,50 mesurés à l'échelle du dessin. On joint alors le point a au point b_1; puis on ramène sur cette ligne ab_1, au moyen de parallèles à ab, les points à cotes rondes rabattus sur bb_1; ces droites rencontrent ab_1 en des points qu'on projette sur ab, et l'on a les points à cotes rondes sur la droite ab.

La hauteur du point b au-dessus du point a étant mesurée par un segment d'une dimension petite relativement à la longueur de ab, les droites parallèles à ab rencontrent la ligne ab_1 sous des angles très aigus. Le point de rencontre graphique de deux lignes qui se coupent ainsi sous un angle aigu n'est pas suffisamment défini, et ce procédé graphique présente alors l'inconvénient de ne pas donner la graduation de la droite avec assez d'exactitude.

Voici encore comment on peut opérer graphiquement. Du point a on mène une droite auxiliaire. Sur cette droite et à l'aide d'une échelle divisée, un double décimètre par exemple, on porte à partir du point a des segments proportionnels aux segments à déterminer sur ab. Ces segments ont ici pour longueurs : $7^{mm},5$, 10^{mm}, 10^{mm}, 10^{mm}, $7^{mm},5$. On joint au point b l'extrémité du dernier segment ainsi obtenu, et l'on mène des parallèles à cette droite par les différents points marqués sur la droite auxiliaire. Ces parallèles coupent ab aux points à cotes rondes demandés. Au point de vue graphique, on doit choisir la direction de la droite auxiliaire et l'unité de mesure des segments portés sur cette droite pour que les parallèles employés coupent la droite ab sous un angle convenable.

Au moyen d'une proportion analogue à celle dont nous avons fait usage précédemment, on résout les problèmes suivants :

Trouver la cote d'un point donné sur une droite.

Trouver sur une droite la projection d'un point dont la cote est donnée.

Ces deux problèmes se résolvent approximativement quand la droite donnée est graduée.

Distance de deux points. — La distance entre les points a et b, donnés par leurs projections cotées, est ab_1, déterminée comme on vient de le voir; on l'obtient facilement aussi par le calcul.

On appelle *pente* d'une ligne droite la tangente de l'angle que cette droite fait avec le plan de comparaison. Dans l'exemple précédent, la pente est $\frac{6,75 - 2,25}{ab}$ ou encore $\frac{1}{cd}$, cd étant l'intervalle.

Si nous désignons l'intervalle par i et la pente par p, nous voyons que $p \times i = 1$. On exprime ce résultat en disant que *la pente et l'intervalle sont réciproques.*

A l'aide d'une proportion analogue à celle précédemment employée, on résout encore le problème suivant :

Graduer une droite dont on connaît la projection, la projection cotée d'un de ses points, la pente, et le sens dans lequel on doit marcher sur la droite pour se rapprocher du plan de comparaison.

Par un point donné, mener une parallèle à une droite donnée. — Soit un point coté 8 : on demande de mener par ce point une parallèle à la droite *ab*, qui est donnée par sa projection cotée.

Il suffit de mener par le point 8 une parallèle à la ligne *ab*; on a ainsi la projection de la droite demandée. A partir du point coté 8 on porte des segments égaux à l'intervalle de la ligne *ab*, et l'on obtient les points à cotes rondes sur la ligne demandée. Il faut coter ces points de façon que cette ligne se rapproche du plan de comparaison comme la droite donnée.

Représentation d'un plan. — On représente un plan à l'aide d'une de ses lignes de plus grande pente dont on donne la projection cotée. A côté du trait qui représente la projection de cette ligne de plus grande pente on ajoute un trait parallèle et d'égale force : on obtient ainsi ce que l'on appelle l'*échelle de pente* du plan. Cette échelle permet de tracer une horizontale quelconque du plan; en la donnant, on évite donc de faire le tracé des horizontales du plan.

Lorsqu'un plan fait partie d'une construction, on l'indique simplement par son échelle de pente; mais, si c'est un plan existant, on indique en outre le contour de la portion plane qu'on veut représenter.

Un point d'un plan donné est connu par sa projection : trouver sa cote. — Pour cela, par le point donné on mène une perpendiculaire à l'échelle de pente du plan, c'est-à-dire une horizontale de ce plan. Tous les points de cette droite ayant la même cote, on n'a qu'à prendre la cote du point de l'échelle de pente située sur cette horizontale pour avoir la cote du point donné.

Par trois points donnés faire passer un plan. — Soient (*fig.* 11) le point *a* coté 2,25, le point *b* coté 4,50 et le point *c* coté 6,75. Joignons par une droite le point *a*, qui est le plus rapproché du plan de comparaison, au point *c*, qui en est le plus éloigné; puis cherchons entre le point *a* et le point *c* le point qui a la même cote (4,50) que le point *b*; en joignant ce point au point *b*, nous avons l'horizontale du plan demandé. Nous pouvons alors tracer l'échelle de pente de ce plan, perpendiculairement à cette horizontale, et rapporter sur cette échelle de pente, au moyen de parallèles à cette horizontale, les points à cotes rondes de la droite *ac*.

Fig. 11.

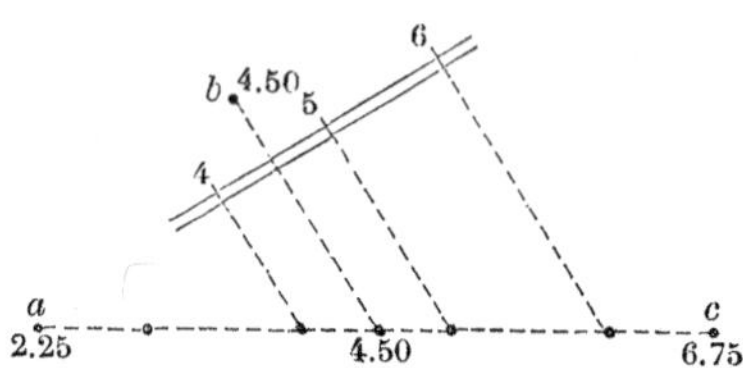

Reconnaître si deux droites données sont dans le même plan. — Il suffit, pour cela, d'examiner si le point d'intersection des projections de ces droites a la même cote sur chacune des droites, ou encore si, en joignant les points à même cote sur les deux droites, on obtient des droites parallèles entre elles.

Trouver l'intersection de deux plans donnés par leurs échelles de pente. — On prend des horizontales à même cote de chacun des plans, par exemple (*fig.* 12) les horizontales 3 ; ces lignes se coupent

Fig. 12.

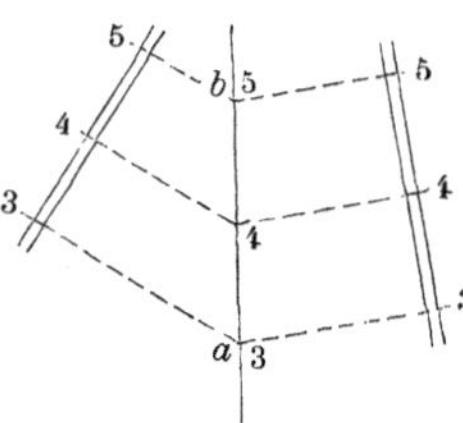

en un point *a* qui est coté 3. De même, l'horizontale 5 de l'un des plans est rencontrée par l'horizontale 5 de l'autre plan au point *b* qui est coté 5. La droite *ab* est la projection de la ligne d'intersection des deux plans.

Construire l'intersection d'une droite et d'un plan. — Le plan est donné par son échelle de pente, et la droite par sa projection cotée.

Par la droite menons un plan auxiliaire que nous indiquons par deux de ses horizontales. Par le point 3 de la droite donnée (*fig.* 13) traçons une certaine droite que nous prenons pour une horizontale du plan auxiliaire, et par le point 6 menons une droite parallèle à cette horizontale. L'horizontale 3 du plan auxiliaire rencontre l'horizontale 3 du plan donné en un certain point; l'horizontale 6 du plan auxiliaire rencontre l'horizontale 6 du plan donné en un autre point. En joignant ces deux points, nous avons la ligne d'intersection du plan donné et du plan auxiliaire mené par la droite; cette ligne rencontre la droite donnée en un point m, qui est le point demandé.

Fig. 13.

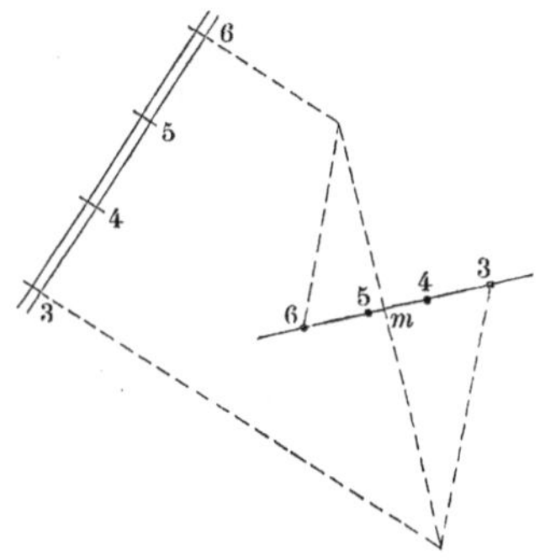

Par un point donné mener un plan parallèle à un plan donné. — Le plan est donné par son échelle de pente; il suffit alors, par le point donné, de mener une parallèle à cette droite, et l'on a l'échelle de pente du plan demandé.

La *pente* d'un plan est la pente de son échelle de pente.

Fig. 14.

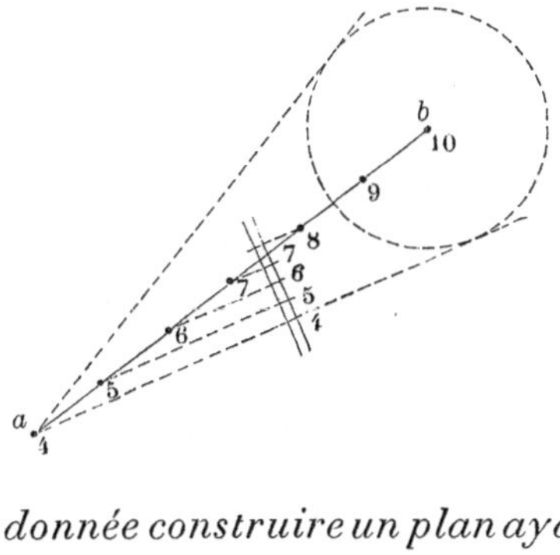

Par une droite donnée construire un plan ayant une pente donnée. — Soit (*fig.* 14) la droite ab cotée 4 au point a et 10 au point b. Par le point b nous pouvons mener une infinité de droites ayant pour pente la pente donnée; ces droites forment un cône de révolution dont le sommet est au point b et dont l'axe est vertical. Prenons la trace de ce cône de révolution sur le plan horizontal qui passe par le point a et qui est coté 4. Il est facile de déterminer le rayon de la circonférence base de ce cône : la hauteur du cône a pour longueur la différence de cote $10 - 4$, soit 6; le rayon x doit être tel que $\frac{6}{x}$ soit la pente donnée. Nous pouvons, sur l'échelle du dessin, trouver la longueur correspondant à ce nombre x, puis décrire, du point b comme centre avec cette longueur pour rayon, une circonférence, et, en menant du point a des tangentes à cette circonférence, nous avons les horizontales 4 des deux plans qui répondent à la question.

Au moyen d'un cône de révolution, on résout également le problème suivant :

Par un point donné dans un plan, mener sur ce plan une droite ayant une pente donnée.

Mener une droite perpendiculaire à un plan. — Le plan est

Fig. 15.

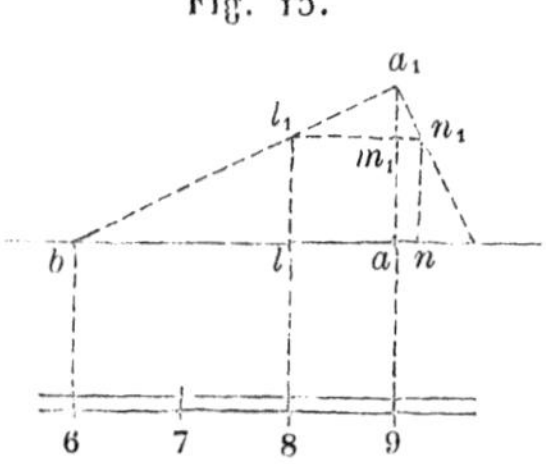

donné par son échelle de pente (*fig.* 15) et c'est du point a que nous voulons lui mener une perpendiculaire.

La perpendiculaire au plan, étant perpendiculaire aux horizontales de ce plan, se projette suivant la droite ab menée parallèlement à l'échelle de pente.

Pour graduer ab, faisons tourner le plan projetant de cette droite autour de son horizontale 6, de manière à l'amener à être horizontale; après cette rotation, le point a vient en a_1 sur la perpendiculaire aa_1 à ab, à une distance aa_1 égale à trois unités de l'échelle du dessin, et la droite d'intersection du plan projetant de la perpendiculaire et du plan donné se projette en $a_1 b$. La perpendiculaire au plan est alors projetée suivant la droite $a_1 n_1$, qui fait un angle droit avec $a_1 b$. Prolongeons l'horizontale 8 jusqu'en l_1. Ce point est la projection du rabattement d'un point coté 8 et la parallèle $l_1 m_1 n_1$ à ba est la projection du rabattement de l'horizontale 8 du plan projetant de la perpendiculaire demandée. Par suite, le point n de cette perpendiculaire est coté 8.

L'intervalle sur la perpendiculaire au plan est alors an.

Dans le triangle rectangle $l_1 a_1 n_1$, la hauteur $a_1 m_1$ est égale à l'unité de l'échelle du dessin ; on a alors

$$l_1 m_1 \times m_1 n_1 = 1,$$

relation qui montre que *l'intervalle pour la perpendiculaire est l'inverse de l'intervalle relatif à l'échelle de pente du plan.*

Il faut remarquer que pour se rapprocher du plan de comparaison on marche dans la direction an sur la projection de la perpendiculaire et dans la direction ab sur la projection de la perpendiculaire, c'est-à-dire en sens opposés.

Il résulte de là que l'on doit opérer de la façon suivante : on mène une parallèle à l'échelle de pente du plan donné ; on mesure à l'échelle du dessin le nombre qui correspond à l'intervalle de l'échelle de pente du plan donné, on prend l'inverse de ce nombre, et l'on obtient un nouveau nombre qui donne la longueur de l'intervalle de la perpendiculaire au plan ; on porte cet intervalle sur la droite que nous venons de tracer, et l'on cote les points obtenus en sens inverse de la manière dont l'échelle de pente est cotée.

On peut aussi déterminer graphiquement l'intervalle de la perpendiculaire au plan. Il suffit de construire un triangle tel que $l_1 a_1 n_1$, dont la hauteur $a_1 m_1$ est égale à l'unité de l'échelle du dessin et pour lequel $l_1 m_1$ est égal à l'intervalle de l'échelle de pente du plan donné.

Nous avons tracé arbitrairement une perpendiculaire au plan, mais il est tout aussi facile de la faire passer par un point donné.

Lorsqu'on a résolu ce problème : *Mener par un point une perpendiculaire à un plan,* on peut déterminer le point où cette perpendiculaire rencontre le plan, puis, soit par le calcul, soit graphiquement, chercher la distance du point donné au plan, c'est-à-dire la longueur comprise entre le point donné et le point où le plan est rencontré par la perpendiculaire abaissée du point donné sur ce plan.

Déterminer l'angle de deux droites données par leurs projections cotées. — Si les droites ne se rencontrent pas, d'un point de l'une on mène une parallèle à l'autre; on est alors conduit à chercher l'angle de deux droites qui se coupent.

Soient (*fig.* 16) les droites ab, ac; le point a est coté 8. En joignant les points qui ont les mêmes cotes, nous avons les horizontales du plan qui contient ces deux droites. Traçons l'horizontale 5; par le point a menons un plan perpendiculaire à cette horizontale 5; il est représenté par la perpendiculaire abaissée du point a sur l'horizontale 5. Ce plan auxiliaire rencontre le plan des deux droites suivant une ligne ad; le point d est côté 5. Nous allons

Fig. 16.

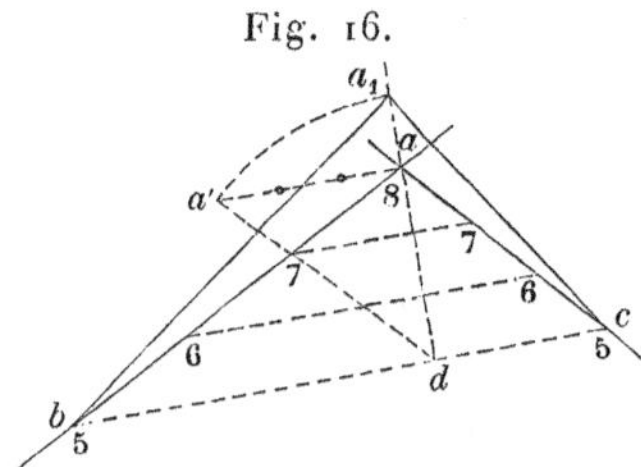

chercher la longueur de ad, afin d'arriver, comme dans la méthode des projections orthogonales, à l'angle des deux droites.

Pour cela nous faisons tourner le plan vertical ad autour de son horizontale 5. Le point a vient se rabattre en a' à une distance aa' égale à trois unités de l'échelle du dessin; la longueur du segment $a'd$ est la longueur du segment compris entre le point a de l'espace et le point d. Si maintenant nous rabattons le plan des deux droites sur le plan horizontal coté 5, en le faisant tourner autour de son horizontale 5 qui est la droite bc, le point a vient en a_1 sur la droite ad à une distance du point d égale à da'. Les droites sont alors rabattues suivant les lignes que l'on obtient en joignant le point a_1 aux points b et c qui sont cotés 5 sur chacune des droites et qui n'ont pas changé de position. Les droites a_1b, a_1c comprennent entre elles l'angle demandé.

Trouver l'angle de deux plans. — Les plans sont donnés par leurs échelles de pente.

Commençons par déterminer la droite d'intersection des deux plans, problème que nous avons résolu précédemment : ab est la projection de cette ligne d'intersection (*fig.* 17).

Coupons les deux plans par un plan auxiliaire perpendiculaire à leur intersection. L'horizontale de ce plan est alors dirigée perpendiculairement à la projection de ab ; pour tracer l'horizontale de ce plan auxiliaire coté 3, nous n'avons donc qu'à prendre une perpendiculaire à la ligne ab. Cette horizontale cotée 3 rencontre l'horizontale cotée 3 de l'un des plans au point m et l'horizontale cotée 3 de l'autre plan au point n. Le plan auxiliaire dont nous venons de tracer l'horizontale 3 coupe le plan vertical qui projette l'intersection ab suivant une droite qui est perpendiculaire à mn et à ab. Nous allons chercher la longueur de cette perpendiculaire commune, afin de construire le triangle qui a pour base mn, pour hauteur cette perpendiculaire, et dont l'angle au sommet n'est autre

Fig. 17.

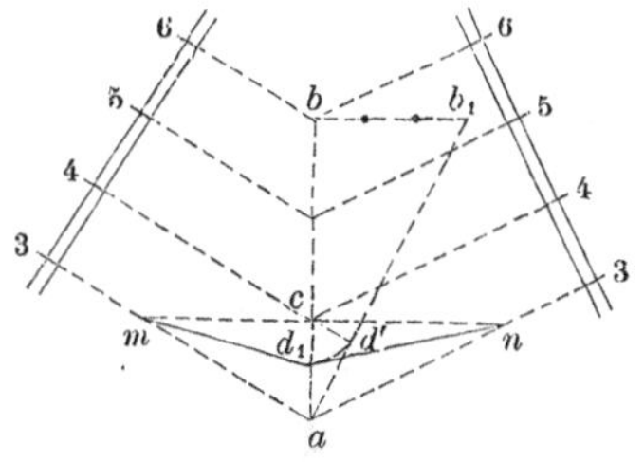

que l'angle des deux plans, puisque les côtés de ce triangle sont les intersections des plans donnés avec le plan auxiliaire perpendiculaire à ab.

Pour déterminer la hauteur de ce triangle, faisons tourner le plan vertical ab autour de l'horizontale 3 de ce plan (horizontale 3 qui passe par le point a) jusqu'à ce que ce plan soit parallèle au plan de comparaison. Après la rotation, le point b de l'espace, qui est coté 6, vient en un point b_1 à une distance du point b égale à 6 moins 3, c'est-à-dire à trois unités de l'échelle du dessin. La droite d'intersection des deux plans est alors rabattue suivant ab_1, et la hauteur du triangle dont nous venons de parler est rabattue en cd' suivant la perpendiculaire abaissée du point c sur cette droite ab_1. Si maintenant nous faisons tourner le triangle qui a pour base mn autour de mn, de façon à l'amener à coïncider avec le plan horizontal coté 3, le sommet de ce triangle, qui est sur la droite d'intersection des plans donnés, et dont la distance au point c est égale à cd', vient se rabattre au point d_1 obtenu en prenant un segment cd_1 égal à cd'. Les points m et n n'ont pas changé de position ; il suffit donc de joindre le point m et le point n au point d_1 ; l'angle des deux droites md_1, nd_1 est égal à l'angle des deux plans qu'il fallait déterminer.

Plan tangent à un cône. — Problème d'ombre. — Au moyen des problèmes élémentaires que nous venons de résoudre, on peut traiter les questions relatives aux ombres, chercher les intersections des surfaces, mener des plans tangents aux cylindres et aux cônes, etc.

Voici un exemple :

On demande l'ombre portée par un cône sur le plan de sa base.

Le cône est donné (*fig.* 18) par sa projection ; la base est sur un

Fig. 18.

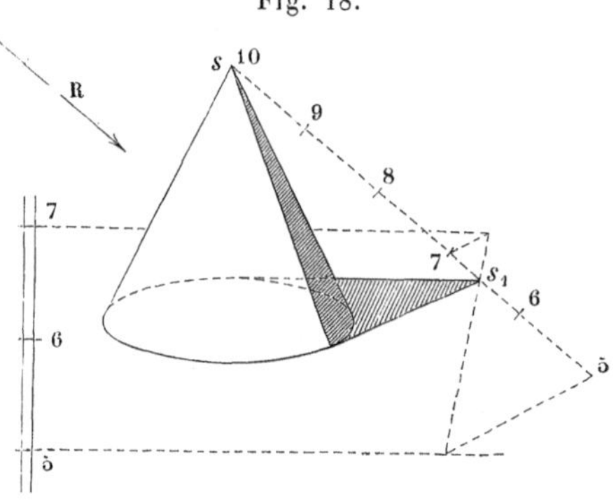

plan donné par son échelle de pente, et le rayon lumineux est donné par sa projection R, sur laquelle sont indiqués l'intervalle et le sens dans lequel on doit marcher pour se rapprocher du plan de comparaison.

Pour résoudre le problème, nous devons mener des plans tangents au cône, parallèlement au rayon lumineux ; pour cela nous allons prendre la parallèle au rayon lumineux menée par le sommet s du cône, chercher le point de rencontre de cette droite avec le plan de la base, et, par ce point, mener des tangentes à la base. Ces droites limiteront l'ombre portée du cône sur le plan de sa base.

Ainsi, par le point 10 nous menons une parallèle au rayon lumineux ; il est facile de graduer cette droite en portant l'intervalle qui est donné sur la projection du rayon lumineux. Nous cherchons maintenant en quel point cette parallèle rencontre le plan de la base : pour cela, par le point 5 nous menons une droite dirigée de façon à avoir, dans l'étendue de la feuille du dessin, le point où elle rencontre l'horizontale du plan à même cote ; par le point 7 nous traçons une parallèle à cette droite auxiliaire, et nous prenons également son point de rencontre avec l'horizontale 7 du plan. Nous joignons les deux points ainsi obtenus par une ligne qui détermine le point de rencontre s_1 de la parallèle au rayon lumineux ss_1 avec le plan de la base. Le point s_1 est l'ombre portée par le sommet du cône sur le plan de la base. Les tangentes menées du point s_1 à la base du cône limitent l'ombre portée par ce corps, et, si nous joignons le sommet s aux points de contact de ces tangentes, nous obtenons sur le cône les lignes de séparation d'ombre et de lumière.

TROISIÈME LEÇON.

PERSPECTIVE LINÉAIRE CONIQUE.

PERSPECTIVE D'UN POINT.

Définitions et notions générales. — Perspective d'un point du géométral, le tableau et le géométral étant à la même échelle.

Définitions et notions générales. — La perspective linéaire a pour but de représenter sur une surface, à l'aide de lignes, une figure qui offre l'apparence d'un objet de l'espace.

Pour déterminer cette perspective, l'objet étant placé, par rapport à l'observateur, derrière la surface sur laquelle on veut faire le dessin, on imagine des rayons visuels partant de l'œil de l'observateur et aboutissant à tous les points de l'objet à représenter. Sur cette surface, on prend les traces de ces rayons visuels : en réunissant convenablement ces traces par des lignes, on obtient une *perspective linéaire*.

Il faut bien remarquer qu'une figure perspective peut être considérée comme la perspective d'une infinité d'objets, puisque, pour chaque rayon visuel, un point quelconque de ce rayon serait représenté par la même trace de ce rayon sur la surface sur laquelle on prend la perspective. Une perspective n'est donc pas suffisante pour déterminer les objets de l'espace.

Nous n'avons conscience du relief d'un objet que parce que nous regardons celui-ci avec les deux yeux. Il suffit, pour le démontrer, d'employer un stéréoscope. A l'aide de cet instrument, on arrive à voir un objet en relief en regardant deux images différentes qui ont été obtenues en supposant l'objet vu séparément avec chacun des deux yeux.

Nous chercherons la figure perspective sur une surface plane verticale. On donne alors au plan sur lequel est tracée la perspective le nom de *tableau*, et le point d'où partent les rayons visuels porte le nom d'*œil* ou de *point de vue*.

Établissons un parallèle entre ce que nous avons dit à propos des ombres et ce qui se passe à propos de la perspective. Pour cela supposons que l'œil soit remplacé par un point lumineux. Un rayon visuel partant de l'œil est maintenant un rayon lumineux; les parties vues par l'œil sont les parties éclairées par ce point lumineux, et les rayons visuels qui renferment tous les rayons permettant de voir l'objet sont remplacés par les rayons lumineux dont l'ensemble forme ce que nous avons appelé le *cône d'ombre*. Ce cône prend en perspective le nom de *cône perspectif*. La ligne de séparation d'ombre et de lumière devient la *ligne de perspective* ou *de contour apparent*.

Fig. 19.

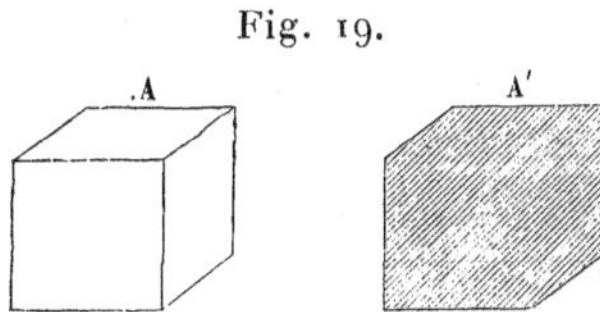

Il y a une différence entre la figure obtenue à propos des ombres et la figure perspective.

Si, par exemple, on trace la perspective d'un cube, on a une figure telle que A (*fig.* 19); si l'on remplace l'œil par un point lumineux, on n'a plus que A'. La différence consiste en ce que la figure représentant l'ombre du cube est un simple contour, tandis que la figure perspective, limitée à un contour analogue à celui-ci, renferme, en outre, des points à l'intérieur de ce contour.

Les rayons visuels partant de l'œil forment, en s'appuyant sur les lignes de la figure, des surfaces coniques : c'est pourquoi la perspective linéaire que nous allons étudier s'appelle *perspective conique*.

Nous avons déjà dit que la perspective d'un point est la trace sur le tableau du rayon visuel qui passe par ce point. Il résulte immédiatement de là que *la perspective d'une droite est une droite*.

Le plan des rayons visuels qui s'appuie sur la droite dont on cherche la perspective porte le nom de *plan perspectif*.

Parmi les rayons visuels qui s'appuient sur la droite, celui qui est parallèle à la droite donnée rencontre le plan du tableau en un point. Ce point, qui est la perspective du point à l'infini sur la droite, est appelé le *point de fuite* de la droite.

Des droites parallèles entre elles dans l'espace ont pour perspectives des lignes convergentes en un même point, qui est le point de fuite commun à toutes ces droites.

Des droites parallèles entre elles et parallèles au plan du tableau ont pour perspectives des droites parallèles entre elles. Ces droites parallèles au plan du tableau sont des *droites de front*. En général, une figure plane, dont le plan est parallèle au plan du tableau, est une *figure de front*.

Le tableau étant toujours supposé placé verticalement, des verticales ont pour perspectives des droites verticales.

Comment doivent être placées des droites dans l'espace pour que leurs perspectives soient parallèles entre elles? — Par l'œil et par chacune des droites tracées sur le tableau faisons passer un plan. Ces plans sont les plans perspectifs des droites de l'espace. Puisqu'ils passent par des droites parallèles entre elles et par l'œil, tous ces plans vont se couper suivant une parallèle au tableau menée par l'œil. Les droites de l'espace sont respectivement dans chacun de ces plans, *elles rencontrent alors cette droite de front:* c'est là la propriété dont elles jouissent.

Si, en outre, les droites de l'espace, dont les perspectives sont parallèles entre elles, doivent passer par un même point, on voit que ce point doit être dans le plan de front passant par l'œil.

Considérons maintenant un plan. Le lieu des points de fuite de toutes les droites qu'on peut tracer sur ce plan est la trace, sur le plan du tableau, du plan mené par l'œil parallèlement au plan donné. Cette trace porte le nom de *ligne de fuite,* et nous voyons ainsi que *la ligne de fuite d'un plan contient les points de fuite de toutes les droites que l'on peut tracer sur ce plan.*

Nous pouvons dire aussi que la ligne de fuite est la perspective d'une droite à l'infini sur le plan.

Des plans parallèles entre eux ont même ligne de fuite.

Des plans horizontaux ont pour ligne de fuite une droite que l'on désigne sous le nom de *ligne d'horizon* ou simplement d'*horizon*.

Le plan horizontal qui passe par l'œil porte le nom de *plan d'horizon*.

La ligne de fuite d'un plan vertical est une verticale.

La perspective d'une courbe est la trace sur le plan du tableau du cône perspectif de cette courbe. En faisant usage de ce cône perspectif, on démontre immédiatement qu'une courbe et sa tangente ont pour perspectives une courbe et sa tangente, à la condition que la tangente de la courbe donnée ne passe pas par l'œil, car, dans ce cas particulier, la tangente de la courbe donnée n'a pour perspective qu'un seul point. Nous reparlerons plus loin de ce cas particulier.

Une figure de front a pour perspective une figure qui lui est semblable. Le rapport de réduction de la figure donnée à sa figure perspective dépend de la position du plan de front par rapport au tableau et de l'œil par rapport au tableau.

La perspective d'une figure change seulement de dimensions quand on transporte le tableau parallèlement à lui-même.

Nous supposerons que les objets à mettre en perspective sont donnés par leurs projections, *plan* et *élévation*. Nous décomposerons la recherche de la perspective en deux parties : nous chercherons d'abord la perspective du plan, puis nous achèverons en déterminant la perspective de l'élévation.

On donne, en perspective, le nom de *géométral* au plan sur lequel est tracée la projection horizontale. La trace du géométral sur le plan du tableau porte le nom de *ligne de terre*.

Soient AB la ligne de terre (*fig.* 20) et O la position de l'œil. Menons par le point O un plan horizontal; ce plan rencontre le plan du tableau (T) suivant la droite HH', qui est la ligne d'horizon. Le problème de la perspective du *plan* consiste à joindre le point O aux différents points du géométral et à prendre les traces de ces droites sur le plan du tableau.

On pourrait considérer ce problème comme un problème de Géométrie descriptive; en prenant le tableau comme plan vertical de projection, on aurait alors simplement à construire des traces de droites. Mais, si l'on opérait ainsi, après avoir rabattu le plan vertical du tableau sur le plan horizontal, qui est le géométral, on aurait à la fois, sur la même partie de la feuille du dessin, le géométral et la perspective; il y aurait alors une grande complication dans les tracés, puisqu'on aurait la superposition de deux figures.

On opère différemment, et l'ensemble des tracés à l'aide desquels on détermine sur le tableau la perspective d'un objet dont on connaît le géométral constitue le *trait de perspective.*

Perspective d'un point du géométral, le tableau et le géométral étant à la même échelle. — Nous allons commencer à faire connaître le trait de perspective en exposant les tracés qui conduisent à la détermination de la perspective d'un point.

m (*fig.* 20) est le point du géométral dont on veut déterminer la perspective. Par le point *m* menons sur le géométral les deux droites *m*C, *m*E; par le point O, qui est l'œil, et par chacune des droites *m*C, *m*E, faisons passer un plan. Ces plans rencontrent le plan (T) du tableau suivant des droites qui se coupent en un

Fig. 20.

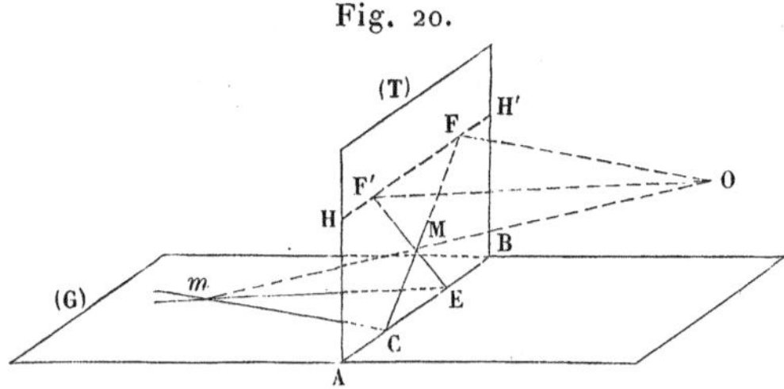

point M; ce point M est évidemment la trace sur le plan du tableau de la droite d'intersection des deux plans. M est donc la perspective du point *m*, et les droites MC, ME sont les perspectives des deux droites *m*C, *m*E du géométral.

Nous devons donc, pour déterminer la perspective du point *m*, construire les perspectives de deux droites tracées sur le géométral par ce point *m*.

Pour cela cherchons le point de fuite de chacune des droites. Par le point O menons une parallèle à la droite *m*C; elle rencontre le tableau au point F sur la ligne d'horizon; ce point F est le point de fuite de la droite *m*C. De même pour la droite *m*E : la parallèle menée par le point O à cette droite rencontre le plan du tableau en un point F' qui est le point de fuite de la droite *m*E. Il suffit alors, sur le tableau, de joindre respectivement les points C, E aux points F, F', et l'on a deux droites qui se coupent au point M, perspective cherchée.

Voilà l'explication faite sur la *fig.* 20, qui est une figure d'ensemble.

Séparons maintenant chacune des parties de cette figure ; mettons d'un côté le géométral (*fig.* 21), et de l'autre le tableau (*fig.* 22). Nous allons indiquer alors quels sont les segments dont on mesure les longueurs sur le géométral pour les reporter sur le tableau, afin d'arriver à effectuer les tracés sur ce tableau.

Prenons d'abord le géométral (*fig.* 21), en supposant qu'on ait projeté l'œil sur ce plan.

Cette *fig.* 21 est la reproduction de la figure tracée sur le plan (G) de la *fig.* 20 ; AB est la ligne de terre et le point *o* est la projection de l'œil.

La position du point *o* par rapport à AB détermine un angle

Fig. 21.

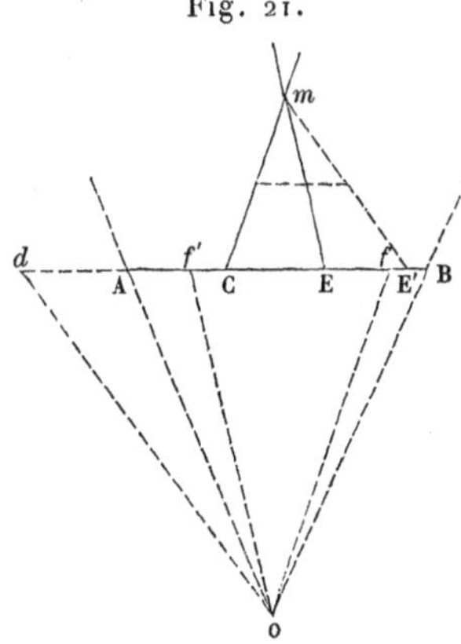

A*o*B, qu'on appelle *angle optique*. Pour obtenir une perspective convenable, cet angle ne doit être ni trop petit ni trop grand, et pour cela le point *o* ne doit être ni trop rapproché ni trop éloigné de AB. En général, le point *o* ne doit pas être à une distance de AB moindre que la largeur AB ni plus grande que trois fois cette largeur ; c'est ce qu'on exprime en disant que l'œil ne doit pas être à une distance du tableau plus petite que la largeur de ce tableau ni plus grande que trois fois cette largeur.

Soit, sur la *fig.* 21, la position *m* du point dont on cherche la perspective. Traçons les deux droites *m*C, *m*E et les parallèles *of*, *of'*, menées par le point *o*, à chacune de ces droites. Les droites *of*, *of'* sont les projections sur le géométral des parallèles aux droites *m*C, *m*E qui ont été menées par l'œil dans l'espace.

3

Voilà les données sur le géométral, et, pour pouvoir déterminer la perspective du point *m*, on donne en outre la hauteur de l'œil au-dessus du plan géométral.

Proposons-nous maintenant de construire un tableau sur lequel doit figurer la perspective du point *m* de la *fig.* 21.

Traçons le cadre du tableau (*fig.* 22), en ayant soin de prendre le côté inférieur de ce cadre égal en longueur à AB de la *fig.* 21. Parallèlement à AB, et à une distance de AB égale à la hauteur de l'œil au-dessus du géométral, menons une parallèle à cette ligne de terre : nous obtenons la droite HH′, qui est la ligne d'horizon.

La *fig.* 22, que nous allons tracer maintenant, est la figure perspective ou tableau. Reproduisons les tracés qui ont été indiqués précédemment sur le plan (T) de la figure d'ensemble (*fig.* 20).

Prenons sur le géométral (*fig.* 21) les longueurs des segments AC, AE, et portons-les sur la *fig.* 22 à partir du point A : nous obtenons AC, AE. Prenons sur le géométral des segments égaux à A*f*, A*f*′, et portons-les sur le tableau à partir du point H sur la ligne HH′ : nous obtenons les points F, F′. Il suffit maintenant de joindre (*fig.* 22) le point C au point F et le point E au point F′ pour avoir sur le tableau les perspectives des deux droites *m*C, *m*E du géométral : le point de rencontre M de ces deux droites est la perspective demandée.

Pour obtenir cette perspective, nous avons fait usage de deux droites MC, ME, et nous avons employé les points de fuite correspondant à chacune de ces droites. La méthode suivie porte, à cause de cela, le nom de *méthode des deux points de fuite*.

Un peu plus loin, nous nous servirons de cette méthode pour faire la perspective d'un parquet.

Au lieu d'employer deux droites quelconques, imaginons que l'une d'elles ait une direction particulière. Supposons que l'on ait pris le segment CE′ (*fig.* 21) égal au segment C*m* : la droite, qui était *m*E, devient la droite *m*E′. Mais nous allons voir qu'il n'est pas nécessaire de tracer cette droite. Le point qui était *f*′ est maintenant un certain point *d* obtenu en portant $fd = fo$, puisqu'il faudrait mener par le point *o* une parallèle à la droite *m*E′. Le triangle *m*CE′ est isoscèle; il en est de même du triangle *dfo*. Le géométral est donc maintenant réduit au point *m*, dont on demande la perspective, et à la seule droite mC, qui est tracée. Nous avons mené par le point o la seule droite of parallèlement à mC.

Reprenons le cadre du tableau (*fig.* 22). La ligne de terre AB est toujours égale à la ligne de terre AB du géométral.

Prenons sur la *fig.* 22, à partir du point A, un segment égal au segment AC du géométral : nous obtenons le point C. Portons sur la ligne d'horizon, à partir du point H, un segment égal à Af de la *fig.* 21 : nous obtenons le point F. Traçons CF : cette ligne est la perspective de la droite Cm.

A partir du point C de la *fig.* 22, portons sur la ligne de terre

Fig. 22.

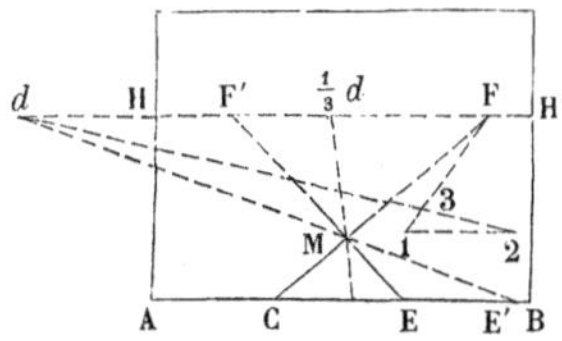

un segment CE′ égal à la longueur mC de la *fig.* 21 : cette longueur mC est ce qu'on appelle l'*éloignement oblique* du point m. Portons, à partir du point F, sur la ligne d'horizon, un segment Fd égal au segment fd de la *fig.* 21, mais dans le sens inverse du sens dans lequel nous avons porté le segment CE′ : nous obtenons ainsi le point d. Il suffit de joindre le point d au point E′ pour avoir la perspective de la ligne mE′ du géométral (que nous n'avons pas eu besoin de tracer). Le point de rencontre de cette droite avec la ligne CF est le point M, perspective du point m du géométral.

Le point d est le point de fuite de la droite mE′ du géométral : il est le point de fuite des droites, telles que mE′, qui déterminent des segments égaux sur la ligne mC du géométral et sur une horizontale de front. Si nous menons une parallèle à AB (*fig.* 21), cette parallèle, la droite mC et la droite mE′ déterminent un triangle isoscèle; c'est pourquoi l'on dit que le point d est le point de fuite des droites ayant la direction mE′ qui déterminent des segments égaux sur des droites parallèles à mC et sur des horizontales de front. Ce point d porte le nom de *point accidentel de distance* relatif à la direction mC, et la méthode à laquelle nous sommes arrivés pour construire le point M est désignée sous le nom de *méthode du point de distance.*

Nous venons d'expliquer sur la *fig.* 21 ce qui est relatif à ces triangles isoscèles formés par des droites parallèles à mC, par des horizontales de front et par des droites parallèles à mE′; nous pouvons reproduire cette explication sur le tableau; cela va nous fournir l'occasion de faire connaître le langage employé habituellement en perspective.

Si nous menons une droite sur le tableau, à partir du point d (*fig.* 22), cette droite est la perspective d'une parallèle à mE′; si nous menons une parallèle à AB, cette droite est la perspective d'une horizontale de front. Nous obtenons ainsi un triangle 1-2-3, et nous disons que ce triangle est isoscèle, que le côté $\overline{1\text{-}2}$ est égal au côté $\overline{1\text{-}3}$. Cela n'est pas exact, si l'on considère la figure tracée sur le tableau; mais, en parlant ainsi, il est convenu qu'il s'agit de la figure de l'espace. Ainsi, en regardant sur le tableau le triangle 1-2-3, nous disons que le côté $\overline{1\text{-}2}$ est égal au côté $\overline{1\text{-}3}$: cela veut dire que le côté dont $\overline{1\text{-}2}$ est la perspective est égal au côté dont $\overline{1\text{-}3}$ est la perspective.

Quand on montre un point sur le tableau, il faut donc, à moins d'indication contraire, se reporter à l'objet de l'espace.

Nous avons porté l'éloignement oblique du point m dans un certain sens CE′, et, naturellement, le segment fd se trouve en sens inverse. Si nous avions changé le sens dans lequel nous avons porté d'abord le segment CE′, nous aurions trouvé dans le sens opposé un autre point que le point d. Nous voyons ainsi qu'il y a deux points de distance correspondant à une même direction. On emploie le point de distance qui se trouve le plus rapproché du cadre du tableau. Sur la *fig.* 22, nous aurions l'autre point de distance en portant, à partir du point F, la longueur Fd en sens opposé; nous obtiendrions ainsi un point qui serait éloigné du cadre du tableau.

Si, au lieu d'employer (*fig.* 21) une droite quelconque mC, nous prenons une perpendiculaire à AB, le point de fuite correspondant porte le nom de *point principal de fuite* et le point de distance correspondant est le *point principal de distance* ou le *point de la distance principale.* Dans ce cas particulier, la longueur qu'il faut porter pour avoir ce point de la distance principale n'est autre chose que la distance de l'œil au plan du tableau.

Lorsqu'on donne ce point principal de fuite et ce point de la distance principale, on a ce que l'on appelle les *points principaux de fuite et de distance*.

Remarquons que nous n'avons déterminé la perspective du point m que lorsque le tableau et le géométral sont à la même échelle. Nous verrons, en cherchant la perspective d'une figure plane, comment on modifie les tracés lorsque le tableau est à une échelle différente de l'échelle du géométral.

Cette Leçon est très simple et il semble qu'il ne soit pas nécessaire de l'étudier pour en retenir les différentes parties. Cependant, comme elle renferme pour ainsi dire toute la perspective, il est très essentiel de se familiariser avec les tracés qu'elle fait connaître, pour arriver à les reproduire machinalement et sans avoir besoin de réfléchir.

QUATRIÈME LEÇON.

PERSPECTIVE DU PLAN.

Perspective d'un trapèze. — Échelle des éloignements. — Échelle des largeurs. — Perspective d'une ligne courbe. — Craticuler. — Perspective d'une circonférence de cercle. — Méthode des deux points de fuite : perspective d'un parquet. — Points en dehors du cadre du tableau.

Reprenons les tracés auxquels nous sommes arrivés dans la dernière Leçon, et, au moyen d'une remarque très simple, il sera facile

Fig. 23.

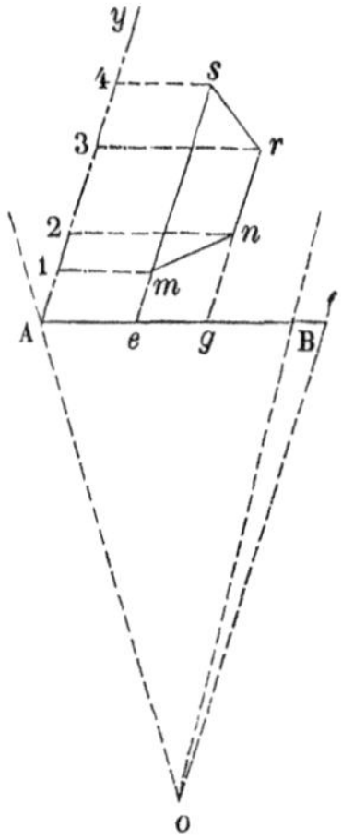

d'obtenir les constructions que l'on doit employer lorsque le tableau est à une échelle différente de l'échelle du géométral.

Reprenons la *fig.* 22. Marquons sur la ligne d'horizon un point que nous appelons $\frac{1}{3}d$, et qui est l'extrémité d'un segment égal au tiers de Fd; à partir du point C, sur la ligne de terre, portons une longueur égale au tiers du segment CE′. Joignons le point ainsi obtenu sur CE′ au point $\frac{1}{3}d$: il est bien évident que cette droite passe par le point M.

Cette remarque très simple permet, lorsqu'on amplifie le tableau, de ne pas amplifier les éloignements à porter sur la ligne de terre, en ayant soin de ne pas amplifier non plus l'éloignement oblique de l'œil par rapport au tableau.

Cela posé, cherchons la perspective d'une figure plane, en supposant le tableau à une échelle trois fois plus grande que l'échelle du géométral.

Perspective d'un trapèze. — Prenons, comme exemple, le trapèze *mnrs* qui est donné sur le géométral (*fig.* 23).

Prolongeons les côtés parallèles jusqu'à la ligne de terre : nous obtenons ainsi les points *e*, *g*. Menons par le point *o* une parallèle *of* aux côtés parallèles *ms*, *rn*. Par le point A menons aussi la parallèle A*y* à ces côtés du trapèze ; puis, par les sommets du trapèze, menons des parallèles à la ligne de terre, c'est-à-dire des droites de front. Ces droites rencontrent A*y* aux points 1, 2, 3, 4.

Fig. 24.

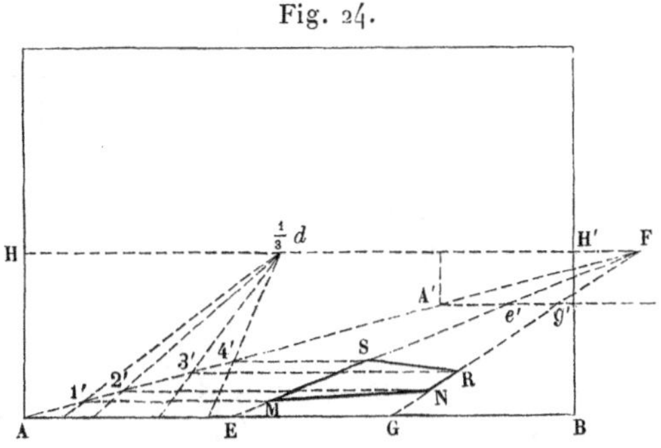

Prenons maintenant (*fig.* 24) un tableau trois fois plus grand que le géométral. AB est alors égal à trois fois AB du géométral. A partir de A portons AH égal à trois fois la hauteur donnée de l'œil au-dessus du géométral ; traçons la ligne d'horizon HH'. A partir du point H', et sur cette ligne d'horizon, prenons un segment égal à trois fois la longueur B*f* de la *fig.* 23 : nous obtenons le point F, qui est le point de fuite des droites parallèles à la direction *ms* du géométral. En joignant A à F, nous avons la perspective de la ligne A*y*.

Il résulte de cette construction que FH est égal à 3*f*A du géométral. Si alors nous portons, à partir du point F, le segment fA sur la ligne d'horizon, et si, par l'extrémité de ce segment, nous menons une parallèle à HA, cette droite rencontre FA en un point A′, tel que $FA = 3\,FA'$.

Par le point A′ menons une parallèle à la droite AB. Il résulte de cette construction que, si le tableau n'avait pas été amplifié, le cadre du tableau ne serait pas en AB : il serait sur la droite que nous venons de tracer à partir du point A′. Pour avoir la perspective de la ligne *es*, nous n'avons alors qu'à porter, à partir du point A′, un segment $A'e'$ égal à Ae du géométral, puis à joindre le point F au point e'. La droite Fe' rencontre AB au point E. On voit que la marche que nous venons de suivre évite de porter à partir de A trois fois le segment Ae pour obtenir le point E; nous avons simplement porté le segment Ae lui-même sur la droite que nous venons de tracer à partir de A′.

Opérons de même pour le côté *rn*. A partir de A′ portons un segment égal au segment Ag : nous obtenons le point g'. Joignons le point F au point g' : la droite Fg' est la perspective de la ligne *gr*.

Pour déterminer la perspective des sommets du trapèze, nous allons chercher les perspectives des points 1, 2, 3, 4. Pour cela, appliquons une bande de papier le long de Ay et relevons sur cette bande de papier les points A, 1, 2, 3 et 4, puis reportons simultanément tous ces points à partir du point A sur la ligne de terre AB du tableau.

Dans le sens opposé à celui où nous avons porté ces segments, portons, à partir du point F, sur la ligne d'horizon, une longueur égale à fo; nous indiquons l'extrémité de ce segment par $\frac{1}{3}d$. Joignons le point $\frac{1}{3}d$ aux points que nous venons de marquer sur AB; ces droites rencontrent AF aux points 1′, 2′, 3′, 4′, qui sont les perspectives des points 1, 2, 3, 4 du géométral. Des points 1′, 2′, 3′, 4′ on mène des droites de front, il suffit de prendre les intersections de ces droites avec les lignes Fe', Fg' pour avoir les points M, N, R, S, qui sont les perspectives des sommets du trapèze.

En joignant maintenant ces points par des droites, on a la perspective du trapèze *mnrs*.

Échelle des éloignements. — La droite AF, qui est la perspective de la ligne Ay sur laquelle nous avons rapporté les différents points de la figure pour mesurer les éloignements obliques, porte le nom d'*échelle des éloignements*.

Échelle des largeurs. — La droite $A'e'g'$, sur laquelle nous avons porté des segments égaux aux segments comptés sur la ligne de terre AB du géométral, s'appelle *échelle des largeurs*.

On peut remarquer que la droite $A'g'$ est la perspective d'une horizontale de front qui jouit de cette propriété : la réduction par la perspective de la longueur d'un segment de cette droite se trouve compensée par l'amplification du tableau.

Perspective d'une ligne courbe. — Les constructions que nous venons d'indiquer en prenant comme exemple un trapèze permettent évidemment de trouver la perspective d'une figure quelconque. S'il s'agit d'une courbe on peut chercher les perspectives des différents points de cette courbe, et, en réunissant convenablement ces perspectives, on a la perspective de la courbe. La perspective d'une tangente à la courbe, comme nous l'avons déjà fait remarquer, est une tangente à la perspective de cette courbe.

Craticuler. — Lorsque l'on a à déterminer la perspective d'une ligne sinueuse simplement tracée et sans définition géométrique, on établit un quadrillage formé par des droites de front et des parallèles à une certaine direction; on cherche la perspective de toutes ces droites et l'on relève à vue sur le tableau la perspective de la ligne sinueuse, en tenant compte de la position des points de rencontre de cette ligne avec les lignes qui forment le quadrillage. Cela s'appelle *craticuler*.

Perspective d'une circonférence de cercle. — Si la courbe, à déterminer en perspective, a une définition géométrique qui permette de la construire par points, on peut opérer directement. Cherchons, comme exemple, la perspective d'une circonférence de cercle décrite sur une horizontale de front. On donne (*fig.* 25) le point principal de fuite P et le point de la distance principale D; le diamètre de la circonférence est le segment de front MN. Le point O, milieu du segment MN, est la perspective du centre de cette circonférence; en joignant le point P au point O, nous avons la perspective du diamètre perpendiculaire à MN, puisque le point P est le point principal de fuite, c'est-à-dire le point de fuite des droites perpendiculaires au plan du tableau. Joignons le point D au point N; cette droite DN rencontre OP au point C et nous avons $OC = ON$, car le point D est le point de fuite des droites qui déterminent des segments égaux sur des perpendiculaires au tableau telles que OP et sur des horizontales de front telles que ON. Le point C est donc un point de la circonférence de cercle décrite sur MN comme diamètre.

Pour déterminer un point quelconque de cette circonférence, nous effectuons les tracés suivants. Joignons le point M au point C; par le point P menons une droite quelconque qui rencontre les deux droites CN, CM aux points G et L. Joignons le point G au

Fig. 25.

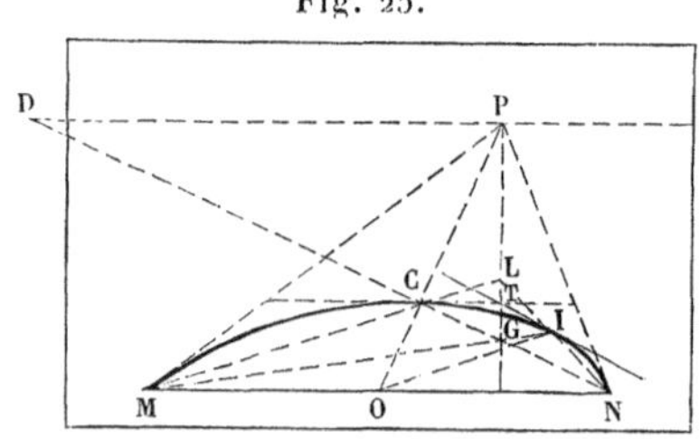

point M, le point L au point N; le point de rencontre I de ces deux droites est la perspective d'un point de la circonférence. En faisant varier la droite PL, nous obtiendrons autant de points que nous voudrons de la perspective de la circonférence.

Pour démontrer que le point I appartient à la perspective de cette circonférence, considérons le triangle MNL. Dans ce triangle, nous avons deux hauteurs : l'une est la droite NC, car l'angle en C est droit, le point C étant un point de la circonférence; l'autre hauteur est LG, puisque toute droite partant du point P est la perspective d'une ligne perpendiculaire à MN. Le point G, point de rencontre de ces deux hauteurs, est dès lors le point de rencontre des trois hauteurs du triangle : la droite MG est alors perpendiculaire sur LN, et le point I appartient à la circonférence décrite sur MN comme diamètre.

Prenons la perspective T du point qui, dans l'espace, est le milieu du segment LG; joignons le point T et le point O au point I. Les deux triangles MIN, LIG sont semblables comme ayant leurs côtés respectivement perpendiculaires ; ils sont tous deux rectangles en I. Il en résulte que la droite IO, qui joint le sommet de l'angle droit I au point O, milieu de l'hypoténuse, est homologue de la droite qui joint le point I au point T, milieu de l'hypoténuse LG ; la droite IT est alors perpendiculaire à la droite IO. Puisque IT est perpendiculaire à l'extrémité du rayon IO, cette droite est la tangente en I à la perspective de la circonférence.

Si, au lieu de considérer le point I, nous avions pris le point C, nous aurions trouvé, de la même manière, que la droite CT est tangente en C à la circonférence. Mais nous connaissons la tangente en C : c'est une parallèle à MN, puisque le rayon CO est perpendiculaire à MN ; nous avons donc le point T en menant par le point C une parallèle à MN ; cette parallèle rencontre la

Fig. 26.

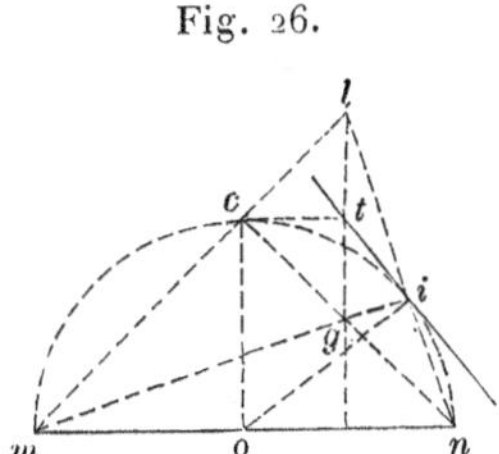

droite PL au point T, et la tangente au point I est la ligne qui joint ce point T au point I. Nous avons ainsi une construction qui donne à la fois les points de la perspective de la courbe et les tangentes en ces points à cette perspective.

La figure que nous venons de tracer directement sur le tableau est la perspective de la *fig.* 26, qui permet d'apercevoir tout de suite la relation de position des différentes lignes sans les modifications introduites par la perspective. La droite *lg*, qui correspond à LG, est perpendiculaire à *mn* ; nous avons le triangle *lmn*, dont les hauteurs sont *nc*, *lg* et *mi*. Enfin la droite *ct*, parallèle à *mn*, donne le point *t* qui est bien ici le milieu de *lg* ; la droite *ti* est la tangente en *i* à la circonférence décrite sur *mn* comme diamètre.

Méthode des deux points de fuite : perspective d'un parquet. — Revenons à la méthode des deux points de fuite et montrons un exemple où cette méthode peut être utilement employée.

On demande la perspective d'un parquet formé d'une suite d'hexagones (fig. 27).

Les sommets de ces hexagones sont situés sur des droites parallèles entre elles qui rencontrent AB aux points 1, 2, 3, 4, 5; les segments compris entre ces points sont des segments égaux entre eux. Ces sommets peuvent être considérés aussi comme se trouvant sur des parallèles qui rencontrent AB aux points m, n, p, q, r; on a alternativement des segments égaux entre eux : $mn = pq$, $np = qr$.

Par le point o menons les droites of, of' parallèlement à chacune

Fig. 27.

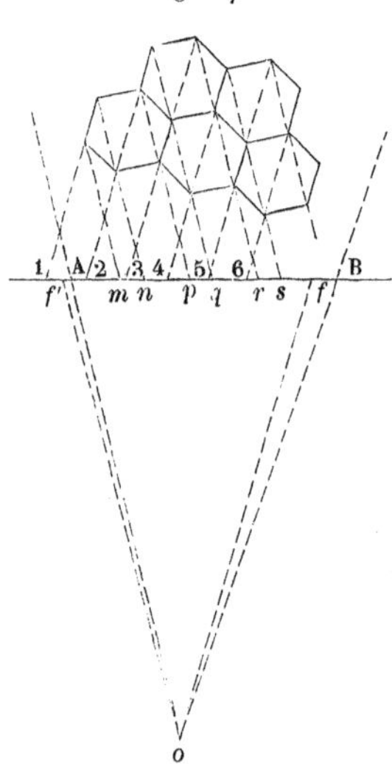

des directions des lignes que nous venons de tracer : nous obtenons les points f et f'. En employant ces deux points de fuite, nous allons déterminer la perspective du parquet.

Prenons (*fig.* 28) un tableau à une échelle triple de l'échelle du géométral. A partir du point H, portons sur la ligne d'horizon un segment égal à trois fois Af': nous obtenons le point F'. De même, à partir du point H' portons un segment égal à trois fois Bf : nous avons le point F. Joignons le point F au point A et déterminons comme précédemment le point A' par lequel passe l'échelle des largeurs ; à partir du point A', portons des segments égaux aux segments A-1, 1-2, 2-3, ...; joignons les points ainsi obtenus sur l'échelle des largeurs au point F : nous avons des droites qui sont les perspectives des lignes parallèles entre elles qui ont donné les points 1, 2, 3, 4 sur la ligne AB du géométral.

Faisons de même pour les parallèles *m*, *n*, *p*, *q*, *r*. Joignons le point F' au point B : nous obtenons sur l'échelle des largeurs le point B' qui correspond au point B du géométral. A partir du point B', portons sur l'échelle des largeurs des segments égaux à B*s*, *sr*, *rq*, *qp* et ainsi de suite; joignons, par des droites allant au point F', les points ainsi obtenus. Ces lignes sont les perspectives des parallèles qui passent par les points *s*, *r*, *q*, *p*, *n*, *m*; elles rencontrent les premières en des points qui sont les perspectives

Fig. 28.

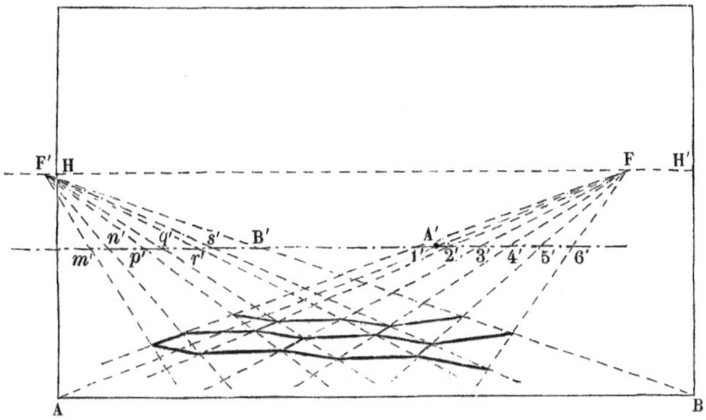

des sommets de l'hexagone; il suffit alors de joindre convenablement ces points pour avoir la perspective du parquet.

Points en dehors du cadre du tableau. — Nous allons terminer ce qui est relatif à la perspective du plan en indiquant les constructions qui permettent de tracer des lignes passant par des points situés en dehors du cadre et trop éloignés pour être employés directement.

Nous donnerons une série de constructions, mais on peut en employer beaucoup d'autres suivant les circonstances.

Soient (*fig.* 29) les droites A, A', B, B'. La droite A rencontre la droite A' en un point en dehors du cadre et très éloigné; il en est de même du point de rencontre des droites B et B' : *on demande de tracer la ligne qui passe par le point de rencontre de* A *avec* A′ *et par le point de rencontre de* B *avec* B′.

Appelons C le point de rencontre de A et de B, G le point de rencontre de A′ et de B′. Traçons la droite CG et prenons, à partir de C, le tiers du segment CG : nous obtenons le segment CH. Par le point H menons une parallèle à A′ et une parallèle à B′ : nous obtenons ainsi le point a et le point b. La droite ab rencontre CG au point e; il suffit de porter trois fois la longueur de Ce à partir de C pour avoir le point E : la parallèle à ab menée par ce point E est la droite cherchée.

On voit que nous avons réduit, pour ainsi dire, les dimensions

Fig. 29. Fig. 30.

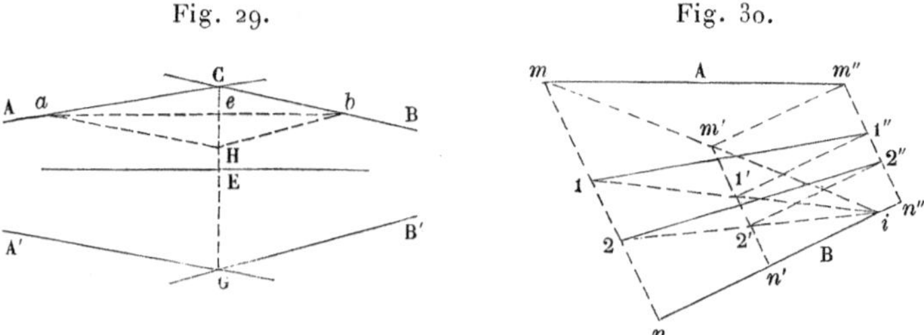

de la figure de façon à avoir des points de rencontre a, b dans l'intérieur du cadre; puis nous avons amplifié, dans le rapport inverse de la première réduction, de manière à avoir la droite demandée dans la position qu'elle doit occuper.

On a deux droites A, B (*fig.* 30) *qui se rencontrent en un point trop éloigné pour pouvoir être employé, et sur une droite des points* 1, 2, ...; *on demande de mener des droites passant par ces points et par le point de rencontre de* A *et de* B.

Joignons les points donnés, ainsi que le point m, à un point quelconque i de la droite B et menons la parallèle $m'n'$ à mn. Cette droite rencontre les lignes que nous venons de tracer aux points m', 1′, 2′, ... Transportons maintenant cette droite parallèlement à elle-même dans la direction de B. Le point m' vient sur A en m'' au point où cette droite est rencontrée par la droite $m'm''$ menée parallèlement à B. Par m'' menons une parallèle à $m'n'$: nous obtenons la droite $m''n''$ sur laquelle nous rapportons les points 1′, 2′, ..., en 1″, 2″, ..., et il suffit évidemment de joindre les points 1, 2, ... aux points ainsi obtenus pour avoir les droites demandées.

On est conduit quelquefois à une solution en faisant usage d'une propriété des lignes représentées sur le tableau.

Prenons un exemple : on a (*fig.* 31) une droite de front MN, sur laquelle il y a les points 1, 2, 3 ; une droite NN″ passe par le point N et rencontre la ligne d'horizon en un point trop éloigné du cadre pour pouvoir être employé : *on demande de tracer les droites partant des points* M, 1, 2, 3, *et aboutissant au point, en dehors du cadre, où* NN″ *rencontre la ligne d'horizon.*

Traçons une horizontale de front et joignons les points M, 1, 2, 3, N à un point F de la ligne d'horizon : nous obtenons les points

Fig. 31.

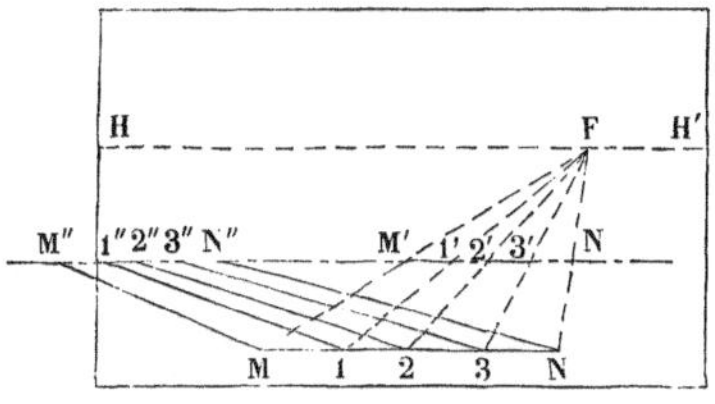

M′, 1′, 2′, 3′, N′. Portons les segments compris entre ces points, à partir du point N″, où l'horizontale de front que nous venons de mener rencontre la droite donnée qui passe par le point N : nous obtenons les points 3″, 2″, 1″, M″. Les lignes qui joignent ces points aux points donnés sont les droites demandées. Les droites qui aboutissent au point F sont, dans l'espace, des droites parallèles entre elles ; les segments M′-1′, 1′-2′, ..., qu'elles interceptent sur l'horizontale de front que nous avons tracée, sont égaux aux segments M-1, 1-2, 2-3, puisque ce sont des segments interceptés par des parallèles sur deux parallèles. En portant ces segments sur l'horizontale de front, nous avons les segments qu'intercepteraient les lignes demandées, qui, dans l'espace, doivent être parallèles entre elles. Par conséquent, nous avons résolu le problème en faisant usage de la propriété, que possèdent des lignes convergentes en un même point de la ligne d'horizon, d'être les perspectives de lignes de l'espace parallèles entre elles.

Déterminer sur MN (*fig.* 32) *des points qui partagent ce segment comme* 1, 2, 3 *partagent le segment de front* M4.

Traçons la droite fM qui rencontre N4 au point L. Les droites L1, L2, L3 coupent aux points 1′, 2′, 3′ la parallèle à M4 menée du point N. On joint ces points au point f. Ces droites coupent MN aux points 1″, 2″, 3″ qui sont les points demandés.

Remarquons qu'on doit choisir la direction de Mf de manière à avoir un point L qui ne soit pas éloigné. Dans certains cas on peut mener simplement sur le tableau une droite par le point M parallèlement à N4.

Si le segment MN est égal au segment M4, les segments compris entre les points M, 1″, 2″, 3″, N sont égaux aux segments compris entre les points M, 1, 2, 3, 4.

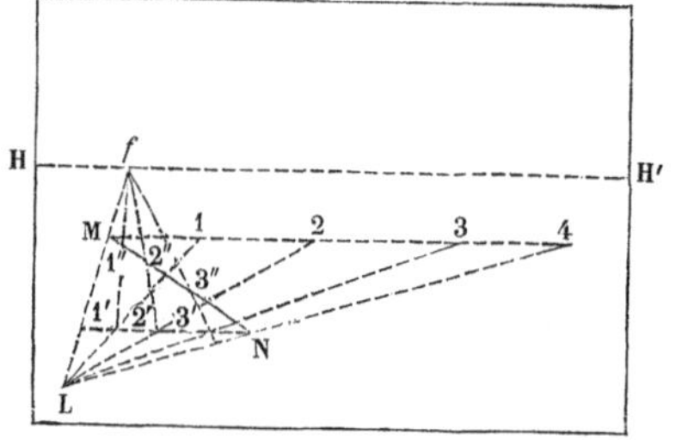

Fig. 32.

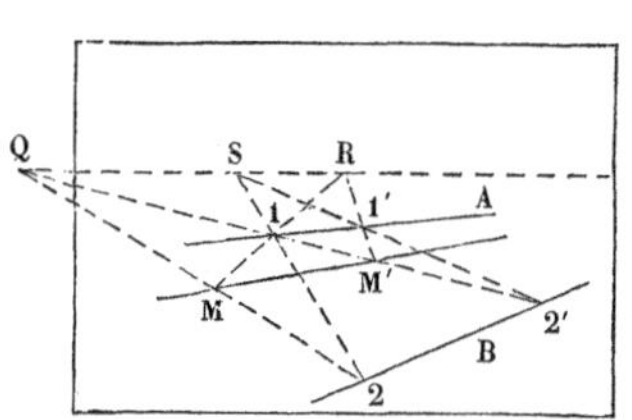

Fig. 33.

Mener par un point M *une droite qui passe par l'intersection de deux droites* A, B *dont le point de rencontre est trop éloigné.*

Du point donné abaissons une perpendiculaire sur chacune des droites; ces perpendiculaires donnent sur A et B les points a et b. La droite demandée est la perpendiculaire abaissée du point M sur la droite ab. On fait ainsi tout simplement usage de la propriété des hauteurs d'un triangle de passer par un même point.

Voici une autre solution du même problème.

Supposons qu'il s'agisse de deux droites du géométral. Par le point M (*fig.* 33) menons deux droites qui coupent la ligne d'horizon aux points Q et R. Ces droites rencontrent les deux lignes données A, B, l'une au point 1, l'autre au point 2. Menons la ligne 1-2, qui rencontre la ligne d'horizon au point S. Par le point S traçons une droite quelconque qui coupe les droites A, B, l'une en 1', l'autre en 2'; joignons R à 1' et Q à 2' : ces deux dernières droites se coupent au point M' et la ligne MM' est la droite demandée.

Cela tient à ce que, sur le géométral, les deux triangles M-1-2, M'-1'-2' ont leurs côtés respectivement parallèles, puisque les perspectives de ces côtés se rencontrent en des points situés sur la ligne d'horizon.

La figure que nous obtenons ainsi conduit à cette proposition de Géométrie :

Si les côtés correspondants de deux triangles se coupent en des points situés sur une même droite, les sommets de ces triangles sont sur des droites convergentes en un même point.

Ou, réciproquement :

Si les sommets de deux triangles sont sur des lignes convergentes en un même point, les points de rencontre des côtés correspondants sont en ligne droite.

Ces deux triangles, dont les sommets sont ainsi placés sur des droites convergentes, sont des triangles *homologiques*.

En général, lorsque sur un plan deux figures se correspondent point par point et droite par droite, de façon que les points correspondants soient sur des droites convergentes en un même point *i*, et que les droites correspondantes se rencontrent sur une même droite D, ces deux figures sont *homologiques*.

Le point *i* est le *centre d'homologie*, et la droite D est l'*axe d'homologie*.

La théorie des *figures homologiques* est due à l'illustre géomètre Poncelet [1].

---

[1] *Traité des propriétés projectives des figures*, 2e édition, t. I, p. 154.

CINQUIÈME LEÇON.

PERSPECTIVE D'UNE ÉLÉVATION.

Échelle des hauteurs. — Extension des constructions de la perspective. — Perspective d'arcades. — Abaissement du géométral. — Suite de la recherche de la perspective des arcades.

Échelle des hauteurs. — Nous avons vu que l'échelle des largeurs est la perspective d'une horizontale de front, telle qu'un segment de cette horizontale a pour perspective un segment qui lui est égal. Cette propriété de l'échelle des largeurs est vraie pour une

Fig. 34.

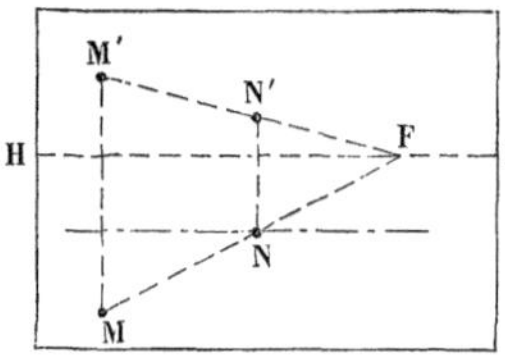

droite quelconque du plan de front qui contient l'horizontale dont la perspective est l'échelle des largeurs. Il est facile d'en voir la raison.

Décrivons, sur ce plan de front dans l'espace, une circonférence de cercle dont le centre soit un point de l'horizontale qui a pour perspective l'échelle des largeurs; la perspective de cette circonférence est une circonférence, puisqu'elle est tracée sur un plan de front. On voit ainsi qu'un rayon de direction quelconque a pour perspective un segment qui lui est égal, puisque cela est vrai pour le rayon compté sur l'échelle des largeurs.

Cherchons, d'après cela, la perspective d'un point situé à une hauteur donnée au-dessus du géométral.

M est (*fig.* 34) la perspective de la projection du point donné sur le géométral. Le point de l'espace dont M est la projection se trouve sur la verticale menée de ce point et à une hauteur qui doit être la perspective du segment mesurant la distance du point donné au géométral.

Par le point M traçons une droite qui rencontre la ligne d'horizon au point F dans l'intérieur du cadre. Cette ligne rencontre l'échelle des largeurs au point N. Sur la perpendiculaire à l'échelle des largeurs menée du point N, perpendiculaire que nous considérons comme la perspective d'une verticale, portons la hauteur qui mesure la distance du point donné au géométral : nous obtenons un point N′. Joignons le point F au point N′; cette droite rencontre au point M′ la verticale issue du point M : le point M′ est la perspective demandée.

Les deux droites FM′, FM sont, en effet, deux droites parallèles entre elles dans l'espace, puisqu'elles ont même point de fuite; ces deux droites interceptent sur les verticales MM′, NN′ des segments

Fig. 35.

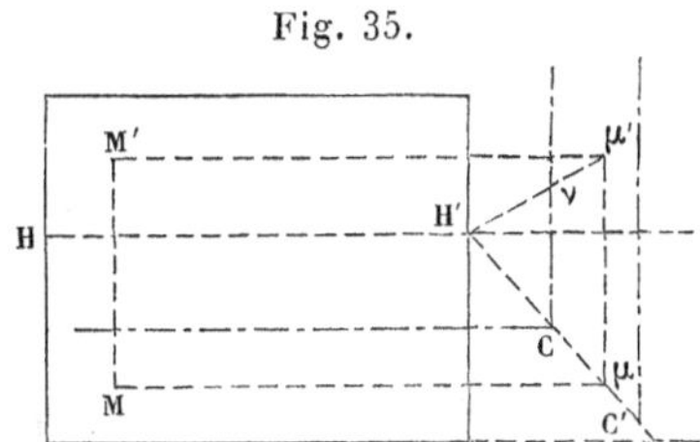

MM′, NN′ qui, dès lors, sont égaux. Mais le segment NN′ est égal à la hauteur du point donné au-dessus du géométral; il en est donc de même de MM′, et le point M′ est bien la perspective cherchée.

Cette construction permet de déterminer la perspective d'un point quelconque de l'espace; mais, lorsqu'on cherche la perspective d'un certain nombre de points, on opère en employant une droite que l'on appelle *échelle des hauteurs,* et dont nous allons parler.

Par le point H′ (*fig.* 35) et en dehors du cadre du tableau, menons une droite qui rencontre l'échelle des largeurs en un point C. De ce point C élevons une perpendiculaire à l'échelle des largeurs; c'est sur cette droite, considérée comme la perspective d'une verticale située dans le plan de front qui contient l'échelle des largeurs, que nous mesurerons les hauteurs; on appelle cette droite l'*échelle des hauteurs*.

Par le point M menons une horizontale de front; elle coupe la droite H′C en un point μ. Sur l'échelle des hauteurs, à partir du point C, portons un segment Cν égal à la hauteur du point donné au-dessus du géométral; joignons le point H′ au point ν. Cette droite rencontre au point μ' la verticale qui passe par le point μ; il suffit maintenant de ramener le point μ', à l'aide d'une horizontale de front, sur la verticale du point M, pour obtenir le point M′, perspective du point demandé.

En opérant ainsi, nous avons supposé que l'élévation et le plan étaient des dessins faits à la même échelle. Si l'élévation est à une échelle différente de l'échelle du plan, à une échelle double par exemple, on n'a qu'à doubler le segment H′C; on porte CC′= H′C; du point C′ on élève une perpendiculaire à la ligne de terre, et l'on a l'échelle des hauteurs.

Fig. 36.

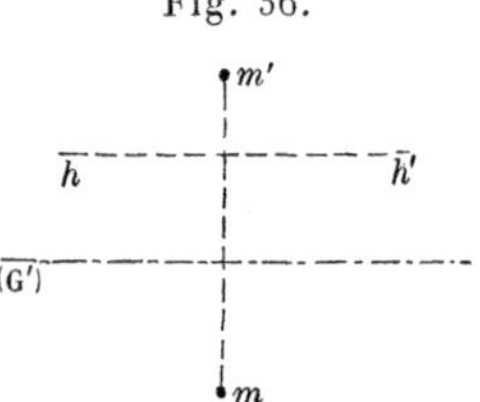

Nous avons pris le point C pour origine de l'échelle des hauteurs; c'est à partir de ce point que nous avons porté la hauteur Cν du point donné. On prend souvent pour origine le point de rencontre de l'échelle des hauteurs avec la ligne d'horizon, et alors c'est à partir de ce point de rencontre qu'on porte, sur l'échelle des hauteurs, dans le sens convenable, la distance du point donné, non plus au géométral, mais au plan horizontal situé à la hauteur de l'œil.

Considérons, par exemple (*fig*. 36), un point dont la projection horizontale est m et la projection verticale m' : la hauteur de ce point au-dessus du géométral est la distance du point m' à la droite (G′). Si nous indiquons sur le plan vertical de projection une horizontale hh' à une distance de (G′) égale à la hauteur de l'œil au-dessus du géométral, la hauteur du point m' au-dessus du plan horizontal passant par l'œil est la distance du point m' à hh'; c'est cette hauteur que l'on doit porter à partir du point de rencontre de l'échelle des hauteurs avec la ligne d'horizon.

Extension des constructions de la perspective. — Avant de passer à une application, nous allons dire un mot de l'extension des tracés qui donnent la perspective d'un point lorsque celui-ci est en avant du tableau.

On est conduit à considérer des points en avant du tableau lorsqu'on s'occupe de la recherche des ombres en perspective ; le point lumineux est dans une position tout à fait indépendante de la situation du tableau : il peut être derrière le spectateur. Il est donc nécessaire de pouvoir faire intervenir la position du point lumineux en établissant sa perspective, ce mot étant défini comme nous allons le dire.

On appelle encore *perspective* d'un point, placé en avant du

Fig. 37.

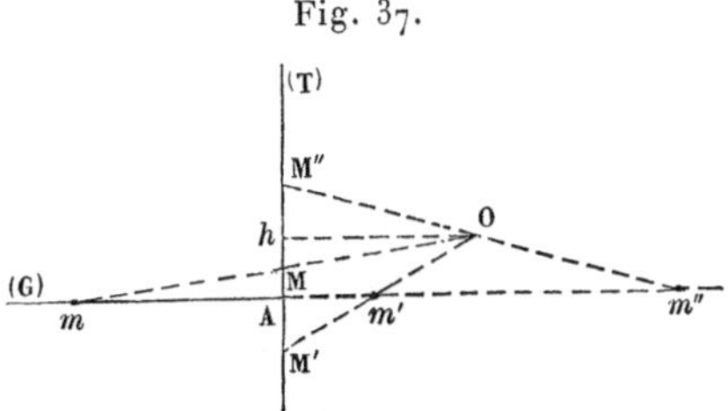

tableau, la trace sur le plan du tableau de la droite qui passe par ce point et par l'œil du spectateur.

Cherchons comment sont placées les perspectives des points suivant leurs positions relatives par rapport au tableau et par rapport au spectateur.

Projetons (*fig.* 37) le géométral et le tableau sur un plan perpendiculaire à la ligne de terre. Le tableau est représenté par une simple droite (T), et le géométral par la droite (G) perpendiculaire à (T) ; l'œil est projeté au point O, la ligne de terre au point A.

Considérons d'abord un point m placé derrière le tableau par rapport au spectateur. Joignons le point O au point m ; cette droite rencontre (T) au point M, qui est entre la ligne de terre et la ligne d'horizon.

Prenons le point en m', en avant du tableau. Joignons le point O au point m' et prenons la trace de cette droite sur le plan du tableau, nous avons un point M′ que nous appelons la perspective du point m', et nous voyons que ce point M′ est au-dessous de la ligne de terre.

Plaçons maintenant le point en m'', derrière le spectateur. Joignons le point m'' au point O, nous avons une droite qui rencontre le tableau en un point M″ situé au-dessus de la ligne d'horizon.

Fig. 38.

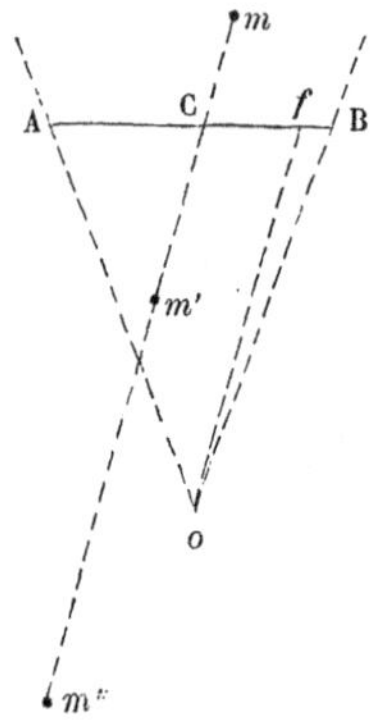

Nous pouvons dire, d'après cela, en ne considérant que deux cas : *Les points du géométral qui sont en avant du spectateur ont leurs perspectives au-dessous de la ligne d'horizon; les points qui sont derrière le spectateur ont leurs perspectives au-dessus de la ligne d'horizon.*

On peut arriver à ces résultats en appliquant la construction

Fig. 39.

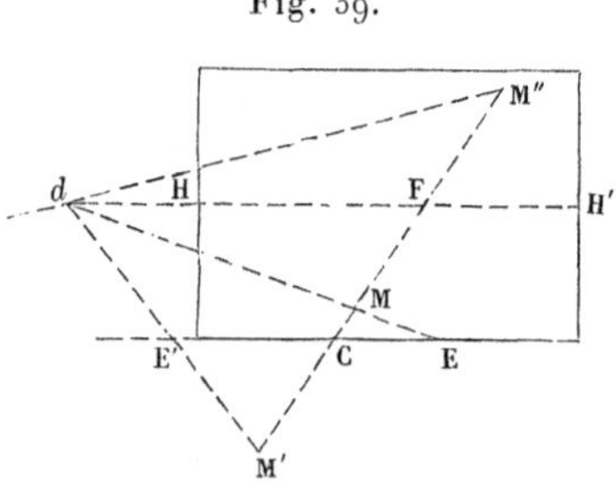

même qui a servi à déterminer la perspective d'un point du géométral.

Reprenons (*fig.* 38) un point m sur le géométral, la droite mC qui passe par ce point, et la parallèle of à mC. Pour déterminer la perspective du point m, nous avons porté (*fig.* 39), à partir du point C jusqu'au point E, l'éloignement oblique du point m, et nous avons joint le point E au point d par une droite qui rencontre FC au point M, perspective du point m.

Si le point m, au lieu d'être placé derrière le tableau, se trouve (*fig.* 38) en m' en avant du tableau, tout en restant en avant du spectateur, les deux segments Cm' et fo sont comptés dans le même sens. Nous avons donc à porter l'éloignement oblique Cm' à partir du point C (*fig.* 39) jusqu'au point E' dans la direction de Fd, et, en joignant le point d au point E', on a une droite qui donne le point M', au-dessous de la ligne de terre.

Prolongeons la droite mC (*fig.* 38) et prenons un point m'' situé derrière le plan de front qui passe par l'œil. Il faut porter (*fig.* 39), à partir du point C sur la ligne de terre, la longueur Cm'' qui est plus grande que Fd; en joignant l'extrémité du segment ainsi

Fig. 40.

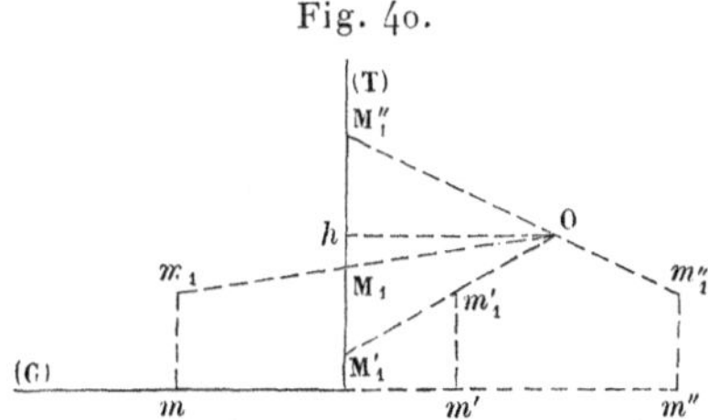

obtenu au point d, on a une droite qui rencontre CF en M'' au-dessus de la ligne d'horizon.

On retrouve bien de cette façon les résultats auxquels nous étions arrivés directement.

Prenons maintenant (*fig.* 40) un point m_1 à une certaine hauteur au-dessus du géométral et au-dessous du plan d'horizon. En joignant le point O au point m_1, on obtient le point M_1, qui est au-dessous de la ligne d'horizon. De même, pour le point qui se projette sur le géométral au point m', si nous prenons un point m'_1 toujours au-dessous du plan d'horizon, en joignant le point O au point m'_1, nous obtenons la perspective M'_1, au-dessous de l'horizon, comme précédemment.

Mais, pour le point m'' situé derrière le plan de front passant par l'œil, le point m''_1, qui est au-dessous du plan d'horizon, donne en perspective un point situé au-dessus de la ligne d'horizon; ainsi, *pour les points en avant du spectateur et au-dessous du plan d'horizon, les perspectives sont au-dessous de la ligne d'horizon; l'inverse a lieu pour les points placés derrière le spectateur.*

Si l'on prend des points situés au-dessus du plan d'horizon, ceux qui sont devant le spectateur ont leurs perspectives au-dessus de la ligne d'horizon, et l'inverse se présente pour les points placés derrière le spectateur.

On peut retrouver ces résultats directement sur le tableau. Soit (*fig.* 41) le point M_1 situé au-dessous du plan d'horizon et dont la projection sur le géométral est en M; cette projection, d'après ce que nous avons dit, montre que le point est placé derrière le tableau. Si l'on prend un point placé derrière le spectateur et dont la projection sur le géométral a pour perspective le point M'', le point de l'espace se trouve sur la verticale passant par ce point M'', et, s'il est à la même hauteur que le point M_1 au-dessus du géométral, en joignant le point cherché à ce point, nous avons une horizontale dont la perspective est M_1F; cette horizontale détermine alors le point M''_1 à sa rencontre avec la verticale passant par M''. Le segment $M''M''_1$ est égal au segment MM_1, et l'on voit que, pour le point placé derrière le spectateur et au-dessous du plan d'horizon, sa perspective M''_1 est au-dessus de la ligne d'horizon.

Fig. 41.

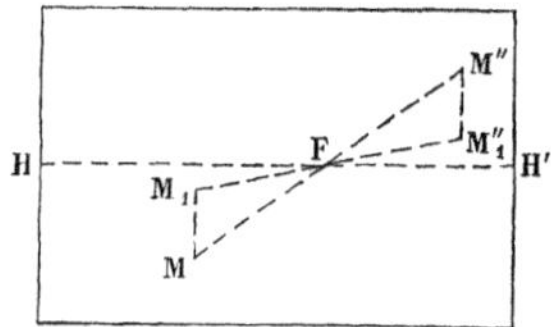

Il est essentiel de se familiariser avec la situation relative des points, selon qu'ils sont devant ou derrière le spectateur, et de voir la position correspondante de leurs perspectives, surtout lorsqu'il s'agit de recherches d'ombres. Ainsi une verticale telle que MM_1 a pour ombre portée une ligne qui s'éloigne de l'observateur ou qui s'en rapproche, selon la position du point lumineux par rapport à cette verticale. En se rendant bien compte de la situation relative de l'objet éclairé et du point lumineux, on voit tout de suite la direction que l'on doit prendre pour l'ombre portée de cette verticale.

Nous reviendrons sur ces détails lorsque nous nous occuperons de la recherche des ombres.

Ce que nous venons de dire relativement à la recherche de la perspective d'un point dans l'espace et ce que nous avons dit précédemment pour la recherche de la perspective d'un point du géométral suffisent pour déterminer la perspective d'un ensemble dont on connaît le plan et l'élévation.

Nous allons prendre un exemple et montrer comment on opère dans ce cas.

Fig. 42.

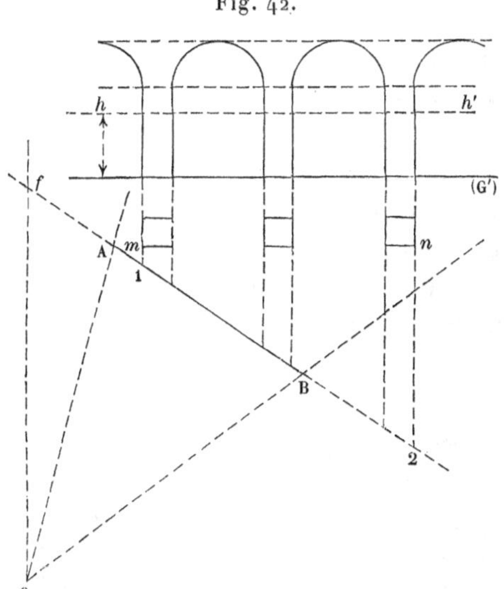

Perspective d'arcades. — Soit à rechercher la perspective d'une suite d'arcades. On donne la projection horizontale des piliers soutenant ces arcades et la projection des arcades sur un plan vertical parallèle au plan du mur qui les limite. Nous avons (*fig.* 42) sur le plan vertical de projection l'horizontale hh' à la hauteur de l'œil au-dessus du sol qui correspond au géométral.

Traçons sur le plan horizontal la projection AB du tableau et prenons la projection horizontale *o* de l'œil. Le tableau est, par exemple, limité en A et B, l'angle optique est A*o*B. On doit chercher à donner à AB une direction convenable et à placer le point *o* de façon à voir l'ensemble de l'objet dont on cherche la perspective.

Prolongeons les côtés des carrés qui forment les projections des piliers, nous obtenons une suite de droites parallèles entre elles; prenons une ligne *of*, parallèle à cette direction, pour la recherche de la perspective. Soit *m* un sommet du premier carré et *n* le sommet du troisième; par les points *m* et *n* on a deux droites qui déterminent sur la ligne AB les points 1 et 2.

Après avoir pris ces dispositions sur le géométral, et avant de passer à la perspective, nous allons dire quelques mots de l'opération qu'on appelle *abaissement du géométral.*

Abaissement du géométral. — Les perspectives des points du plan, placés sur le géométral derrière le tableau par rapport au spectateur, sont sur le tableau dans une région qui est comprise entre la ligne de terre et la ligne d'horizon. Si l'on abaisse le géométral, c'est-à-dire si l'on transporte le géométral verticalement au-dessous de la position qu'il occupe, la figure tracée sur ce géométral a pour perspective, après le déplacement, une figure qui est toujours comprise entre la ligne d'horizon et une nouvelle ligne de terre. Mais celle-ci est plus éloignée de la ligne d'horizon que la première : on a donc ainsi une région plus étendue occupée par la perspective, et cette perspective est alors d'une lecture plus facile.

Le géométral ainsi abaissé occupe, par rapport à l'œil, une certaine position. Supposons que l'œil et ce géométral abaissé soient liés invariablement, et qu'on les transporte encore tous les deux au-dessous de la position qu'ils occupent, jusqu'à ce que l'œil soit sur le prolongement du premier géométral. Alors toute la perspective du géométral abaissé est maintenant située au-dessous de la ligne de terre, et on a l'avantage de n'avoir à faire des tracés qu'en dehors du cadre.

Comme la plupart des lignes qui conduisent au résultat, c'est-à-dire à la perspective du plan, doivent disparaître, et qu'il est difficile d'enlever des lignes sans détériorer un peu le papier du dessin, on évite ces détériorations en plaçant toutes les constructions en dehors du cadre; on peut alors, s'il y a lieu, appliquer facilement des teintes.

L'opération qui consiste à abaisser simultanément l'œil et le géométral porte le nom d'*abaissement du géométral.*

Lorsque la détermination de la perspective du plan est ainsi faite sur le géométral abaissé, il suffit de relever tous les points sur des verticales pour les avoir dans la position qu'ils doivent occuper sur la perspective du plan. C'est ainsi que nous allons opérer pour la recherche de la perspective d'une suite d'arcades.

Suite de la recherche de la perspective des arcades. — La largeur du tableau est dans un rapport arbitraire avec la largeur AB qui est indiquée sur le géométral.

Avec cette hypothèse, on est obligé d'opérer au moyen de lignes proportionnelles pour avoir la ligne d'horizon et la position des points de fuite.

AB est (*fig.* 43) la largeur du tableau. Portons $Ab = AB$ du géométral et Ah_1 égal à la hauteur de l'œil au-dessus du géométral; joignons le point h_1 au point b et menons par le point B une parallèle à la droite ainsi obtenue. Cette parallèle rencontre le cadre du tableau au point H, par lequel passe la ligne d'horizon HH'. A partir du point A, portons le segment $Af_1 = Af$ du géométral; joignons le point h_1 au point f_1, et par le point H menons une parallèle à cette droite : nous obtenons le point F', que nous relevons en F sur la ligne d'horizon. Ce point F est le point de fuite des droites $m1$, $n2$ et de toutes les lignes parallèles à la direction de ces droites.

Abaissons le géométral en transportant la ligne de terre en A'B'; la ligne d'horizon est confondue avec AB, et le point de fuite F est venu en F'. Joignons le point F' au point A'; par le point f_1 menons une parallèle à cette droite. Cette parallèle rencontre AA' en un point : c'est par ce point que nous traçons l'échelle des largeurs. On a bien ainsi l'échelle des largeurs, parce que la distance du point A à cette droite est à la distance du point A au point A' dans le rapport $\frac{Ab}{AB}$, comme on le voit facilement sur la figure.

A partir du point B, traçons en dehors du cadre la ligne oblique BC' qui rencontre l'échelle des largeurs en un certain point : c'est à partir de ce point que nous menons une droite sur laquelle nous compterons les hauteurs.

Cherchons la perspective du point m et la perspective du point n. Pour cela, portons sur l'échelle des largeurs, à partir du point a, des segments égaux aux distances de A à 1 et à 2, ainsi qu'à tous les points intermédiaires relatifs aux piliers : on obtient le point 1′ et, successivement, des points correspondant aux sommets des piliers. On a alors alternativement, à partir de 1′, des segments égaux aux deux intervalles qui se trouvent sur la ligne AB du géométral, à partir du point 1. Joignons le point F′ aux points ainsi obtenus : on a des lignes sur lesquelles doivent se trouver les

Fig. 43.

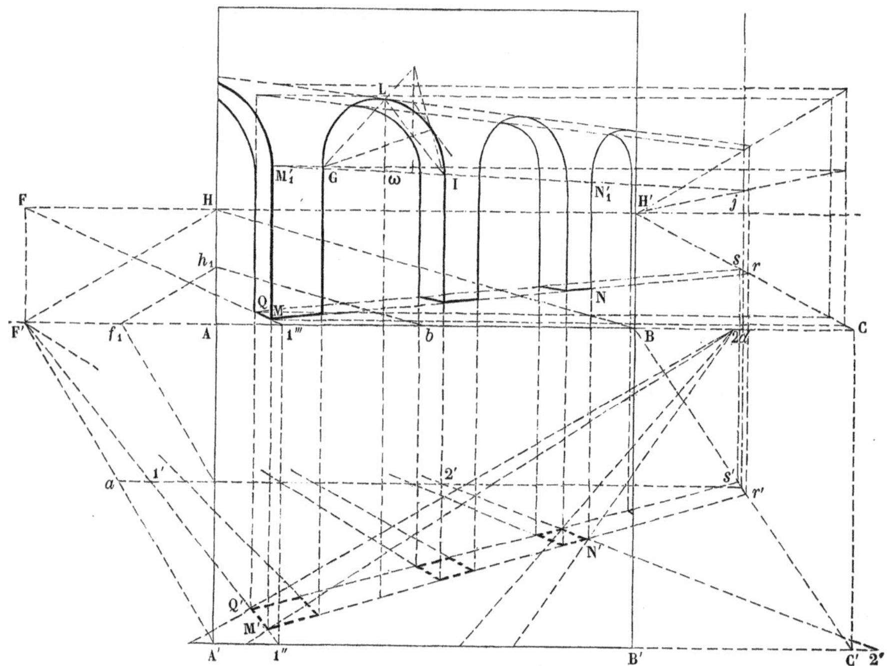

perspectives des sommets des carrés qui forment les projections des piliers.

Cherchons la perspective du point *m* en employant le point 2*d*, obtenu en portant $\overline{F'\text{-}2d}$ égal à deux fois *fo*. Prolongeons la droite F′1′ jusqu'à la droite A′B′ en 1″, et, à partir du point 1″, portons sur la ligne de terre une longueur égale à deux fois *m*1, qui est l'éloignement oblique du point *m*. Joignons le point 2*d* au point que nous venons de déterminer sur la ligne de terre : cette droite rencontre F′1′ en un point M′ qui est la perspective du sommet *m* du carré d'un pilier.

Opérons de même pour le point n. La droite $F'2'$ rencontre la ligne $A'B'$ au point $2''$. A partir du point $2''$ sur $A'B'$, prenons un segment égal à deux fois l'éloignement oblique $n2$ du point n; joignons l'extrémité de ce segment au point $2d$. Cette droite rencontre $F'2''$ au point N', perspective du point n, et alors la droite mn a pour perspective la droite $M'N'$. Cette dernière rencontre les lignes divergentes du point F' en des points qui sont les perspectives des sommets des carrés projections des piliers. On détermine de la même manière la perspective de la ligne parallèle à mn et qui contient les autres sommets des carrés des piliers.

Nous avons ainsi achevé la recherche de la perspective du géométral abaissé.

Ramenons maintenant le géométral dans sa position. Relevons verticalement les perspectives des sommets des carrés. Pour cela, relevons la droite $M'N'$ et la ligne qui lui est parallèle. Prenons les points où ces deux droites rencontrent, d'une part $F'1''$ et d'autre part l'oblique BC'. Ces deux droites se relèvent, l'une en $F1'''$ et l'autre en $H'C$. Ramenons sur ces droites les points M', Q', r' et s' : nous obtenons les points M, Q, r, s. Joignons le point M au point r, le point Q au point s : nous avons les deux droites sur lesquelles il ne reste qu'à rapporter par des verticales les sommets des piliers. Nous possédons ainsi la perspective de la partie inférieure des piliers.

Occupons-nous de la hauteur de ces piliers. Prenons sur la figure géométrale ce qu'on appelle la *ligne de naissance des arcades,* c'est-à-dire la ligne à partir de laquelle commencent les arcades proprement dites. Portons, à partir du point où l'échelle des hauteurs rencontre la ligne d'horizon, la hauteur de la ligne de naissance au-dessus de hh'; joignons l'extrémité j du segment ainsi obtenu au point H'. Ramenons le point M par une horizontale de front sur la ligne $H'C$; puis, par le point ainsi ramené, menons une perpendiculaire à la ligne d'horizon : cette droite rencontre la ligne oblique $H'j$, en un point qu'on ramène en M'_1. De même pour le point N : on obtient le point N'_1 et l'on joint le point M'_1 au point N'_1. La droite $M'_1 N'_1$ est la perspective de la ligne de naissance des arcades. C'est à cette ligne que l'on doit limiter les verticales qui passent par les sommets des piliers qui se trouvent sur la droite MN. On trouve de même la perspective d'une parallèle à cette ligne sur laquelle on limite les extrémités des autres arêtes des piliers.

Sur le géométral abaissé, il est facile d'avoir les perspectives des projections des centres des circonférences qui forment ce qu'on appelle les *courbes de tête des arcades*. Nous relevons ces perspectives sur la ligne $M'_1 N'_1$, et nous avons les centres des circonférences courbes de tête des arcades. Il suffit maintenant d'appliquer la construction donnée dans la dernière Leçon pour avoir la perspective d'une circonférence de cercle, après avoir cherché toutefois la perspective de la tangente commune à toutes ces circonférences : cette dernière perspective se détermine comme nous avons déterminé $M'_1 N'_1$.

Nous avons alors pour la circonférence, dont le diamètre horizontal est GI et dont le centre est au point ω, l'extrémité L du diamètre perpendiculaire à GI. On joint le point L aux points G et I, on mène une parallèle à $L\omega$ pour avoir une perpendiculaire au diamètre GI, et l'on joint aux points G et I les points de rencontre de cette droite avec LG et LI : ces droites se coupent en un point de la circonférence. On obtient ainsi autant de points que l'on veut, et l'on a alors, en les réunissant, une courbe qui doit être tracée tangentiellement en L à la perspective de la tangente commune aux courbes de tête des arcades. On fait de même pour les autres arcades.

Après avoir tracé la perspective des circonférences qui sont dans le plan vertical parallèle au plan MN, on a achevé la perspective des arcades.

Il y a des vérifications. Ainsi les perspectives des côtés des carrés dont la direction est $m\,1$ sur le géométral doivent rencontrer la ligne d'horizon au point F.

Voilà comment on opère lorsque l'on a, d'une façon complète, le plan et l'élévation de la figure dont on demande la perspective. Mais généralement on ne possède pas des données achevées, des dessins complètement terminés; on connaît les principales dimensions de l'objet à mettre en perspective, et la perspective s'achève directement sur le tableau.

Pour effectuer ces tracés directement en perspective, il est nécessaire de connaître la solution des problèmes élémentaires relatifs à la ligne droite et au plan. Ces problèmes, analogues à ceux que l'on résout dans la méthode des projections orthogonales et à ceux que nous avons résolus en étudiant la méthode des projections cotées, nous les aborderons dans la Leçon suivante.

SIXIÈME LEÇON.

CONSTRUCTIONS DIRECTES SUR LE TABLEAU.

Problèmes relatifs à la ligne droite et au plan. — Perspective des moulures.

Problèmes relatifs à la ligne droite et au plan. — Pour les explications relatives aux solutions de ces problèmes, nous représentons un point par sa perspective et par la perspective de sa projection sur le géométral; de même pour une droite.

Étant donnée une droite, déterminer sa trace sur le géométral. — La droite M′N′ (*fig.* 44) et sa projection MN sur le géométral sont deux droites dans un même plan : dès lors, M′N′ prolongée rencontre MN. Le point de rencontre T de ces deux droites est un point du géométral : c'est alors la trace de la droite donnée sur le géométral, c'est-à-dire le point demandé.

Fig. 44.

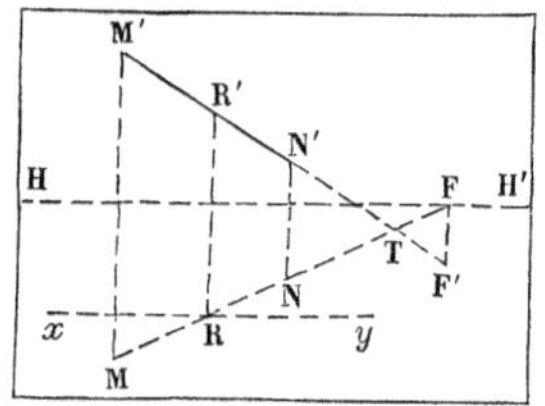

Déterminer la trace d'une droite sur un plan horizontal situé à une distance donnée du géométral. — Sur les verticales qui projettent les extrémités de la droite donnée et à partir du géométral, on porte, dans le sens convenable, la distance donnée. On obtient ainsi deux points qu'on joint par une droite. Cette droite coupe la droite donnée au point cherché.

On construit de la même manière le point où une droite donnée rencontre un plan horizontal qui passe par un point donné.

Déterminer la trace d'une droite sur un plan de front. — Soit xy (*fig.* 44) l'horizontale de front, trace du plan de front donné sur le géométral. Ce plan de front rencontre, suivant une verticale, le plan qui projette la droite donnée sur le géométral; cette verticale passe par le point R, qui est le point de rencontre de xy et de MN : la droite d'intersection des deux plans est la verticale RR′; le point R′, où cette droite rencontre la droite donnée M′N′, est le point demandé.

On détermine de la même manière la trace d'une droite sur un plan vertical quelconque.

Reprenons le plan de front xy et supposons qu'on ait transporté ce plan de front à l'infini; xy est alors confondu avec HH′, le point de rencontre F de MN avec HH′ est la nouvelle position du point R, et, en élevant la perpendiculaire FF′ à la ligne HH′, nous obtenons le point F′, qui est le point de rencontre de M′N′ avec le plan de front, transporté à l'infini.

Puisque le point F′ est la perspective du point de rencontre de la droite M′N′ avec un plan à l'infini, le point F′ est la perspective du point qui est à l'infini sur cette droite; ce point F′ est donc le point de fuite de M′N′, et la construction que nous venons de trouver conduit alors à la détermination du point de fuite d'une droite donnée.

Résolvons directement ce dernier problème.

Construire le point de fuite d'une droite donnée. — Le point de fuite de la droite donnée est sur la ligne de fuite du plan qui projette cette droite sur le géométral. Ce plan étant vertical, sa ligne de fuite est une verticale. Mais nous connaissons un point de cette ligne de fuite, puisque, la droite MN étant une droite de ce plan, son point de fuite, c'est-à-dire le point où elle rencontre la ligne d'horizon, appartient à la ligne de fuite de ce plan vertical. Nous devons donc prolonger MN jusqu'au point F où elle rencontre la ligne d'horizon, par ce point F élever à la ligne d'horizon une perpendiculaire qui est la ligne de fuite du plan vertical qui projette la droite donnée sur le géométral. Le point de rencontre de cette ligne de fuite et de la droite M′N′ est le point de fuite cherché de cette droite. Nous retrouvons ainsi la construction précédente.

La connaissance de ce point de fuite permet de résoudre immédiatement le problème suivant.

D'un point donné, mener une parallèle à une droite donnée. — Il suffit de joindre le point donné au point de fuite de la droite donnée, et l'on a la parallèle demandée.

La trace d'un plan sur le géométral a pour point de fuite le point où cette droite rencontre la ligne d'horizon, et, comme la ligne de fuite du plan doit contenir les points de fuite de toutes les droites tracées sur ce plan, cette ligne de fuite doit passer par le point de fuite de la trace du plan. La trace du plan sur le géométral et sa ligne de fuite sont donc deux droites qui viennent se couper sur la ligne d'horizon.

Nous ne ferons pas usage de ces droites pour résoudre les problèmes élémentaires relatifs à la droite et au plan. Lorsqu'on s'occupe du dessin d'un édifice, on a des plans obliques, comme cela se présente pour la toiture; ces plans obliques ne sont nullement définis par leurs traces sur le géométral et par leurs lignes de fuite : ils sont définis par les droites qui les terminent, comme le faîte et les arêtes inférieures de la toiture. Ce sont les données mêmes de ces plans que l'on doit employer.

Si l'on coupe un plan par des plans de front, les intersections sont des droites de front, et, comme les intersections du plan donné avec ces plans de front sont des droites parallèles entre elles, nous voyons que les lignes de front du plan ont pour perspectives des droites parallèles entre elles.

Parmi tous les plans de front, on peut considérer un plan de front à l'infini. La droite de front, dans ce cas, a pour perspective la ligne de fuite. Nous voyons ainsi que *les lignes de front d'un plan sont, sur le tableau, parallèles à la ligne de fuite de ce plan.*

Déterminer une droite de front d'un plan donné par une droite et un point ou par deux droites qui se coupent. — Le plan est donné (*fig.* 45) par la droite (M'N', MN) et par le point (L', L). Par le point L, menons l'horizontale de front LR. Cette droite représente la trace, sur le géométral, du plan de front qui contient le point donné. Ce plan est rencontré par la droite donnée au point R' : la droite R'L' est la droite demandée. Si le plan est donné par deux droites qui se coupent, on résout le problème en joignant par une droite les traces de ces deux droites sur un plan de front.

Partager une droite M′N′ *en parties proportionnelles à des segments donnés.* — Par le point (M′, M) (*fig.* 46) menons la droite de front (M′R′, MR). Portons sur cette droite, à partir du point M, des segments proportionnels aux segments donnés ou ces segments eux-mêmes. L'extrémité du dernier segment étant (R′, R), on mène la droite (N′R′, NR) et l'on construit le point de fuite de cette droite. Il suffit alors de joindre F′ aux extrémités des segments portés sur M′R′ et de prendre les points de rencontre 1, 2, 3 de ces droites avec M′N′ pour avoir les points cherchés.

Car les droites F′-1, F′-2, F′-3 sont les perspectives de lignes parallèles entre elles et qui déterminent, par conséquent,

Fig. 45.

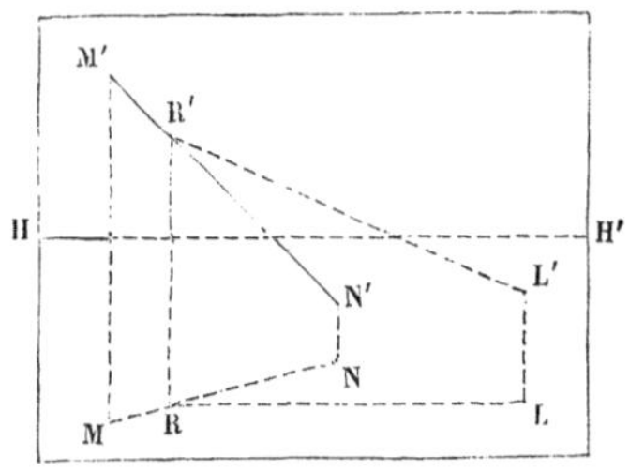

Fig. 46.

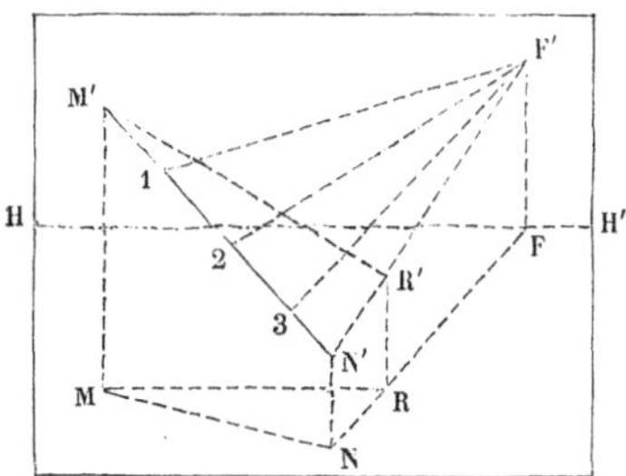

sur M′N′ et sur la droite de front qui passe par M′ des segments proportionnels. Mais les segments qu'on a portés sur la droite de front sont les segments donnés ou des segments proportionnels à ceux-ci ; donc les segments obtenus sur M′N′ sont bien proportionnels à ces segments donnés.

Pour ne pas être conduit à un point de fuite F′ trop éloigné, on peut choisir ce point, puis on cherche la droite de front M′R′ du plan déterminé par F′ et par la droite donnée. On partage M′R′ en segments proportionnels aux segments donnés et l'on achève comme précédemment.

Voici une autre solution du même problème :

Par le point M (*fig.* 46) on mène une horizontale de front ; on porte sur cette droite, à partir du point M, des segments égaux ou proportionnels aux segments donnés ; on joint le point N à l'extrémité du dernier segment ainsi porté : cette droite rencontre la ligne d'horizon en un point que l'on joint aux extrémités des segments portés sur l'horizontale de front menée par le point M; on a des droites qui rencontrent MN en certains points. Au moyen de verticales, on relève ces points, et l'on retrouve sur M'N' les points 1, 2, 3 qui partagent cette droite en parties proportionnelles aux segments donnés.

Si l'on porte sur une horizontale de front des segments égaux entre eux, les droites qui partent des extrémités de ces segments et qui aboutissent à un même point de la ligne d'horizon sont les perspectives de droites parallèles entre elles, qui déterminent alors des segments égaux sur toute horizontale de front. Les segments ainsi obtenus sur toutes ces horizontales de front sont les perspectives de segments égaux entre eux dans l'espace.

On obtient de la sorte, sur ces horizontales de front, ce qu'on appelle les *échelles des plans de front* qui passent par ces droites.

Fig. 47.

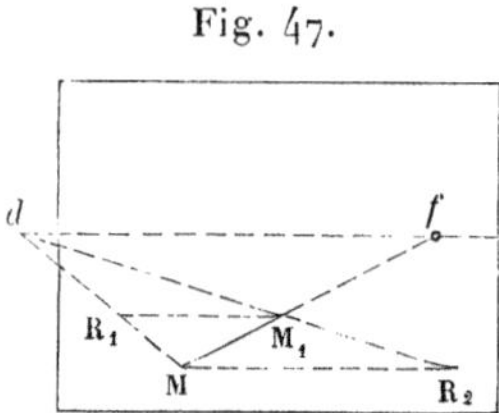

Lorsque l'on porte sur un plan de front une longueur égale à un segment donné, cette longueur doit être mesurée à l'échelle de ce plan de front.

Supposons, par exemple, que le point d (*fig.* 47) soit le point de distance correspondant à la direction Mf; en joignant le point d au point M, nous obtenons, sur la droite de front qui passe par le point M_1, un point R_1, et nous avons $R_1M_1 = MM_1$. On dit alors que R_1M_1 est la longueur de MM_1 à l'échelle du plan de front qui passe par le point M_1. Si nous avions joint le point d au point M_1, nous aurions obtenu un point R_2 qui nous donnerait encore $R_2M = MM_1$; mais ici R_2M est la longueur du segment MM_1 à l'échelle du plan de front qui passe par le point M, et l'on voit que sur le tableau la longueur MR_2, mesurée entre les pointes d'un compas, est plus grande que la longueur MM_1. Dans l'espace, il est bien évident que les longueurs correspondant à ces segments sont égales entre elles.

Porter sur une droite des segments égaux à des segments donnés sur cette droite. — Soit, sur le géométral, MR (*fig.* 48) la droite donnée. Par le point M traçons une horizontale de front. Joignons les extrémités des segments MN, NR à un point f de la ligne d'horizon : ces droites rencontrent l'horizontale de front qui passe par le point M aux points 1 et 2. A partir du point 2, prenons des segments égaux aux segments $\overline{M\text{-}1}$, $\overline{1\text{-}2}$: nous obtenons les points 1′, 2′. Joignons ces points au point f : ces droites rencontrent la droite donnée aux points N′, R′, qui sont les points demandés.

Fig. 48.

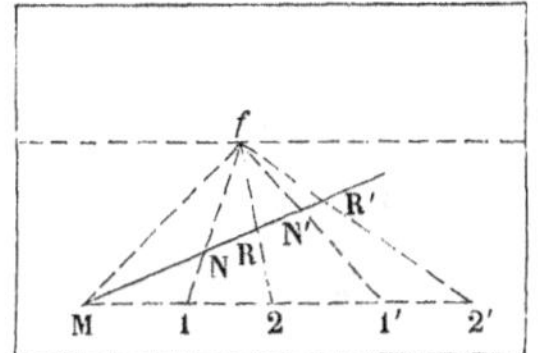

Déterminer le point où une droite rencontre un plan donné par deux droites qui se coupent. — On construit les points où les droites, qui déterminent le plan donné, rencontrent le plan vertical qui contient la droite donnée. La droite qui joint ces deux points rencontre la droite donnée au point demandé.

Au lieu de faire usage du plan vertical qui contient la droite donnée, on peut employer un plan déterminé par cette droite et par une droite de front menée de l'un de ses points. Mais cette solution exige qu'on sache résoudre le problème suivant.

Construire l'intersection de deux plans. — Nous supposons que chacun des plans est donné par deux droites qui se coupent. On coupe ces plans par un premier plan de front. On détermine ainsi deux droites de front qui, par leur rencontre, donnent un point de la droite d'intersection des deux plans. Au moyen d'un second plan de front, on construit un second point de cette droite qui est alors déterminée.

Le problème, qui consiste à partager une droite en segments proportionnels à des segments donnés, trouve son application lorsqu'on cherche la perspective d'une moulure.

Perspective des moulures. — Nous allons considérer une moulure qui contourne deux murs verticaux à angle droit et en chercher la perspective.

$a'b'c'd'e'g'l'$ (*fig.* 49) est le profil qu'on obtient en coupant la moulure par un plan perpendiculaire aux arêtes de cette moulure. En projection horizontale, on a des droites parallèles entre elles correspondant à la direction d'un des murs, et des droites parallèles entre elles correspondant à la direction de l'autre mur. Ces droites viennent se couper en des points appartenant à un contour relatif à la moulure et qui se trouve dans le plan bissecteur du dièdre formé par les plans verticaux des deux murs.

En projection horizontale, on a *acdel*.

Supposons que sur le tableau nous ayons les perspectives des

Fig. 49.

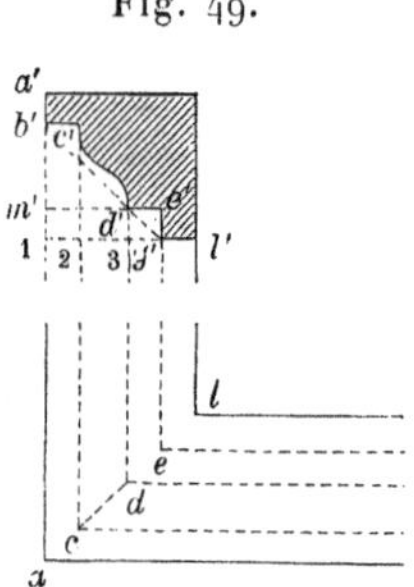

grandes arêtes qui viennent aboutir au point projeté en a et les perspectives des grandes arêtes aboutissant au point l; nous supposons en outre que ces grandes arêtes sont obliques par rapport au tableau.

Soit HH′ la ligne d'horizon (*fig.* 50). Le point projeté en a a pour perspective le point A′, et les grandes arêtes qui aboutissent à ce point A′ sont les deux droites de la figure qui partent de ce point; de même pour le point L′, et, comme ces dernières arêtes sont parallèles aux premières, elles doivent rencontrer respectivement la ligne d'horizon aux mêmes points que les premières.

Cherchons les perspectives des points appartenant au profil de la moulure, points qui se projettent en *cdel* (*fig.* 49). Pour cela, partageons AL (*fig.* 50) en segments proportionnels aux segments *ac*, *cd*, *de*, *el*, ou encore, si nous n'avons que le profil de la moulure en segments proportionnels aux segments $\overline{1\text{-}2}$, $\overline{2\text{-}3}$, $\overline{3\text{-}g'}$

et $\overline{g'\text{-}l'}$. A cet effet, menons par le point A une horizontale de front, portons à partir du point A des segments égaux à $\overline{1\text{-}2}$, $\overline{2\text{-}3}$, $\overline{3\text{-}g'}$ et $\overline{g'\text{-}l'}$, joignons l'extrémité du dernier segment ainsi porté au point L : cette droite rencontre la ligne d'horizon en un certain point. Joignons ce point aux extrémités des segments portés sur l'horizontale de front qui passe par le point A : ces droites rencontrent AL en des points C, D, E, L qui sont les perspectives des points *c*, *d*, *e*, *l*.

Cherchons maintenant les points de l'espace correspondant aux

Fig. 50.

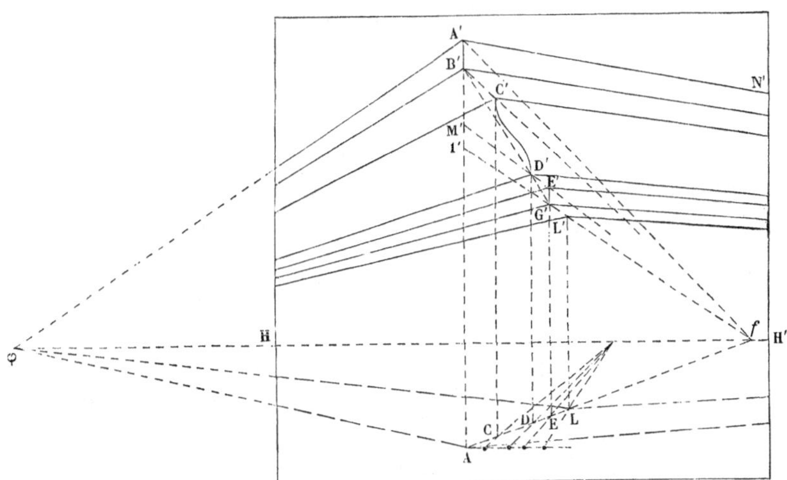

points C, D, E, L. Ces points sont dans le plan vertical qui a pour trace AL sur le géométral. Ce plan vertical rencontre le plan horizontal qui est à la hauteur du point A' suivant une droite qu'on obtient en joignant le point A' au point *f*, où la ligne d'horizon est rencontrée par la droite AL. Ce plan vertical rencontre aussi le plan horizontal qui est à la hauteur du point L' suivant une droite *f*L'. C'est dans ce plan vertical que se trouvent les points que nous cherchons, et qui sont sur les verticales élevées des points C, D, E.

Dans ce plan vertical, et par les points du profil de la moulure, concevons des horizontales. Ces droites rencontrent la verticale qui passe par le point A' en des points qui correspondent aux points *b'*, *m'*, 1 du profil de la moulure. Nous n'avons donc qu'à partager le segment A′1′ en segments proportionnels aux segments $a'b'$, $b'm'$, $m'1$. Comme la droite A′1′ est une droite de front, nous partageons le segment A′1′ sur le tableau en segments proportionnels, en opérant comme s'il s'agissait de la droite A′1′ de l'espace : nous obtenons ainsi le point B′ et le point M′, et nous avons $\frac{A'B'}{a'b'} = \frac{B'M'}{b'm'}, \ldots$.

Joignons maintenant les points B′ et M′ au point f : nous avons ainsi, dans le plan vertical dont la trace est AL, les deux horizontales passant par les points B′ et M′. Ces droites rencontrent les verticales qui passent par les points C, D, E en des points qui appartiennent au profil de la moulure ; c'est par les points ainsi déterminés qu'on doit mener les grandes arêtes de la moulure.

Par le point B passent deux grandes arêtes horizontales qui rencontrent la ligne d'horizon au point où cette droite est rencontrée par les droites qui passent par le point A′. Nous menons de même les grandes arêtes qui passent par les points C′, D′, E′, G′ et L′.

Nous avons déterminé les points C′, D′, E′ en employant des segments comptés (*fig.* 49) sur les lignes $a'1$ et $1\,l'$; on procède de même pour construire un point quelconque du contour C′D′.

Pour achever le tracé de la perspective de la moulure, il faut avoir soin de remarquer qu'il existe une droite A′B′ entre le point A′ et le point B′ et une droite E′G′ entre les points E′ et G′, mais qu'il n'y a pas de droite entre B′ et C′, parce que c'est un même plan horizontal relatif à la moulure qui existe sur les deux murs ; de même, entre D′ et E′, entre G′ et L′, il n'y a pas d'intersection. Ainsi, en suivant le contour de la moulure à partir de A′ jusqu'en L′, on ne rencontre pas une ligne continue d'intersections de plans. Il y a intersection de plans lorsqu'on a des plans verticaux et le long de la ligne qui représente le contour courbe ; mais les plans horizontaux ne donnent pas lieu à des droites d'intersection.

Les grandes arêtes passant par A′ ont, l'une un point de fuite qu'on peut employer, l'autre, A′N′, un point de fuite trop éloigné. Pour mener les arêtes parallèles à celle-ci, on peut faire usage d'un plan vertical auxiliaire sur lequel on détermine, comme nous venons de le faire pour le plan vertical AL, les points où il est rencontré par les arêtes parallèles à A′N′.

Dans la pratique, lorsqu'on a à déterminer un certain nombre de tracés de moulures, on se contente de chercher la perspective d'une figure dans laquelle on remplace, par exemple, le contour compris entre b' et g' (*fig.* 49) par une simple droite $b'g'$. On cherche alors la perspective comme précédemment : on a ainsi la perspective par *masses*. Puis, en substituant à la droite $B'G'$ (*fig.* 50) un contour à simple vue, on obtient approximativement la perspective de la moulure. Mais cette manière d'opérer n'est possible que lorsqu'on sait, à la suite d'un certain nombre de tracés exacts, la forme à laquelle on doit arriver pour la perspective des moulures.

On doit remarquer que, pour la solution de tous les problèmes que nous venons de résoudre, les longueurs des segments n'intervenant que par leur rapport, nous n'avons pas fait usage des points de distance. Dans la Leçon suivante nous emploierons ces points pour traiter des questions, relatives au plan et à la droite, dans lesquelles on cherche la grandeur d'angles ou de segments de droites.

SEPTIÈME LEÇON.

CONSTRUCTIONS DIRECTES SUR LE TABLEAU (SUITE).

Amener un plan à être de front. — Perspective d'une perpendiculaire à un plan. — Perspective d'une figure vue après réflexion. — Relèvement du géométral.

SUPPLÉMENT : Perpendiculaire à un plan.

En Géométrie descriptive, les problèmes dans lesquels interviennent des grandeurs angulaires ou linéaires se résolvent au moyen de rabattements. Si, par exemple, on a à déterminer la grandeur d'un angle, on amène le plan de cet angle à être parallèle à l'un des plans de projection, on projette la figure ainsi obtenue, et l'on a en projection la grandeur de l'angle à mesurer.

De même, pour déterminer la grandeur d'un segment de droite, on amène le plan qui contient le segment qu'on veut mesurer à être parallèle à l'un ou à l'autre des plans de projection.

Dans la méthode des projections cotées, on n'a qu'un plan de projection, et alors les rabattements se font de manière à amener les plans, sur lesquels se trouvent les grandeurs qu'on veut mesurer, à être parallèles au plan de comparaison.

En perspective, nous n'avons plus qu'un plan vertical : c'est le plan du tableau. En amenant un plan à être parallèle au plan du tableau (et pour cela il suffit de le faire tourner autour de l'une de ses droites de front) et en construisant la perspective de la figure après la rotation, on obtient une figure semblable à la figure de l'espace. Les angles de cette figure sont alors égaux aux angles de la figure de l'espace, et les segments de droites sont proportionnels à ceux des droites de l'espace.

Le problème que nous sommes conduit à résoudre est donc le suivant : amener un plan à être de front.

Avant de donner la solution de cette question, faisons remarquer que, lorsqu'on connaît les points principaux de fuite et de distance, on peut mesurer les segments comptés sur des perpendiculaires au plan du tableau.

P et D (*fig.* 51) sont les points principaux de fuite et de dis-

Fig. 51.

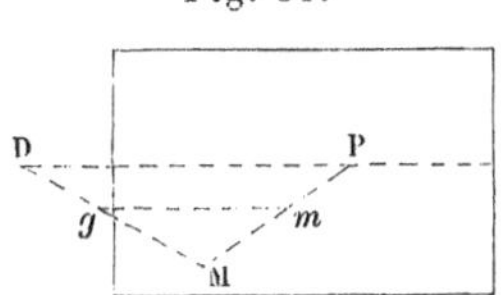

tance; une droite MP est la perspective d'une perpendiculaire au plan du tableau : cherchons la longueur d'un segment Mm de cette droite.

Nous n'avons qu'à joindre le point D au point M et à mener par le point m une droite de front : la ligne mg est la longueur du segment Mm, à l'échelle du plan de front qui contient le point m, car le point D est le point de distance correspondant à la direction MP; il est donc le point de fuite des droites, telles que DM, qui déterminent des segments égaux sur MP et sur une horizontale de front.

Occupons-nous maintenant de ce problème :

Amener un plan à être de front. — On donne (*fig.* 52) les points principaux de fuite et de distance P, D. Le plan est donné par les droites (M′C′, MC), (M′E′, ME), on le fait tourner autour d'une de ses droites de front, pour l'amener à être de front : on demande de construire les perspectives des points du plan lorsque la rotation est effectuée.

Soit xy la droite de front autour de laquelle nous allons faire tourner le plan donné. Cette droite est dans le plan de front qui a pour trace sur le géométral l'horizontale de front CEy. En tournant autour de xy, le point M′ décrit une circonférence de cercle dont le rayon est la perpendiculaire abaissée du point M′ sur la charnière. Cherchons cette perpendiculaire : pour cela projetons le point M′ sur le plan de front xy, et du pied de cette perpendiculaire abaissons une perpendiculaire sur xy. Le pied de cette dernière droite est le pied de la perpendiculaire abaissée du point M′ sur la charnière xy.

Effectuons ces constructions. Menons les droites M′P, MP. Cette dernière droite rencontre CE en m, la verticale mm' coupe M′P au point m', qui est la projection de M′ sur le plan de front xy. Du point m', dans ce plan de front, abaissons une perpendiculaire sur xy, et pour cela il suffit de mener une droite rencontrant

Fig. 52.

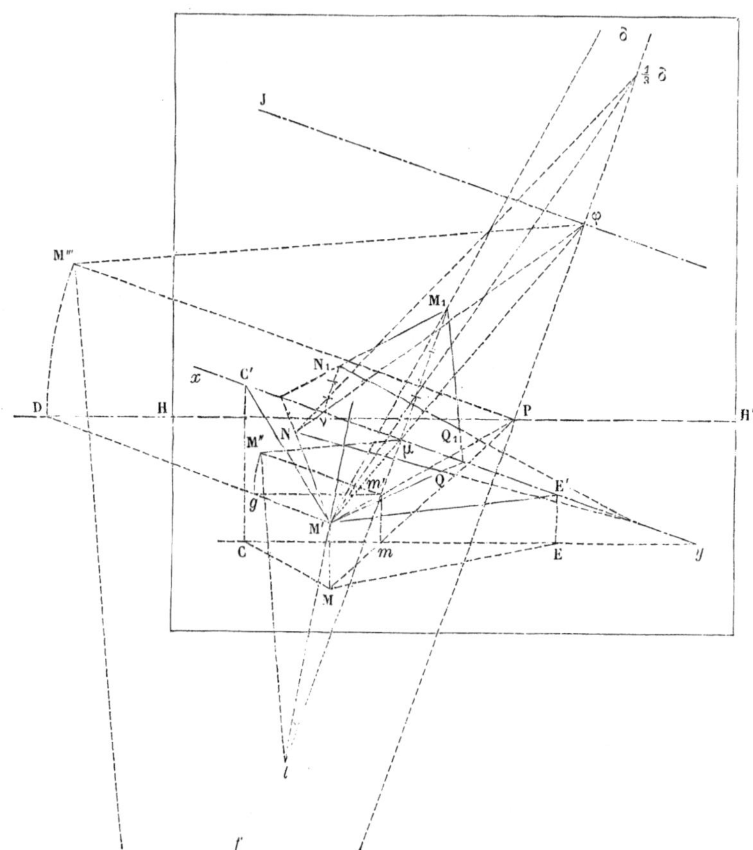

à angle droit cette droite xy, puisque nous opérons dans un plan de front. Le pied de cette perpendiculaire est μ, et la droite M′μ est la perpendiculaire abaissée du point M′ sur la charnière xy.

Après la rotation du plan autour de xy, la droite M′μ, qui est perpendiculaire à xy, a pour perspective la perpendiculaire à la charnière menée à partir du point μ, et le point M′ est sur cette perpendiculaire, à une distance du point μ égale à la longueur de $M'\mu$, à l'échelle du plan de front xy.

Pour trouver la longueur de $M'\mu$, considérons le triangle rectangle $M'm'\mu$ et amenons le plan de ce triangle à coïncider avec le plan de front xy, en le faisant tourner autour de la droite de front $m'\mu$. Lorsque le plan du triangle $M'm'\mu$ coïncide avec le plan de front xy, le côté $m'M'$, qui est perpendiculaire à $m'\mu$, a pour perspective une droite perpendiculaire à $m'\mu$, et le point M' vient sur cette droite à une distance égale à la longueur de $M'm'$. Mais, d'après ce que nous venons de dire, nous savons déterminer la longueur de ce segment de droite : on mène par le point m' l'horizontale de front $m'g$, et par le point M' la droite $M'D$; on obtient alors le segment $m'g$, qui est égal au segment $M'm'$, à l'échelle du plan de front qui contient le point m'. Rapportons ce segment $m'g$ en $m'M''$: l'hypoténuse $M''\mu$ du triangle $M''m'\mu$ est la longueur de $M'\mu$.

Il suffit alors de porter le segment $\mu M''$, à partir du point μ jusqu'en M_1, sur la perpendiculaire μM_1 à xy, pour avoir au point M_1 la perspective du point M' après la rotation du plan. On dit que le point M_1 est le *relèvement* du point M'.

On pourrait recommencer les mêmes constructions pour d'autres points du plan donné; mais quelques remarques permettent de simplifier les tracés qui conduisent aux relèvements de ces points.

Le plan du triangle $M'm'\mu$ a sa ligne de fuite qui est parallèle à $m'\mu$, puisque cette dernière droite est une ligne de front du plan de ce triangle. Cette ligne de fuite doit passer par le point P, qui est le point de fuite de la droite $M'm'$ du plan du triangle. Nous avons donc la ligne de fuite du plan de ce triangle en abaissant du point P une perpendiculaire sur la ligne de front xy du plan donné : cette perpendiculaire est, en effet, parallèle à $m'\mu$. Elle rencontre $M'\mu$ au point de fuite φ de cette droite.

Le point φ est le point de fuite des droites tracées sur le plan et qui sont perpendiculaires à xy. On peut remarquer que φ est sur la ligne de fuite J du plan donné, puisque $M'\mu$ est une droite de ce plan.

En tournant autour de xy, le point M' décrit un arc de cercle, et la corde de l'arc décrit est la ligne $M'M_1$. Pour chaque point du plan, on a une droite telle que $M'M_1$. Toutes ces droites, étant parallèles entre elles, ont même point de fuite. Ce point de fuite est à la rencontre de $M'M_1$ avec la ligne de fuite $P\varphi$. Comme il est trop éloigné, prenons le tiers du segment $M_1\mu$, joignons le point M' à l'extrémité du premier tiers de μM_1 à partir de μ, nous obtenons, à la rencontre de cette droite et de $P\varphi$, le point $\frac{1}{3}\delta$. Au moyen du point φ et du point $\frac{1}{3}\delta$, il est facile d'avoir le relèvement d'un point quelconque du plan.

Prenons, par exemple, le point N du plan. Abaissons du point N une perpendiculaire sur xy; la perspective de cette droite est $N\varphi$ et son pied sur xy est le point ν. Après la rotation, cette perpendiculaire $N\nu$ a, pour perspective, la perpendiculaire élevée du point ν à la droite xy. Joignons le point N au point $\frac{1}{3}\delta$. Cette ligne rencontre la perpendiculaire issue du point ν en un point qui est l'extrémité d'un segment, compté à partir de ν, et que nous triplons jusqu'au point N_1 : le point N_1 est le relèvement du point N.

Réciproquement, si l'on a un point du plan relevé, tel que N_1, par des constructions inverses, on revient du point N_1 au point N.

Le relèvement d'une droite se fait en relevant deux de ses points; la droite $M'N$, par exemple, est relevée en M_1N_1. On peut remarquer que le point où la droite $M'N$ rencontre la charnière est un point qui ne change pas pendant la rotation, et, par conséquent, il appartient à la droite M_1N_1.

La figure qui est tracée sur le plan donné et la figure qu'on obtient après le relèvement du plan sont deux figures, telles que les points correspondants, comme M' et M_1, N et N_1, sont sur des droites convergentes en un même point δ. Les droites de ces deux figures, comme $M'N$ et M_1N_1, qui se correspondent, viennent se couper sur la droite xy. Ces deux figures sont donc *homologiques.*

Le problème que nous venons de résoudre permet d'arriver à la solution d'un grand nombre de questions. Si, pour ne prendre qu'un exemple, on demande de *construire dans le plan donné et sur* $M'N$ *un triangle semblable à un triangle donné,* on n'a qu'à relever le plan donné. La droite $M'N$ vient en M_1N_1; dans cette situation, on construit sur M_1N_1 un triangle $M_1N_1Q_1$ semblable au triangle donné, puis on ramène le point Q_1 en faisant tourner le plan autour de xy jusqu'à ce qu'il soit revenu dans sa première position. Le point Q_1 vient prendre une certaine position

Q, et, en joignant le point Q aux points M′ et N, on a la perspective demandée. Nous ne nous arrêtons pas à traiter d'autres problèmes de ce genre.

Perspective d'une perpendiculaire à un plan. — Cherchons la perspective de la perpendiculaire au plan qui est issue du point M′.

La droite demandée doit être une droite du plan du triangle $M'm'\mu$ (*fig.* 52), puisque le plan de ce triangle est perpendiculaire à xy; il contient, en effet, les droites $\mu M'$ et $\mu m'$, qui sont perpendiculaires à xy. La droite demandée doit être, en outre, perpendiculaire à la droite $M'\mu$; mais nous avons fait tourner le plan du triangle $M'm'\mu$ autour de la droite de front $m'\mu$; l'hypoténuse $M'\mu$ est venue en $M''\mu$. Dans cette situation, la perpendiculaire, menée dans le plan du triangle à la droite $M'\mu$, n'est autre que la perpendiculaire $M''l$ à l'hypoténuse $M''\mu$. Lorsque nous ramenons le plan du triangle dans la position qu'il a dans l'espace, le point de rencontre l, de la perpendiculaire $M'l$ avec $m'\mu$, ne change pas de position, et la perpendiculaire demandée est lM'. En prolongeant cette perpendiculaire jusqu'au point où elle rencontre la ligne de fuite $P\varphi$ du plan du triangle $M'm'\mu$, on a le point de fuite de toutes les perpendiculaires au plan donné.

La construction que nous venons de donner s'appuie sur la détermination du rabattement de $M'\mu$ lorsqu'on a fait tourner le plan du triangle $M'm'\mu$ autour de la droite de front $m'\mu$ située dans le plan xy. Nous pouvons faire la même construction en prenant un autre plan de front que le plan xy. Prenons, par exemple, comme charnière la ligne de fuite du plan donné, en supposant que le plan de front xy soit transporté à l'infini. Le triangle $M'm'\mu$ de la construction précédente est remplacé actuellement par le triangle $MP\varphi$ et le segment $m'g$ par le segment PD, que nous devons porter en PM''', perpendiculairement à $P\varphi$. L'hypoténuse $M'\varphi$ du triangle $M'P\varphi$ est maintenant rabattue en $M'''\varphi$, et la perpendiculaire au plan est rabattue suivant la perpendiculaire menée du point M''' à la droite $M'''\varphi$. Cette perpendiculaire rencontre $P\varphi$ en un point f qui est le point de fuite des perpendiculaires au plan; en le joignant au point M′, on a la perpendiculaire demandée.

On peut arriver directement à cette construction.

Le point P est le pied de la perpendiculaire abaissée de l'œil O sur le plan du tableau; la ligne de fuite J du plan donné est la trace sur le plan du tableau du plan mené de l'œil parallèlement au plan donné.

Menons un plan perpendiculaire à cette ligne de fuite; ce plan est à la fois perpendiculaire au tableau et au plan donné; sa trace sur le tableau est la perpendiculaire $P\varphi$ abaissée du point P sur la ligne de fuite du plan donné. Ce plan auxiliaire coupe le plan mené par l'œil parallèlement au plan donné suivant la droite $O\varphi$; dans ce plan auxiliaire, la perpendiculaire au plan donné menée par l'œil est une ligne perpendiculaire à cette droite $O\varphi$. Pour construire cette ligne, faisons tourner le plan auxiliaire autour de la droite $P\varphi$ tracée sur le plan du tableau. La perpendiculaire qui va de l'œil au point P vient alors se rabattre suivant la ligne PM''', le segment PM''' étant égal à PD, c'est-à-dire à la distance de l'œil au tableau. Nous avons alors le rabattement $M'''\varphi$ de la ligne $O\varphi$. Nous n'avons plus qu'à élever, du point M''', une perpendiculaire à cette droite et à ramener cette ligne en replaçant le plan auxiliaire dans la position qu'il doit occuper. Le point où la perpendiculaire menée du point M''' à $M'''\varphi$ rencontre $P\varphi$ est le point de fuite f des droites perpendiculaires au plan donné.

Le plan auxiliaire que nous venons d'employer est perpendiculaire au tableau; il renferme deux droites rabattues, l'une en $M'''\varphi$ et l'autre perpendiculaire à celle-ci en $M'''f$. Ces droites ont, pour points de fuite, l'une le point φ et l'autre un certain point f de φP. Dans le triangle $\varphi M'''f$, on a la relation $P\varphi \times Pf = \overline{PD}^2$. On peut donc dire que, *lorsque sur un plan perpendiculaire au plan du tableau on a deux droites perpendiculaires entre elles, le produit des distances de leurs points de fuite au point principal de fuite est égal au carré de la distance principale.* Ce résultat est applicable au géométral, puisque ce plan est perpendiculaire au plan du tableau.

Perspective d'une figure vue après réflexion. — Un point, vu par réflexion dans une glace, est vu comme s'il était, par rapport à la glace, le symétrique du point donné. Pour construire ce point symétrique, on applique ce qui précède, puisqu'on doit abaisser du point donné une perpendiculaire sur le plan.

Dans le cas particulier où la surface réfléchissante est une surface horizontale, par exemple une nappe d'eau, l'image d'un point s'obtient en menant une verticale et en prolongeant cette verticale au-dessous de la surface réfléchissante d'une longueur égale à la distance du point à cette surface; comme on a des segments égaux sur une verticale, ils restent égaux sur le tableau.

Relèvement du géométral. — Lorsqu'au lieu d'un plan quelconque on considère le géométral, le problème, qui consiste à amener ce plan à être parallèle au tableau, porte le nom de *relèvement du géométral*. Les constructions, dans ce cas, se simplifient et se réduisent aux tracés que nous allons indiquer.

Soient M (*fig.* 53) un point du géométral et xy la droite de front

Fig. 53.

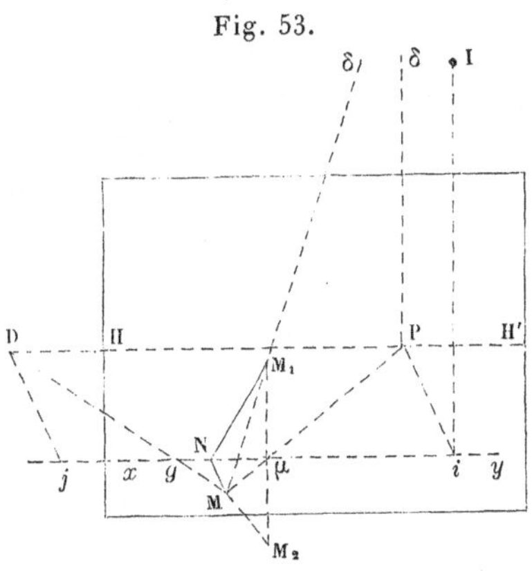

qui est la charnière. On obtient la perpendiculaire à cette charnière en joignant le point M au point P : cette droite coupe xy au point μ. La longueur de $M\mu$ s'obtient en joignant le point M au point D, le segment μg est égal à $M\mu$, à l'échelle du plan de front xy. La droite $M\mu$ est relevée en μM_1, perpendiculairement à xy, le point M_1 étant tel que μM_1 soit égal à μg.

Toutes les cordes des arcs décrits par les points du géométral sont des droites parallèles à MM_1 et ont alors pour point de fuite le point δ, où MM_1 rencontre la perpendiculaire menée du point P à la ligne d'horizon. Ce point δ est appelé le *point supérieur de distance*. Si le géométral tourne autour de xy, de façon que le point M vienne en M_2 au-dessous de cette droite, la corde MM_2 a alors pour point de fuite le *point inférieur de distance*.

Une droite MN du géométral est relevée en M_1N.

Cherchons le *relèvement du point dont la perspective est à l'infini sur* MN. Joignons le point P au point à relever qui est à l'infini sur MN, c'est-à-dire menons par le point P une parallèle à MN : cette droite coupe xy au point i. Précédemment, pour le point M, nous avons mené la droite μM_1, élevons maintenant une perpendiculaire à xy, à partir du point i; nous avons joint le point D au point M, nous devons mener alors par le point D une parallèle Dj à MN et porter à partir du point i une longueur égale à la distance du point i au point j : nous obtenons ainsi le point I, qui est le relèvement du point de l'espace dont la perspective est à l'infini sur MN. Ce point de l'espace est dans le plan de front qui passe par l'œil. Comme il est alors sur le géométral du même côté que M, par rapport à xy, on doit le placer après le relèvement du même côté que M_1 par rapport à xy. La longueur iI est égale à PD, d'après cette construction, et alors, quelle que soit la droite MN tracée sur le tableau, pourvu qu'elle soit parallèle à la même direction, on obtient toujours le même point I appartenant au relèvement de toutes ces droites. Ce résultat était à prévoir, puisque les droites tracées sur le géométral et dont les perspectives sont parallèles entre elles sont des droites qui convergent en un même point du plan de front passant par l'œil.

On peut relever le géométral en supposant donnés le point de fuite et le point accidentel correspondant à une direction arbitraire, mais alors il faut donner l'angle que fait cette direction avec une horizontale de front.

On peut se proposer un grand nombre de problèmes qui exigent le relèvement du géométral. Pour arriver à effectuer rapidement le relèvement du géométral, il est utile de s'exercer en résolvant un certain nombre de ces problèmes. Nous indiquons seulement l'énoncé suivant :

Déterminer sur le géométral la perspective d'une circonférence décrite sur un segment donné, oblique par rapport au tableau.

Au lieu de prendre le cas particulier du relèvement du géométral, on peut chercher à amener de front un plan vertical. On arrive à des tracés très simples qui constituent la *méthode de la corde de l'arc*, dont nous nous occuperons dans la Leçon suivante. On doit remarquer que, dans le cas d'un plan quelconque, en se servant du point $\frac{1}{3}\delta$, on fait déjà usage de cette méthode; mais elle avait été employée jadis dans le cas particulier des plans verticaux. Nous réservons alors, comme on l'avait fait d'abord, le nom de *méthode de la corde de l'arc* à ce dernier cas seulement.

SUPPLÉMENT A LA SEPTIÈME LEÇON.

Perpendiculaire à un plan. — On détermine aussi la perspective d'une perpendiculaire à un plan en construisant d'abord les perspectives des projections de cette droite sur le géométral et sur un plan de front.

Fig. 54.

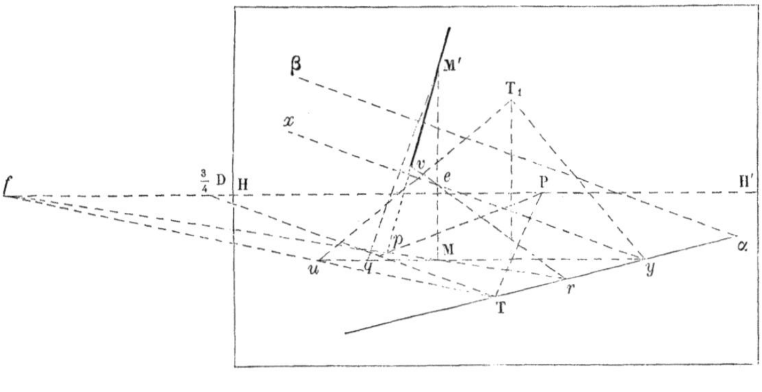

Soient $T\alpha$ et $\alpha\beta$ (*fig.* 54) la trace sur le géométral et une droite de front du plan donné.

Par le point quelconque (M′, M), d'où nous voulons abaisser une perpendiculaire sur le plan donné, menons un plan de front : l'intersection de ce plan et du plan donné est la droite de front xy.

En abaissant du point M′ la perpendiculaire M′q sur cette droite, on a tout de suite la projection sur ce plan de front de la perpendiculaire demandée.

Pour avoir la projection de cette perpendiculaire sur le géométral, relevons le géométral; faisons-le tourner autour de l'horizontale de front My. La trace Ty du plan donné est relevée en $T_1 y$ et le relèvement d'une perpendiculaire à cette trace s'obtient en menant une droite $T_1 u$, de façon que l'angle $y T_1 u$ soit droit.

En ramenant le géométral, le point u ne change pas de position et la droite uT est alors la projection sur le géométral d'une perpendiculaire au plan donné.

Cette droite rencontre la ligne d'horizon au point f : la droite Mf, qui est parallèle à uT, est la projection de la perpendiculaire demandée.

Cette projection est coupée au point p par la droite Pq : la droite M$'p$ est alors la perpendiculaire au plan, passant par le point M$'$, qu'il s'agissait de construire.

Le plan vertical pM rencontre le plan donné suivant re. Le point v, où cette droite rencontre M$'p$, est le pied, sur le plan, de la perpendiculaire M$'v$.

Par des constructions inverses de celles qui précèdent, on détermine facilement un plan perpendiculaire à une droite donnée.

HUITIÈME LEÇON.

CONSTRUCTIONS DIRECTES SUR LE TABLEAU (FIN).

OMBRES EN PERSPECTIVE.

Perspective d'une figure tracée sur un plan vertical : méthode de la corde de l'arc. — Perspective d'une voûte d'arêtes. — *Ombres en perspective.* — Ombre portée par une verticale sur le géométral. — Ombre portée par une verticale sur un plan oblique.

Perspective d'une figure tracée sur un plan vertical : méthode de la corde de l'arc. — Considérons le cas particulier où le plan qu'on

Fig. 55.

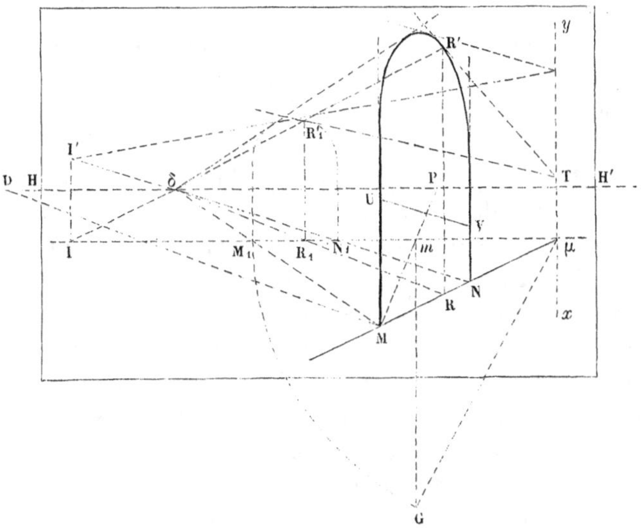

veut amener à être de front est un plan vertical. On donne (*fig.* 55) les points principaux de fuite et de distance P, D et la trace MN du plan donné sur le géométral. On veut déterminer la perspective d'une figure tracée sur ce plan et dont on connaît les dimensions géométrales.

Nous pouvons faire tourner le plan vertical donné autour de l'une de ses verticales, de manière à l'amener à être parallèle au plan du tableau. Après la rotation, nous aurons sur le tableau une figure semblable à la figure donnée. Afin d'obtenir une figure égale à la figure donnée, nous prenons comme charnière la droite d'intersection du plan vertical donné avec le plan de front qui contient l'échelle des largeurs.

L'échelle des largeurs rencontre la trace du plan donné au point μ. C'est la verticale xy qui passe par ce point μ qui est la charnière.

Cherchons ce que devient un point M après la rotation. Dans le cas particulier actuel, on a tout de suite la droite $M\mu$, qui est le rayon de la circonférence décrite par le point M. Déterminons la longueur de cette droite. Pour cela, projetons le point M en m sur le plan de front de l'échelle des largeurs; faisons tourner le géométral autour de $m\mu$: la droite mM, après le relèvement, est la perpendiculaire mG à l'échelle des largeurs. Joignons le point D au point M de manière à déterminer la longueur de mM, et portons cette longueur à partir du point m jusqu'au point G : $G\mu$ est alors la longueur de $M\mu$ à l'échelle du plan de front qui contient l'échelle des largeurs.

Portons le segment μG depuis le point μ jusqu'au point M_1 : le point M_1 est la position du point M lorsque le plan vertical MN est amené à être de front après avoir tourné autour de xy. La corde de l'arc décrit par le point M est MM_1 ; cette droite rencontre la ligne d'horizon en un point δ, qui est le point de fuite de toutes les cordes des arcs décrits par les points du plan vertical. Connaissant δ, il est facile de déterminer ce que devient un point du plan vertical, et, inversement, on ramène aisément sur ce plan les points du plan de front qui contient l'échelle des largeurs.

Prenons, par exemple, un point N, joignons ce point à δ par la droite δN : cette droite rencontre l'échelle des largeurs au point N_1, qui est la perspective du point N après la rotation du plan vertical.

Traçons sur le plan de front de l'échelle des largeurs, et avec les dimensions qu'elle a sur l'élévation qui est donnée, la figure dont on demande la perspective sur le plan vertical donné. Cette figure étant tracée, il faut la ramener sur le plan vertical MN.

Cherchons ce que devient le point R'_1 de cette figure, qui se projette au point R_1 sur l'échelle des largeurs. Le point R'_1 ainsi que le point R_1 décrivent des arcs dont les cordes ont pour perspectives $\delta R'_1$, δR_1; cette dernière droite rencontre MN au point R. En menant la verticale qui passe par ce point, on a une droite qui rencontre $\delta R'_1$ au point R', qui est la perspective du point R'_1 ramené dans le plan vertical MN.

Pour avoir la tangente au point R', nous n'avons qu'à mener la tangente au point R'_1 : cette droite rencontre la charnière xy en un point T. Le point T restant, pendant la rotation, à la place qu'il occupe, la tangente qui passe par le point R' est alors la droite $R'T$.

Il résulte de cette construction que, sur le tableau, la tangente, menée de δ à la perspective de la courbe tracée sur le plan de front de l'échelle des largeurs, est aussi tangente à la perspective de cette courbe lorsque son plan est revenu dans sa position.

Aux points M et N les tangentes à la courbe cherchée sont verticales.

Proposons-nous de *mener à cette courbe la tangente qui est parallèle à une droite* UV *donnée sur le tableau.*

Traçons sur le tableau des droites parallèles à UV, et parmi ces droites la tangente demandée, on a des lignes qui sont les perspectives de droites convergentes en un même point du plan de front passant par l'œil, si l'on suppose qu'elles sont les perspectives de lignes situées sur le plan vertical MN.

Cherchons ce que devient le point de convergence de toutes ces droites lorsque le plan vertical MN est amené à être de front. Pour cela, nous n'avons qu'à appliquer la construction précédente au point dont la perspective est à l'infini sur la droite UV. Ce point se projette sur le géométral en un point dont la perspective est à l'infini sur la droite MN. Menons la droite qui joint le point δ à ce point à l'infini, c'est-à-dire menons par le point δ une parallèle à la droite MN : le point I, où cette droite rencontre l'échelle des largeurs, est la perspective du point où MN perce le plan de front passant par l'œil, lorsque le plan vertical MN est amené de front.

En élevant une verticale à partir du point I, on a une droite qui doit contenir la perspective du point correspondant au point situé à l'infini sur UV; mais ce point se trouve sur la droite $\delta I'$ qui joint le point δ au point à l'infini sur UV, c'est-à-dire sur une parallèle à UV : on a donc au point I' la perspective du point de convergence des droites tracées sur le plan vertical MN, lorsque ce plan est amené à être de front.

Parmi toutes ces droites se trouve la tangente demandée : c'est celle qui est maintenant la tangente menée du point I' à la courbe située dans le plan de front de l'échelle des largeurs; elle rencontre la charnière xy en un certain point, et, en menant de ce point une parallèle à la droite UV, on a la tangente cherchée.

Telles sont les constructions dont l'ensemble est désigné sous le nom de *méthode de la corde de l'arc*.

Nous pouvons remarquer qu'en exposant cette méthode nous avons trouvé la solution du problème suivant : *Étant donnés une direction* MN *sur le géométral et les points principaux de fuite et de distance, construire le point accidentel correspondant à cette direction.* Le point δ est, en effet, le point de distance accidentel correspondant à cette direction MN, puisqu'il est le point de fuite de droites, telles que δM, qui détermine des segments égaux sur MN et sur une horizontale de front.

Perspective d'une voûte d'arêtes. — Nous avons jusqu'à présent traité des problèmes relatifs aux droites et aux plans; nous allons résoudre maintenant un problème relatif aux intersections de surfaces. Nous nous proposons de chercher la perspective d'une voûte que l'on désigne sous le nom de *voûte d'arêtes*. Celle dont nous allons nous occuper est formée par la rencontre de deux voûtes appelées *berceaux en plein cintre,* dont les intrados, c'est-à-dire les surfaces apparentes de ces voûtes, sont des cylindres de révolution. Les axes de ces cylindres se rencontrent à angle droit et sont situés dans un plan horizontal appelé *plan de naissance* de la voûte. Puisque les deux cylindres ont leurs axes dans ce plan de naissance et que leurs sections droites ont des rayons égaux, les intersections de ces cylindres sont des courbes planes dont les plans sont verticaux.

AB (*fig.* 56) étant la section droite d'un des cylindres, BC la section droite de l'autre cylindre, il est facile de voir que les lignes d'intersection de ces deux cylindres de révolution sont des courbes planes qui se projettent suivant les diagonales du carré dont les côtés sont AB et BC. Ces lignes planes, qui dans l'espace sont des ellipses, reçoivent le nom de *lignes d'arêtes* de la voûte.

Nous allons chercher la perspective d'une voûte d'arêtes, en supposant que les génératrices de l'un des cylindres qui forment l'intrados de l'une des voûtes soient des horizontales de front et que les génératrices de l'autre cylindre soient des perpendiculaires au plan du tableau.

Fig. 56.

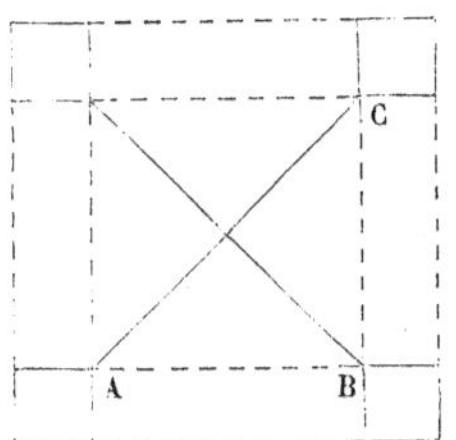

AB (*fig.* 57) est un segment de front; nous supposons qu'il est la projection sur le géométral du diamètre A′B′ de la section droite du cylindre dont les génératrices sont perpendiculaires au tableau. Les génératrices de ce cylindre qui passent par les points A′ et B′ ont pour perspectives A′P et BP′, et les perspectives des projections de ces droites sont AP et BP. Le cylindre, dont les génératrices sont des horizontales de front, a pour section droite, dans le plan vertical PA, une circonférence dont le diamètre, passant par A′, a pour perspective A′C′, dont la projection est AC, la droite AC ayant été déterminée de façon qu'on ait AC = AB. Achevons la perspective du carré qui a pour côtés AC et AB : c'est la projection d'un carré dont la perspective est A′B′C′E′.

Dans le plan de front AB, la section droite du cylindre dont les génératrices sont perpendiculaires au tableau est la circonférence décrite sur A′B′ comme diamètre. Dans le plan de front CE, ce même cylindre a pour section droite la circonférence décrite sur C′E′ comme diamètre. Les lignes d'arêtes se projettent sur le géométral suivant les diagonales AE, BC du carré ABCE; nous sommes amenés à chercher l'intersection du cylindre, qui a pour section droite la circonférence A′B′, avec les plans verticaux AE et BC.

Cherchons la perspective de la ligne d'arête qui est projetée suivant BC. Coupons le cylindre par un plan horizontal : la trace de ce plan sur le plan de front AB est la parallèle G'L' à A'B'. Ce plan rencontre le cylindre suivant deux génératrices qui ont pour perspectives les droites G'P et L'P et il rencontre le plan vertical BC suivant la droite qui joint le point où G'L' coupe la verticale BB' au point où BC coupe HH'. Cette dernière droite rencontre les génératrices G'P, L'P aux points M', N' de la ligne d'arête.

Fig. 57.

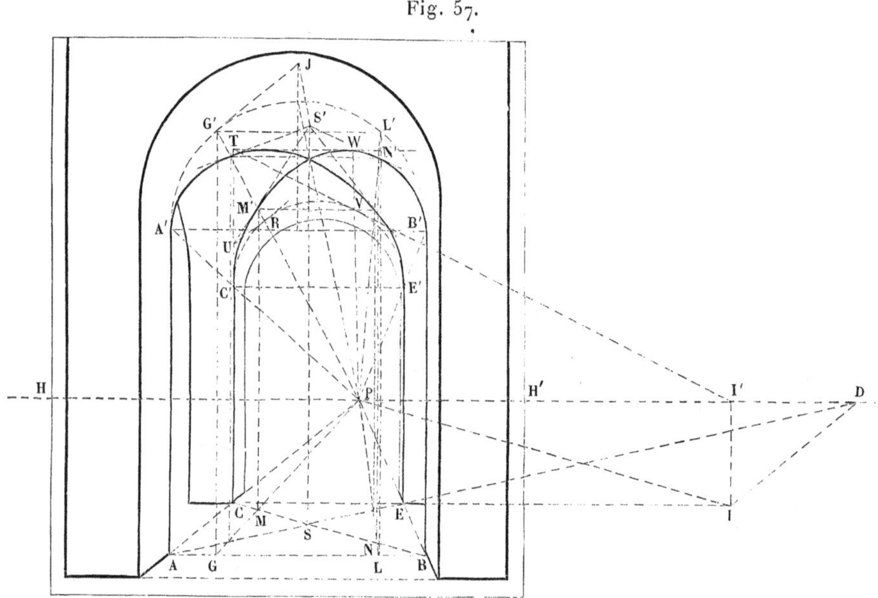

On peut aussi construire ces points en déterminant les traces sur le plan vertical BC des génératrices G'P, L'P. Les projections de ces deux génératrices sur le géométral sont les droites PG et PL; ces deux dernières lignes rencontrent la ligne BC aux points M et N, qui sont les projections sur le géométral des points de rencontre des génératrices PG', PL' avec le plan vertical BC. Nous avons donc, en menant les verticales MM', NN', les deux points M'N' de la ligne d'arête.

La tangente en M' est la trace sur le plan de la ligne d'arête du plan tangent au cylindre le long de la génératrice G'P. Construisons cette droite. Prenons les traces du plan tangent au cylindre et du plan de la ligne d'arête sur le plan de front C'E' : ces droites sont la tangente RU et la verticale C'U ; elles se coupent en U, et UM' est la tangente en M'.

On peut construire ainsi autant de points qu'on voudra de cette ligne d'arête. En les réunissant, on a une courbe partant du point C' tangentiellement à la verticale C'U, arrivant au point M' tangentiellement à UM', puis enfin au point B' tangentiellement à la verticale B'B.

Proposons-nous de *déterminer la tangente à cette courbe qui est parallèle à la ligne d'horizon,* c'est-à-dire que nous voulons déterminer sur le tableau la tangente au point le plus élevé de la perspective de la ligne d'arête.

La ligne d'arête étant l'intersection de deux cylindres, considérons-la comme tracée sur le cylindre dont les génératrices sont des horizontales de front. Sur ce cylindre, nous avons ainsi une courbe plane, dont le plan ne passe pas par l'œil, puisque le plan de la courbe est le plan vertical BC. Cette courbe rencontre tangentiellement la ligne de contour apparent du cylindre, qui est ici la trace sur le tableau du plan mené par l'œil tangentiellement à ce cylindre. Mais la ligne de contour apparent du cylindre est une parallèle à la ligne d'horizon : cette ligne de contour apparent est donc la tangente que nous nous proposons de construire. Toutes les lignes tracées sur ce cylindre, et qui sont, comme la ligne d'arête, des lignes planes dont les plans ne passent pas par l'œil, ont pour perspectives des courbes tangentes à la même ligne de contour apparent du cylindre. Parmi ces lignes, il y a la section droite du cylindre, qui est la circonférence décrite sur A'C' comme diamètre. Si nous déterminons pour cette circonférence la tangente parallèle à la ligne d'horizon, nous aurons, d'après ce que nous venons de dire, la tangente que nous voulons construire pour la ligne d'arête. Le problème est donc ramené à celui-ci : *Mener, à la perspective de la circonférence verticale décrite sur* A'C' *comme diamètre, une tangente parallèle à l'horizon.*

Pour cela, nous n'avons qu'à appliquer la construction que nous venons de donner en exposant la méthode de la corde de l'arc. Cette circonférence étant dans le plan vertical AC, nous pouvons construire sa perspective, en faisant tourner son plan autour de la verticale CC'. Après la rotation, le point A' vient en E', en même temps que le point A vient en E, et la corde de l'arc décrit par le point A est la droite AE; le point de rencontre D de AE avec la ligne d'horizon est alors le point de fuite de toutes les cordes des arcs décrits par les points du plan vertical AC; après la rotation, la perspective de la circonférence est la circonférence décrite sur C′E′ comme diamètre.

Nous avons vu qu'il faut joindre le point D au point dont la perspective est à l'infini sur AC, c'est-à-dire mener par le point D une parallèle à AC. Cette droite rencontre la ligne de front CE au point I; en élevant au point I la verticale II′, on a I′. Il suffit de mener par le point I′ une tangente à la circonférence C′E′ : cette droite rencontre la charnière CC′ au point T; la parallèle menée du point T à la ligne d'horizon est la tangente cherchée.

Il résulte de cette construction, puisque DI est parallèle à PA, que CI = PD, et alors la droite PI est parallèle à CB. Par suite, on peut déterminer le point I en traçant la ligne PI parallèlement à la diagonale CB; puis on relève le point I en I′ sur la ligne d'horizon, et l'on achève la construction comme nous venons de le faire.

Ces tracés, pour construire dans un plan vertical la tangente parallèle à une droite donnée sur le tableau, reviennent à considérer le cylindre, dont les génératrices ont pour point de fuite le point D, qui contient la circonférence A′C′ et dont la trace sur le plan vertical CE est la circonférence décrite sur C′E′ comme diamètre. Au lieu d'employer un pareil cylindre, on peut faire usage du cylindre dont les génératrices sont perpendiculaires au tableau. On a ainsi, pour le même problème, une deuxième solution que je vais maintenant indiquer.

Nous voulons déterminer sur le plan vertical BC une tangente à la ligne d'arête dont la perspective soit parallèle à HH′. En considérant HH′ comme une droite du plan vertical BC, cela revient à chercher la tangente qui passe par le point à l'infini sur cette droite, point dont la projection sur le géométral est à l'infini sur BC. Cherchons les plans tangents au cylindre perpendiculaire au plan du tableau qui sont menés par ce point. Pour cela de ce point à l'infini menons une parallèle aux génératrices de ce cylindre; la perspective de cette droite est confondue avec la ligne d'horizon et la perspective de sa projection est PI parallèle à CB. La trace de cette droite sur le plan de la base du cylindre est I′ dont la projection est I. La tangente I′V est la trace de l'un des plans tangents au cylindre sur le plan de sa base. Ce plan tangent touche le cylindre suivant la génératrice PVW. La trace de ce plan tangent sur le plan vertical BC passe par le point T et elle est parallèle à la ligne d'horizon : c'est donc TW ; on a ainsi la tangente à la ligne d'arête dont la perspective est parallèle à HH′. Le point W où cette droite est coupée par VW est le point de contact de cette tangente : c'est le point le plus haut de la perspective de la ligne d'arête (1).

Remarques. — Nous n'avons pas parlé des piliers que l'on voit sur la figure, parce qu'il est très simple de les déterminer.

Pour la facilité des explications, nous n'avons considéré qu'une ligne d'arête ; mais, pour la rapidité des tracés, il est préférable de construire simultanément les deux lignes d'arêtes.

Le même plan horizontal G′L′ permet de construire quatre points. Pour éviter de tracer les circonférences A′B′, C′E′, on emploie ordinairement les circonférences d'entrée et de sortie de la voûte perpendiculaire au tableau.

Les tangentes aux quatre points des lignes d'arêtes situés dans le plan horizontal G′L′ se rencontrent en un même point S′ de la verticale SS′. On détermine le point S′ en construisant le point où la verticale SS′ est rencontrée par le plan qui touche le long de PM′G′ le cylindre perpendiculaire au tableau. On fait usage pour cela de la trace JS′ de ce plan tangent sur le plan vertical PSS′.

Nous ne prendrons pas d'autres exemples relatifs aux intersections de surfaces, parce que nous allons avoir l'occasion d'en donner à propos de la détermination des ombres en perspective.

---

(1) Lorsqu'on demande la tangente à la ligne d'arête qui passe par un point donné sur le tableau, on considère ce point comme étant un point du plan de la ligne d'arête et l'on applique la solution que nous venons de donner pour le cas où le point est à l'infini sur une direction tracée sur le tableau.

OMBRES EN PERSPECTIVE.

Lorsque le Soleil éclaire l'objet dont on recherche les ombres, le Soleil est supposé à l'infini. Sa perspective est un point au-dessus de la ligne d'horizon quand il est devant le spectateur; la projection de ce point sur le géométral est un point de la ligne d'horizon.

Lorsque le Soleil est derrière le spectateur, comme il est au-dessus du plan d'horizon, sa perspective est au-dessous de la ligne

Fig. 58.

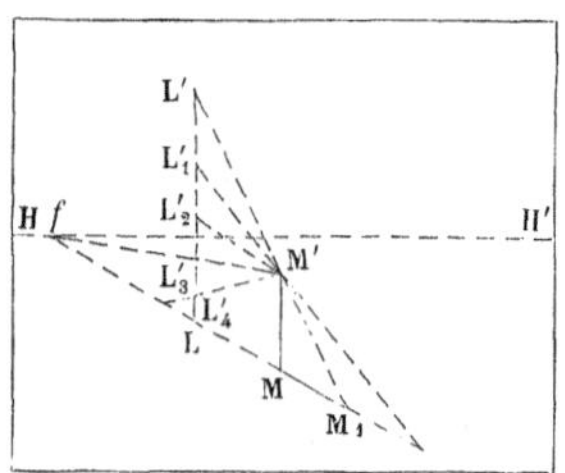

d'horizon, et la perspective de sa projection sur le géométral est toujours un point de la ligne d'horizon.

Ombre portée par une verticale sur le géométral. — Cherchons *l'ombre portée par la verticale* M'M *éclairée par un flambeau placé devant le spectateur et derrière le tableau.*

Le plan d'ombre de cette verticale a pour trace (*fig.* 58) la ligne qui joint le point M au point L, perspective de la projection du flambeau sur le géométral. Nous limitons l'ombre portée, qui est un segment de la trace de ce plan d'ombre, à sa rencontre avec L'M' qui joint le flambeau L' au point M'. L'ombre portée est alors le segment MM_1.

Rapprochons le flambeau du géométral jusqu'en L'_1 sur la verticale L'L : l'ombre portée va alors en augmentant.

Lorsque le flambeau est venu au point L'_2, de façon que sur le tableau $L'_2L = M'M$, la droite L'_2M' est alors parallèle à LM, et l'ombre portée est un segment indéfini sur le tableau.

Lorsque le flambeau est au point L'_3, tel que $M'L'_3$ rencontre la ligne d'horizon au point où LM rencontre cette même ligne d'horizon, l'ombre portée a une longueur infinie dans l'espace.

Si nous rapprochons davantage le flambeau jusqu'au point L'_4, l'ombre portée a toujours une longueur infinie dans l'espace et l'on ne doit pas joindre le flambeau L'_4 au point M' pour avoir une droite qui limite l'ombre portée. Le flambeau ne peut pas donner d'ombre portée située entre lui et le côté opposé au point éclairé; le point éclairé est M', il est placé sur le rayon lumineux qui part du flambeau dans une certaine direction, et l'on ne peut pas chercher son ombre portée dans la direction opposée sur ce rayon lumineux.

Examinons encore le même problème lorsque le flambeau est placé derrière le spectateur.

Le flambeau, étant placé derrière le spectateur et au-dessus de

Fig. 59.

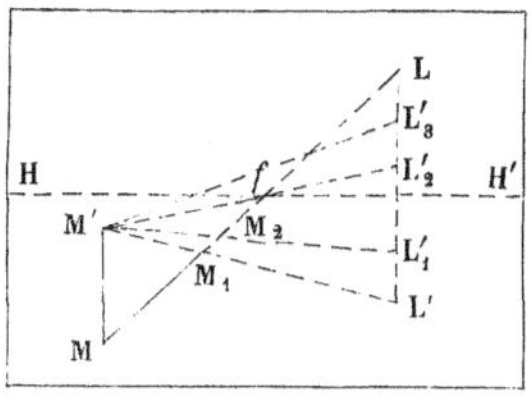

l'horizon, a pour perspective (*fig.* 59) un point L' au-dessous de la ligne d'horizon, et la perspective de sa projection sur le géométral est un point L au-dessus de la ligne d'horizon. Dans ces conditions, l'ombre portée par la verticale M'M s'éloigne du spectateur; donc, en prenant la trace ML du plan d'ombre de la verticale, nous devons chercher l'ombre portée de la verticale sur la portion de cette droite qui, partant du point M, se rapproche de la ligne d'horizon. Nous limitons cette ombre portée à la rencontre de ML avec la droite qui joint le point M' au point L'; ainsi l'ombre portée est MM_1.

Nous pouvons, comme précédemment, rapprocher le flambeau du géométral. Le flambeau venant au point L'_1, l'ombre portée est MM_2, qui est un segment plus long que le segment MM_1; lorsque le flambeau est au point L'_2, tel que $M'L'_2$ passe par le point de fuite *f* de la droite ML, l'ombre portée s'étend jusqu'à l'infini, puisqu'elle est limitée à l'horizon. Si nous prenons un flambeau plus rapproché encore du géométral, en joignant le point M′ au point L'_3, nous obtenons le point de rencontre de cette droite avec ML, mais nous ne devons pas prolonger l'ombre portée jusqu'en ce point : l'ombre portée ne pouvant pas dépasser la ligne d'horizon.

Lorsque le rayon lumineux est parallèle au plan du tableau, la recherche de l'ombre portée par la verticale MM′ est très simple : il suffit de mener par le point M une horizontale de front et de prendre le point de rencontre M_1 de cette droite avec la parallèle au rayon lumineux menée par le point M′; on a alors immédiatement MM_1, qui est l'ombre portée sur le géométral par la verticale MM′ éclairée par des rayons lumineux parallèles au plan du tableau.

Fig. 60.

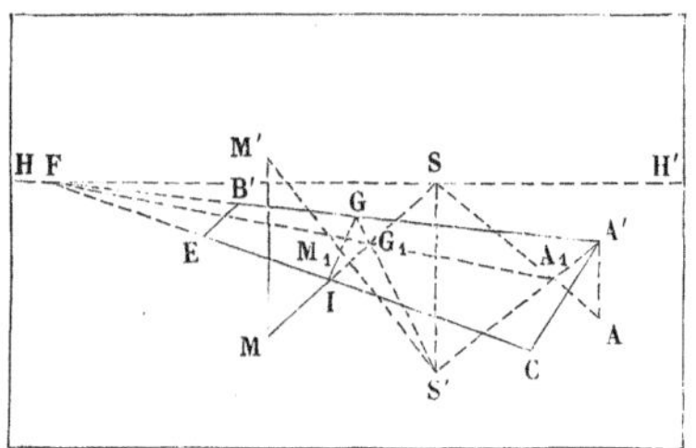

Ombre portée par une verticale sur un plan oblique. — Cherchons l'ombre portée par une verticale sur un plan oblique.

La trace du plan donné sur le géométral a pour perspective (*fig.* 60) la droite EC, et ce plan est limité par cette trace et par une horizontale B′A′, dont le point A′ se projette sur le géométral au point A. La verticale dont nous allons chercher l'ombre portée sur ce plan est MM′; le point lumineux est le soleil S′, supposé placé derrière le spectateur.

Employons la méthode des projections obliques pour déterminer l'ombre portée par la verticale sur l'horizontale A′B′; cherchons les ombres portées de ces deux lignes sur le géométral. L'ombre portée par la verticale est sur la droite MS ; l'ombre portée par l'horizontale A′B′ est une horizontale dont il suffit de construire un point. Pour cela, prenons l'ombre portée par le point A′ : joignons le point S au point A, le point A′ au point S′; nous obtenons A_1, qui est l'ombre portée par le point A′. L'horizontale FA′ a alors pour ombre portée FA_1.

Cette droite rencontre MS au point G_1, et en joignant le point G_1 au point S′ on obtient le point G, qui est l'intersection avec A′B′ du rayon lumineux qui rencontre aussi la verticale. En joignant le point G au point I, on obtient une droite IG, qui est la trace sur le plan donné du plan d'ombre de la verticale. L'ombre portée par le point M′ est sur le rayon lumineux M′S′, et, comme cette droite rencontre la droite IG entre le point I et le point G, le point d'intersection M_1 est l'ombre portée par le point M′ sur le plan donné. L'ombre portée par la verticale MM′ se compose donc de MI sur le géométral et de IM_1 sur le plan oblique.

On résout de la même manière ce problème :

Déterminer l'ombre portée par un segment de droite sur un plan oblique.

NEUVIÈME LEÇON.

OMBRES EN PERSPECTIVE (FIN).
EFFETS DE PERSPECTIVE.

Ombre d'un cylindre posé sur le géométral. — Ombre dans l'intérieur d'une voûte. — *Effets de perspective.* — Problème inverse de perspective. — Restitutions comparées. — Choix du point de vue.

Ombre d'un cylindre posé sur le géométral. — *Un cylindre est posé sur le géométral; il est éclairé par le soleil placé devant le spectateur : on demande les lignes d'ombre sur ce cylindre et son ombre portée sur le géométral.*

F (*fig.* 61) est le point de fuite des génératrices du cylindre donné, qui est limité à deux plans verticaux parallèles. On donne la trace de ces plans sur le géométral et leur ligne de fuite. La perspective du soleil est au point S'.

Pour déterminer la ligne d'ombre sur le cylindre, nous avons à construire des plans tangents au cylindre parallèlement aux rayons lumineux dont le point de fuite est S'; ces plans tangents, contenant des génératrices du cylindre, ont pour ligne de fuite une droite qui passe par le point F, et, comme ces plans sont parallèles aux rayons lumineux, cette ligne de fuite est la droite FS'. Ces plans tangents rencontrent le plan de l'une des bases du cylindre suivant des tangentes à cette base; ces droites ont pour point de fuite le point de rencontre de la ligne de fuite des plans tangents avec la ligne de fuite du plan de cette base, c'est-à-dire le point φ. On a donc les traces des plans d'ombre sur le plan de la base en menant du point φ des tangentes à la courbe de base du cylindre. Appelons A', B' les points de contact de ces tangentes; les lignes d'ombre passent par ces points de contact, et, comme ce sont des génératrices du cylindre, elles ont pour point de fuite le point F. On obtient donc les lignes d'ombre sur le cylindre en joignant le point F aux points A' et B'.

La ligne d'ombre qui passe par le point A′ a pour ombre portée sur le géométral une des droites qui limitent l'ombre portée par le cylindre sur ce géométral; cette droite est la trace, sur le géométral, du plan d'ombre qui contient FA′. On obtient cette droite en joignant le point F au point α, où la ligne φA′ rencontre la trace Tα du plan de la courbe de base du cylindre sur le géométral. Pour avoir la portion de cette droite qui est utile, nous n'avons qu'à la limiter aux points où elle est rencontrée par les rayons lumineux

Fig. 61.

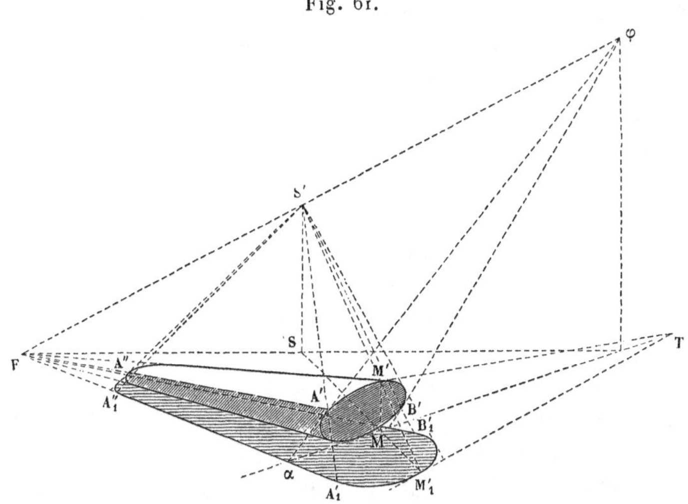

qui passent par les points A′ et A″, extrémités de la ligne d'ombre sur le cylindre. A'_1, A″ sont les extrémités de la portion utile de cette droite. De même pour la ligne d'ombre qui passe par le point B′; son ombre portée est limitée au point B'_1. Entre le point A'_1 et le point B'_1, il y a l'ombre portée par l'arc de courbe A′M′B′.

Construisons un point de cette courbe d'ombre portée et la tangente en ce point.

Prenons, par exemple, le point M′ projeté en M sur le géométral. Joignons le point S au point M, le point S′ au point M′. Ces deux droites se rencontrent au point M'_1, qui est l'ombre portée sur le géométral par le point M′.

Pour avoir la tangente en ce point à la courbe d'ombre portée, menons au point M′ la tangente M′T à la courbe de base du cylindre; cette droite rencontre la trace du plan de cette courbe au point T; la ligne TM'_1 est la tangente en M'_1 à la courbe d'ombre portée. Cette courbe est, du reste, tangente à la droite menée du point S' tangentiellement à la courbe de base du cylindre; elle est tangente aussi en A'_1 et B'_1 aux lignes d'ombre portée que nous venons de déterminer. Nous pouvons donc tracer cette courbe; nous obtenons de même l'ombre portée à l'autre extrémité du cylindre, et nous avons ainsi achevé l'ombre portée sur le géométral.

Ombre dans l'intérieur d'une voûte. — L'intrados de la voûte est formé par un cylindre de révolution dont les génératrices sont perpendiculaires au plan du tableau. A'B' (*fig.* 62) est le diamètre horizontal de la courbe de tête de la voûte; C'E' est le diamètre horizontal de la courbe de tête de la voûte située à une distance plus grande du spectateur que la courbe décrite sur A'B' comme diamètre.

Nous prenons un flambeau placé au delà de la voûte, et alors plus éloigné du spectateur que la voûte elle-même. La perspective de ce flambeau est au point L' et la perspective de sa projection sur le géométral est en L; les rayons lumineux éclairent la voûte en entrant par l'ouverture EE'C'C.

La verticale CC' a pour ombre portée la trace de son plan d'ombre. Sur le géométral cette trace est CC_1; sur le plan vertical EB, c'est la verticale $C_1\gamma_1$. Le point γ_1 est l'ombre portée par le point γ, de la verticale CC', qui se trouve à la rencontre de cette droite avec le rayon lumineux $L'\gamma_1$. On a donc déjà l'ombre portée par la verticale $C\gamma$.

Cherchons l'ombre portée à l'intérieur du cylindre par la ligne $\gamma C'$ et l'arc de la courbe de tête du cylindre d'intrados. Parlons d'abord de l'ombre portée par l'arc de cette courbe de tête qui part du point C'. Cette courbe donne lieu à un cône d'ombre dont le sommet est au point L', et son ombre portée dans l'intérieur de la voûte est l'intersection de ce cône avec l'intrados de la voûte. Nous sommes ainsi conduits à chercher l'intersection d'un cône et d'un cylindre qu'on peut considérer comme ayant pour base commune la demi-circonférence de cercle décrite sur C'E' comme diamètre.

Avant d'effectuer les tracés, nous allons d'abord démontrer que cette courbe d'ombre portée est une ligne plane, et, comme il s'agit ici d'un cône et d'un cylindre *du second degré,* nous allons faire voir d'une manière générale que, *lorsque deux surfaces du second degré se coupent suivant une ligne plane, la portion restante de leur intersection est une ligne plane.*

Cette propriété, relative à l'intersection de deux surfaces du second degré, s'énonce souvent ainsi :

Lorsque la courbe d'entrée est plane, la courbe de sortie l'est aussi.

Fig. 62.

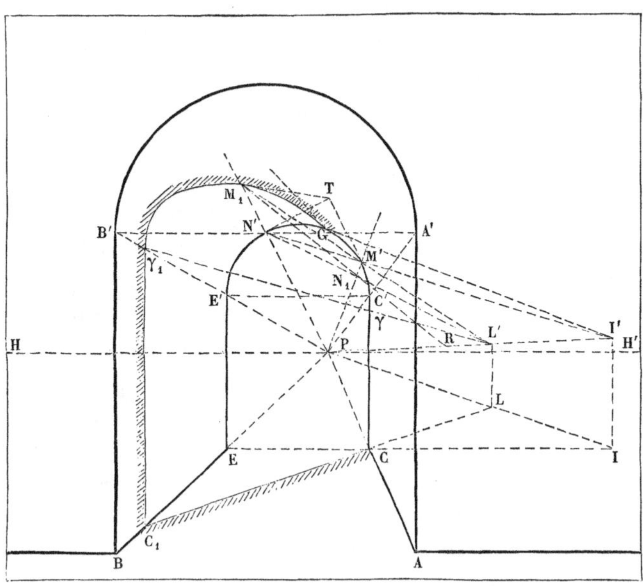

Pour construire des points appartenant à la ligne d'intersection de deux surfaces du second degré, on coupe ces surfaces par un plan. Ce plan rencontre chacune des surfaces suivant une conique; les points de rencontre de ces coniques appartiennent à la ligne d'intersection cherchée. Ces points sont au nombre de quatre : on voit donc que la ligne d'intersection des deux surfaces rencontre en général un plan en quatre points.

Puisque nous supposons que les deux surfaces se coupent déjà suivant une ligne plane, qui rencontre alors le plan sécant en deux points, nous voyons que la partie restante de l'intersection rencontre ce plan en deux points seulement. Cette partie restante n'est pas alors une courbe gauche, elle est donc ou une conique ou l'ensemble de deux droites.

Pour faire voir que cette partie restante n'est pas l'ensemble de deux droites, nous allons prouver que, *si deux surfaces du second degré se coupent suivant deux droites, qui ne se rencontrent pas, la partie restante se compose aussi de deux droites.* Quand nous aurons démontré cette propriété, nous aurons bien fait voir que les deux surfaces, se coupant suivant une ligne plane, ne peuvent pas se couper en outre suivant deux droites, car il s'ensuivrait, si nous supposions qu'elles se coupent suivant deux droites, que la première partie de l'intersection se composait de deux droites, ce qui est contraire à l'hypothèse.

Soient A et B des droites qui ne se rencontrent pas et qui sont les intersections de deux surfaces du second degré. Prenons un point M de la partie restante de l'intersection des deux surfaces; par ce point, menons une droite Mab qui rencontre A et B. Il n'y a ainsi qu'une droite, et il y en a toujours une seule. La droite Mab rencontre chacune des surfaces au point M par hypothèse, puis aux points a et b, où elle rencontre A et B; elle a donc avec chacune des surfaces trois points communs; donc elle est tout entière sur chacune des surfaces et elle fait partie de leur intersection. Nous pouvons prendre maintenant un autre point de la partie restante et reproduire le même raisonnement. Nous voyons ainsi que les deux surfaces, se coupant déjà suivant les droites A et B, se coupent en outre suivant deux autres droites, et, d'après la remarque faite précédemment, puisque nous supposons que les deux surfaces du second degré se coupent suivant une ligne plane, la partie restante est donc plane aussi.

Revenons au problème d'ombre.

Nous avons à déterminer l'intersection d'un cône dont le sommet est L′ (*fig.* 62) avec un cylindre dont les génératrices ont pour point de fuite le point P. Par le sommet du cône, menons une droite parallèle aux génératrices du cylindre; sa perspective est PL′, et la perspective de sa projection est PL. Cette droite rencontre le plan de la base du cône et du cylindre au point I′.

Par la droite PI′ faisons passer des plans auxiliaires : l'un de ces plans a pour trace, sur le plan de la base, une droite I′M′N′ menée du point I′. Ce plan sécant auxiliaire coupe le cylindre suivant deux génératrices qui ont pour perspectives PM′, PN′. Il coupe le cône suivant deux génératrices qui ont pour perspectives L′M′, L′N′. Les points de rencontre M_1, N_1 de ces génératrices du cône et du cylindre appartiennent à l'intersection de ces surfaces. Le point M_1 est seul utile au point de vue de la question d'ombre, il est au delà du point M′ par rapport au point lumineux : il est l'ombre portée par le point M′ dans l'intérieur du cylindre ; tandis que le point N_1 est placé entre le flambeau et le point N′ et n'est pas l'ombre portée par ce point N′.

Pour avoir la tangente au point M_1 à la ligne d'ombre portée dans l'intérieur du cylindre, nous n'avons qu'à chercher l'intersection du plan tangent au cône le long de la génératrice L′M′ avec le plan tangent au cylindre le long de la génératrice PN′. Ces plans tangents ont pour traces, sur le plan de la base du cône et du cylindre, les tangentes à cette courbe de base aux points M′ et N′; ces deux droites se coupent au point T, et la ligne TM_1 est la tangente à la ligne d'ombre portée.

Si nous prenons comme plan auxiliaire celui qui a pour trace sur le plan de la base la tangente menée du point I′ à cette courbe de base, nous obtenons le point de contact G, qui est le point de rencontre de cette courbe avec la ligne d'ombre portée dans l'intérieur du cylindre.

Nous ne pouvons pas déterminer la tangente au point G à cette ligne d'ombre portée par l'intersection des plans tangents, puisqu'en ce point le cône et le cylindre ont le même plan tangent : c'est le plan déterminé par la ligne GI′ et par la droite I′P.

Pour construire la tangente au point G à la ligne d'ombre portée, nous n'avons qu'à prendre sur ce plan tangent commun au cylindre et au cône la trace du plan de la courbe d'ombre portée. Le plan de la courbe d'ombre portée rencontre suivant la droite M_1N_1 le plan auxiliaire employé précédemment; le plan de la courbe d'ombre portée rencontre donc la droite PI′ au point R, où la ligne M_1N_1 rencontre cette droite. Mais le point R est un point du plan tangent commun au cône et au cylindre; il en est de même du point G; donc la droite RG est la trace du plan de la courbe d'ombre portée sur le plan tangent en G au cône et au cylindre : c'est donc la tangente cherchée.

Nous pouvons maintenant tracer la courbe qui part du point G tangentiellement à la droite que nous venons de construire, qui arrive en M_1 tangentiellement à TM_1 et enfin au point γ_1 tangentiellement à $\gamma_1 C_1$. La courbe d'ombre portée que nous traçons ainsi d'une façon continue entre le point M_1 et le point γ_1 s'obtient de la même manière, qu'il s'agisse de points provenant de l'arc $C'E'$ ou de points provenant de la droite $C'\gamma$.

On voit bien maintenant quelle est la partie éclairée, et l'on peut indiquer par des hachures le contour de l'ombre portée.

Nous avons terminé ici ce qui est relatif à la recherche de la perspective d'un ensemble accompagné des ombres.

EFFETS DE PERSPECTIVE.

Problème inverse de perspective. — Comme nous l'avons fait remarquer en commençant l'étude de la perspective, une figure tracée sur le tableau est la perspective d'une infinité de figures de l'espace. Le problème inverse de la perspective, c'est-à-dire celui qui consiste à revenir à l'objet de l'espace par la connaissance seule de cette figure tracée sur le tableau, est donc un problème indéterminé.

Nous allons montrer comment, en tenant compte de la nature des objets représentés, on peut, dans certains cas, revenir aux éléments qui suffisent pour reconstruire les figures géométrales.

Les éléments à retrouver sont la ligne d'horizon et les points principaux de fuite et de distance. La direction de la ligne d'horizon est, en général, connue par la perspective des lignes verticales représentées sur le tableau; il suffit de prendre une droite perpendiculaire à la direction des verticales représentées pour avoir la direction de la ligne d'horizon.

Lorsqu'on a un édifice, on peut admettre que les grandes arêtes figurées sur le tableau sont des droites horizontales, et, en prenant les arêtes correspondant à une même façade, on a des horizontales parallèles dont le point de rencontre est sur la ligne d'horizon. Ce point de rencontre détermine donc un point de la ligne d'horizon, et, comme on a la direction de cette droite, elle se trouve ainsi déterminée.

On a encore un point de la ligne d'horizon, si l'on connaît une horizontale sur laquelle sont portés des segments égaux. Par un point de cette horizontale on mène une parallèle à la direction de la ligne d'horizon; à partir de ce point on porte sur cette droite de front des segments égaux, et l'on joint ces points aux points marqués sur l'horizontale oblique : on a ainsi les perspectives de lignes parallèles entre elles qui doivent concourir en un même point de la ligne d'horizon. Connaissant ce point, cette droite est alors déterminée.

Fig. 63.

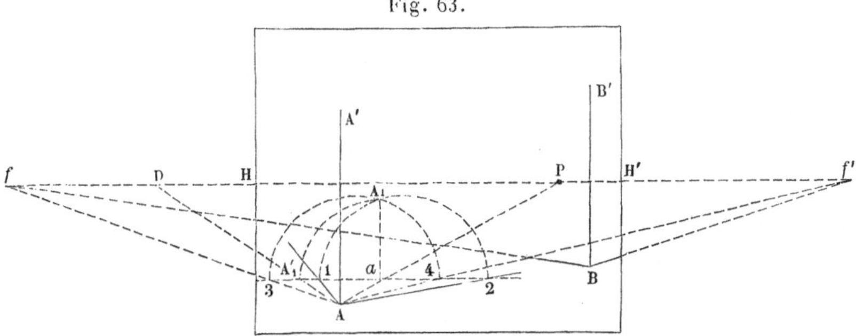

Montrons comment, dans certaines circonstances, on peut retrouver les points principaux de fuite et de distance. On a sur le tableau, par exemple, deux édifices terminés chacun par deux murs, et nous supposons que ces murs se rencontrent à angle droit. La ligne d'intersection pour deux des murs est la droite AA' (*fig.* 63); pour les deux autres murs c'est BB'. Par le point A menons des parallèles aux traces des deux murs qui se coupent suivant BB', c'est-à-dire des parallèles aux droites Bf, Bf'; pour cela, nous n'avons qu'à joindre le point A aux points f et f'. Nous avons maintenant au point A deux angles droits ayant même sommet. Menons une horizontale de front; cette droite rencontre les murs qui se coupent suivant AA' aux points 1 et 2, et les droites Af et Af' aux points 3 et 4. Relevons le géométral autour de la droite de front 1-4; comme l'angle 1A2 est un angle droit, après le relèvement, le point A se trouve sur la circonférence décrite sur 1-2 comme diamètre. Comme l'angle 3A4 est droit, le même point A se trouve sur la circonférence décrite sur 3-4 comme diamètre.

Le point A doit donc être relevé au point A_1, intersection de ces deux circonférences. Abaissons du point A_1 la perpendiculaire $A_1 a$

sur 1-4; quand nous ramenons le géométral dans sa première position, cette perpendiculaire devient une perpendiculaire au plan du tableau, et sa perspective Aa rencontre alors la ligne d'horizon au point principal de fuite P, qui se trouve ainsi déterminé. Portons à partir du point a sur l'horizontale de front un segment aA'_1 égal à aA_1; la droite AA'_1 rencontre la ligne d'horizon au point principal de distance D.

Prenons un autre exemple. *On a sur le tableau une ellipse que l'on sait être la perspective d'une circonférence de cercle : on demande les points principaux de fuite et de distance.*

Menons à cette courbe des tangentes parallèles à la ligne d'horizon; la corde de contact rencontre la ligne d'horizon au point principal de fuite. De ce point menons des tangentes à l'ellipse figurée sur le tableau; ces droites et les premières forment un carré circonscrit dont les diagonales rencontrent la ligne d'horizon aux points principaux de distance.

Ainsi, dans bien des cas, on peut retrouver les points principaux de fuite et de distance et revenir alors de la perspective à l'objet de l'espace. C'est ce qu'on appelle faire une *restitution*.

Restitutions comparées. — Lorsque l'on se place devant un tableau, cette restitution se fait à simple vue; mais elle varie suivant la position que l'on occupe. Si l'on se met exactement au point de vue, on est conduit à faire une restitution exacte; sinon il y aura des modifications introduites.

Nous allons chercher la nature de ces modifications en comparant deux restitutions d'une même perspective. Nous admettons qu'on est naturellement conduit à restituer une verticale suivant une droite verticale.

Nous avons sur le tableau (*fig.* 64) un point M' dont la projection sur le géométral est au point M. En nous plaçant d'abord au point O_1, la restitution du point M est le point de rencontre m_1 de la droite O_1M avec le géométral, et le point de l'espace se trouve sur la droite O_1M' et sur la verticale élevée du point m_1, par conséquent au point m'_1.

Prenons une seconde position de l'œil; plaçons-le au point O_2. Le point M se trouve restitué au point m_2, point de rencontre de O_2M avec le géométral. Nous pouvons remarquer tout de suite que la droite $m_1 m_2$ passe par le point R, qui est le point de rencontre de la ligne $O_1 O_2$ avec le géométral prolongé. Le point M′ pour la position O_2 de l'œil est restitué en m'_2 sur la verticale m_2 et sur le rayon visuel $O_2 M'$.

La droite $m'_1 m'_2$ étant la droite d'intersection du plan vertical $m_1 m_2$ qui contient le point R et du plan $M' O_1 O_2$ qui contient aussi ce point, cette droite passe par le point R. Nous pouvons alors faire la remarque suivante : *Les deux restitutions d'un même point de l'espace sont sur des droites convergentes en un même point.*

Prenons une droite. La perspective de la projection de cette droite

Fig. 64.

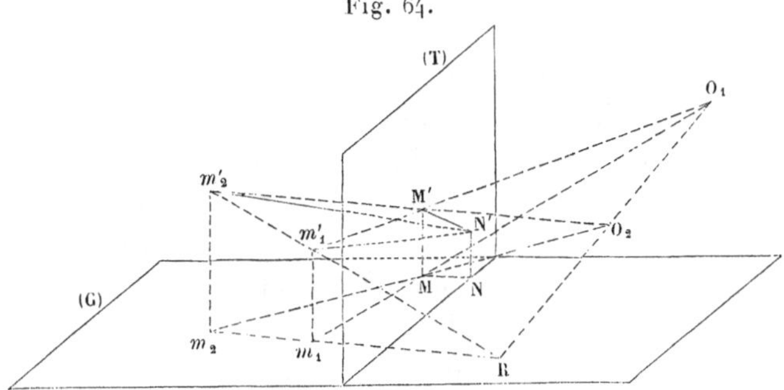

est MN; la perspective de la droite elle-même est M′N′. En prenant le point N sur la ligne de terre, on a un point qui est à lui-même sa restitution ; de même pour le point N′ : le point N′, étant sur le tableau, est toujours restitué en N′, quelle que soit la position de l'œil. La droite M′N′ est toujours restituée suivant une droite, parce que la restitution de sa projection sur le géométral est d'abord une droite et que la restitution dans l'espace est l'intersection du plan vertical mené par cette droite et du plan perspectif. Dès lors, la droite M′N′ est restituée en $m'_1 N'$ pour la première position de l'œil et en $m'_2 N'$ pour la seconde position de l'œil, et l'on voit que *les deux restitutions d'une même droite sont deux droites qui se coupent sur le plan du tableau.*

Puisqu'une droite est restituée suivant une droite, un plan est restitué suivant un plan, et, la trace d'un plan sur le tableau étant une droite qui ne change pas avec la position de l'œil, on voit que *deux plans restitués d'un même plan se cöupent suivant une droite du tableau.* En résumé, pour les figures du géométral, les points correspondant à un même point sont sur des droites convergentes; les droites restituées d'une même droite se coupent sur la ligne de terre; donc *deux restitutions de la perspective d'une figure du géométral sont deux figures homologiques.* Le centre d'homologie est le point R; l'axe d'homologie est la ligne de terre.

Pour les figures de l'espace, les points correspondants sont sur des droites qui passent par le point R, les droites restituées d'une même droite se coupent sur le plan du tableau, les plans eux-mêmes se coupent suivant des droites du tableau. Les deux restitutions sont alors ce qu'on appelle des *figures homologiques dans l'espace.*

Ces restitutions jouissent des propriétés de figures homologiques. Nous ne nous occuperons pas de ces propriétés; mais on peut remarquer, par exemple, que, si l'une des figures est inscrite dans un cône, la figure homologique est inscrite dans le même cône.

L'ensemble des remarques que nous venons de faire nous donne la nature des variations produites dans les restitutions.

Lorsqu'on se place devant un tableau et que, partant d'une première position, on marche vers la gauche de la position qu'on occupe, les restitutions des points semblent s'avancer vers la droite, et les droites et les plans paraissent tourner. Les figures de front restent des figures de front. Les horizontales restent des horizontales si l'œil reste toujours dans le plan d'horizon; mais, si l'œil sort du plan d'horizon, les horizontales s'inclinent et les rapports des segments, mesurés sur ces droites, se trouvent changés. Il est donc important, lorsqu'on examine un tableau, de placer l'œil dans le plan d'horizon. C'est pourquoi, lorsqu'un tableau est à une certaine hauteur au-dessus du spectateur, on l'incline de façon que l'œil de ce spectateur puisse se placer dans le plan d'horizon du tableau.

Puisqu'une droite se trouve restituée suivant une droite, quand elle passe une fois par l'œil du spectateur, elle y passe toujours. On comprend pourquoi, lorsque sur le tableau une droite est représentée par un seul point, elle paraît constamment se diriger vers la personne qui regarde le tableau.

Puisque les droites sont restituées suivant des droites, les plans suivant des plans, les ombres sont toujours exactes, quelle que soit la position de l'œil devant le tableau. Du reste, on peut remarquer, en se reportant aux constructions qui ont été faites pour la recherche des ombres, que les points de distance n'ont pas été employés.

Les modifications les plus profondes qui proviennent des restitutions sont relatives aux surfaces courbes.

Une sphère est représentée par une circonférence de cercle, si la droite qui joint l'œil à son centre est perpendiculaire au plan du tableau. Si l'on ne se place pas exactement dans la position où cette sphère a été déterminée en perspective, la restitution ne se fera plus suivant une sphère : elle se fera suivant une surface homologique d'une sphère.

Des colonnes équidistantes et de même diamètre devraient être représentées entre des droites parallèles distantes l'une de l'autre d'intervalles différents. Il en résulterait alors que, suivant la position de l'œil, la restitution ne se ferait pas suivant des colonnes de dimensions égales. Pour éviter ces restitutions inexactes, les peintres, suivant leur expression, *trichent;* ils ne font pas une perspective exacte, afin de permettre au spectateur d'opérer une restitution aussi approchée que possible.

Choix du point de vue. — La hauteur de l'œil au-dessus du sol dépend de la plus ou moins grande étendue qu'on veut apercevoir. Le point principal de fuite est à peu près au milieu de la ligne d'horizon; quelquefois on le déplace un peu en le portant vers le point où l'on veut attirer l'attention du spectateur. La distance, comme nous l'avons déjà dit, est variable; elle est comprise entre une fois la largeur du tableau et trois fois cette largeur.

Les petites distances ont l'inconvénient d'altérer beaucoup les contours apparents des surfaces courbes qui sont placées près du cadre du tableau, et alors les restitutions ne sont pas exactes si l'œil n'est pas à la position qu'il doit occuper.

Les grandes distances ont l'inconvénient de réduire les lignes fuyantes.

Il y a donc lieu, lorsqu'on veut établir une perspective, de faire des essais pour donner à l'œil la position qui convient le mieux selon l'objet que l'on doit représenter.

DIXIÈME LEÇON.

PERSPECTIVE CAVALIÈRE.

Définitions : ligne fuyante, projetante. — Angle d'une projetante avec le tableau. — Amener un plan à être de front. — Perspective d'une perpendiculaire à un plan, d'une circonférence horizontale, d'une surface conique, d'une surface cylindrique, d'une sphère.

SUPPLÉMENT : Construire les axes d'une ellipse dont on donne deux diamètres conjugués.

Définitions : ligne fuyante, projetante. — La perspective cavalière d'un objet est la projection oblique de cet objet sur un plan de front.

Nous allons faire dériver la perspective cavalière de la perspective conique, en supposant que l'œil du spectateur s'éloigne indéfiniment sur un rayon visuel.

Reprenons la figure à laquelle nous sommes arrivés lorsque nous

Fig. 65.

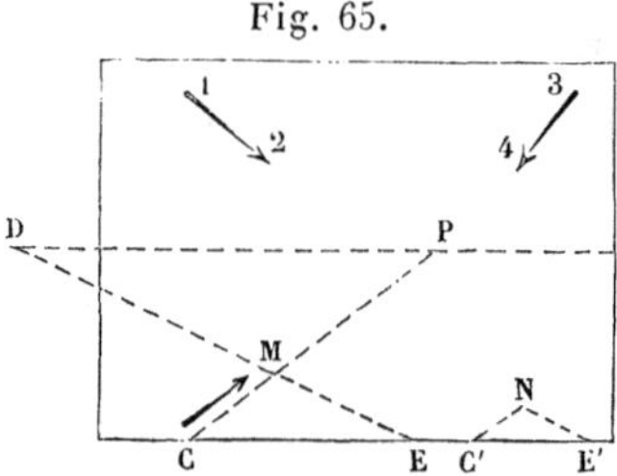

avons déterminé la perspective d'un point, le géométral et le tableau étant à la même échelle. Soit P (*fig.* 65) le point principal de fuite; CM est alors la perspective d'une perpendiculaire au tableau; CE est égal à l'éloignement du point M.

Supposons que l'œil s'élève à l'infini sur le rayon visuel qui passe par le point M; le point P s'élève alors à l'infini sur la droite MP, en même temps que le point D, et la ligne d'horizon s'élève en restant parallèle à elle-même. Lorsque l'œil est à l'infini, les droites qui se dirigeaient vers les points P et D sont devenues des droites parallèles, l'une à la direction MP, l'autre à la direction MD, et alors, pour un point N, on a une parallèle NC′ et une parallèle NE′ à ces droites ; C′E′ est l'éloignement du point N.

Pour déterminer la perspective d'un point tel que N, nous avons besoin de connaître la direction de la ligne d'horizon ou d'une verticale, la direction d'une droite telle que C′N et la direction d'une droite telle que NE′.

La droite C′N, qui est la perspective d'une perpendiculaire au plan du tableau, prend le nom de *ligne fuyante*. Au lieu d'indiquer la direction NE′, on donne le rapport $\frac{NC'}{C'E'}$, qu'on appelle *rapport de réduction;* c'est le rapport qui existe entre la longueur qu'il faut porter sur la ligne fuyante, pour avoir la perspective du point, et l'éloignement de ce point dans l'espace.

Le rayon visuel prend le nom de *projetante;* toutes les projetantes sont des droites parallèles entre elles, et chacune d'elles n'a

Fig. 66.

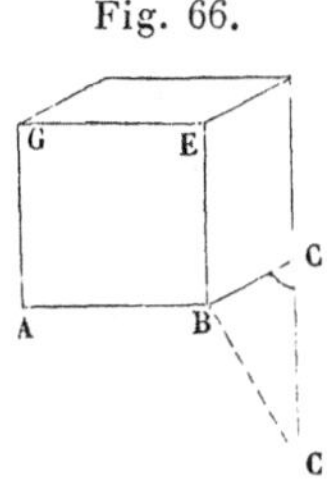

pour perspective qu'un seul point. Ainsi, N représente la perspective de tous les points de la projetante qui passe par ce point.

En élevant l'œil jusqu'à l'infini, on le place nécessairement au-dessus de tous les objets à représenter; les figures qu'on obtient alors sont les figures d'objets vus en dessus. Ainsi, en prenant pour ligne fuyante une ligne ayant une direction telle que C′N, le point N étant plus éloigné du spectateur que le point C′, le résultat de la perspective est alors une figure vue en dessus. Si, au contraire, on prend une ligne fuyante ayant la direction 1-2 ou la direction 3-4, on obtient une figure représentant les objets comme s'ils étaient vus en dessous.

Par exemple, en prenant pour ligne fuyante la direction C′N, un cube dont une face est de front est représenté comme on le voit *fig.* 66, et l'on aperçoit la face du cube qui est à la partie supérieure. Si l'on prend comme ligne fuyante la direction 1-2, la perspective du cube est donnée par la *fig.* 67, et l'on aperçoit la face inférieure du cube.

La perspective cavalière d'un objet n'est pas modifiée quand on transporte le tableau parallèlement à lui-même; aussi on ne fixe pas sa position. On le suppose placé devant les objets dont on cherche la perspective.

Fig. 67.

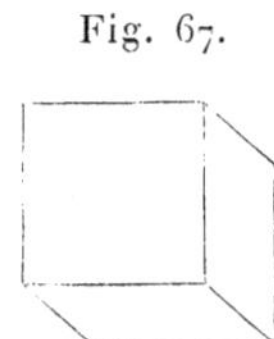

Angle d'une projetante avec le tableau. — Reprenons (*fig.* 66) un cube dont une face est de front. Le point de l'espace dont la perspective est C est à l'extrémité du côté du cube partant de B et perpendiculaire à ABEG. Ce côté a pour perspective la droite BC. Cette droite représente aussi la perspective d'une ligne quelconque du plan projetant le côté du cube; elle peut être considérée comme la perspective de la trace de ce plan projetant sur le plan de front ABEG. Faisons tourner ce plan projetant autour de cette trace pour l'amener à être de front. Après la rotation, le côté du cube partant de B et perpendiculaire au tableau a pour perspective le segment BC_1, perpendiculaire à BC et égal à AB. La projetante qui passe par le point C est alors rabattue en CC_1, et l'angle BCC_1 est l'angle demandé.

Amener un plan à être de front. — Nous ne reprendrons pas les problèmes élémentaires que nous avons résolus dans la perspective conique. Les solutions en perspective cavalière sont très simples; ainsi, par exemple, si l'on demande de partager un segment de droite en parties proportionnelles à des segments donnés, on effectue sur la perspective cette division en parties proportionnelles, puisque les projetantes sont des droites parallèles entre elles. Nous traiterons seulement le problème :

Amener un plan à être de front.

Le plan est donné (*fig.* 68) par les deux droites M′C′, M′E′, dont les projections sur un plan horizontal sont MC, ME. On donne aussi la direction M*m* des lignes fuyantes et le rapport de réduction qui est $\frac{1}{2}$.

Perpendiculairement à CC′ menons CE, cette droite est une horizontale de front du plan CME, elle est la projection de la droite de front C′E′ du plan donné. Appelons *xy* cette droite de front. C'est autour de *xy* que nous allons faire tourner le plan C′M′E′ pour l'amener à être de front. Pendant la rotation, le point M′ dé-

Fig. 68.

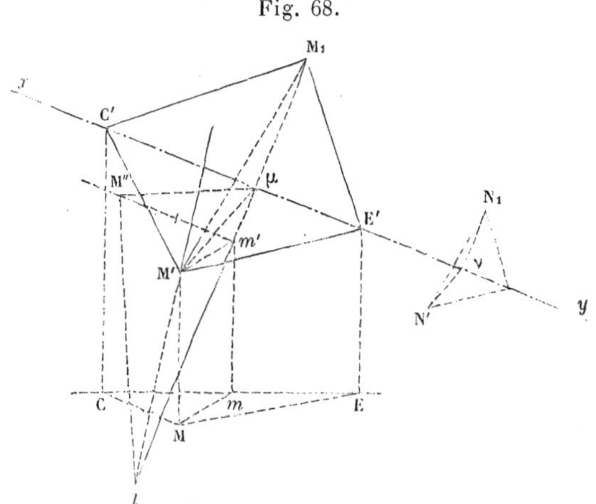

crit un arc de cercle dont le centre est le pied de la perpendiculaire abaissée de M′ sur *xy*. Pour avoir ce point, projetons M′ en *m′* sur le plan de front *xy*, au moyen de M′*m′* menée parallèlement aux lignes fuyantes. Le point *m′* est à la rencontre de cette droite et de la verticale *mm′*. Dans le plan de front *xy*, on mène *m′*μ de façon que l'angle *m′*μE′ soit droit. Le point μ est alors le pied de la perpendiculaire M′μ à *xy*.

Lorsque le plan donné a tourné de manière à être amené de front, μM′ vient sur la perpendiculaire *m′*μ prolongée, à une distance du point μ égale à la longueur M′μ. Cherchons la longueur de ce segment de droite; faisons tourner le plan du triangle M′*m′*μ autour de la droite de front *m′*μ jusqu'à ce qu'il soit de front. Après la rotation, le côté M′*m′* vient sur la perpendiculaire élevée en *m′* à la droite *m′*μ; le point M′ vient en M″, ce point M″ étant tel que

$M''m' = 2M'm'$. En joignant le point M'' au point μ, on a une droite dont la longueur est égale à la longueur de $M'\mu$; il suffit alors de porter $\mu M''$ depuis le point μ jusqu'au point M_1, et l'on a au point M_1 le relèvement du point M.

La droite $M'M_1$ est la corde de l'arc décrit par le point M'. Connaissant la droite $M'M_1$ et la droite $M'\mu$, il est facile de relever un autre point du plan. Soit N' un point à relever. De ce point abaissons une perpendiculaire sur la charnière; nous n'avons, pour cela, qu'à mener une parallèle $N'\nu$ à $M'\mu$. Au point ν élevons une perpendiculaire à la charnière, et menons du point N' une parallèle à la corde $M'M_1$; cette droite rencontre au point N_1 la perpendiculaire menée du point ν : N_1 est le relèvement du point N.

Si l'angle de $M'M_1$ avec $M_1\mu$ est trop aigu, le point N_1 est graphiquement difficile à déterminer exactement. On emploie alors un triangle semblable à un triangle tel que $M'E'M_1$, comme on le voit sur la figure.

Par une construction inverse de celle qui donne le relèvement du point N_1, on revient d'un point relevé à la perspective de ce point quand le plan est ramené dans sa position.

Perpendiculaire à un plan. — Si l'on demande la perpendiculaire au plan élevée du point M', on mène au point M'' une perpendiculaire à la droite $M''\mu$, on prend le point l où cette perpendiculaire rencontre $m'\mu$: il suffit alors de mener la droite lM'.

Perspective d'une circonférence horizontale. — Faisons tourner le plan de cette circonférence autour du diamètre de front donné AB (*fig.* 69) pour amener son plan à être de front. Après la rotation, cette courbe a pour perspective une circonférence décrite sur AB comme diamètre. Nous devons maintenant ramener les points de cette circonférence pour avoir l'ellipse perspective cherchée.

Prenons un point M_1 sur cette circonférence; abaissons de ce point une perpendiculaire M_1m sur le diamètre de front AB. Lorsque le plan de front est amené à être horizontal, la droite mM_1 devient perpendiculaire au tableau; sa perspective est alors la parallèle aux lignes fuyantes menée par le point m, et, si nous supposons que le rapport de réduction est $\frac{1}{2}$, nous devons porter à partir du point m, sur cette parallèle aux lignes fuyantes, un segment mM

égal à $\frac{mM_1}{2}$. En ramenant ainsi des points de la circonférence, nous avons des points de la perspective demandée.

Lorsqu'on amène le plan de front à être horizontal, les points de la circonférence décrivent des arcs dont les cordes sont parallèles à MM_1. On a alors le point C, qui correspond au point C_1, en construisant le triangle C_1OC semblable au triangle M_1mM. Ceci est vrai pour un point quelconque de la circonférence.

Pour avoir la tangente au point M, nous n'avons qu'à prendre la tangente au point M_1 et chercher ce que devient cette droite, en-

Fig. 69.

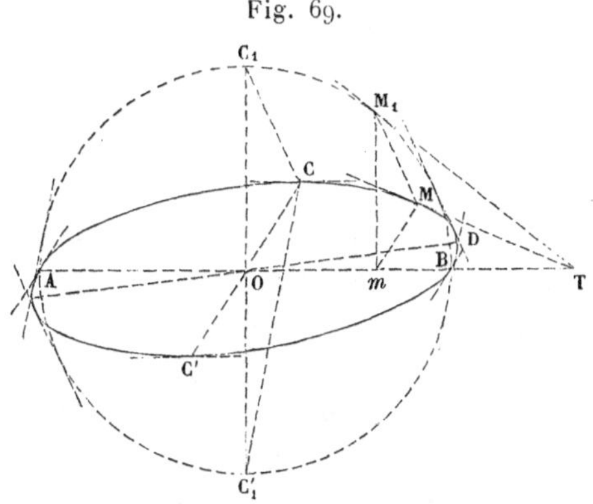

traînée en même temps que le plan de la circonférence. Le point T, où cette tangente rencontre la charnière AB, ne change pas de position ; la tangente à l'ellipse au point M est donc la ligne MT.

Il résulte de cette construction que pour le point C qui correspond au point C_1, situé à l'extrémité du diamètre perpendiculaire à AB, on a une tangente parallèle à AB. Nous voyons ainsi que OC *et* OB *sont deux demi-diamètres conjugués de la perspective de la circonférence.* On arrive aussi à ce résultat en remarquant que les tangentes en A et B à cette perspective sont parallèles à OC, puisqu'elles proviennent des tangentes au cercle qui sont perpendiculaires à AB.

Nous pouvons déterminer autant de points que nous voudrons de la perspective et les tangentes en ces points, et par suite tracer facilement cette perspective.

Construire les axes de l'ellipse perspective de la circonférence horizontale, connaissant les deux diamètres conjugués CC′, AB. — Menons parallèlement à la corde M_1M une tangente à la circonférence décrite sur AB. Quand on ramène le plan de front à être horizontal, la droite qui correspond à cette tangente coïncide avec cette tangente elle-même, puisque le point de contact vient sur cette droite, qui a été menée parallèlement à la direction de la corde M_1M, et que le point où elle coupe AB ne change pas de position : cette tangente particulière est donc tangente à l'ellipse perspective de la circonférence.

Nous avons fait correspondre le point C au point C_1, en supposant la rotation du plan de front autour de AB faite dans un certain sens ; mais, si nous supposons que le plan de front tourne autour de AB dans l'autre sens, nous pouvons faire correspondre le point C au point C'_1, et, en répétant ce que nous venons de dire, nous voyons qu'une tangente à la circonférence de front menée parallèlement à la droite C'_1C est tangente à l'ellipse perspective de la circonférence. Nous avons donc deux droites qui sont des tangentes communes à une ellipse et à une circonférence concentriques. Mais les tangentes communes à une ellipse et à une circonférence concentriques sont également inclinées sur les axes de l'ellipse ; nous voyons donc que *les axes demandés sont parallèles aux bissectrices des angles formés par les droites* C_1C et CC'_1. Ainsi, si l'on donne les droites OB et OC, en élevant au point O une perpendiculaire à OB et en portant sur cette droite des segments égaux à OB, on obtient les points C_1 et C'_1, et les bissectrices des angles formés par les droites CC_1 et CC'_1 sont parallèles aux axes.

Nous pourrions dire que l'axe de l'ellipse perspective de la circonférence est dirigé suivant OD, le point D étant le point de rencontre des tangentes à la circonférence menées parallèlement à CC'_1 et à C_1C ; puis, au moyen du relèvement de OD, nous pourrions construire le point de la perspective situé sur cette droite OD. Nous aurions alors l'extrémité de l'un des axes. Nous allons suivre une autre marche qui va nous conduire à une construction élégante des axes en grandeurs et en directions.

Prenons une nouvelle figure (*fig.* 70) en conservant les notations précédentes. Du point C abaissons sur OC_1 la perpendiculaire Cl et du point M abaissons sur M_1m la perpendiculaire Mp. Prolongeons cette dernière droite jusqu'au point q où elle rencontre OM_1. On a

$$\frac{C_1 l}{C_1 O} = \frac{M_1 p}{M_1 m} = \frac{M_1 q}{M_1 O}.$$

Il résulte de là que $M_1 q = C_1 l$. Faisons maintenant tourner le rayon OM_1 et le triangle qMM_1 autour de O jusqu'à ce que M_1 vienne en C_1 : le point M vient en M′ et OM′ = OM. L'angle $C_1M'l$ est égal à l'angle M_1Mq et par suite est égal à l'angle C_1Cl. Les quatre points C_1lCM' sont alors sur une circonférence de cercle et l'on voit que cette circonférence a pour diamètre C_1C. Ainsi, *les*

Fig. 70.

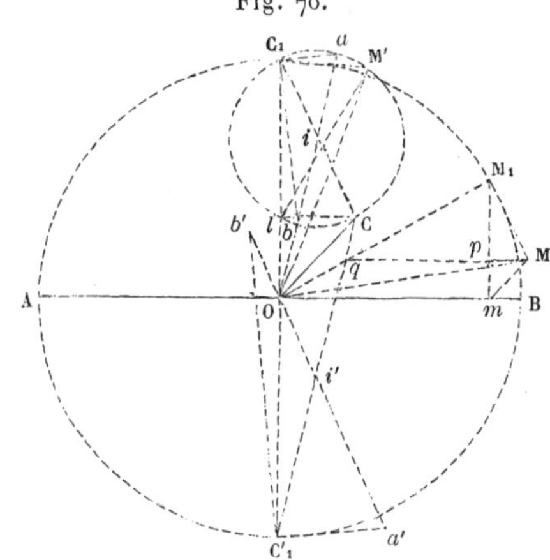

points tels que M′ *appartiennent à la circonférence décrite sur* C_1C *comme diamètre.*

On peut dire qu'à chacun des points de l'ellipse correspond un point de cette circonférence et que les distances du point O à deux points correspondants sont égales.

Le demi grand axe de l'ellipse, demi-diamètre maximum de cette courbe, est alors égal à la distance du point O au point de la circonférence $CM'C_1$ le plus éloigné de O. Ce dernier point est en a à l'extrémité du diamètre Oia de cette circonférence. Ainsi : *oa est égal au demi grand axe de l'ellipse.*

De la même manière on voit que : *ob est égal au demi petit axe de cette courbe.*

Le point i étant le milieu de C_1C, la droite Oi est parallèle à C'_1C. Les axes de l'ellipse sont alors parallèles à C_1b, C_1a, qui sont également inclinées sur C_1i et sur Oi.

En définitive, on arrive à la construction suivante : Du point O on mène une parallèle à C'_1C. Sur cette droite, et à partir du point i où elle rencontre C_1C, on porte $ia = ib = iC$: les droites C_1b, C_1a donnent les directions des axes de l'ellipse et les segments Oa, Ob sont égaux aux demi-axes de cette courbe ([1]).

On peut employer la droite CC'_1 et terminer les tracés ainsi, après avoir construit C_1 et C'_1. Du point O on mène Oi' parallèlement à C_1C ; cette droite rencontre CC'_1 en i'. A partir de ce point et sur cette droite, on prend des segments égaux à $i'C'_1$; on a ainsi a' et b' : Oa' et Ob' sont les longueurs des demi-axes de l'ellipse ; C'_1a', C'_1b' sont les directions de ces axes.

Perspective d'une surface conique. — *On demande la tangente à la perspective de la circonférence qui passe par un point donné* I. — Cherchons le relèvement du point I (*fig.* 71), considéré comme

Fig. 71.

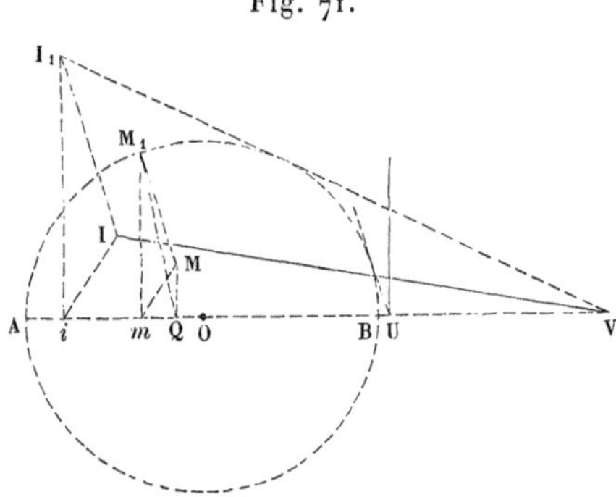

un point du plan de la circonférence horizontale. Par le point I menons la droite Ii parallèlement aux lignes fuyantes ; élevons au point i une perpendiculaire au diamètre de front AB et par le point I traçons une parallèle à la corde MM_1 : nous obtenons au point I_1 le relèvement de I. En menant par le point I_1 une tangente à la circonférence relevée, nous avons le relèvement de la tangente demandée, et en prenant le point V, où cette tangente rencontre AB, nous avons un point qui ne change pas quand on la ramène ; par conséquent, la tangente demandée est la droite IV.

(1) Voir le Supplément à cette Leçon.

Ce tracé donne la solution du problème suivant : *Construire les lignes de contour apparent d'une surface conique dont la base est une circonférence horizontale et dont le sommet est donné.*

Perspective d'une surface cylindrique.— *On demande la tangente à l'ellipse qui est parallèle à une droite donnée,* par exemple, parallèle à une perpendiculaire à AB. Ce problème donne la solution de celui-ci : *Déterminer le contour apparent d'un cylindre vertical qui a pour base la circonférence donnée.*

Du point M (*fig.* 71) menons une droite MQ faisant un angle droit avec AB, et considérons cette droite comme tracée sur le plan de la circonférence horizontale. En relevant le plan de cette circonférence, cette droite MQ se relève en M_1Q ; il suffit maintenant de mener une tangente à la circonférence parallèlement à M_1Q et de ramener cette tangente sur le plan horizontal. Pour cela on prend le point U, où elle rencontre AB : on a un point qui ne change pas pendant la rotation, et alors la tangente demandée est la perpendiculaire menée du point U à la droite AB.

Perspective d'une sphère. — La perspective cavalière d'une sphère est la trace, sur le plan du tableau, du cylindre circonscrit à cette sphère, dont les génératrices sont parallèles aux projetantes.

Puisque ce cylindre a ses génératrices parallèles aux projetantes, sa trace sur le plan du tableau est la perspective de toute ligne tracée sur sa surface. On est ainsi amené à chercher la perspective d'une ligne tracée sur ce cylindre. Prenons la ligne qui est dans le plan de front qui passe par le centre de la sphère, et cherchons à la construire.

Sur ce plan de front on a le grand cercle de front de la sphère donnée, dont le centre est au point O (*fig.* 72). Coupons la sphère par un plan perpendiculaire au tableau et parallèle aux projetantes. La trace de ce plan sur le plan de front qui passe par le centre O est une parallèle aux lignes fuyantes. Ce plan coupe la sphère suivant un petit cercle qui a pour diamètre la corde *ab*, que le grand cercle de front de la sphère détermine sur la trace du plan sécant. Ce plan sécant coupe le cylindre circonscrit suivant des tangentes à ce petit cercle. Pour déterminer ces droites, amenons le plan de ce petit cercle à coïncider avec le plan de front qui contient *ab*.

Après la rotation, ce petit cercle a pour perspective la circonférence décrite sur *ab* comme diamètre et les tangentes à ce petit cercle, parallèles aux projetantes, sont maintenant des tangentes à ce petit cercle parallèles au rabattement de la projetante. Pour déterminer cette direction, reproduisons la construction indiquée page 111 pour obtenir l'angle d'une projetante avec le tableau. Considérons le rayon de la sphère perpendiculaire au tableau dont

Fig. 72.

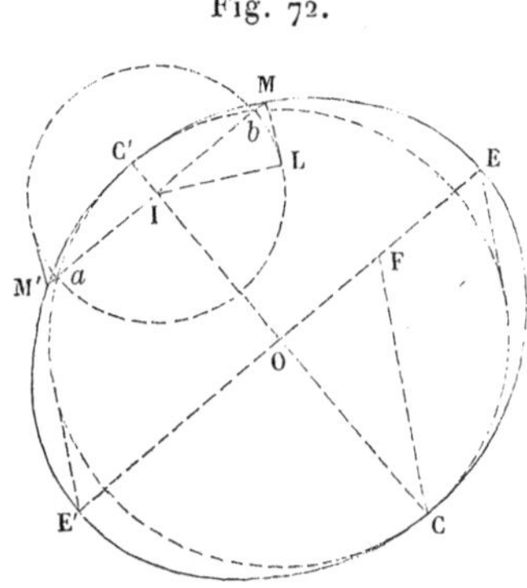

la perspective est OF; le plan, qui contient ce rayon et la projetante passant par son extrémité, après avoir tourné dans le même sens que le petit cercle, donne pour le rabattement de ce rayon la droite OC, et pour la projetante la droite FC. C'est donc parallèlement à FC que nous devons mener des tangentes au petit cercle. Ces tangentes rencontrent la droite *ab* aux points M et M', et, lorsque nous replaçons le plan du petit cercle dans la situation qu'il doit avoir, ces points M et M' ne changent pas; ils représentent alors les perspectives des tangentes relevées. Les points M et M' appartiennent donc à la perspective de la sphère.

Nous n'avons qu'à prendre d'autres plans sécants analogues à celui que nous venons d'employer, et nous obtiendrons ainsi autant de points que nous voudrons de la perspective de la sphère.

On retrouve, par cette construction, que cette perspective est une ellipse. Appelons, en effet, L le point de contact de la tangente LM au petit cercle et I le centre de ce petit cercle. Pour un point quelconque de la ligne de contour apparent de la sphère, nous avons une tangente analogue à ML, parallèle à cette droite, et un rayon analogue au rayon IL, qui est perpendiculaire à cette tangente. Nous avons donc toujours des triangles semblables au triangle IML. Le rapport $\frac{IM}{IL}$ est constant, quelle que soit la position du point M sur la perspective de la sphère. Mais $IL = Ib$, comme rayons d'une circonférence; on voit ainsi que le point M est un point de l'ordonnée du grand cercle de front, qu'on a augmenté de façon à avoir toujours le rapport constant $\frac{IM}{Ib}$. Le lieu des points tels que M est une ellipse dont l'un des axes est parallèle à la direction des lignes fuyantes, et dont l'autre axe est perpendiculaire à cette direction.

Les points C et C', situés aux extrémités du diamètre perpendiculaire aux lignes fuyantes, sont des sommets de cette ellipse; les autres sommets sont sur le diamètre parallèle aux lignes fuyantes, aux points E et E', où ce diamètre est rencontré par les tangentes au grand cercle de front menées parallèlement à FC.

SUPPLÉMENT A LA DIXIÈME LEÇON.

Construire les axes d'une ellipse connaissant les deux demi-diamètres conjugués OB, OC (*fig.* 73).

Conservons les notations employées pour exposer la solution de la page 116. Le point μ est un sommet de l'ellipse, si la tangente μt en ce point à la courbe est perpendiculaire à $O\mu$. Soit μ_1 le relèvement de μ, la droite $\mu_1 t$ étant la tangente à la circonférence relevée, l'angle $O\mu_1 t$ est droit aussi.

Afin de déterminer μ, construisons une figure semblable à $O\mu_1\mu t$ qui est telle que la circonférence décrite sur Ot comme diamètre passe par les points μ et μ_1. Pour cela, du point i, milieu de CC_1, élevons une perpendiculaire à cette droite. Cette perpendiculaire rencontre OB en un point qui est le centre de la circonférence circonscrite au triangle $C_1CC'_1$. Soient O' et t' les points où cette circonférence rencontre OB. Le quadrilatère $O'C_1Ct'$ est semblable au quadrilatère $O\mu_1\mu t$; il résulte de là que $O\mu$ est parallèle à $O'C$, c'est-à-dire à la bissectrice de l'angle $C_1CC'_1$.

On retrouve ainsi que *les axes de l'ellipse sont parallèles aux bissectrices des angles formés par les droites* CC_1, CC'_1.

On a

$$\frac{O'C_1}{O\mu_1} = \frac{O'C}{O\mu} \quad \text{ou} \quad \frac{O'C_1}{OC_1} = \frac{O'C}{O\mu},$$

d'où

$$O\mu = O'C \cos O'C_1O = O'C \cos O'CC'_1.$$

Projetons orthogonalement O′ en v sur CC'_1, on a alors $Cv = O\mu$; de même pour l'autre axe. Ainsi *les demi-axes de l'ellipse sont égaux aux projections de* CO′ *et de* Ct' *sur* CC'_1.

Fig. 73.

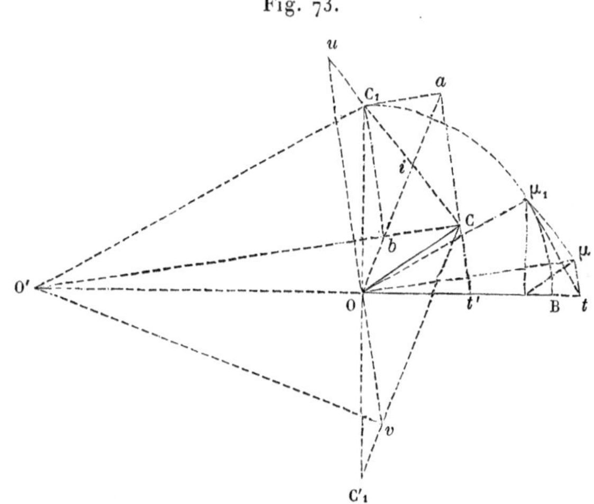

Menons la droite Oi, appelons a le point où elle rencontre t'C. La droite C_1a est parallèle à O′C. Les droites aC_1, aC, obtenues comme nous l'avons vu dans la dixième Leçon, donnent donc les directions des axes de l'ellipse.

Les points $O'C_1CC'_1$ sont sur une même circonférence de cercle. Les pieds u, O, v des perpendiculaires abaissées de O′ sur les côtés du triangle $C_1CC'_1$ sont alors en ligne droite; mais O′ est sur la bissectrice O′C de l'angle uCv; donc la droite uOv est perpendiculaire à O′C, et, par suite, elle est parallèle à Ca. On a donc $Oa = Cv$. Le segment Oa est, par suite, égal au demi-axe Oμ. On démontre de même que Ob est égal à l'autre demi-axe. On retrouve ainsi la construction donnée dans la dixième Leçon [1].

---

(1) Voir *The Messenger of Mathematics,* vol. XI, p. 175.

ONZIÈME LEÇON.

PERSPECTIVE CAVALIÈRE (FIN).

Conséquences déduites de la perspective d'une sphère. — Ombre d'une sphère. — Ombre dans une demi-sphère.

Conséquences déduites de la perspective d'une sphère. — Reprenons la perspective cavalière d'une sphère pour arriver à quelques conséquences.

Du point O (*fig.* 74), menons une parallèle aux lignes fuyantes,

Fig. 74.

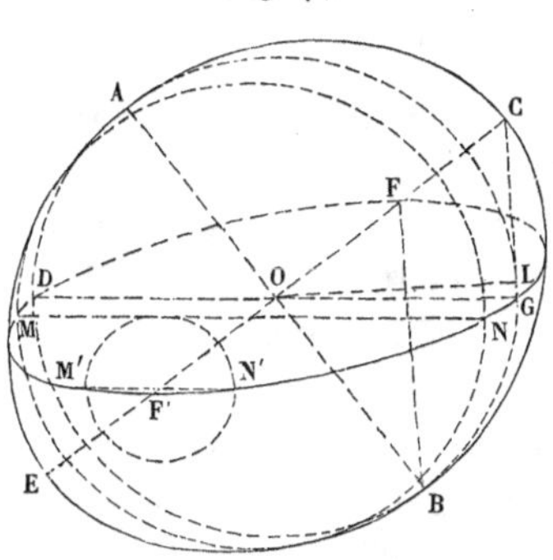

et portons sur cette droite, à partir de ce point O, la longueur réduite du rayon, nous obtenons en F et F′ les perspectives des extrémités du diamètre perpendiculaire au plan du tableau. Le diamètre AB, tracé sur le plan de front qui contient O, perpendiculairement à la ligne fuyante, est terminé aux points A et B, qui sont deux des sommets de la perspective de la sphère.

Joignons le point F au point B, et menons au grand cercle de front des tangentes parallèles à FB; ces droites rencontrent la parallèle à la ligne fuyante, menée par le point O, aux points C, E, qui sont les deux autres sommets de l'ellipse perspective de la sphère. Traçons cette ellipse.

Par le centre O de la sphère, menons un plan horizontal. La trace de ce plan sur le plan de front qui passe par le point O est la droite DG; la section faite dans la sphère par ce plan horizontal est un grand cercle dont la perspective passe par les points D et G et a pour tangentes en ces points des parallèles aux lignes fuyantes. Cette perspective passe par les points F et F′ et a pour tangentes en ces points des parallèles à la droite DG. Cette courbe est doublement tangente à la perspective de la sphère.

Si l'on coupe la sphère par un plan de front, la trace de ce plan sur le plan diamétral horizontal est la droite MN et la section faite dans la sphère par le plan de front est un petit cercle qui a MN pour diamètre. Le plan de front MN rencontre, suivant une droite, le plan de la ligne de contact de la sphère et du cylindre projetant circonscrit à cette sphère; les points où cette droite rencontre la ligne de contact de la sphère et de ce cylindre projetant ont pour perspectives les deux points où ce petit cercle de front touche la perspective de la sphère.

Ainsi, le petit cercle décrit sur MN comme diamètre est doublement tangent à l'ellipse perspective cavalière de la sphère. Ce double contact est réel ou imaginaire, et, d'après ce que nous venons de dire, la corde commune à ce cercle et à l'ellipse perspective de la sphère est la droite réelle, intersection du plan de front MN et du plan de la courbe de contact de la sphère et du cylindre projetant qui lui est circonscrit.

Si nous prenons une corde parallèle à MN, telle que M′N′, le plan de front qui passe par cette droite coupe la sphère suivant le petit cercle décrit sur M′N′ comme diamètre; ce petit cercle est doublement tangent à l'ellipse qui représente la perspective cavalière de la sphère. Mais, dans les circonstances où nous nous plaçons sur la figure, le double contact est imaginaire.

Si nous continuons à déplacer le plan de front tel que M′N′, nous arrivons à un plan de front qui touche la sphère au point F′, extrémité du diamètre perpendiculaire au plan de front; nous sommes ainsi conduits à considérer le point F′ comme un cercle évanouissant doublement tangent à l'ellipse perspective cavalière de la sphère, et nous pouvons dire alors que le point F′ est un foyer de cette courbe. Il en est de même du point F, symétriquement placé par rapport au point O.

Nous pouvons arriver autrement à ce résultat. Nous avons dans l'espace une sphère et un cylindre qui lui est circonscrit; nous menons un plan tangent à cette sphère parallèlement au plan du tableau. La section faite dans le cylindre par ce plan, en vertu d'un théorème connu, dû à Dandelin, a pour foyer le point de contact du plan et de la sphère; la section faite dans le cylindre est une courbe de front qui a pour perspective une ligne qui lui est égale et qui est l'ellipse perspective cavalière de la sphère. Quant au point de contact, il est en F' : donc *le point* F' *est le foyer de l'ellipse perspective cavalière de la sphère.*

Enfin, on peut voir tout de suite sur la figure que le point F est un foyer de l'ellipse perspective de la sphère. Nous avons mené au grand cercle de front la tangente LC parallèlement à FB pour avoir le sommet C de cette courbe. Il résulte de cette construction que les triangles OBF, LOC sont égaux entre eux; le côté OB est égal au côté OL, l'angle en C est égal à l'angle en F, et les triangles sont rectangles, l'un en L, l'autre en O; on a alors $BF = OC$. Le point F peut donc être considéré comme déterminé par la rencontre du grand axe avec une circonférence ayant pour centre l'extrémité B du petit axe et pour rayon le demi grand axe : *le point* F *est donc le foyer de l'ellipse perspective cavalière de la sphère.*

La figure à laquelle nous sommes conduits nous donne deux théorèmes qu'il suffit d'énoncer :

1° *Étant donnée une ellipse, on mène des cordes parallèles entre elles, et sur ces cordes comme diamètres on décrit des circonférences de cercle : toutes ces circonférences sont doublement tangentes à une ellipse qui a pour foyers les extrémités du diamètre conjugué des cordes considérées.*

2° *Étant donnée une ellipse, on mène des circonférences doublement tangentes à cette courbe, et l'on prend pour chacune de ces circonférences un diamètre parallèle à une droite donnée : le lieu des extrémités de ces diamètres est une ellipse qui passe par les foyers de l'ellipse donnée.*

Comme cas particulier, nous pouvons considérer les diamètres de ces circonférences qui sont menés perpendiculairement au grand axe de l'ellipse donnée, et nous voyons alors que, *si l'on redresse les normales d'une ellipse perpendiculairement au grand axe de cette courbe, le lieu des extrémités des normales redressées est une ellipse qui a pour sommets les foyers de l'ellipse donnée : les deux autres sommets sont aux extrémités du petit axe de l'ellipse donnée.* Ce dernier théorème nous sera utile plus tard.

Ombre d'une sphère. — Proposons-nous de *déterminer la ligne d'ombre propre et la ligne d'ombre portée d'une sphère qui repose sur un plan horizontal.*

Nous nous donnons la direction du rayon lumineux par sa perspective et par la perspective de sa projection sur un plan horizontal. OR (*fig.* 75) est la perspective du rayon lumineux, Or la

Fig. 75.

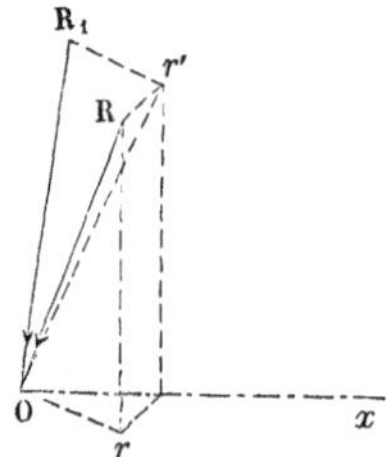

perspective de la projection de ce rayon lumineux sur un plan horizontal, et alors Or' est la perspective de la projection de ce rayon lumineux sur le plan de front, dont la trace sur le plan horizontal est Ox.

Nous avons besoin de connaître la direction du rayon lumineux lorsque le plan qui projette ce rayon sur un plan de front est amené à être de front. Pour déterminer cette direction, faisons tourner le triangle $Or'R$ autour de la droite Or'; après la rotation, le côté Rr' est perpendiculaire à Or', le point R vient sur cette droite au point R_1, qui est tel que $R_1 r' = 2 . Rr'$, si le rapport de réduction est $\frac{1}{2}$. Après le relèvement, le rayon lumineux est donc dirigé suivant OR_1.

Par le centre de la sphère donnée, menons un plan de front. Ce plan coupe la sphère suivant un grand cercle de front et le plan horizontal, sur lequel repose cette sphère, suivant une horizontale tangente à ce grand cercle de front. Traçons l'ellipse perspective cavalière de la sphère comme nous l'avons expliqué précédemment.

Pour déterminer la ligne d'ombre sur la sphère et l'ombre portée par cette surface sur le plan horizontal, employons la méthode des plans sécants. Coupons la sphère et le plan horizontal par des plans auxiliaires perpendiculaires au tableau et parallèles au rayon lumineux, par conséquent par des plans parallèles au plan du triangle ORr' de la *fig.* 75. Or' est une droite de front du plan de ce triangle; l'un de ces plans auxiliaires a donc pour trace, sur le plan de front qui passe par le centre C de la sphère, une droite parallèle à Or'. Soit abd (*fig.* 76) la trace d'un plan auxiliaire sur

Fig. 76.

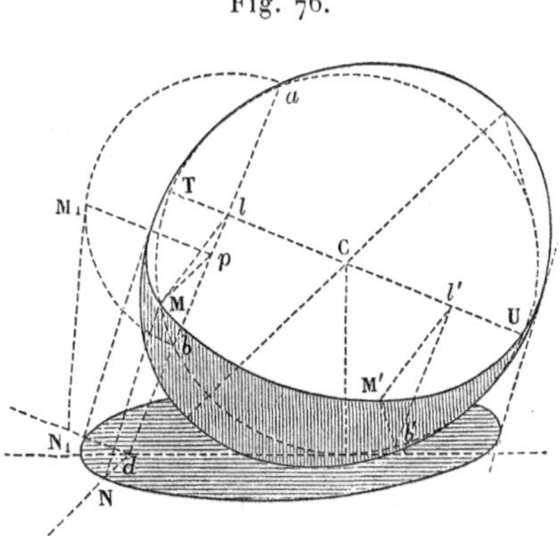

le plan de front qui contient le centre de la sphère. La trace de ce plan sur le plan horizontal est une perpendiculaire au tableau : la perspective de cette trace est donc la parallèle aux lignes fuyantes menée du point d. Faisons tourner ce plan auxiliaire autour de sa trace abd; le petit cercle, intersection de la sphère par ce plan, se relève, sur le plan de front qui passe par le centre C, suivant une circonférence décrite sur ab comme diamètre. La trace du plan auxiliaire et du plan horizontal vient se relever suivant la perpendiculaire menée du point d à la trace ad.

Dans ce plan auxiliaire, il y a les rayons lumineux tangents à la sphère; l'un d'eux vient se relever suivant une tangente à ce petit cercle menée parallèlement à OR_1 de la *fig.* 75. Appelons M_1 et N_1 le point de contact de cette tangente avec le petit cercle et le point où cette droite rencontre la perpendiculaire menée du point d à la droite ad.

Ramenons maintenant le plan du petit cercle. Pour trouver ce que devient le point M_1, abaissons de ce point une perpendiculaire M_1p sur ab; par le point p menons une parallèle aux lignes fuyantes, et portons sur cette droite une longueur $pM = \frac{pM_1}{2}$: le point M est ce que devient le point M_1. De même pour le point N_1; ce point vient en N sur la droite Nd trace du plan auxiliaire, le point N étant tel que $Nd = \frac{N_1d}{2}$. Comme vérification, la droite MN doit être parallèle au rayon lumineux. Le point M a son ombre au point N.

En considérant une suite de plans sécants parallèles au plan auxiliaire que nous venons d'employer, nous aurons autant de points que nous voudrons de la ligne d'ombre propre et de la ligne d'ombre portée.

Parmi tous les plans auxiliaires, considérons celui qui a pour trace une tangente au grand cercle de front, la section faite dans la sphère par ce plan auxiliaire est réduite à un point et ce point fait partie de la ligne d'ombre propre. Ainsi, les extrémités du diamètre TU, du grand cercle de front, mené perpendiculairement à ab, appartiennent à la ligne d'ombre propre; en d'autres termes, ce diamètre est la trace du plan de la ligne d'ombre propre sur le plan de front qui passe par le centre de la sphère. D'après cela, lorsqu'on amène le plan de la courbe d'ombre propre à être de front en tournant autour de TU, la ligne d'ombre propre, après la rotation, se confond avec le grand cercle de front de la sphère.

La droite qui joint le point M au point l, où TU coupe ab, est perpendiculaire à TU; après la rotation, cette droite Ml vient en lb; nous pouvons donc construire des points de la ligne d'ombre propre en faisant usage du grand cercle de front et de triangles semblables au triangle Mlb.

Prenons, par exemple, un point b' sur ce grand cercle, abaissons du point b' une perpendiculaire $b'l'$ sur le diamètre TU, menons par le point l' une parallèle à lM, et par le point b' une parallèle à Mb. Ces deux droites se rencontrent au point M′, qui est un point de la ligne d'ombre propre. Cette ligne d'ombre propre, en perspective, est une ellipse qui passe par les points U, M′, M, T; elle est doublement tangente à l'ellipse perspective cavalière de la sphère, et il est facile d'avoir ses points de contact avec cette ligne. Considérons pour cela le cylindre d'ombre. Ce cylindre a pour lignes de contour apparent les tangentes à la sphère menées parallèlement au rayon lumineux; la ligne d'ombre propre est tangente à ces lignes de contour apparent, et les points de contact sont les points de contact des lignes de contour apparent du cylindre avec la ligne de contour apparent de la sphère.

La ligne d'ombre portée est aussi tangente à ces lignes de contour apparent du cylindre d'ombre.

Fig. 77.

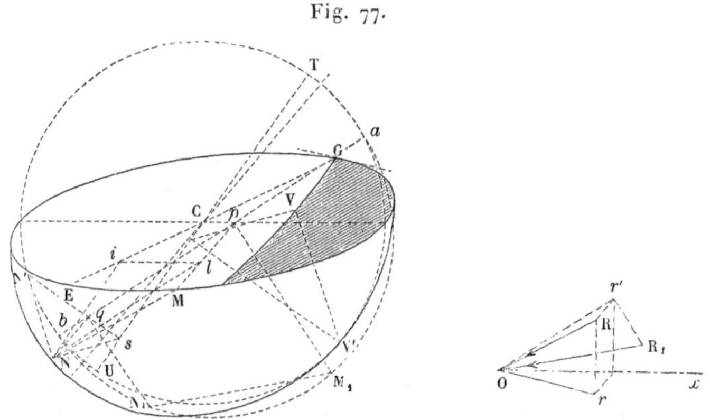

Ombre dans une demi-sphère. — *On demande l'ombre dans l'intérieur d'une demi-sphère en perspective cavalière.* Supposons tracée (*fig.* 77) la perspective cavalière de la demi-sphère. Le plan diamétral qui la limite est un plan horizontal.

Employons encore la méthode des plans sécants. Prenons des plans auxiliaires perpendiculaires au tableau et parallèles au rayon lumineux. La trace de l'un de ces plans sur le plan de front qui passe par le centre de la sphère est la droite ab menée parallèlement à Or'; ce plan auxiliaire coupe le plan diamétral horizontal qui limite la sphère suivant pM parallèle aux lignes fuyantes. La section faite dans la sphère par ce plan est un petit cercle que nous amenons sur le plan de front qui passe par le centre de la sphère. Après la rotation, ce petit cercle a pour perspective la circonférence décrite sur ab comme diamètre. La droite pM, entraînée pendant cette rotation, devient la perpendiculaire menée du point p

à la droite ab, et le point M vient au point M_1, où cette perpendiculaire rencontre la circonférence décrite sur ab.

Nous avons amené ce petit cercle à droite de ab; nous devons considérer le relèvement du rayon lumineux en faisant tourner de même le plan $Or'R$ vers la droite de Or'. Après la rotation du plan $Or'R$, la droite $r'R$ vient se placer perpendiculairement à Or', et le point R vient sur cette droite au point R_1 tel que $r'R_1 = 2r'R$, en supposant que le rapport de réduction soit $\frac{1}{2}$; le rayon lumineux est donc relevé maintenant en OR_1. Par le point M_1 menons une parallèle à OR_1; cette droite rencontre la circonférence décrite sur ab en un point N_1, et le point N_1 ramené en même temps que le plan auxiliaire devient l'ombre portée par le point M. Pour déterminer ce que devient le point N_1, abaissons de ce point une perpendiculaire N_1q sur ab; par le point q menons une parallèle aux lignes fuyantes, et portons sur cette droite un segment $qN = \frac{qN_1}{2}$: le point N est l'ombre portée par le point M, et la droite MN, comme vérification, doit être parallèle au rayon lumineux OR.

On peut déterminer ainsi autant de points que l'on veut de la ligne d'ombre portée dans l'intérieur de la sphère, en considérant un certain nombre de plans sécants parallèles à celui que nous avons employé. Mais nous allons voir comment on peut construire cette courbe, connaissant le point N et la trace du plan de la courbe d'ombre sur le plan de front qui passe par le centre de la sphère.

Examinons la nature de la courbe d'ombre portée et sa situation sur la sphère. Projetons orthogonalement la demi-sphère sur un plan, perpendiculaire au plan diamétral qui la limite, et parallèle au rayon lumineux. La sphère se projette (*fig.* 78) suivant une demi-circonférence de cercle, le plan diamétral suivant un diamètre, et le rayon lumineux est parallèle au plan de projection. L'ombre dans l'intérieur de la sphère est l'intersection de cette surface avec le cylindre d'ombre du grand cercle qui limite la sphère. Nous avons là deux surfaces du second degré qui ont déjà un grand cercle comme ligne d'intersection; la partie restante est plane. Mais le plan de projection choisi est parallèle à un plan de symétrie des deux surfaces; les points de la ligne d'intersection complète dans l'espace sont donc placés de façon à se projeter deux par deux en un même point. La ligne d'intersection des deux surfaces, qui, dans l'espace, est une ligne du quatrième degré, se projette donc suivant une ligne du second degré.

Mais AB est la projection d'une partie de cette ligne; c'est une droite : donc la partie restante est aussi une droite. Il est facile de la construire : le point A, extrémité du diamètre parallèle au plan de projection, a pour ombre le point A′, obtenu en menant AA′ parallèlement au rayon lumineux; la génératrice du cylindre qui passe par le point B est la droite BB′; A′ et B′ appartiennent à la projection de la ligne d'intersection. Donc la ligne d'intersection

Fig. 78.

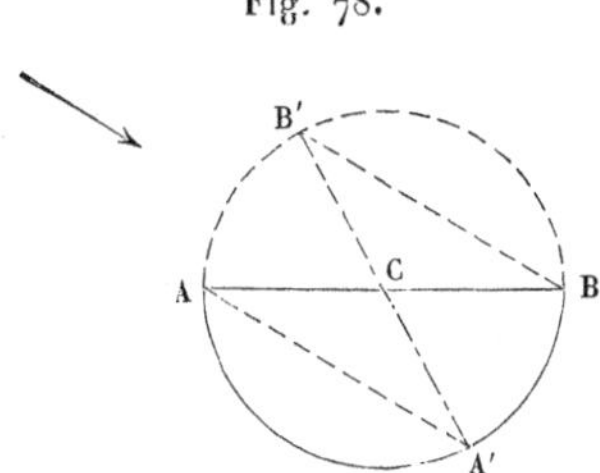

se projette suivant le diamètre B′A′ et la ligne d'ombre se projette suivant le rayon CA′; on voit ainsi que la trace du plan de la ligne d'ombre sur le plan diamétral AB, qui est ici une perpendiculaire au plan de projection, est perpendiculaire au rayon lumineux et perpendiculaire aussi à la projection du rayon lumineux sur le plan diamétral AB.

Revenons à la perspective cavalière (*fig.* 77). Nous venons de dire que la trace du plan de la courbe d'ombre portée sur le plan diamétral qui limite la sphère est une perpendiculaire à la projection du rayon lumineux sur ce plan diamétral : cette projection du rayon lumineux est parallèle à O*r*. Nous pouvons déterminer la direction de cette perpendiculaire en amenant le plan *rox* à être de front, et en menant par le point C une parallèle à la droite ainsi déterminée. On obtient ainsi le diamètre EG qui passe par les points où l'ellipse perspective du grand cercle horizontal a pour tangentes des droites parallèles à O*r*; EG est la ligne d'intersection du plan de la courbe d'ombre portée dans l'intérieur de la sphère avec le plan diamétral qui termine cette surface.

Cherchons la droite de front du plan de cette courbe d'ombre portée, plan qui passe par EG et par le point N. Menons, pour cela, un plan de front par le point N. La trace de ce plan sur le plan auxiliaire employé est la parallèle Nl à ab menée du point N; Nl est alors une droite de front du plan auxiliaire. Cette parallèle rencontre Mp au point l; la trace du plan de front, dont nous nous occupons, sur le plan diamétral qui termine la demi-sphère passe par le point l et est parallèle à Cp; cette ligne rencontre EG en un point i, et la droite iN est la ligne de front du plan de la courbe d'ombre portée dans l'intérieur de la sphère. Du point C on mène une parallèle à la ligne iN, et l'on a la trace TU du plan de la courbe d'ombre portée sur le plan de front qui passe par le centre de la sphère. En tournant autour de cette trace, cette courbe d'ombre portée vient coïncider avec le grand cercle de front de la sphère, et l'on peut alors construire cette courbe par points en la faisant dériver de ce grand cercle de front.

La droite Nq est perpendiculaire au plan de front qui passe par le centre de la sphère : abaissons du point q la droite qs perpendiculairement à TU et joignons le point s au point N, on a ainsi la perpendiculaire Ns abaissée du point N sur TU. Lorsque le plan de la courbe d'ombre portée a tourné autour de TU, le point N vient, sur le grand cercle de front, au point N′, où ce cercle est rencontré par la droite qs prolongée.

Pour avoir un autre point de la ligne d'ombre portée, on n'a qu'à prendre un point quelconque V′ du grand cercle de front; on abaisse de ce point une perpendiculaire sur TU, du pied de cette droite on trace une parallèle à la droite sN; le point de rencontre V de cette droite avec la parallèle à NN′, menée du point V′, est un point de la ligne d'ombre portée.

On obtient ainsi autant de points que l'on veut; la courbe passe par les points G, V, N, E, et la partie vue de l'ombre est la partie couverte de hachures.

DOUZIÈME LEÇON.

PERSPECTIVE AXONOMÉTRIQUE. — PERSPECTIVE ISOMÉTRIQUE.

Perspective axonométrique. — Définitions; notions générales. — Construction des échelles. — *Perspective isométrique.* — Convention relative aux échelles. — Perspective de prismes. — Ellipse isométrique. — Rapporteur isométrique. — Sphère rencontrée par un prisme à base carrée.

Définitions; notions générales. — En Architecture, comme pour les Machines, on distingue, sur les objets à représenter, des directions principales : ce sont, par exemple, pour un édifice, les arêtes verticales, les grandes arêtes horizontales d'une façade longitudinale et les grandes arêtes horizontales d'une façade latérale. Ces trois directions sont parallèles aux arêtes d'un trièdre trirectangle.

Supposons que l'on place l'objet à représenter de façon que ces directions soient obliques par rapport au plan sur lequel on projette la figure et qu'on fasse la projection orthogonale sur ce plan de la figure ainsi placée. Cette projection orthogonale est ce que l'on désigne sous le nom de *perspective axonométrique*.

Fig. 79. Fig. 80.

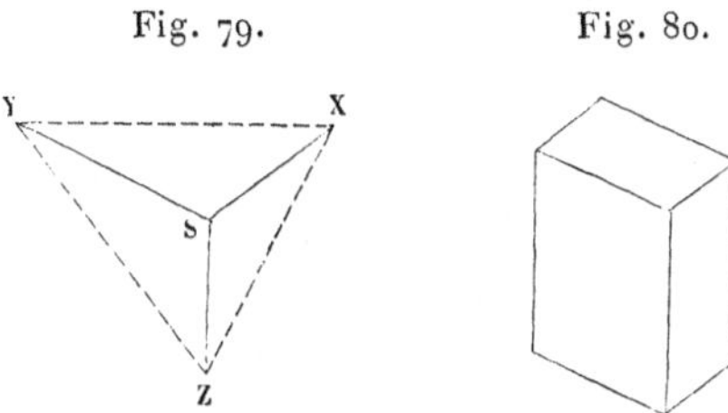

Le trièdre trirectangle dont les arêtes sont parallèles aux trois directions principales, étant projeté ainsi orthogonalement, est représenté par la *fig.* 79. On dispose cette projection de façon que l'arête SZ, qui correspond à la direction des verticales, soit sur la feuille du dessin, supposée inclinée, perpendiculaire à la direction des horizontales de cette feuille.

Si l'on coupe le trièdre trirectangle par un plan parallèle au plan de projection, les arêtes de ce trièdre et le plan sécant se rencontrent aux points X, Y, Z. Les droites XY, YZ et XZ sont les traces des faces du trièdre sur ce plan sécant, et, comme les arêtes du trièdre sont respectivement perpendiculaires aux faces, les droites SX, SY, SZ sont les hauteurs du triangle XYZ; le point de rencontre des hauteurs S est à l'intérieur du triangle XYZ. SZ correspondant aux verticales de l'objet à représenter, SX et SY correspondent aux horizontales.

Avec cette disposition, la figure que l'on obtient est une figure vue en dessus. Si, par exemple, nous représentons un prisme dont les arêtes sont parallèles aux arêtes du trièdre, nous avons la *fig.* 80. Si, au contraire, le trièdre a ses arêtes projetées suivant les droites SX, SY, SZ de la *fig.* 81, un prisme dont les arêtes sont parallèles aux arêtes de ce trièdre est représenté par la *fig.* 82, et l'on voit la face inférieure de ce prisme, tandis qu'on voyait la face supérieure sur la *fig.* 80.

Fig. 81. Fig. 82.

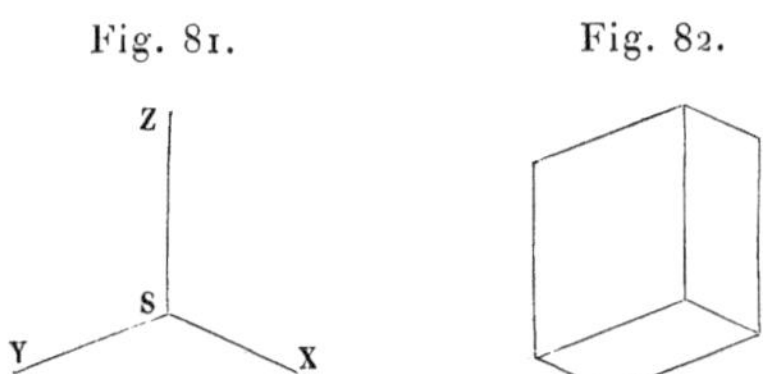

Si l'on veut représenter un point tel que celui qui est à l'extrémité du faîte de la toiture d'une maison, on détermine ce point à l'aide de coordonnées dirigées parallèlement aux arêtes du trièdre trirectangle. Ainsi, pour obtenir le point A situé à l'extrémité du faîte (*fig.* 83), on mène une parallèle mn aux arêtes qui terminent la toiture à sa partie inférieure et à égale distance de ces arêtes; on porte sur cette droite une longueur ma qui détermine la projection du point A sur le plan horizontal qui contient ces arêtes; on relève ce point à l'aide d'une parallèle aux verticales, c'est-à-dire d'une parallèle à SZ, et l'on porte sur cette droite la hauteur Aa du point A au-dessus du plan horizontal dont nous venons de parler, puis on joint ce point aux extrémités des grandes arêtes horizontales; sur AB, parallèle à SX, on détermine de même la position du point B qui limite le faîte de la toiture.

Dans la perspective axonométrique, les arêtes du trièdre trirectangle sont inégalement inclinées sur le plan de projection.

Fig. 83.

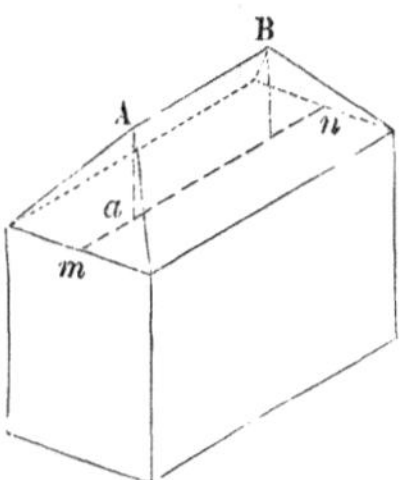

Construction des échelles. — Afin de construire les échelles nécessaires dans ce mode de représentation, nous allons résoudre le trièdre trirectangle et déterminer les angles de ses arêtes avec le plan de projection.

Projetons (*fig.* 84) le trièdre trirectangle sur un plan perpendiculaire au plan de projection XYZ et parallèle à l'arête SZ. Le point X se projette en X′, le point Z en Z′, et le point S vient en

Fig. 84.

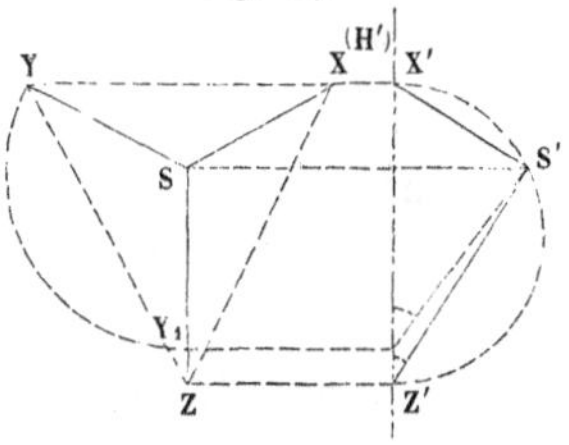

un point de la circonférence décrite sur X′Z′ comme diamètre; en abaissant du point S une perpendiculaire sur (H′) projection verticale du plan XYZ, nous avons le point S′ à la rencontre de cette droite et de la circonférence : le point S′ est la projection du sommet du trièdre. L'arête SZ est maintenant projetée en S′Z′, et l'angle que cette droite fait avec X′Z′ est l'angle de l'arête SZ avec le plan de projection.

Faisons tourner le plan projetant de SY autour de la perpendiculaire au plan projetant menée par le point S jusqu'à ce que le point Y vienne en Y_1 sur SZ, et projetons cette droite sur le plan de projection auxiliaire; sa projection détermine avec (H') l'angle que SY fait avec le plan de projection; de même pour SX.

Les longueurs égales portées sur les droites qui partent du point S', comme S'Z', ont de sprojections inégales; par conséquent, si l'on établit des échelles sur les arêtes du trièdre trirectangle, on est conduit à des échelles particulières correspondant aux trois directions SX, SY et SZ; en outre, les longueurs portées sur des droites parallèles au plan de projection et qui se projettent sans altération de grandeur donnent lieu à une quatrième échelle. Ces quatre échelles sont employées en perspective axonométrique. Lorsque l'objet à représenter est fait dans des dimensions réduites sur le dessin, on emploie une convention que nous expliquerons en parlant de la perspective isométrique.

PERSPECTIVE ISOMÉTRIQUE.

Lorsque les arêtes du trièdre trirectangle, parallèles aux directions principales de l'objet à représenter, sont également inclinées sur le plan de projection, la perspective axonométrique est dite *perspective isométrique*. Toute droite parallèle aux arêtes de ce trièdre porte le nom de *droite isométrique;* les échelles correspondant à ces directions reçoivent la désignation d'*échelles isométriques*, et enfin les plans parallèles aux faces du trièdre sont des *plans isométriques*.

Dans le cas particulier de la perspective isométrique, les arêtes du trièdre trirectangle se projettent sur le plan de projection suivant des droites, comprenant entre elles des angles égaux et qui sont les trois hauteurs du triangle XYZ (*fig.* 85), maintenant équilatéral.

Les arêtes faisant avec le plan de projection des angles égaux, nous n'avons plus, pour résoudre le trièdre, qu'à déterminer l'un de ces angles, en reproduisant la construction que nous venons de donner.

Calculons la valeur de l'angle α que $S'Z'$ fait avec (H'). Appe-

Fig. 85.

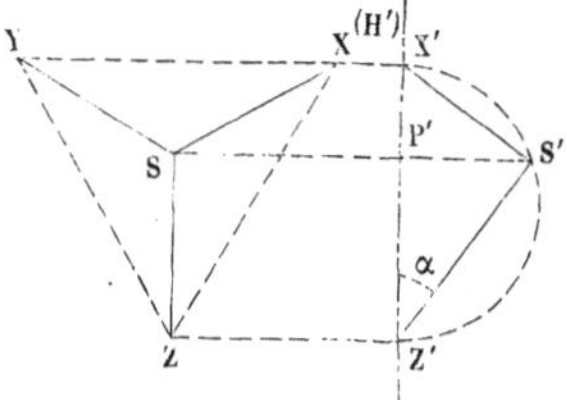

lons P' le pied de la perpendiculaire à $X'Z'$ qui passe par le point S'. On a

$$\cos\alpha = \frac{P'Z'}{S'Z'},$$

ou, en élevant au carré,

$$\cos^2\alpha = \frac{\overline{P'Z'}^2}{\overline{S'Z'}^2}.$$

Mais $\overline{S'Z'}^2 = P'Z'.X'Z'$; donc

$$\cos^2\alpha = \frac{\overline{P'Z'}^2}{P'Z'.X'Z'} = \frac{P'Z'}{X'Z'}.$$

$P'Z'$ est égal à SZ; $X'Z'$ est égal à la hauteur du triangle équilatéral. On peut donc écrire

$$\cos^2\alpha = \tfrac{2}{3}, \quad \text{d'où} \quad \cos\alpha = \sqrt{\tfrac{2}{3}}.$$

Pour l'angle complémentaire β, on a $\cos\beta = \sqrt{\frac{1}{3}}$.

Nous pouvons arriver plus rapidement à cette valeur de $\cos\alpha$ en remarquant que le plan XYZ est également incliné sur les trois arêtes du trièdre trirectangle, et, comme la somme des carrés des cosinus des angles que les arêtes de ce trièdre font avec ce plan est égale à 2, on a immédiatement $3\cos^2\alpha = 2$, d'où l'on tire la valeur de $\cos\alpha$ que nous venons de déterminer.

Connaissant cette valeur de $\cos\alpha$, voici comment on construit l'angle α. Sur une droite (*fig.* 86), à partir d'un point A, portons une longueur $AB = 1$; élevons au point B une perpendiculaire

$BC = AB = 1$; AC est alors égal à $\sqrt{2}$. A partir du point B, portons un segment $BO = AC = \sqrt{2}$; joignons le point O au point C; OC est égal alors à $\sqrt{3}$. Le cosinus de l'angle BOC, étant égal à $\frac{OB}{OC}$, est égal à $\sqrt{\frac{2}{3}}$, et, par conséquent, cet angle BOC est égal à l'angle α.

Cet angle étant construit, il est facile d'établir sur ses côtés les deux échelles que l'on emploie en perspective isométrique.

Fig. 86.

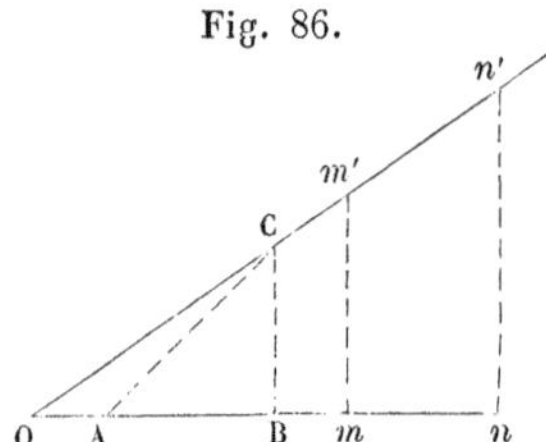

Convention relative aux échelles. — Supposons que la figure à représenter soit faite à l'échelle de $\frac{1}{10}$. Sur la droite OB, qui est l'échelle isométrique, on porte $\frac{1}{10}$ de l'unité de longueur; si l'unité de longueur est le mètre, on porte donc sur OB un segment de droite mesurant $0^m,1$, et la longueur de l'espace dont la projection est $0^m,1$ est alors plus grande que $0^m,1$: cette longueur est $0^m,1 \times \sqrt{\frac{3}{2}}$.

Ainsi, si l'on projette une sphère de 1^m de rayon, le contour apparent de cette sphère est une circonférence dont le rayon est égal au rayon de la sphère donnée, et, puisque la sphère a 1^m de rayon et que l'on construit à l'échelle de $\frac{1}{10}$, on serait porté à croire que le rayon de cette circonférence est $0^m,1$. En vertu de la convention faite en perspective isométrique de porter dans la direction des axes isométriques les longueurs comme si elles n'étaient pas réduites par la projection, la sphère est représentée par une circonférence de cercle dont le rayon est $0^m,1 \times \sqrt{\frac{3}{2}}$. On voit donc que, pour arriver à la perspective isométrique avec cette convention, il faut supposer que le corps à représenter est amplifié en restant semblable à lui-même et que le rapport de similitude est $\frac{\sqrt{3}}{\sqrt{2}}$.

Avec cette convention, mn, étant égal à $0^m,1$, est l'unité de l'échelle isométrique, et $m'n'$ est l'unité de l'*échelle des dimensions géométrales,* qu'on nomme souvent aussi *échelle des vraies grandeurs.*

Perspective de prismes. — *Perspective de deux prismes à base rectangulaire qui se rencontrent à angle droit.* — Nous avons (*fig.* 87) la figure géométrale qui donne les dimensions des prismes. Nous nous proposons d'obtenir la perspective isométrique à la

Fig. 87.

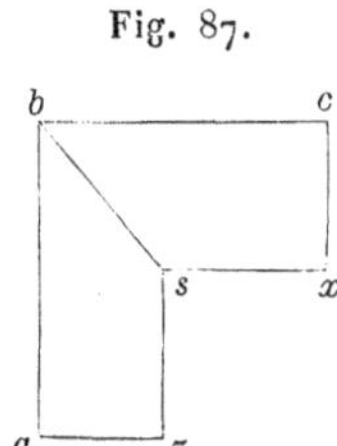

même échelle que celle qui a été employée pour représenter cette figure géométrale.

Indiquons sur la figure géométrale la position du trièdre trirectangle. L'une de ses arêtes est la droite sz; les deux autres arêtes sont, l'une sx, et la troisième est projetée en s. A partir d'un point s' (*fig.* 88), et sur une parallèle à l'axe SZ du trièdre, qui donne les directions isométriques, portons un segment égal à sz de la *fig.* 85; nous obtenons le point z'. Menons une parallèle $s'x'$ à SX et égale à sx; nous portons sur ces deux directions des segments respectivement égaux aux segments sx et sz, puisque la perspective est faite à la même échelle que la figure géométrale, et qu'en vertu de la convention les dimensions comptées sur les directions isométriques ne sont pas altérées. Par le point z', menons une parallèle à l'axe SX et portons une longueur égale à za; nous obtenons ainsi le point a'. A partir du point a', menons une parallèle à $s'z'$, et portons sur cette droite une longueur égale à ab; nous obtenons le point b'. $b's'$ est alors la perspective de bs, et, en complétant au moyen d'une parallèle menée du point b' à l'axe SX et d'une parallèle menée du point x' à l'axe SZ, nous avons la perspective de la *fig.* 87.

Traçons maintenant par les points c', b', a' des droites parallèles à l'axe SY et portons sur ces droites des longueurs égales à l'épaisseur donnée des prismes; nous n'avons plus qu'à joindre les extré-

Fig. 88.

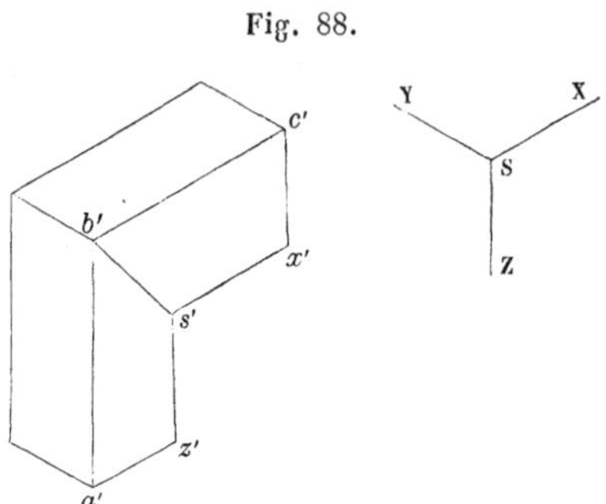

mités des segments ainsi obtenus pour avoir la perspective isométrique achevée.

La figure est vue en dessus, et nous apercevons la face latérale qui est à gauche et qui est projetée suivant *ab*.

En conservant le même trièdre de manière à voir toujours la face qui est en dessus, nous arrivons à une autre perspective, en suppo-

Fig. 89.

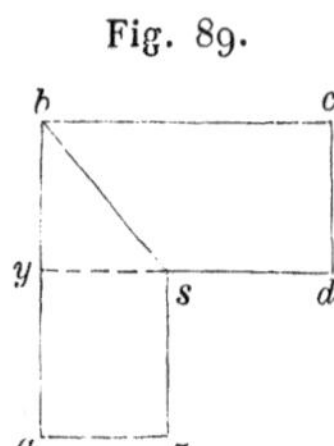

sant que l'axe SY corresponde à la droite *sy* (*fig.* 89) et que l'axe SX soit projeté en *s*. On obtient alors la *fig.* 90, et nous apercevons encore la face supérieure qui se projette suivant *bc* sur la figure géométrale; mais nous voyons maintenant les faces qui étaient projetées, l'une suivant *sz*, l'autre suivant *cd*. On comprend par là combien il importe, avant de tracer une perspective isométrique, de bien se rendre compte de la situation des directions principales par rapport au plan de projection, selon que l'on veuille montrer l'objet en dessus ou en dessous avec ses faces latérales de droite ou de gauche.

Fig. 90.

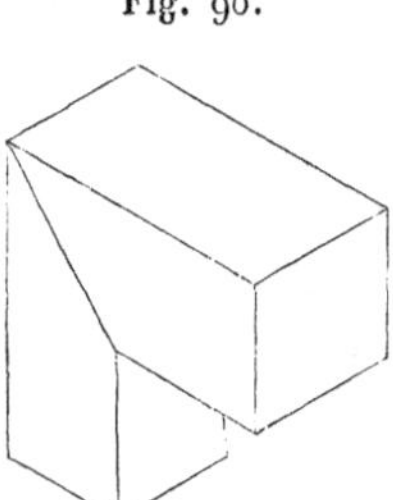

Ellipse isométrique. — Si une circonférence est tracée sur un plan isométrique, c'est-à-dire parallèle à l'une des faces du trièdre trirectangle, la projection de cette circonférence sur le plan de projection, c'est-à-dire la perspective isométrique de cette circonférence, est ce qu'on appelle une *ellipse isométrique*.

Toutes les ellipses isométriques sont semblables.

Le grand axe d'une ellipse isométrique tracée sur le plan des XY (*fig.* 91) est perpendiculaire à l'axe des Z; le petit axe est dirigé parallèlement à SZ.

Traçons l'échelle isométrique et l'échelle des dimensions géométrales.

A partir du point O, portons sur l'échelle isométrique une lon-

Fig. 91.

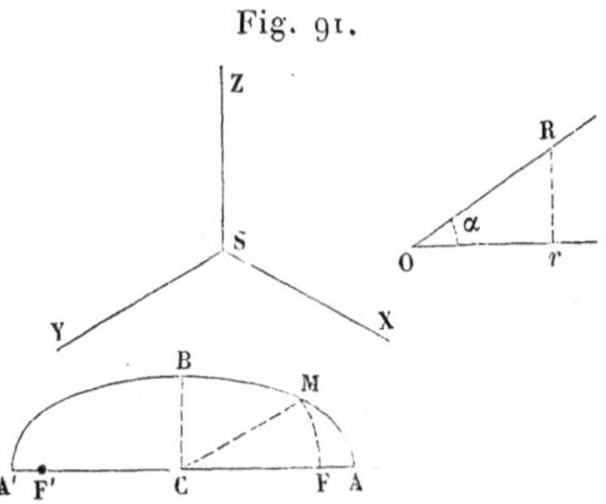

gueur Or égale au rayon de la circonférence donnée. Élevons au point r une perpendiculaire à l'échelle isométrique; nous obtenons le point R à la rencontre de cette droite avec l'échelle des dimensions géométrales. Il résulte de la convention que OR est égal au demi grand axe de l'ellipse isométrique; Rr est égal au demi-petit axe de cette courbe, et, si nous menons à partir du point C des droites parallèles à SX et SY, les longueurs des demi-diamètres ainsi tracés sont mesurées par Or; ainsi CM = Or.

Dans le triangle ORr, puisque OR est le demi grand axe, Rr le demi petit axe, Or est égal à la distance du point C aux foyers de l'ellipse; en décrivant du centre C de l'ellipse une circonférence passant par le point M, on a alors, à la rencontre de cette circonférence avec l'axe AA', les foyers de l'ellipse isométrique. Si le demi petit axe est égal à 1, OR $= \sqrt{3}$ et O$r = \sqrt{2}$. Ainsi, pour l'ellipse isométrique, CB étant 1, CM est égal à $\sqrt{2}$ et CA est égal à $\sqrt{3}$; CM est la direction d'un diamètre dont le conjugué a la même longueur.

Rapporteur isométrique. — Lorsque l'on veut faire des perspectives isométriques, il est utile de construire ce qu'on appelle un

Fig. 92.

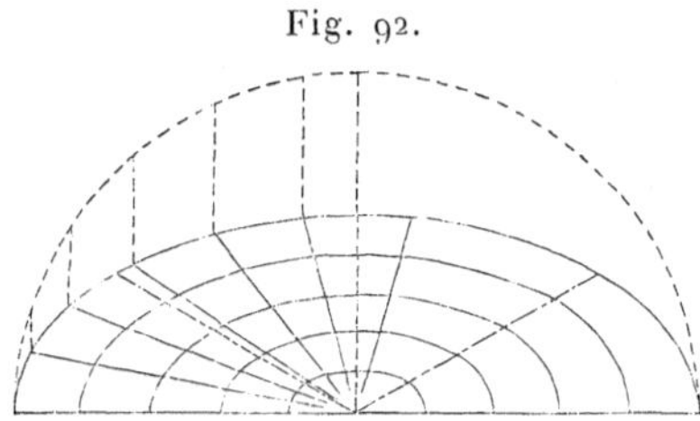

rapporteur isométrique. Pour cela, on trace (*fig.* 92) une série d'ellipses isométriques homothétiques dont les extrémités des grands axes correspondent à des points de division de l'échelle des dimensions géométrales; on divise ces ellipses en parties égales, les points de division se correspondant sur des rayons. A cet effet, on amène le plan de ces ellipses à être parallèle au plan de projection. Après la rotation, l'une de ces ellipses, la plus grande, par exemple, se projette suivant une circonférence de cercle. Partageons cette circonférence en parties égales, puis ramenons les points de division en replaçant le plan de cette circonférence dans la position qu'il doit avoir; les points de division sur cette circonférence se ramènent sur l'ellipse en menant à partir de ces points des perpendiculaires au grand axe de la courbe. Nous n'avons plus qu'à joindre ces points de division au centre commun de toutes les ellipses pour avoir un rapporteur isométrique.

Au moyen de ce rapporteur, on pourra non seulement tracer des circonférences de cercle en perspective isométrique, mais il sera facile également de déterminer une longueur mesurée sur une direction arbitraire, car, sur un rayon quelconque, ces ellipses isométriques déterminent l'échelle relative à la direction de ce rayon.

Perspective d'une sphère rencontrée par un prisme à base carrée. — La sphère est représentée (*fig.* 93) par une circonférence de

Fig. 93.

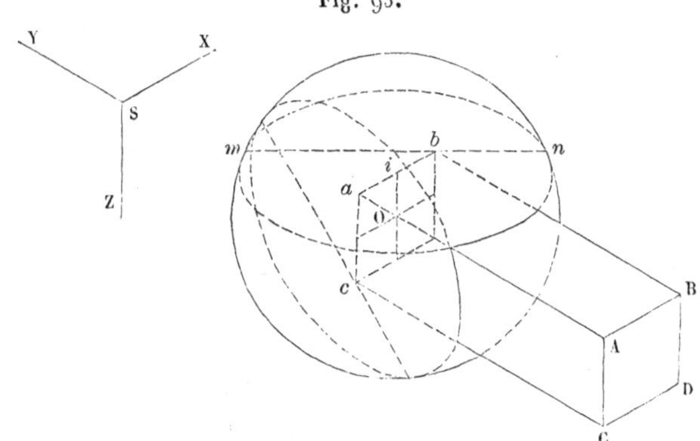

cercle dont le rayon, comme nous l'avons dit, est égal au rayon de la sphère de l'espace multiplié par $\sqrt{\frac{3}{2}}$, en supposant que la perspective soit faite à l'échelle même de la figure géométrale.

Supposons que les arêtes du prisme soient parallèles à l'axe SY et que les côtés de la base de ce prisme soient parallèles l'un à l'axe SX et l'autre à l'axe SZ. Menons par le centre de la sphère un plan parallèle au plan des XZ et cherchons la base du prisme, supposé prolongé jusqu'à ce plan. Menons par le point O une parallèle à l'axe des X et une parallèle à l'axe des Z ; portons sur ces droites à partir de O des longueurs égales à la moitié du côté du carré base du prisme, et, au moyen de ces points, traçons la perspective isométrique de cette base du prisme : cette perspective est un losange dont deux sommets se trouvent sur la parallèle menée du point O à l'axe des Y. Pour représenter le prisme, on mène des parallèles à l'axe SY par les sommets de ce losange ; on voit que deux des arêtes se projettent suivant une même droite.

Si nous coupons ce prisme par un plan parallèle au plan des XZ, la section ainsi obtenue est un losange ABCD égal au losange que nous venons de construire dans le plan auxiliaire mené par le centre de la sphère.

Nous devons maintenant déterminer les lignes d'intersection avec la sphère des faces du prisme qui contiennent, l'une le côté AB, l'autre le côté AC. Comme ces faces sont des plans isométriques, les lignes d'intersection de la sphère par ces plans sont des circonférences de cercle qui sont représentées par des ellipses isométriques. Pour déterminer ces dernières courbes, nous faisons usage du rapporteur isométrique; mais nous allons construire d'abord les cordes de contact de ces ellipses avec le plan de la circonférence de cercle déjà tracée, et qui représente la ligne de contour apparent de la sphère. Chacune de ces ellipses isométriques doit, en effet, être doublement tangente à cette circonférence de cercle.

Le plan de cette circonférence de cercle, le plan de la face du prisme passant par AB et le plan mené par le centre O parallèlement au plan des XZ se coupent en un point par lequel passent les intersections de ces plans deux à deux. Le plan mené par le centre O rencontre le plan du grand cercle parallèle au plan de projection suivant la diagonale bOc; ce même plan du carré, mené par le centre O, rencontre la face supérieure du prisme qui contient AB suivant la ligne ab; le point b est donc le point de rencontre des trois plans, et la ligne d'intersection de la face supérieure du prisme avec le plan mené par le centre parallèlement au plan de projection est une droite qui passe par le point b. Mais cette droite est perpendiculaire à SZ, puisque la face supérieure du prisme est parallèle au plan des XY; nous avons donc l'intersection de la face supérieure du prisme avec le plan mené par le point O parallèlement au plan de projection en menant du point b une perpendiculaire à SZ. Cette droite rencontre la circonférence qui représente la ligne de contour apparent de la sphère aux points m et n : ce sont les points de contact de cette circonférence et de l'ellipse isométrique, projection de la ligne d'intersection de la sphère et du plan supérieur du prisme. Au moyen du rapporteur isométrique, nous traçons cette courbe, dont nous connaissons la direction des axes. Son centre est du reste au point i, milieu de *ab*, puisque ce point est le pied de la perpendiculaire abaissée du centre O sur la face AB*ab*.

Ce que nous venons de dire pour la face AB*ab*, nous pouvons le répéter pour la face AC*ac*. Nous abaissons du point *c* une perpendiculaire sur l'axe des X; cette droite rencontre la circonférence, ligne de contour apparent de la sphère, en deux points qui sont les points de contact avec cette courbe de l'ellipse isométrique qui représente la projection de la ligne d'intersection de la sphère et de la face AC*ac* du prisme.

Si la sphère est un solide auquel on limite le prisme qui la rencontre, les arêtes du prisme doivent alors être tracées en trait plein jusqu'à leurs intersections avec les ellipses isométriques, et nous devons figurer seulement en trait plein les portions de ces ellipses qui sont comprises entre les arêtes du prisme partant des points B, A, C. Quant à la ligne de contour apparent de la sphère, nous devons la limiter aux arêtes B*b*, C*c* du prisme. Nous avons ainsi achevé la perspective de l'ensemble de la sphère rencontrée par un prisme à base carrée.

TREIZIÈME LEÇON.

PERSPECTIVE ISOMÉTRIQUE (FIN).

Perspective d'une niche. — Ombre dans l'intérieur d'une demi-sphère. — *Remarques à propos de la première Partie du Cours.* — Commencement de la seconde Partie du Cours.

Perspective d'une niche. — Une niche est formée par un demi-cylindre de révolution dont l'axe est une verticale du plan du mur; ce demi-cylindre est limité à sa partie inférieure par un plan horizontal et à sa partie supérieure par un quart de sphère.

Nous allons chercher la perspective de cette niche en supposant que le plan du mur soit un plan isométrique.

OO′, parallèle à SZ (*fig.* 94), est l'axe du cylindre. Par les points O et O′ menons des parallèles à SX, et portons sur ces droites, à partir des points O et O′, des segments égaux au rayon de la section droite du cylindre de la niche. Traçons les droites AA′, BB′; ce sont les génératrices d'intersection du cylindre avec le plan du mur. Par le point O menons une parallèle à XY, et portons sur cette droite, à partir du point O, une longueur égale au rayon de la section droite du cylindre mesuré à l'échelle des dimensions géométrales; puis, à partir du point O sur OO′, portons le demi petit axe de l'ellipse isométrique perspective de la base du cylindre située dans le plan horizontal AB. Traçons cette ellipse.

De même on a une ellipse isométrique située dans le plan horizontal A′B′; et le demi-cylindre de la niche, s'il était plein au lieu d'être en creux, aurait pour contour apparent la tangente commune à ces deux ellipses menées parallèlement à AA′. Sur le plan du mur, nous avons une ellipse isométrique qui est l'intersection avec ce plan de la sphère qui surmonte ce cylindre; le grand axe de cette courbe est parallèle à XZ, sa longueur est égale à la longueur du grand axe des ellipses déjà tracées. Décrivons cette courbe. Si le quart de sphère, au lieu d'être en creux, était en relief, on aurait pour ligne de contour apparent un arc de cercle tangent à cette ellipse située sur le mur et à l'ellipse située dans le plan horizontal A′B′. Le cylindre et la sphère se raccordent suivant cette dernière ellipse.

Jusqu'au plan horizontal A′B′ le mur se construit par assises; les

Fig. 94.

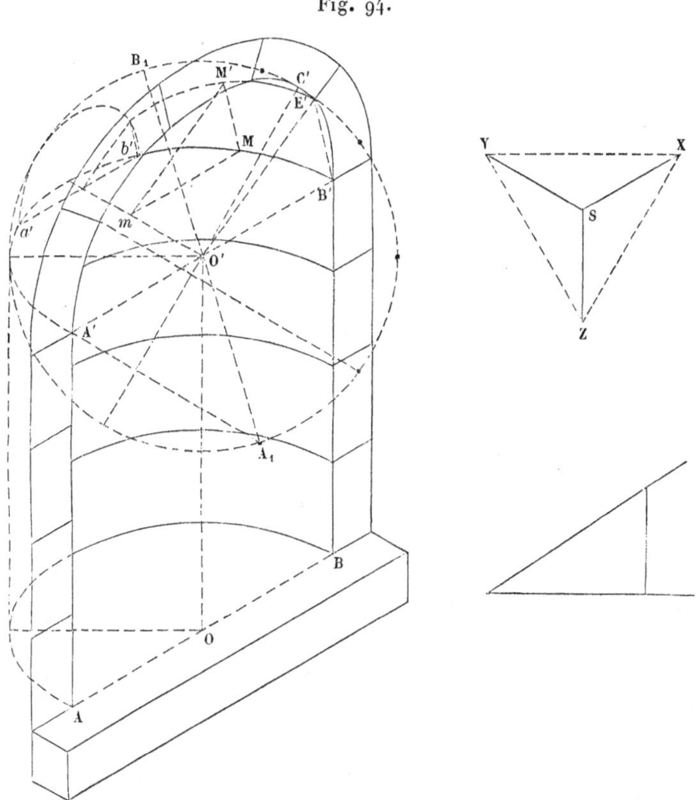

plans horizontaux qui terminent ces assises rencontrent le mur suivant des lignes qu'on appelle *lignes de joint,* qui sont des parallèles à AB. Ces plans horizontaux rencontrent le cylindre suivant des circonférences horizontales, lignes de joint sur ce cylindre, et dont les perspectives sont des ellipses isométriques égales aux ellipses qui passent par A, B ou A′, B′.

Pour construire la partie sphérique, on réunit des pierres appelées *voussoirs,* qui sont limitées à des plans de joint menés par le centre de la sphère perpendiculairement au plan du mur et par des points de division situés sur la courbe de tête de la partie sphérique. Ces plans de joint sont limités à une pierre qui repose sur le plan horizontal $A'B'$, et qu'on appelle *trompillon*. Ce trompillon évite de prolonger les voussoirs de la partie sphérique jusqu'au plan horizontal qui limite le cylindre et supprime ainsi de ces voussoirs une partie qui se briserait trop facilement.

Cherchons la représentation des lignes de joint dans l'intérieur de la sphère, c'est-à-dire les intersections de cette sphère avec les plans de joint dont nous venons de parler. Divisons la courbe de tête de la partie sphérique en un nombre impair de parties égales. Pour cela, faisons tourner le plan du mur autour du grand axe de l'ellipse $A'C'B'$ jusqu'à ce que ce plan soit parallèle au plan de projection. Après la rotation, le point B' vient au point B_1, le point A' au point A_1, et le diamètre $A'B'$ est alors projeté suivant A_1B_1. Partageons la demi-circonférence $B_1C'A_1$ en cinq parties égales; puis replaçons cette circonférence dans la position qu'elle doit occuper et ramenons les points de division sur l'ellipse isométrique $A'C'B'$. Les traces des plans de joint sur le plan du mur sont des droites passant par ces points de division, ainsi que par le point O'; nous limitons ces droites à une ellipse isométrique dont le centre est en O'.

Le trompillon est terminé à un plan isométrique parallèle au plan du mur et dont la trace sur le plan horizontal $A'B'$ est $a'b'$, parallèle à $A'B'$. Ce plan rencontre la sphère suivant une ellipse isométrique que nous traçons sur $a'b'$. Il ne reste, pour achever la figure, qu'à tracer les lignes de joint sur la partie sphérique; on ne voit comme ligne de joint que celle qui part du point de division E'. Pour la tracer, faisons tourner le plan de l'ellipse isométrique $A'B'a'b'$ autour de la parallèle menée du point O' à l'axe des Y, c'est-à-dire autour d'une perpendiculaire au plan du mur. Un point M de cette courbe décrit un arc de cercle dont on obtient le rayon en menant du point M une parallèle Mm à $O'B'$ jusqu'au point m où cette droite rencontre la charnière. Lorsque le point B' est venu au point E', le rayon OB' est venu en $O'E'$ et la parallèle mM à ce rayon est maintenant la droite menée du point m parallèlement à $O'E'$. La corde de l'arc décrit par le point B' est $E'B'$; la corde de l'arc décrit par le point M est parallèle à cette droite; cette corde rencontre au point M′ la ligne que nous venons de mener du point m, et nous avons en ce point M′ un point de la ligne de joint. Nous pouvons ainsi construire autant de points que nous voulons et, en les réunissant, nous avons la ligne de joint pour la partie sphérique.

Ombre dans l'intérieur d'une demi-sphère. — Proposons-nous de déterminer l'ombre dans l'intérieur d'une demi-sphère terminée par un plan isométrique parallèle au plan des XZ (*fig.* 95).

Fig. 95.

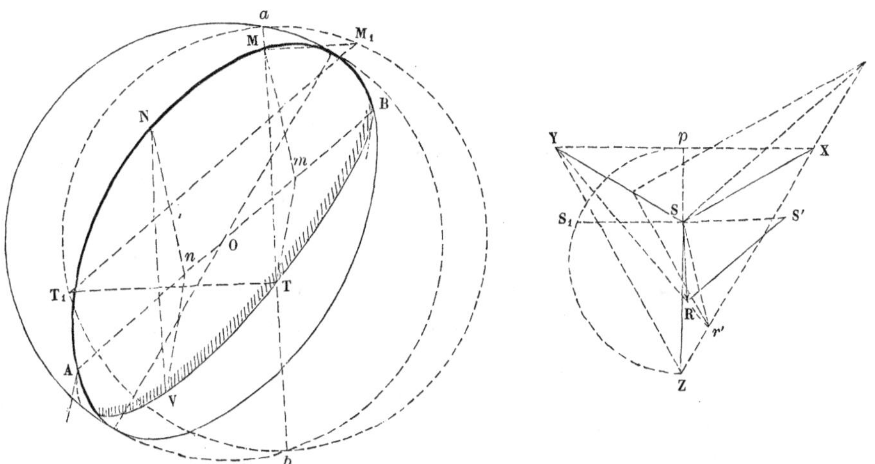

Prenons la projection SR du rayon lumineux; supposons que ce rayon rencontre au point R le plan XYZ. Le plan qui projette ce rayon sur le plan des XZ est le plan YSR; sa trace sur le plan XYZ est la droite qui joint le point Y au point R; cette droite rencontre au point r' la droite XZ; joignons le point S au point r', nous avons la projection Sr' du rayon lumineux sur le plan des XZ.

Cherchons le rabattement du rayon lumineux quand on fait tourner le plan qui le projette sur le plan de projection, de manière à amener ce plan à coïncider avec le plan XYZ. Déterminons d'abord la hauteur du point S au-dessus du plan XYZ. Prolongeons la droite SZ jusqu'au point p où elle rencontre XY; sur pZ comme diamètre décrivons une demi-circonférence de cercle, et élevons au point S une perpendiculaire à pZ; nous obtenons ainsi le point S_1 : le segment SS_1 est égal à la hauteur du point S au-dessus du plan XYZ. Lorsque le plan projetant du rayon lumineux SR a tourné autour de sa trace sur le plan XYZ, le point S vient sur une perpendiculaire à SR en un point S′ à une distance de S égale à SS_1, et la droite S′R est la projection du rayon lumineux après le rabattement du plan projetant de ce rayon.

Décrivons une circonférence de cercle qui représente le contour apparent de la sphère donnée; par le centre O menons une parallèle à l'axe XZ. Le diamètre qu'on obtient ainsi est le grand axe de l'ellipse isométrique perspective du grand cercle qui limite la demi-sphère. Traçons cette ellipse.

Cherchons l'ombre portée dans l'intérieur de cette demi-sphère en employant la méthode des plans sécants. Prenons des plans perpendiculaires au plan de projection et parallèles au rayon lumineux. La trace de l'un de ces plans est, par exemple, la corde ab menée parallèlement à SR; ce plan sécant coupe la sphère suivant un petit cercle que nous amenons à être parallèle au plan de projection en le faisant tourner autour de ab. Ce plan sécant rencontre au point M le grand cercle qui limite la sphère, et ce point, après le rabattement du plan sécant, vient, sur la circonférence décrite sur ab comme diamètre, au point M_1 où la perpendiculaire MM_1 à ab rencontre la circonférence.

Le rayon lumineux qui passe par le point M est maintenant rabattu suivant M_1T_1, parallèle à S′R. Cette droite rencontre le petit cercle au point T_1, et, quand le plan sécant reprend sa position, le point T_1 vient sur ab au pied de la perpendiculaire abaissée du point T_1 sur cette droite : le point T ainsi obtenu est l'ombre portée par le point M.

La courbe d'ombre dans l'intérieur de la sphère est un grand cercle dont le plan rencontre le plan diamétral qui limite la sphère suivant une droite perpendiculaire à la projection du rayon lumineux sur ce plan diamétral. Cherchons ce diamètre perpendiculaire à Sr'. Nous pouvons déterminer sa direction, en construisant sur le plan des XZ, comme on le voit sur la figure, une perpendiculaire à Sr'. Nous pouvons encore opérer ainsi : menons parallèlement à Sr' des tangentes à l'ellipse isométrique perspective du grand cercle qui limite la sphère; la droite qui joint les points de contact de ces tangentes est le diamètre AB suivant lequel le plan de la courbe d'ombre portée rencontre le plan diamétral qui limite la sphère. Faisons tourner ce plan diamétral autour de AB, de façon que le point M vienne au point T. Le point M décrit alors un arc de cercle dont le rayon est perpendiculaire à AB, par conséquent, c'est la parallèle Mm menée du point M à Sr'. La droite Mm, après la rotation, vient en mT. On a des points de la courbe d'ombre portée en cherchant ce que deviennent les points de l'ellipse isométrique AMB; on détermine ces points à l'aide de triangles semblables au triangle MmT. Ainsi, pour un point N, on mène la parallèle Nn à Mm; du point n on mène la parallèle nV à mT; cette droite rencontre la parallèle NV à MT au point V, qui appartient à la courbe d'ombre portée. En réunissant les points ainsi obtenus, on a la courbe d'ombre portée; cette courbe est une ellipse qui est tangente en A et B à des droites menées de ces points parallèlement à la ligne mT; elle est doublement tangente à la ligne de contour apparent de la sphère.

REMARQUES A PROPOS DE LA PREMIÈRE PARTIE DU COURS.

Nous terminons ici la première Partie du Cours, dans laquelle nous avons exposé les différents modes de représentation des objets supposés éclairés. Quant à l'emploi de ces modes de représentation, il est important de remarquer que si, pour l'étude d'un projet, on peut adopter tel ou tel système de projection avec lequel on est familiarisé, on doit toujours, lorsqu'on en vient à l'exécution, faire usage de celui qui conduit à des dessins de lecture facile.

En Architecture, les projets de bâtiment sont établis au moyen de plans, de coupes et d'élévations, auxquels il est utile de joindre une perspective de l'ensemble du projet.

Les perspectives cavalière ou isométrique, qu'on désigne aussi sous le nom de *perspectives rapides,* sont très employées pour le dessin de détail dans l'Industrie; elles ont le grand avantage de donner, au moyen d'une seule projection, des figures faisant image et sur lesquelles on peut mesurer les dimensions de l'objet représenté.

Il existe des appareils à l'aide desquels on construit assez facilement la perspective des objets visibles. Le plus simple se compose d'une vitre, placée verticalement et servant de tableau, puis d'une carte percée d'un trou pour fixer la position de l'œil. On suit les contours des objets à représenter au moyen d'un crayon gras que l'on appuie sur la vitre.

Cet instrument perfectionné a conduit au diagraphe de Gavard. On obtient une perspective très nette dans la chambre noire de Porta. La chambre claire de Wollaston, perfectionnée par le colonel Laussedat, est un instrument portatif à l'aide duquel on obtient, avec un peu d'habitude, la perspective des objets visibles. On trouve l'explication de ces différents instruments dans l'excellent *Traité de Perspective linéaire* de M. de la Gournerie.

Afin de compléter l'étude de la perspective, on fera bien de lire, dans le même Ouvrage, ce qui concerne les panoramas, les bas-reliefs (¹) et les décorations théâtrales.

Nous avons laissé de côté les applications qu'on peut faire des modes de représentation des figures à la démonstration de certaines propriétés géométriques. La perspective conique ou *projection centrale* aurait pu donner lieu à de grands développements ; à ce point de vue, on ne saurait trop recommander la lecture du *Traité des propriétés projectives des figures* de l'illustre général Poncelet.

(¹) Le *Traité de Perspective relief* de M. Poudra a été l'occasion d'un Rapport très intéressant de Chasles (*Comptes rendus des séances de l'Académie des Sciences,* 12 décembre 1853).

FIN DE LA PREMIÈRE PARTIE.

SECONDE PARTIE.

COURBES ET SURFACES : COMPLÉMENT THÉORIQUE ET APPLICATIONS.

TREIZIÈME LEÇON (FIN).

COURBES PLANES. — GÉOMÉTRIE CINÉMATIQUE.

Courbes planes. — Rappel de définitions et de résultats. — Courbe d'erreur. — *Géométrie cinématique.* — Définition et conventions. — Déplacement fini d'une figure plane sur son plan. — Déplacement infiniment petit d'une figure plane, centre instantané de rotation. — Déplacement d'une figure de l'espace parallèlement à un plan.

Rappel de définitions et de résultats ([1]). — Une *courbe* plane est le lieu des positions d'un point mobile qui ne se déplace pas en ligne droite et qui reste dans un même plan. Pour une position du point mobile, la direction du déplacement est celle de la *tangente* à la courbe.

La perpendiculaire à une tangente issue du point de contact de cette droite est une *normale* à la courbe. Le plan perpendiculaire à une tangente, mené du point de contact de cette droite, est le *plan normal* à la courbe. L'*angle de contingence* en un point d'une courbe est l'angle que la tangente en ce point à la courbe fait avec la tangente à la courbe au point infiniment voisin de celui-ci.

Le *cercle osculateur* en un point m d'une courbe est la circonférence tangente à la courbe au point m et qui passe par le point de la courbe infiniment voisin de m, ou encore on peut dire que le cercle osculateur est un cercle qui possède avec la courbe trois

([1]) *Éléments de Calcul infinitésimal,* par Duhamel.

points infiniment voisins communs. Il résulte de là que le cercle osculateur traverse généralement la courbe. Dans le voisinage du point pour lequel on considère le cercle osculateur, la courbe partage le plan en deux régions; on ne peut pas passer d'une région à l'autre en coupant la courbe, si ce n'est en la coupant un nombre impair de fois, et réciproquement; par conséquent, le cercle osculateur traverse la courbe, puisqu'il la rencontre en trois points.

Il peut arriver, dans certains cas, que le cercle osculateur rencontre la courbe en plus de trois points; c'est ce qui a lieu, par exemple, aux points où la courbe est rencontrée par un axe de symétrie. En ces points, le cercle osculateur et la courbe ont au moins quatre points communs. Lorsque le cercle osculateur a avec la courbe quatre points infiniment voisins communs, il ne traverse pas la courbe. Les points pour lesquels cette circonstance se présente sont appelés *sommets*.

En un point d'une courbe, le cercle osculateur peut se réduire à une droite; on a alors ce qu'on appelle un *point d'inflexion*. En ce point d'inflexion, la courbe et sa tangente ont trois points infiniment voisins communs.

La *courbure* d'une courbe en un point est égale à l'angle de contingence en ce point divisé par l'arc infiniment petit qui se termine au point de contact des tangentes comprenant cet angle.

L'inverse de cette courbure est le rayon d'une circonférence qui a même courbure que la courbe donnée.

Si l'on place cette circonférence tangentiellement à la courbe au point m, elle prend le nom de *cercle de courbure* et se confond avec le cercle osculateur en m. Le rayon de cette circonférence qui aboutit au point m est le *rayon de courbure* de la courbe en ce point m; le centre de cette circonférence est le *centre de courbure* de la courbe pour ce point m; ce centre de courbure est le point de rencontre de deux normales infiniment voisines ([1]).

En un sommet, le rayon de courbure est maximum ou minimum; au point d'inflexion, défini comme précédemment, le rayon de courbure est infini.

Si les points d'une courbe M sont les points d'intersection de

([1]) On ne doit pas oublier qu'à côté de définitions je me borne à rappeler ici des résultats démontrés ailleurs.

courbes infiniment voisines appartenant à une même série, la courbe M a, avec chacune de ces courbes, deux points infiniment voisins communs, c'est-à-dire qu'elle leur est tangente. La courbe M est l'*enveloppe* de ces courbes infiniment voisines, et celles-ci prennent le nom d'*enveloppées* de M.

Une courbe est l'enveloppe de ses tangentes.

Faisant usage de ce mot *enveloppe*, on peut dire que l'ombre portée par une surface est l'enveloppe des ombres portées par ses génératrices. Ainsi, lorsque, dans la première Leçon, nous avons cherché l'ombre portée par une surface de révolution sur un plan horizontal, nous l'avons déterminée en traçant des lignes tangentes aux ombres portées par les parallèles de la surface; ces lignes d'ombre portée sont les enveloppes des ombres portées par les parallèles, supposés infiniment voisins.

De même, la ligne de perspective ou de contour apparent d'une surface est l'enveloppe des perspectives des génératrices de cette surface. Lorsque, par exemple, nous avons considéré en perspective cavalière les sections faites dans une sphère par des plans de front, nous avons eu une suite de circonférences de front dont les perspectives étaient des circonférences de cercle; l'enveloppe de ces circonférences, supposées infiniment voisines, est la courbe perspective cavalière de la sphère.

Courbe d'erreur. — Lorsqu'une courbe est tracée et qu'on ne connaît pas sa définition géométrique, on a ce qu'on appelle une

Fig. 96.

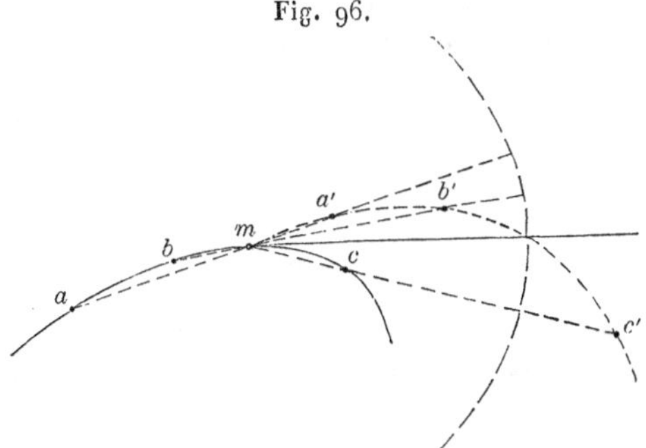

courbe graphique. Proposons-nous de construire pour une pareille courbe la tangente au point m (*fig.* 96). Du point m comme centre décrivons un arc de cercle; du point m menons une sécante qui rencontre la courbe donnée au point a; portons, à partir du point où la droite ma rencontre la circonférence et dans le sens de ma, un segment égal à ma : nous obtenons le point a'. Menons une autre sécante qui rencontre la courbe au point b; construisons de même le point b', puis une troisième sécante qui rencontre la courbe au point c à l'aide duquel nous déterminons le point c', et ainsi de suite. Les points a', b', c' sont reliés par une courbe qu'on appelle *courbe d'erreur*. Cette courbe rencontre la circonférence de cercle en un point : c'est le point pour lequel on a une sécante qui rencontre la courbe en un point à une distance nulle du point m : c'est la tangente en m.

GÉOMÉTRIE CINÉMATIQUE.

Définition et conventions. — Nous allons nous occuper des lignes décrites pendant le déplacement d'une figure plane qui glisse sur son plan. Nous commençons par là l'étude d'une branche de la Géométrie, que j'appelle *Géométrie cinématique* (1).

La *Cinématique* a pour objet l'étude du mouvement indépendamment des forces; la *Géométrie cinématique* a pour objet l'étude du mouvement indépendamment des forces et du *temps*, c'est-à-dire qu'elle a pour objet l'étude des déplacements. Nous réservons l'expression de *déplacement* pour un mouvement dans lequel on ne considère pas la vitesse (2).

---

(1) C'est, je crois, le savant fondateur des *Nouvelles Annales de Mathématiques*, O. Terquem, qui, en 1859, dans un article de son intéressant Recueil, a, le premier, fait usage de cette expression. Depuis, elle a été employée en Allemagne. Le professeur Aronhold a publié, en 1872, un Mémoire relatif au déplacement plan, intitulé : *Kinematische Mittheilungen; Grundzüge der kinematischen Geometrie.*

Les titres des Mémoires suivants renferment des expressions analogues : *Kinematisch-geometrische Untersuchungen der Bewegung ähnlich veränderlicher ebener Systeme*, par L. Burmester (1874), et *Kinematisch-geometrische Theorie der Beschleunigung für die ebene Bewegung*, par T. Rittershaus, etc.

(2) « Il semble d'abord que, quand on a dit que la Mécanique est la réunion de toutes les vérités relatives aux mouvements ou aux forces considérées en général, on a suffisamment distingué cette science de toutes les autres. Mais on pourrait objecter que, dans la Géométrie, et surtout dans la théorie des lignes

Les propriétés géométriques relatives aux déplacements des figures, intéressantes en elles-mêmes, sont utiles en Mécanique; employées en Géométrie comme on emploie les différentiations en Analyse, elles permettent d'arriver à des propriétés géométriques concernant des figures immobiles.

Pour l'exposition des propriétés relatives aux déplacements, nous adoptons les notations suivantes. Les points sont marqués par de petites lettres; les lignes décrites par ces points, c'est-à-dire leurs *trajectoires,* sont indiquées par les lettres qui indiquent ces points placées entre parenthèses : ainsi le point a décrit la trajectoire (a). Les lignes sont indiquées par de grandes lettres; les surfaces engendrées par ces lignes sont indiquées par les lettres, qui indiquent ces lignes, mises entre parenthèses : ainsi la ligne A engendre la surface (A).

Si l'on considère pour un point la surface sur laquelle il se déplace et que j'appelle *surface trajectoire* du point, il faut avoir soin de distinguer cette surface de la surface engendrée par une ligne; nous l'indiquons par une lettre entre crochets : ainsi le point a a pour surface trajectoire $[a]$.

Déplacement fini d'une figure plane sur son plan. — *Étant données sur un plan deux figures égales, telles que l'on puisse amener l'une à coïncider avec l'autre par glissement sur le plan, on peut obtenir cette coïncidence par une simple rotation* (¹).

Le quadrilatère $abcd$ (*fig.* 97) est égal au quadrilatère $a'b'c'd'$,

---

et des surfaces, on définit ces lignes et ces surfaces en déterminant le déplacement du point ou de la ligne qui les décrit, et que ce déplacement est déjà un mouvement. La réponse que je ferai à cette objection, c'est qu'il n'y a réellement *mouvement* que quand, l'idée du temps pendant lequel a lieu le déplacement étant jointe à celle du déplacement lui-même, il en résulte la notion de la vitesse plus ou moins grande avec laquelle il s'opère, considération tout à fait étrangère à la Géométrie, qui fait le caractère propre de la Mécanique et la distingue à cet égard de la Géométrie. » (AMPÈRE, *Essai sur la Philosophie des Sciences,* p. 63.)

(¹) Ce théorème, les théorèmes suivants et la *méthode des normales* qui en résulte sont dus à CHASLES. (*Voir,* dans le *Bulletin de la Société mathématique de France,* 1878, le Mémoire qui a été présenté à la Société philomathique le 11 août 1829, et qui a pour titre : *Mémoire de Géométrie sur la construction des normales à plusieurs courbes mécaniques,* par CHASLES, et, du même illustre géomètre, *Aperçu historique sur l'origine et le développement des méthodes en Géométrie,* p. 548; 1837.)

et nous supposons que, lorsque le côté ab coïncide avec $a'b'$, les deux quadrilatères coïncident. Dans ces circonstances, nous allons montrer qu'il existe un point du plan autour duquel on peut faire tourner $abcd$ de manière à l'amener à coïncider avec $a'b'c'd'$.

Joignons le point a au point a', et élevons une perpendiculaire sur le milieu de la droite aa'. Joignons le point b au point b', et élevons une perpendiculaire sur le milieu de la droite bb'. Ces deux perpendiculaires se rencontrent en un point o; nous allons montrer que ce point o est le centre de rotation qui répond à la question.

Il résulte de la construction de ce point que $ao = a'o$ et $bo = b'o$. Les deux triangles abo, $a'b'o$ sont alors égaux comme ayant leurs

Fig. 97.

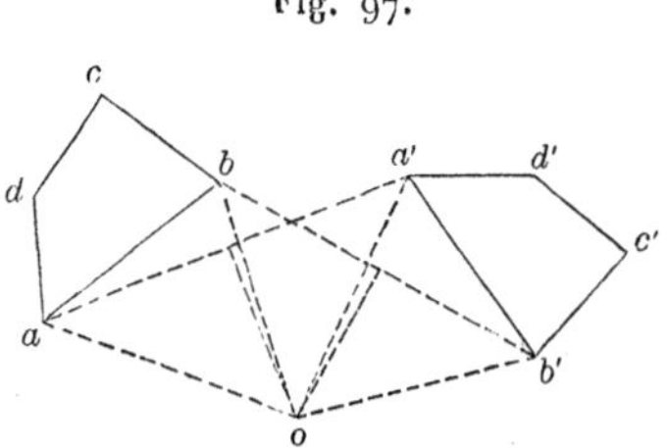

trois côtés égaux chacun à chacun; l'angle aob est donc égal à l'angle $a'ob'$, et, par suite, l'angle aoa' est égal à l'angle bob'. En faisant tourner la figure autour du point o de manière que le point a vienne en a', alors le point b vient en b', et, par suite, les deux quadrilatères coïncident.

Nous avons considéré deux quadrilatères, mais il est bien clair que l'on peut prendre une figure quelconque; les points de la première figure viendront coïncider, après la rotation autour du point o, avec les points correspondants de la deuxième figure.

Ce que nous venons d'expliquer pour un déplacement fini est vrai pour un déplacement infiniment petit.

Déplacement infiniment petit d'une figure plane, centre instantané de rotation. — Dans le cas d'un déplacement infiniment petit, le point o prend le nom de *centre instantané de rotation,* et les droites, telles que aa', bb', cc', ... sont des tangentes aux lignes décrites par les points de la figure mobile. Les perpendiculaires élevées sur les milieux de ces droites sont des normales à ces trajectoires, et l'on voit ainsi que :

Pour un déplacement infiniment petit d'une figure sur son plan, les normales aux trajectoires des points de cette figure passent par un même point qui est le centre instantané de rotation, et, si l'on ne parle pas d'un déplacement infiniment petit, on peut dire : *Pour une position quelconque d'une figure plane que l'on déplace d'une manière continue sur son plan, les normales, issues des points de la figure, aux trajectoires de ces points passent par un même point.*

Il suffit de donner les trajectoires de deux points de la figure mobile pour connaître tout ce qui est relatif au déplacement de cette figure. Si, par exemple (*fig.* 98), la droite ab, de grandeur

Fig. 98.

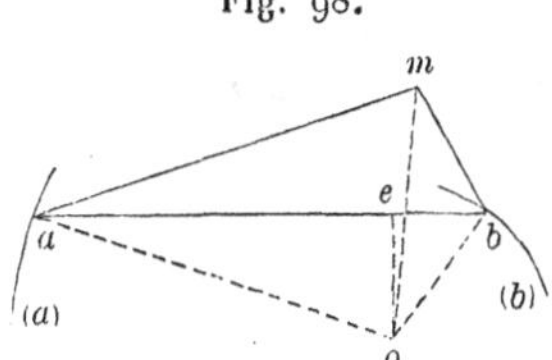

invariable, se déplace de façon que le point a reste sur sa trajectoire (a), le point b sur sa trajectoire (b), le centre instantané de rotation est le point de rencontre des normales issues des points a et b aux trajectoires (a), (b); la normale à la courbe décrite par un point m entraîné par le déplacement de ab, c'est-à-dire lié invariablement à ab, est alors, d'après ce que nous venons de dire, la droite mo, qui joint le point m au centre instantané o.

Du point o abaissons sur la droite ab la perpendiculaire oe; la tangente à la trajectoire du point e est la droite ab elle-même. En vertu de la rotation infiniment petite autour du point o, le point e se déplace alors sur ab; il est donc l'intersection de ab avec ce segment arrivé dans sa position infiniment voisine; il appartient, par suite, à la courbe enveloppe de ab. *On détermine donc le point où la droite ab touche son enveloppe en projetant sur cette droite le centre instantané de rotation.*

Le même raisonnement s'applique à une courbe entraînée en même temps que ab, et l'on voit que *le point où cette courbe touche son enveloppe est le pied de la normale qui lui est abaissée du centre instantané de rotation.*

Déplacement d'une figure de l'espace parallèlement à un plan. — Ce que nous venons de dire pour une figure plane qui glisse sur son plan s'étend, dans l'espace, au cas d'une figure qui se déplace parallèlement à un plan, avec cette différence, qu'au lieu d'un centre instantané de rotation, on a un axe instantané de rotation perpendiculaire à ce plan. Ceci est applicable à un segment de droite qui se déplace dans l'espace; les différents points de ce segment décrivent des trajectoires, et les tangentes à ces trajectoires issues des points de la droite sont parallèles à un même plan, comme il est facile de le voir en considérant d'abord un déplacement fini. *Le déplacement infiniment petit d'un segment de droite dans l'espace peut donc s'obtenir au moyen d'une rotation autour d'une droite,* et l'on peut alors énoncer cette propriété : *Les plans normaux aux trajectoires de tous les points d'une droite se coupent suivant une même droite* (1).

---

(1) Chasles a énoncé ce théorème, ainsi que beaucoup d'autres, dans un très beau travail inséré, en 1843, dans les *Comptes rendus des séances de l'Académie des Sciences,* et intitulé *Propriétés géométriques relatives au mouvement infiniment petit d'un corps solide libre dans l'espace.*

Dans le même Recueil, en 1860 et 1861, Chasles a publié aussi *Propriétés relatives au déplacement fini quelconque, dans l'espace, d'une figure de forme invariable.* Ce Mémoire est suivi d'une intéressante *Notice historique sur la question du déplacement d'une figure de forme invariable,* à laquelle je renvoie le lecteur.

Aux noms qui figurent dans cette Notice on peut ajouter ceux de : A. Bordoni, C.-J. Giulio, G. Bellavitis, D. Turazza, Somoff, A. Cayley, Liguine, Nicolaidès, Habich, Haton de la Goupillière, Jordan, Brisse, Darboux, d'Ocagne, A. Schumann, Dewulf, Laisant, Schoenflies, Vaněček et quelques autres que j'aurai l'occasion de citer plus loin.

QUATORZIÈME LEÇON.

GÉOMÉTRIE CINÉMATIQUE (SUITE).

Déplacement continu d'une figure plane sur son plan. — Développante, développée. — Développante d'une courbe sans point singulier, ou avec point singulier. — Développantes de la développée d'une ellipse. — Déplacement sur son plan d'une figure de grandeur variable. — Droite mobile de grandeur variable. — Construction du centre de courbure d'une ellipse.

Déplacement continu d'une figure plane sur son plan. — Nous avons vu que le déplacement infiniment petit d'une figure plane sur son plan est une rotation infiniment petite autour d'un point qu'on appelle *centre instantané de rotation*. Considérons maintenant le déplacement continu d'une figure plane sur son plan.

Fig. 99.

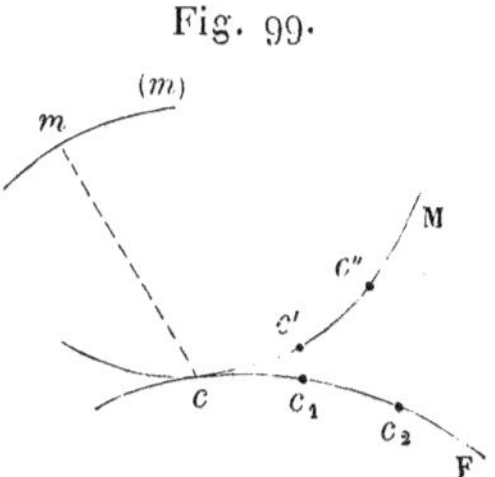

Pour les diverses positions de la figure mobile on a (*fig.* 99), sur le plan fixe, une suite de centres instantanés de rotation c, c_1, c_2, ...; sur le plan de la figure mobile, on a les points c', c'', ..., qui deviennent successivement ces centres de rotation. Les points c, c_1, c_2, ... appartiennent à une courbe F qui est sur le plan fixe; les points c', c'', ... sont sur une courbe M tracée sur le plan de la figure mobile. Les courbes F et M ont en commun le point c, qui est le centre instantané de rotation pour la position de la figure que nous considérons. *Les deux courbes* F *et* M *sont tangentes entre elles au point* c; car l'angle compris entre leurs tangentes au point c est infiniment petit, puisque c'est de cet angle qu'il faut faire tourner la figure mobile pour amener c' à coïncider avec c_1. On a donc une courbe M qui, dans chacune de ses positions, est tangente à F, et dont les différents points viennent coïncider successivement avec les points de la courbe F; en outre, chacun des points de M ne reste en coïncidence qu'avec un seul point de F. La courbe M roule alors sur la courbe F sans glissement, et l'on voit ainsi que *le déplacement continu d'une figure plane sur son plan peut être obtenu en considérant sur le plan de la figure mobile une certaine courbe qui roule sans glisser sur une courbe du plan fixe.*

Le roulement d'une courbe sur une autre est appelé *déplacement épicycloïdal;* on peut dire alors que *le déplacement continu d'une figure plane sur son plan est un déplacement épicycloïdal.*

La trajectoire (m) d'un point m prend le nom particulier de *roulette*. La courbe F porte le nom de *base de la roulette.*

En se reportant à ce que nous avons dit précédemment, on voit que *la normale à la roulette décrite par le point* m, *lorsque ce point occupe sur cette courbe une position à laquelle correspond le centre instantané* c (*qui est le point de contact de* F *et de* M), *c'est la droite* mc.

Si la courbe F et la courbe M sont des circonférences de cercle, un point de la circonférence M décrit une roulette qu'on appelle *épicycloïde*. Un point du plan de cette circonférence M, situé à l'intérieur de cette courbe, décrit une épicycloïde qu'on appelle *raccourcie*, et un point, au dehors de la circonférence M, décrit une épicycloïde *allongée*.

Dans le cas où la courbe fixe est réduite à une droite, la courbe mobile étant toujours une circonférence M, on a, pour un point du plan de cette circonférence entraîné pendant le roulement de cette courbe sur la droite fixe, une *cycloïde,* ou une *cycloïde raccourcie,* ou une *cycloïde allongée,* selon que le point est sur M, en dedans ou en dehors de M.

Prenons un exemple de figure mobile, et cherchons la ligne fixe et la ligne mobile à l'aide desquelles on obtient le déplacement de la figure de grandeur invariable par le roulement d'une courbe sur une autre.

Supposons que la figure de forme invariable soit (*fig.* 100) un segment de droite ab de grandeur invariable : le point a décrit la ligne droite (a), le point b décrit la ligne droite (b). Dans la position qu'occupe la droite ab, le centre instantané s'obtient en menant, des points a et b, des perpendiculaires aux lignes décrites par ces points; ces droites se coupent en un point c qui est le centre instantané de rotation. L'angle acb est le supplémentaire de l'angle en o formé par les deux droites (a) et (b); par conséquent, sur le plan de la figure mobile, le point c appartient au segment

Fig. 100.

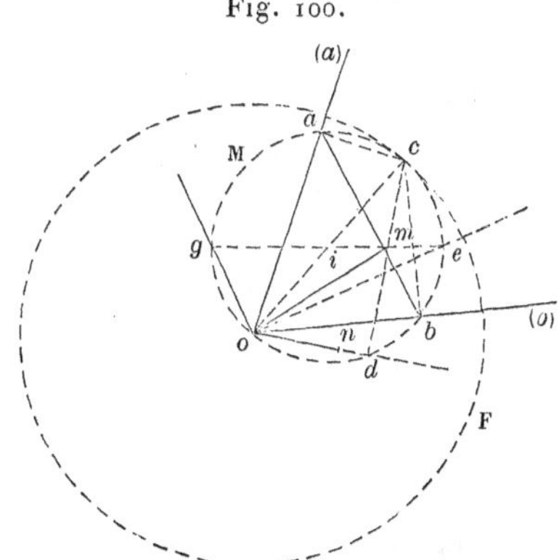

capable de l'angle acb décrit sur la droite ab; il est sur la circonférence $oacb$, qui est alors la courbe M.

Le diamètre oc de cette circonférence étant de grandeur constante, le lieu des points tels que c est, sur le plan fixe, la circonférence décrite du point o comme centre avec oc pour rayon; cette circonférence est la courbe fixe F; on voit qu'elle est tangente en c à la circonférence $oacb$. Ainsi, *la circonférence dont le centre est au point o est la ligne fixe* F *et la circonférence oacb est la ligne mobile* M.

D'après ce qui précède, la circonférence M roule sans glisser dans l'intérieur de la circonférence F, le point a décrit le diamètre oa, le point b décrit le diamètre ob; de même un point quelconque de la circonférence M décrit un diamètre de la circonférence fixe F.

De là on peut conclure la nature de la courbe décrite par un point quelconque m du plan de la circonférence mobile. Joignons le point m au point i, centre de M; ce diamètre rencontre la circonférence M aux points e, g. Pendant le roulement de M, le point e se déplace sur le diamètre oe, le point g sur le diamètre og; le point m décrit donc une courbe qu'on peut considérer comme engendrée par un point d'une droite ge de grandeur invariable dont les extrémités e, g décrivent les côtés d'un angle droit. Le point m décrit donc une ellipse dont les axes coïncident avec oe et og, et dont les longueurs des demi-axes sont me, mg.

Ceci permet de retrouver la construction donnée précédemment (p. 118) pour obtenir les axes d'une ellipse, connaissant deux diamètres conjugués. La normale en m à l'ellipse décrite par ce point est la droite cm, qui passe par le centre instantané c; cette droite rencontre la circonférence M en un point d, et, comme od est perpendiculaire à cm, od est une parallèle à la tangente en m à l'ellipse, c'est-à-dire que od est le diamètre dont la direction est conjuguée du diamètre om.

Pour avoir la longueur de ce diamètre conjugué de om, considérons le point m comme un point de la droite cd. Pendant le roulement de M, cette corde, qui est de grandeur invariable, se déplace dans l'angle cod; le point c glisse sur la droite oc et le point d décrit la droite od. Lorsque le point c est venu au point o, le point m est venu sur la droite od en un point n, tel que $on = cm$; le point n ainsi obtenu est l'extrémité du diamètre conjugué du diamètre om.

D'après cela, on procède de la façon suivante pour construire les axes d'une ellipse, connaissant les diamètres conjugués om et on : *Du point m on abaisse une perpendiculaire sur on; on porte sur cette perpendiculaire, à partir du point m, une longueur $mc = on$; on joint le point o au point c, et l'on décrit sur cette droite une circonférence de cercle. On joint le point m au centre de cette circonférence par une droite qui la rencontre aux points e, g; les droites oe, og sont les axes de l'ellipse, et les segments me, mg sont les longueurs des demi-axes de cette courbe* (¹). On voit facilement que le segment porté à partir du

---

(¹) C'est en 1857, dans les *Nouvelles Annales de Mathématiques*, p. 188, que j'ai donné pour la première fois cette construction. Depuis, dans le même Recueil (1878), j'ai montré comment on en déduit la construction, bien connue, due à Chasles.

point m pour obtenir le point c peut être porté dans l'autre sens : la construction s'achève toujours de la même manière.

Enveloppe d'un diamètre d'une circonférence M *qui roule sur une circonférence* F. — Le point de contact c de ces deux circonférences (*fig.* 101) étant le centre instantané de rotation, on a le point où ce diamètre touche son enveloppe en prenant le pied e de la perpendiculaire abaissée du point c sur ce diamètre. Le lieu des points analogues au point e est alors la courbe enveloppe du diamètre ab. On peut considérer le point e comme un point de la circonférence (1) tangente en c à M et dont le rayon est moitié du rayon de M ; ce point e est tel, que pendant le roulement de (1)

Fig. 101.

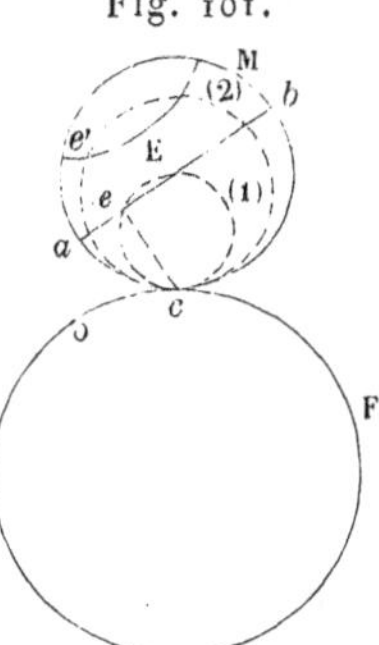

à l'intérieur de M il décrit le diamètre ab. On a l'arc ec de la circonférence (1) qui est égal à l'arc ac de M. Prenons l'arc oc égal à l'arc ac ; on peut considérer (1) comme tangente d'abord en son point e à F en o. Lorsque cette circonférence (1) roule sans glisser sur F et vient toucher cette courbe en c, la roulette décrite à partir de o vient en c tangentiellement à ab. Cela est vrai, quelle que soit la position de M : donc, *le lieu des points tels que e, c'est-à-dire l'enveloppe de ab, est l'épicycloïde engendrée par ce point lorsque la circonférence* (1) *roule sur la circonférence* F.

On démontre de la même manière que, si une circonférence (2) roule à l'intérieur de M, un point e' de cette courbe engendre une épicycloïde E et que l'enveloppe de cette courbe, entraînée en même temps que M, n'est autre que l'épicycloïde engendrée par le point e' de la circonférence (2) qui roule sur la circonférence F.

Développante, développée. — Prenons comme courbe fixe une courbe quelconque et comme ligne mobile une tangente à cette courbe.

Pendant le roulement de cette tangente, chacun de ses points décrit une courbe; ces courbes rencontrent à angle droit les diverses positions de cette tangente : ce sont donc les trajectoires orthogonales des tangentes de la courbe fixe. Elles ont pour normales communes ces tangentes, et, comme elles interceptent sur ces droites des segments égaux, ce sont des courbes *parallèles*. Toutes ces courbes, trajectoires orthogonales des tangentes de la courbe fixe, portent le nom de *développantes* de cette courbe, et, par rapport à ces courbes, la courbe fixe porte le nom de *développée* (1).

La développée d'une courbe est l'enveloppe des normales à la courbe, et, comme nous avons rappelé que le point de rencontre de deux normales à une courbe, qui sont infiniment voisines, est un centre de courbure de cette courbe, nous pouvons dire que *la développée d'une courbe est aussi le lieu des centres de courbure de cette courbe.*

Une courbe n'a qu'une développée; elle a une infinité de développantes.

Développante d'une courbe sans point singulier, ou avec point singulier (2). — Traçons une développante d'une courbe fermée.

Fig. 102.

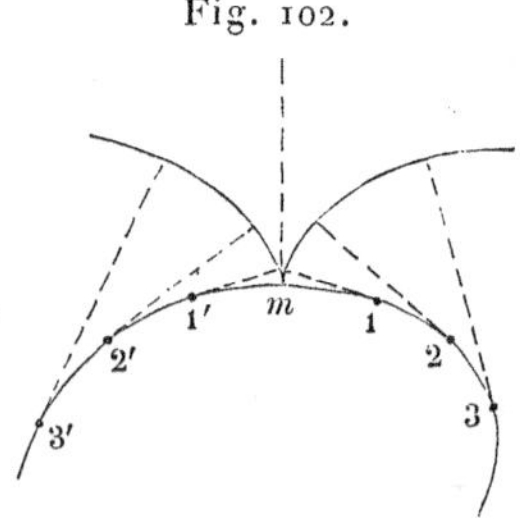

Considérons (*fig.* 102) les tangentes qui touchent cette courbe aux points 1, 2, 3, ... En prenant la trajectoire orthogonale de ces tan-

(1) Huygens, *Horologium oscillatorium* et *De linearum curvarum evolutione et dimensione.*

(2) Parmi les géomètres qui se sont occupés des points singuliers, je citerai : MM. Cayley, *Quarterly Journal*, t. VII; de la Gournerie, *Journal de Mathéma-*

gentes à partir du point m, on a pour développante une branche qui s'étend à l'infini. Si l'on prend les tangentes aux points $1'$, $2'$, $3'$, ... sur la courbe dans le sens opposé à celui d'abord considéré, on a, à partir du point m, l'autre branche de la développante, qui s'étend aussi à l'infini. On a au point m un point pour lequel les deux branches de la développante sont tangentes à la normale en m à la courbe fixe. Le point m est donc sur la développante un *point de rebroussement de première espèce,* et l'on voit que *la développante rencontre la courbe fixe en un point de rebroussement de première espèce.* Nous supposons évidemment que le point m est un point ordinaire sur la courbe fixe.

Lorsque les deux branches d'une courbe sont tangentes à une même droite et situées d'un même côté de cette droite, on a un *point de rebroussement de deuxième espèce.* On rencontre un pareil point en cherchant la développante d'une courbe qui présente un point d'inflexion.

Si l'on prend la développante qui part d'un point m (*fig.* 103)

Fig. 103.

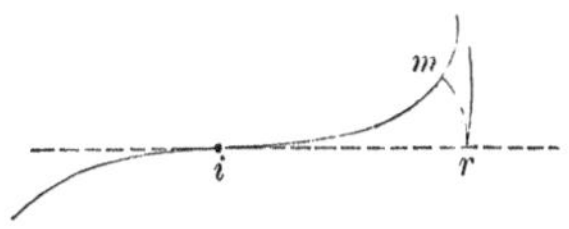

d'une courbe qui présente un point d'inflexion au point i, on a, à partir du point m, la trajectoire orthogonale des tangentes dont les points de contact sont les points de l'arc mi; cette courbe rencontre en r la tangente au point d'inflexion, et, à partir de ce point, il y a une branche de courbe trajectoire orthogonale des tangentes dont les points de contact sont sur le prolongement de l'arc mi. La développante présente au point r un point de rebroussement de deuxième espèce.

---

tiques de Liouville, 2e série, t. XIV et XV; STOLZ, *Mathematische Annalen,* t. VIII et t. XV; NÖTHER, *Mathematische Annalen,* t. IX; HALPHEN, *Recueil des Savants étrangers,* t. XXVI, et *Bulletin de la Société mathématique de France,* t. III, IV, V; *Étude sur les points singuliers des courbes algébriques planes* (Appendice au *Traité des courbes planes* de G. Salmon); SMITH, *Proceedings of London mathematical Society,* t. VI; ZEUTHEN, *Mathematische Annalen,* t. X. A cette liste on doit ajouter le nom de PUISEUX, qui, le premier, a fait l'étude d'une fonction algébrique dans le voisinage d'une valeur singulière.

Si l'on cherche la développante d'une courbe qui a elle-même un point de rebroussement de deuxième espèce, on trouve encore une branche de courbe qui présente un point de rebroussement t de deuxième espèce situé sur la tangente à la courbe donnée en son point de rebroussement. La différence qui existe entre le point t trouvé maintenant et le point r trouvé précédemment, c'est que le point t est un sommet, puisqu'en parcourant la développante on trouve successivement, pour les points de cette courbe, des rayons de courbure allant d'abord en croissant jusqu'à ce qu'on arrive au rayon de courbure de la courbe en t, et à partir de ce rayon de courbure ils vont en décroissant; au point t on a donc un rayon de courbure maximum, tandis que, pour la courbe qui présente un point d'inflexion, on a un rayon de courbure allant constamment en croissant lorsque l'on parcourt cette courbe depuis le point m jusqu'au point r, puis à partir du point r sur l'autre branche du point de rebroussement.

Cherchons la développante d'une courbe qui a des branches infinies. Prenons une hyperbole (*fig.* 104) et un point m de cette

Fig. 104.

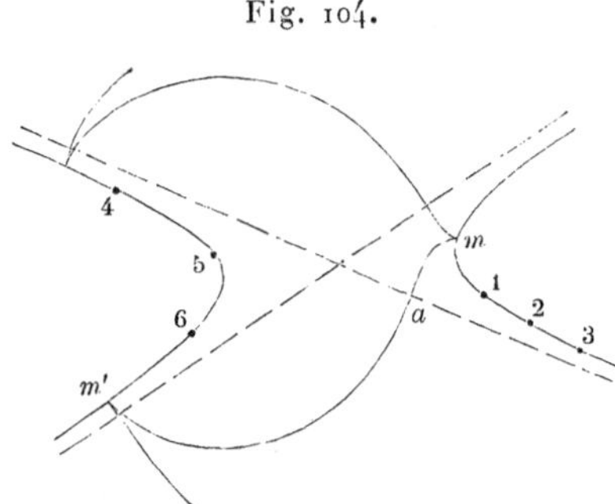

courbe; traçons la trajectoire orthogonale des tangentes dont les points de contact sont 1, 2, 3 et ainsi de suite jusqu'à l'infini. On a une branche de courbe partant normalement à l'hyperbole et venant rencontrer l'asymptote au point a à angle droit. Puis on doit prendre les points 4, 5, 6 de l'autre branche, à partir de l'infini, et les tangentes en ces points, pour tracer la trajectoire orthogonale de ces tangentes à partir du point a. La développante vient rencontrer de nouveau la courbe au point m', repart de ce point m', rencontre de nouveau l'autre asymptote et continue ainsi de suite.

On a successivement sur la courbe des points de rebroussement pour cette développante, et aux points où cette ligne rencontre les asymptotes on a des points d'inflexion.

Prenons comme autre exemple une courbe située d'un même côté par rapport à l'une de ses asymptotes. Partant d'un point m de cette courbe (*fig.* 105), on a un arc de courbe normal en m à

Fig. 105.

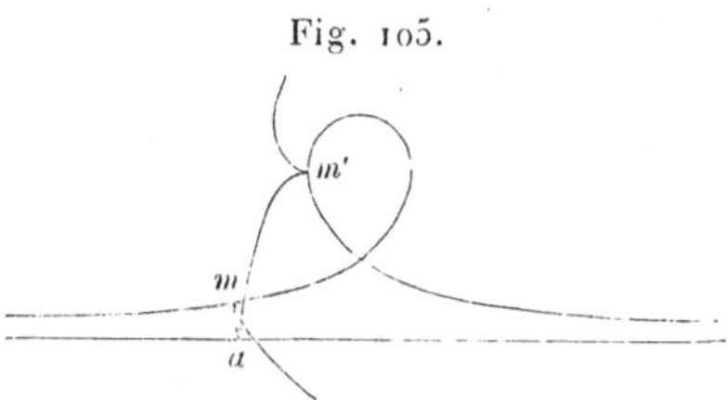

la courbe donnée et qui rencontre à angle droit l'asymptote en a. Continuant à partir du point a, on a une branche de courbe qui vient rencontrer la courbe donnée au point m'; en ce point on a un point de rebroussement ainsi qu'au point m. Nous voyons sur cet exemple un point de rebroussement de première espèce en m pour lequel le rayon de courbure de la développante est nul, et en a un point de rebroussement de cette même développante pour lequel le rayon de courbure est infini.

Développantes de la développée d'une ellipse. — Traçons la développée d'une ellipse (*fig.* 106). Cette développée est l'enveloppe

Fig. 106.

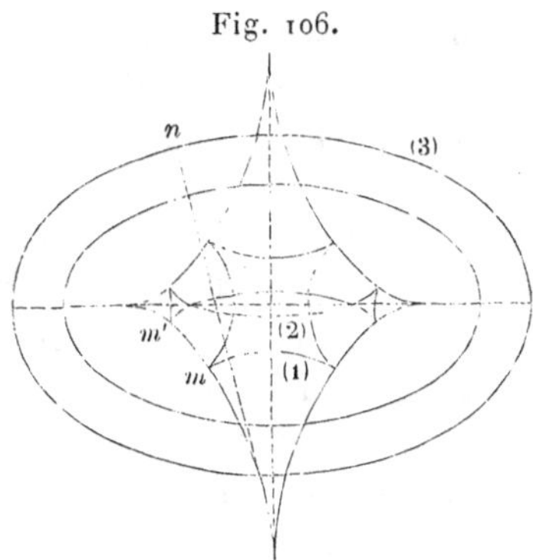

des normales à la courbe; elle a quatre points de rebroussement réels situés sur les axes de l'ellipse. Les développantes de cette dé

veloppée sont des courbes parallèles à l'ellipse, c'est-à-dire des courbes qu'on obtient en portant sur les normales à l'ellipse des segments égaux entre eux.

Partant du point m de cette développée, on a une courbe (1) qui a quatre points de rebroussement sur la développée de l'ellipse.

Partant du point m', on a une courbe qui présente toujours quatre points de rebroussement, mais qui a en outre deux points doubles situés sur le grand axe.

Enfin, partant du point n situé sur une tangente à la développée de l'ellipse, on a une courbe dont la forme rappelle la forme même de l'ellipse.

Il est important de connaître les formes de ces courbes parallèles à l'ellipse. On les rencontre, par exemple, quand on cherche la projection orthogonale d'un tore sur un plan oblique par rapport au plan qui contient le centre de la sphère, variable de position, mais de grandeur constante, qui engendre le tore. Le centre de cette sphère mobile décrit dans l'espace un cercle dont la projection est une ellipse; sur le plan de projection le contour apparent de cette sphère est une circonférence de cercle décrite d'un point de cette ellipse comme centre, avec un rayon égal au rayon de la sphère mobile. On a donc à considérer la courbe enveloppe d'une suite de circonférences de cercle ayant des rayons égaux et dont les centres sont sur une ellipse. L'enveloppe est une courbe parallèle à l'ellipse; on l'obtient en portant sur les normales à l'ellipse une longueur constante égale au rayon de ces circonférences. Le contour apparent du tore est donc une ligne qui, selon la position du tore par rapport au plan de projection, a l'une ou l'autre forme des développantes de la développée de l'ellipse.

Déplacement sur son plan d'une figure de grandeur variable. Droite mobile de grandeur variable. — Relativement au déplacement d'une figure plane sur son plan, nous avons jusqu'à présent considéré une figure de grandeur invariable; nous allons montrer par un exemple comment on peut résoudre certains problèmes relatifs à une figure variable de forme, en profitant des éléments de cette figure qui restent de grandeur invariable ([1]).

([1]) *Voir* CHASLES, *Mémoire de Géométrie sur la construction des normales à*

Prenons une droite mobile ab qui enveloppe une courbe donnée E (*fig.* 107), la longueur de cette droite étant définie par les courbes sur lesquelles doivent se trouver les extrémités a et b. Ainsi le point a reste sur la courbe (a), le point b sur la courbe (b). Sur cette droite construisons un triangle abm semblable à un triangle donné. Construisons ainsi, pour chacune des positions de la droite ab, un triangle tel que abm, les points tels que m appar-

Fig. 107.

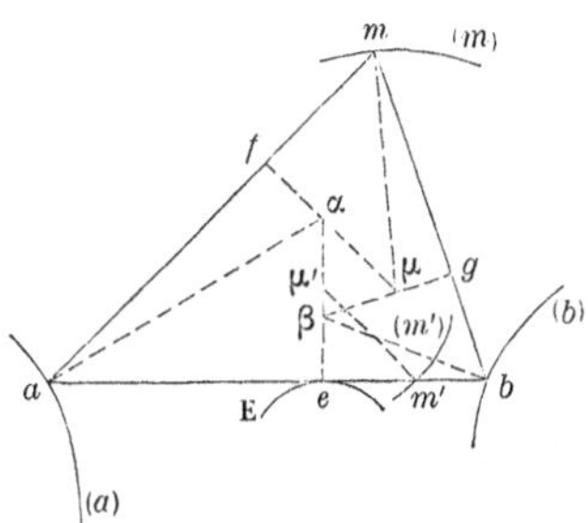

tiennent à une courbe (m). Nous nous proposons de déterminer au point m la normale à cette courbe.

Puisque les triangles tels que abm restent semblables à un triangle donné, l'angle en a est de grandeur invariable. Lorsque le point a se déplace infiniment peu sur sa trajectoire, le côté ae de cet angle restant toujours tangent à la courbe E, le centre instantané de rotation α est au point de rencontre de la normale en a à la trajectoire de ce point et de la normale en e à la courbe enveloppée par ab. Au moyen de ce centre instantané α on obtient le point f, où am touche son enveloppe, en prenant le pied de la perpendiculaire abaissée du point α sur am.

De même, on a, pour le déplacement infiniment petit de l'angle mobile abm de grandeur invariable, le centre instantané β à l'aide duquel on obtient le point g, où le côté mb touche son enveloppe, en abaissant une perpendiculaire du point β sur ce côté et en prenant le pied de cette perpendiculaire.

On a maintenant un angle de grandeur invariable m, dont les

---

plusieurs courbes mécaniques (*Bulletin de la Société mathématique de France*, t. VI, p. 222) et le Supplément de la quinzième Leçon.

côtés sont tangents à deux courbes; le centre instantané relatif au déplacement infiniment petit de cet angle est le point de rencontre μ des normales à ces courbes issues des points f et g. Le point μ étant le centre instantané relatif au déplacement de l'angle m, la normale à la courbe décrite par le point m est la droite μm.

Cet exemple montre comment on peut déterminer la normale à la courbe décrite par un point d'une figure de grandeur variable, en profitant des éléments de cette figure qui restent de grandeur invariable pendant son déplacement.

Le triangle qui a pour sommets les trois points α, β, μ est semblable au triangle abm; on a

$$\frac{\alpha\mu}{\mu\beta} = \frac{am}{mb}.$$

Prenons le cas particulier où le triangle se réduit à $am'b$, le point m' étant sur ab; le point μ', analogue au point μ, est alors sur $\alpha\beta$, de façon que

$$\frac{\alpha\mu'}{\mu'\beta} = \frac{am'}{m'b},$$

ce qui donne le résultat suivant :

On partage un segment de droite ab de grandeur variable en segments proportionnels à deux segments donnés au point m'; pour avoir la normale à la courbe lieu des points tels que m', on mène la normale en a à la trajectoire de ce point, cette droite rencontre, au point α, la normale issue du point e à l'enveloppe de la droite mobile. On détermine de même le point β sur la normale ea. On prend sur $\alpha\beta$ un point μ', placé par rapport aux points α, β comme le point m' est placé par rapport aux points a et b, c'est-à-dire tel que $\frac{\alpha\mu'}{\mu'\beta}$ soit égal à $\frac{am'}{m'b}$; la normale à la courbe lieu des points m' est la droite $m'\mu'$.

Inversement, si une droite mobile est déplacée de façon que trois courbes données (a), (m'), (b) la partagent en segments proportionnels, on obtient, pour une position de cette droite, le point où elle touche son enveloppe en menant une perpendiculaire à la droite ab qui soit partagée par les normales $a\alpha$, $m'\mu'$, $b\beta$, de façon qu'on ait sur cette perpendiculaire les points α, μ' et β tels que $\frac{\alpha\mu'}{\mu'\beta} = \frac{am'}{m'b}$ et en prenant le point où cette perpendiculaire rencontre ab.

Remarque. — Si la droite mobile reste, pendant son déplacement, normale à l'une des courbes données, (a) par exemple, le point où elle touche son enveloppe est un centre de courbure de (a). Voici une application de cette remarque.

Constructions du centre de courbure d'une ellipse. — Prenons trois lignes : l'une est une ellipse (m) (*fig.* 108), les deux autres sont les axes de cette courbe. Une normale quelconque à l'ellipse mab

Fig. 108.

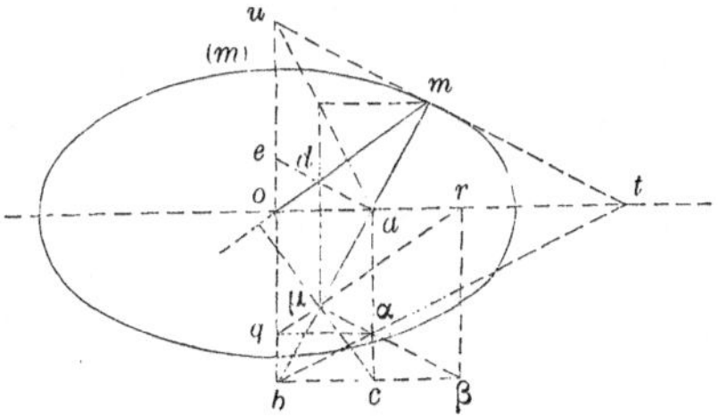

est, comme l'on sait, partagée par ces trois lignes en segments proportionnels. On peut alors déterminer le point où cette normale touche son enveloppe, c'est-à-dire le centre de courbure de l'ellipse correspondant au point m. La normale au point m à l'ellipse est la droite mobile elle-même; la normale en a à la ligne sur laquelle doit rester ce point est la perpendiculaire élevée de a au grand axe; de même pour le point b.

On doit donc construire une perpendiculaire à la normale qui soit partagée, par la normale ma et par les perpendiculaires aux axes menées des points a et b, en segments proportionnels à ma et mb, c'est-à-dire qu'on doit avoir $\frac{\mu\alpha}{\mu\beta} = \frac{ma}{mb}$.

Les triangles uot, bca sont semblables comme ayant leurs côtés respectivement perpendiculaires. En vertu de la proportion précédente, les droites mab, $\mu\alpha\beta$ sont homologues relativement à ces triangles. Le point μ partage donc ab, comme m partage ut.

De là différentes constructions; en voici quelques-unes :

Menons ae parallèlement à tu, on a

$$\frac{tm}{mu} = \frac{ad}{de} = \frac{a\mu}{\mu b}.$$

1° Le point μ peut donc s'obtenir ainsi :

Au point a, où la normale en m rencontre l'un des axes, on mène une perpendiculaire à cette normale; cette droite rencontre le diamètre qui passe en m en un point d; on abaisse de ce point une perpendiculaire sur l'axe dont on a considéré le point de rencontre avec la normale : cette perpendiculaire rencontre la normale au centre de courbure μ de la courbe (¹).

Il est évident que cette construction est vraie, qu'on l'applique à un axe ou à l'autre. Nous l'emploierons plus tard pour déterminer le centre d'une conique lorsque l'on donne l'un des axes, un point de la courbe et le centre de courbure correspondant.

2° *On mène la droite ua, elle coupe la parallèle à ot menée du point m en un certain point : la parallèle à ob, menée de ce point, coupe la normale en m au centre de courbure cherché.*

3° *Les perpendiculaires $a\alpha$, $b\beta$ aux axes de l'ellipse se rencontrent en c, on abaisse de ce point une perpendiculaire sur le diamètre om : cette droite rencontre la normale en m au centre de courbure μ.*

La perpendiculaire abaissée du point c sur om est, en effet, l'homologue de om et détermine le point μ qui correspond au point m.

Remarque. — Projetons α et β en q et r sur les axes; on démontre facilement que la droite rq est parallèle à mo et contient μ. Cette remarque sera utile plus loin (p. 202).

(¹) M. LAGUERRE a donné une construction analogue pour le cas de l'espace dans son travail *Sur la détermination, en un point d'une surface du second ordre, des axes de l'indicatrice et des rayons de courbure principaux* (*Journal de Mathématiques pures et appliquées*, 3ᵉ série, t. IV, p. 247). Voir aussi, sur le même sujet, un article que j'ai publié dans le même Recueil, 3ᵉ série, t. VIII, page 167.

QUINZIÈME LEÇON.

GÉOMÉTRIE CINÉMATIQUE (SUITE). — COURBES GAUCHES.

Construction du centre de courbure d'une épicycloïde. — Construction du centre de courbure d'une courbe entraînée dans le déplacement épicycloïdal. — Cycloïde. — *Courbes gauches.* — Plan osculateur. — Projections diverses d'une courbe gauche. — Hélice. — Projections d'une hélice. — Perspective cavalière d'une hélice. — Rayon de courbure d'une hélice.

Supplément. Démonstration du théorème énoncé page 177, applications de ce théorème. — *Géométrie cinématique.* — Construction des centres de courbure des lignes décrites pendant le déplacement d'une figure plane sur son plan. — Centre de courbure de la ligne décrite par un point d'une figure mobile de grandeur *variable.* — Construire le centre de courbure de la développée d'une ellipse, — Sur le déplacement infiniment petit d'une figure polygonale de forme variable. — Sur les quadrilatères articulés.

Construction du centre de courbure d'une épicycloïde.— M (*fig.* 109) est la circonférence qui roule sur la circonférence fixe F, m est le point qui engendre l'épicycloïde.

Fig. 109.

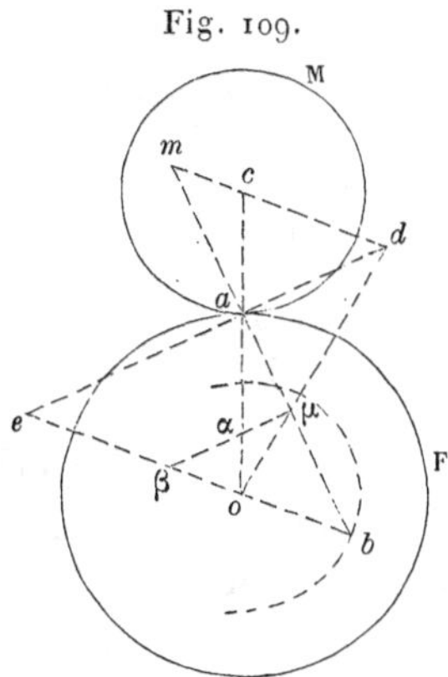

Joignons le point m au point de contact a des circonférences F et M. La droite ma est la normale au point m à l'épicycloïde.

Joignons le point m au centre c de la circonférence M, et par le centre o de la circonférence F menons une parallèle à la droite mc ; cette droite rencontre la normale ma au point b.

Les triangles mac, boa sont semblables, et l'on a

$$\frac{mc}{ca} = \frac{ob}{oa}.$$

Dans cette proportion, les segments mc, ca, oa sont de grandeur constante, quelle que soit la position de la circonférence mobile ; le segment ob est alors aussi de grandeur constante. Le lieu des points tels que b est donc la circonférence décrite du point o comme centre avec ob pour rayon.

Les triangles semblables mac, boa montrent aussi que le rapport de ma à mb est constant. La droite ma est donc partagée, quelle que soit la position de la circonférence M, par l'épicycloïde, la circonférence fixe F et la circonférence concentrique à celle-ci qui passe par le point b, en segments proportionnels.

On peut alors construire le point où cette droite touche son enveloppe. La normale au point m à l'épicycloïde est la droite ma ; la normale au point a à F est le rayon ao ; la normale en b à la circonférence qui contient ce point est le rayon bo. On doit alors mener une perpendiculaire à la droite ma qui soit partagée par ces trois droites en segments proportionnels à ma et mb. Pour cela, *on élève au point a une perpendiculaire à ma; elle rencontre la droite mc au point d; la droite do coupe la normale ma au point μ : ce point μ est le centre de courbure demandé* (¹).

Pour le faire voir, prolongeons la droite ad jusqu'au point e et menons parallèlement à cette droite la ligne $\mu\alpha\beta$; on a

$$\frac{\mu\alpha}{\mu\beta} = \frac{da}{de} = \frac{ma}{mb}.$$

Le point μ est donc bien le pied de la perpendiculaire partagée par les normales aux trois courbes en segments proportionnels à ma, mb ; c'est le centre de courbure de l'épicycloïde.

Pour avoir la relation qui existe entre le rayon de courbure $m\mu$

(¹) Cette construction, généralement attribuée à SAVARY, est due à EULER (*Nouveaux Commentaires de Saint-Pétersbourg pour* 1765, t. XI, p. 209).

et les rayons des deux circonférences M et F, que nous désignerons par R_M et R_F, nous faisons usage du lemme suivant :

On donne un angle de sommet s (fig. 110) et un point o dans l'intérieur de cet angle; on mène de ce point une transversale

Fig. 110.

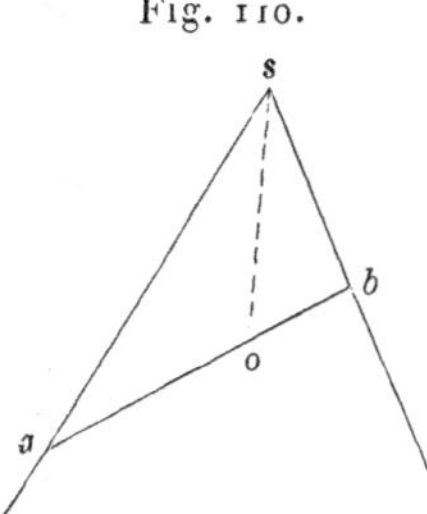

quelconque qui rencontre les côtés de l'angle aux points a et b, quelle que soit cette transversale [1], *on a*

$$\left(\frac{1}{ao} + \frac{1}{ob}\right)\frac{1}{\sin bos} = \text{const.}$$

Appliquons ce lemme. Prenons (*fig.* 109) l'angle *mdo* et les deux transversales *mb*, *co* qui passent par le point *a*. On a

$$\frac{1}{ma} + \frac{1}{a\mu} = \left(\frac{1}{R_M} + \frac{1}{R_F}\right)\frac{1}{\sin oad}.$$

Appelons ρ le rayon de courbure $m\mu$ et φ l'angle *mac*; cette formule peut s'écrire

$$\frac{1}{ma} + \frac{1}{\rho - ma} = \left(\frac{1}{R_M} + \frac{1}{R_F}\right)\frac{1}{\cos\varphi}.$$

Telle est la relation qui permet de déterminer ρ, connaissant l'angle φ et la portion de normale *ma* comprise entre le point décrivant et le point de contact des deux circonférences.

---

(1) Voir dans ma brochure : *Transformation des propriétés métriques des figures à l'aide de la théorie des polaires réciproques* (Mallet-Bachelier, 1857, p. 3), l'origine de ce théorème et une démonstration directe. Le supplément à cette leçon contient une autre démonstration de ce théorème et quelques applications. Ce théorème, du reste, peut être souvent très utilement employé; j'en ai fait beaucoup usage dans un *Mémoire d'Optique géométrique* [*Atti della R. Accademia dei Lincei* (1884-1885) ; *Journal de Mathématiques pures et appliquées*, 1886].

Construction du centre de courbure de l'enveloppe d'une courbe entraînée dans le déplacement épicycloïdal. — La construction du centre de courbure de la courbe décrite par un point permet de trouver le centre de courbure de la courbe enveloppe des positions d'une courbe entraînée dans le mouvement.

Pour le faire voir, démontrons d'abord le lemme suivant :

Deux courbes parallèles entraînées dans le déplacement épicycloïdal ont pour enveloppes des courbes parallèles entre elles.

Pour une position quelconque de la figure, les points où ces courbes touchent leurs enveloppes sont les pieds des normales qui leur sont menées par le point de contact a de la courbe mobile et de la courbe fixe. Comme ce sont des courbes parallèles, la normale à l'une est normale à l'autre, et le segment mn, compris entre les pieds de cette normale sur les courbes entraînées, est de grandeur constante, quelle que soit la position de la figure. On voit ainsi que les courbes enveloppes ont pour normale commune la droite am, et la portion mn de cette normale, comprise entre les enveloppes, est une longueur constante : donc les enveloppes sont aussi des courbes parallèles entre elles.

Dans le cas particulier où la courbe entraînée est une circonférence de cercle, la courbe enveloppe se compose de branches parallèles distantes entre elles d'une longueur égale au diamètre de cette circonférence, et ces branches sont aussi parallèles à la courbe engendrée par le centre de cette circonférence.

Prenons maintenant une courbe quelconque C (*fig.* 111). Du point de contact a de F et de M menons une normale ap à cette courbe; prolongeons ap jusqu'au centre de courbure γ de la courbe entraînée, et du point γ comme centre décrivons avec γp pour rayon le cercle de courbure de la courbe C. Sur la courbe mobile M prenons un point a' infiniment voisin du point a; en menant du point a' une normale à la courbe entraînée C et une normale à son cercle de courbure, on obtient deux points q, r, qui sont l'un et l'autre infiniment voisins du point p, et l'angle $ra'q$ est infiniment petit du second ordre [1].

---

[1] En général, si l'on considère une courbe ayant avec C un contact de l'ordre n en p, les normales à ces courbes abaissées de a', qui est infiniment près de ap,

Après un déplacement infiniment petit de M, le point a' devient le centre instantané a_1, le point q vient au point q_1, qui est un point de la courbe enveloppe E de la courbe C entraînée, et le point r vient au point r_1, qui est un point de la courbe enveloppe du cercle de courbure entraîné. Les points q_1 et r_1 sont infiniment

Fig. 111.

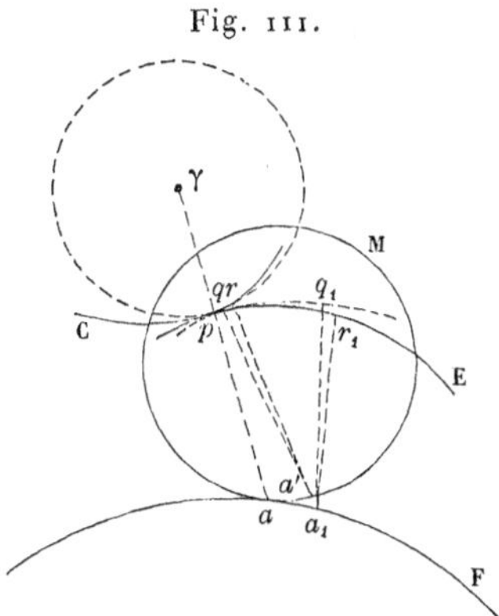

voisins du point p, et l'angle $r_1 a_1 q_1$, qui est égal à l'angle $r a' q$, est toujours infiniment petit du second ordre. Les développées des courbes enveloppes, qui sont des courbes tangentes à la normale pa, doivent alors toucher cette droite au même point : on voit ainsi que *les courbes enveloppes de la courbe entraînée et de son cercle de courbure sont des courbes osculatrices* (¹).

Mais, en se reportant au lemme, le cercle de courbure a pour enveloppe une courbe parallèle à la ligne décrite par le point γ : *on a donc le centre de courbure de* E *en construisant le centre de courbure de la courbe décrite par le point* γ (²).

Cycloïde. — Ce que nous avons dit pour l'épicycloïde est applicable à la cycloïde. La construction du centre de courbure de la cycloïde engendrée par le point m (*fig.* 112) est la suivante : on

---

c'est-à-dire les tangentes à leurs développées qui partent de a', font entre elles un angle infiniment petit du $n^{\text{ième}}$ ordre. Il est facile d'énoncer la réciproque.

(¹) De la même manière, on démontre le théorème suivant : *Deux courbes ayant entre elles un contact du $n^{\text{ième}}$ ordre au point p ont pour enveloppes des courbes ayant entre elles en ce point un contact de ce même ordre.*

(²) Résultat dû à Euler (*loc. cit.*). *Voir* aussi *Des méthodes en Géométrie*, par P. Serret, p. 83.

joint le point m au point de contact a du cercle mobile et de la droite fixe; on élève au point a une perpendiculaire à ma; on joint le point m au centre de la circonférence mobile; cette droite

Fig. 112.

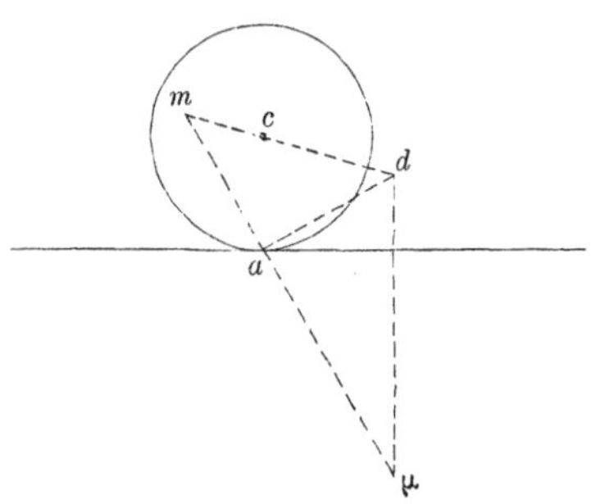

rencontre en d la perpendiculaire que nous venons de mener du point a; la perpendiculaire abaissée du point d sur la droite fixe rencontre ma au point μ, qui est le centre de courbure de la cycloïde engendrée par m.

COURBES GAUCHES.

On appelle *courbe gauche* une courbe qui n'est pas plane.

Pour ces courbes, comme pour les courbes planes, commençons par rappeler des définitions, des résultats et quelques démonstrations, en insistant particulièrement sur ce qui doit être le plus utile (1).

En chaque point d'une courbe gauche, il y a une tangente et une infinité de normales; toutes ces normales sont dans le plan normal à la courbe, qui est le plan mené perpendiculairement à la tangente par le point de contact de cette droite.

(1) De Saint-Venant, *Mémoire sur les lignes courbes non planes* (*Journal de l'École Polytechnique*, XXXe Cahier); J. Bertrand, *Traité de Calcul différentiel et de Calcul intégral*, t. I, p. 597.

Plan osculateur. — Parmi tous les plans qu'on peut mener par un point m d'une courbe gauche, il y en a un qui se rapproche de la courbe plus que tous les autres.

Par le point m (*fig.* 113), menons un plan quelconque qui coupe la courbe sous un angle fini. Un point m' de la courbe, qui

Fig. 113.

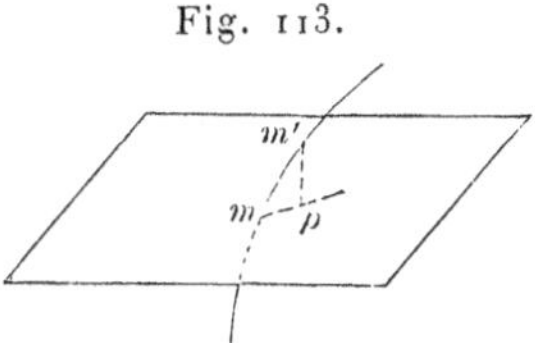

est infiniment voisin du point m, est à une distance de ce plan qui est un infiniment petit de même ordre que mm', car on a

$$mp = mm'.\sin pmm',$$

et nous supposons que l'angle pmm' est un angle fini.

Si l'on veut que la distance $m'p$ soit infiniment petite par rapport à mm', on doit supposer que la corde mm' est rencontrée par ce plan sous un angle infiniment petit, c'est-à-dire que le plan doit être mené par la tangente en m à la courbe.

Cherchons, parmi tous les plans qu'on peut mener par la tangente en m à une courbe, celui qui se rapproche le plus de la courbe. Par la tangente mt (*fig.* 114) à la courbe, menons un plan;

Fig. 114.

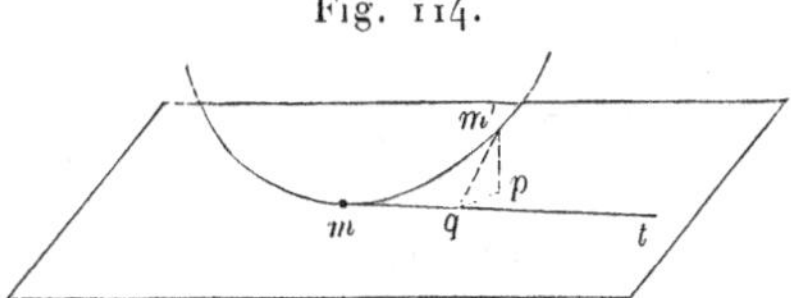

abaissons du point m' de la courbe gauche, qui est infiniment voisin du point m, la perpendiculaire $m'p$ sur ce plan et la perpendiculaire $m'q$ sur la tangente mt.

Dans le triangle rectangle $m'pq$, on a

$$m'p = m'q \sin pqm',$$

et l'on voit que, parmi tous les plans menés par mt, celui qui se rapproche le plus de la courbe est celui pour lequel la distance $m'p$ est infiniment petite par rapport à $m'q$: c'est le plan pour lequel l'angle pqm' est infiniment petit, c'est-à-dire le plan mené par la tangente mt et par le point m' de la courbe gauche, qui est infiniment voisin du point m. Ce plan est appelé le *plan osculateur* de la courbe gauche.

Nous allons faire voir que le plan osculateur d'une courbe gauche en un point m (*fig.* 115) est aussi le plan mené par la tangente en m à cette courbe, parallèlement à la tangente à la courbe au point qui est infiniment voisin du point m.

Projetons la courbe gauche sur un plan perpendiculaire à la tangente en m. Le point m est projeté au point μ, et le point m', in-

Fig. 115.

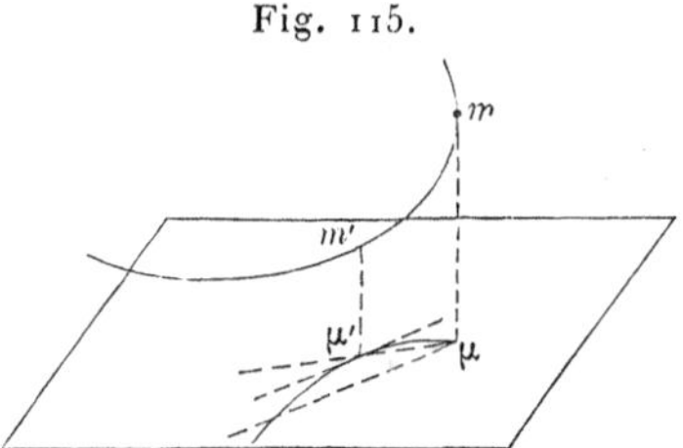

finiment voisin du point m, est projeté au point μ'. Le plan osculateur de la courbe, considéré comme étant le plan mené par la tangente $m\mu$ et par le point m', infiniment voisin du point m, a pour trace sur le plan de projection la droite $\mu\mu'$; le plan mené par la tangente $m\mu$, parallèlement à la tangente au point m', a pour trace sur le plan de projection la droite menée du point μ parallèlement à la tangente en μ'. Lorsque le point m' est confondu avec le point m, le point μ' est confondu avec le point μ, et les traces des deux plans considérés viennent coïncider et donnent en μ la tangente à la projection de la courbe. On voit ainsi que ces deux plans n'en font alors qu'un.

On peut donc dire que *le plan osculateur est le plan mené par une tangente à la courbe, parallèlement à la tangente à cette courbe au point infiniment voisin de celui que l'on considère.* Il résulte de là que, si d'un point s on mène des droites parallèles aux tangentes d'une courbe gauche, la surface conique lieu de ces droites jouit de cette propriété : *Le plan tangent, le long de la génératrice qui est parallèle à la tangente* $m\mu$, *est parallèle au plan osculateur de la courbe gauche au point* m.

On peut démontrer qu'on arrive encore au même plan osculateur en cherchant le plan qui passe par le point m de la courbe gauche et par deux points infiniment voisins; en d'autres termes, *le plan osculateur a, avec la courbe gauche, trois points infiniment voisins communs.*

Puisque le plan osculateur peut être considéré comme ayant avec la courbe trois points infiniment voisins communs, il traverse la courbe; cette propriété est importante à remarquer.

Le cercle osculateur est sur le plan osculateur; le centre de ce cercle est sur la normale à la courbe qui est dans le plan osculateur. On donne à cette normale le nom de *normale principale.*

La perpendiculaire au plan osculateur élevée de ce centre de courbure est une droite que j'appelle *axe de courbure* de la courbe gauche.

Les plans osculateurs d'une courbe gauche en deux points infiniment voisins comprennent entre eux un angle qu'on appelle *angle de torsion.*

Le rapport de l'angle de deux plans osculateurs infiniment voisins à l'arc compris entre leurs points de contact est la *seconde courbure* ou la *torsion* de la courbe gauche.

L'inverse de cette seconde courbure est le *rayon de seconde courbure* ou *rayon de torsion.*

Les courbes gauches sont souvent appelées *courbes à double courbure.*

La plus courte distance de deux tangentes à une courbe gauche, qui sont infiniment voisines, est un infiniment petit d'ordre supérieur au second (¹).

Par la tangente mt (*fig.* 116) menons un plan parallèle à la tangente au point m'; abaissons du point m' une perpendiculaire $m'p$ sur ce plan : $m'p$ est égal à la plus courte distance des deux tangentes en m et m'. Abaissons du point m' une perpendiculaire $m'q$

(¹) BOUQUET, *Remarques sur les systèmes de droites dans l'espace* (*Journal de Mathématiques de Liouville,* 1re série, t. XI, p. 125); O. BONNET, *Note sur la distance de deux tangentes infiniment voisines à une courbe gauche* (*Nouvelles Annales de Mathématiques,* 1re série, t. XII, p. 192). Dans cette Note, M. O. BONNET donne l'expression de cette distance, qu'il trouve égale au douzième du produit de l'arc par l'angle de contingence et par l'angle de torsion.

sur la tangente mt, joignons le point p au point q :

$$m'p = m'q \cos p m' q.$$

$m'q$ est un infiniment petit du second ordre lorsque m' est infiniment voisin de m. Mais, lorsque m' est infiniment voisin de m,

Fig. 116.

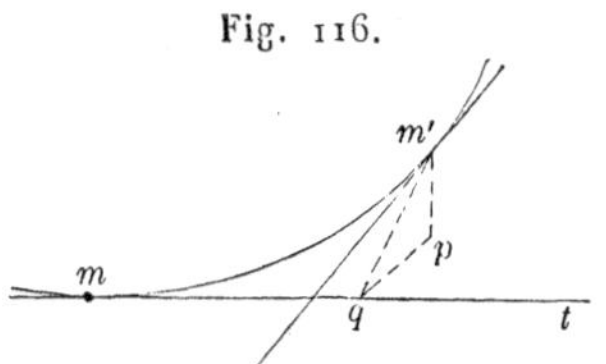

l'angle $pm'q$ diffère infiniment peu d'un angle droit; on voit alors que $m'p$ est infiniment petit par rapport à $m'q$, et, par suite, la plus courte distance des deux tangentes est un infiniment petit d'ordre supérieur au second.

Projections diverses d'une courbe gauche. — Appliquons ce que que nous venons de rappeler ou de démontrer à l'examen des projections diverses d'une courbe gauche.

Supposons qu'il s'agisse de la projection conique d'une courbe gauche. *Si le point d'où partent les rayons projetants est placé arbitrairement par rapport à la courbe,* la projection de la courbe jouit de cette propriété : *La tangente en un point a', projection du point a de la courbe, est la projection de la tangente en a.*

Si le sommet du cône projetant est dans l'un des plans osculateurs de la courbe, la projection de la courbe est tangente à la trace de ce plan osculateur sur le plan projetant et est située de part et d'autre de cette trace; *elle présente alors un point d'inflexion.*

Si le sommet du cône projetant est un point de la tangente en m à la courbe gauche, la projection de cette courbe est tangente au point μ, projection de m, à la trace du plan osculateur en m sur le plan projetant, et, comme la courbe gauche est de part et d'autre de ce plan osculateur, *la projection de la courbe gauche présente un point de rebroussement au point μ.*

Ce dernier résultat peut s'énoncer de la manière suivante :

Lorsque la courbe directrice d'un cône est tangente à l'une des génératrices de ce cône, la section faite dans ce cône par un plan présente un point de rebroussement au point où le plan sécant rencontre cette génératrice. On dit alors que le cône présente un rebroussement le long de cette génératrice particulière, et le plan tangent au cône, qu'on appelle le *plan de rebroussement,* n'est autre que le plan osculateur de la courbe directrice du cône.

Au lieu de parler de cône projetant, on peut encore énoncer ainsi le résultat auquel nous venons d'arriver :

Lorsqu'un rayon visuel est tangent à une courbe, la perspective de cette courbe présente un point de rebroussement et la tangente en ce point de rebroussement est dans le plan osculateur de la courbe gauche au point où elle est touchée par le rayon visuel.

Tout ce que nous venons de dire en parlant d'une projection conique s'applique évidemment lorsqu'il s'agit d'une projection cylindrique.

Hélice. — Comme exemple de courbe gauche, étudions l'*hélice*.

L'hélice est une courbe tracée sur une surface cylindrique et qui rencontre sous des angles égaux les génératrices de cette surface.

Considérons seulement l'hélice tracée sur un cylindre de révolution.

Il résulte de la définition de l'hélice que, si l'on développe le cylindre de révolution, cette courbe se transforme en une ligne droite.

Si ab (*fig.* 117) est la transformée d'une section droite du cylindre et ac la transformée de l'hélice, l'ordonnée mp du point m est égale à la distance du point de l'hélice correspondant à m à la section droite du cylindre transformée suivant ab; l'abscisse ap est le développement de l'arc de cette section droite. Comme, pour un point quelconque de la droite am, on a toujours $\frac{mp}{ap} = \text{const.}$, on voit que l'hélice sur le cylindre jouit de cette propriété que l'ordonnée d'un point de cette courbe divisée par l'arc compté sur une section droite entre le pied de cette ordonnée et le point où la courbe rencontre cette section droite donne un rapport constant. On peut dire alors que, sur le cylindre, *l'hélice est engendrée par un point d'une génératrice qui est tel que, pendant que cette génératrice se déplace de façon que son pied sur une section droite parcoure successivement des arcs égaux, le*

Fig. 117.

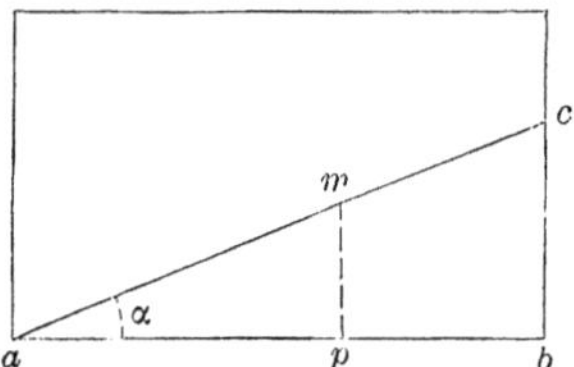

point s'avance sur la génératrice successivement de longueurs égales.

L'hélice partant d'un point d'une génératrice rencontre de nouveau cette génératrice; la portion de cette droite comprise entre ces deux points de rencontre consécutifs est ce qu'on appelle le *pas* de l'hélice.

L'arc d'hélice compris entre ces deux points est ce qu'on appelle une *spire*.

Si ac est le développement d'une spire de l'hélice, cb est le pas; on a

$$bc = ab \operatorname{tang} bac.$$

Si l'on désigne le pas par H, l'angle bac par α, le rayon de la section droite par r, on a

$$\mathrm{H} = 2\pi r \operatorname{tang} \alpha, \quad \text{d'où} \quad \operatorname{tang} \alpha = \frac{\mathrm{H}}{2\pi r}.$$

Si l'on représente $\frac{\mathrm{H}}{2\pi}$ par h, on a

$$\operatorname{tang} \alpha = \frac{h}{r};$$

h est ce qu'on appelle le *pas réduit* (¹).

(¹) Cette expression est due à M. DE LA GOURNERIE (*Traité de Géométrie descriptive*, IIIᵉ Partie, p. 110).

On voit que h est le rayon de la circonférence dont la longueur est H, ou encore h est le rapport constant entre l'ordonnée d'un point quelconque de l'hélice et l'arc de section droite correspondant, pour la circonférence de rayon 1.

Les tangentes à l'hélice font, avec les génératrices du cylindre qui passent par leurs points de contact, des angles égaux entre eux; si alors d'un point de l'espace on mène des parallèles aux tangentes de l'hélice, le lieu de ces droites est un cône de révolution.

Projection d'une hélice. — Prenons (*fig.* 118) comme plan horizontal de projection un plan perpendiculaire à l'axe du cylindre

Fig. 118.

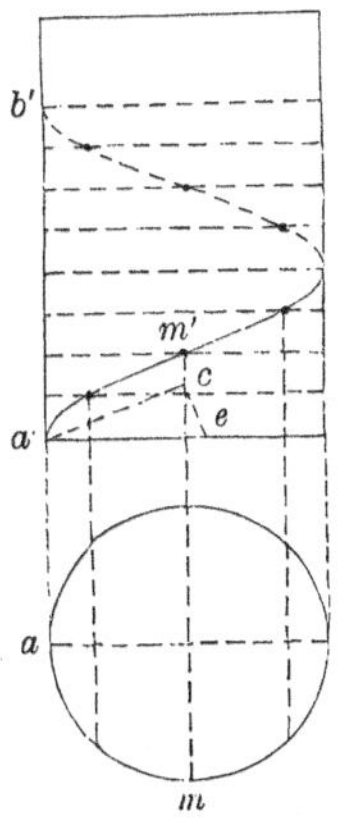

sur lequel est tracée la courbe; (a', a) est le point de départ de l'hélice, $a'b'$ est le pas de cette courbe.

Divisons $a'b'$ en un certain nombre de parties égales, huit par exemple; divisons la circonférence base du cylindre en un même nombre de parties égales.

Nous n'avons maintenant qu'à relever les points de division de cette circonférence successivement sur les parallèles à la ligne de terre menées par les points de division de $a'b'$, et nous avons des points de l'hélice; en réunissant ces points, on obtient la projection de la courbe.

Prenons en particulier le point m', pour lequel la tangente est de front.

Sur le cône formé par les parallèles aux tangentes à l'hélice, la génératrice parallèle à la tangente en m' est parallèle au plan vertical de projection. Le plan tangent à ce cône suivant cette génératrice est alors perpendiculaire à ce plan vertical de projection, puisque ce cône est de révolution; mais les plans tangents à ce cône sont parallèles aux plans osculateurs de l'hélice : donc, au point m', le plan osculateur de l'hélice est perpendiculaire au plan vertical, et la projection verticale de la courbe, étant faite sur un plan perpendiculaire à son plan osculateur, présente en m' un point d'inflexion.

Perspective cavalière d'une hélice. — Traçons (*fig.* 119) l'ellipse perspective cavalière de la section droite du cylindre et les génératrices de contour apparent de ce cylindre. Nous divisons cette section droite en parties égales en faisant tourner son plan autour de son diamètre de front, puis, par les points de division, nous menons des génératrices du cylindre.

Fig. 119.

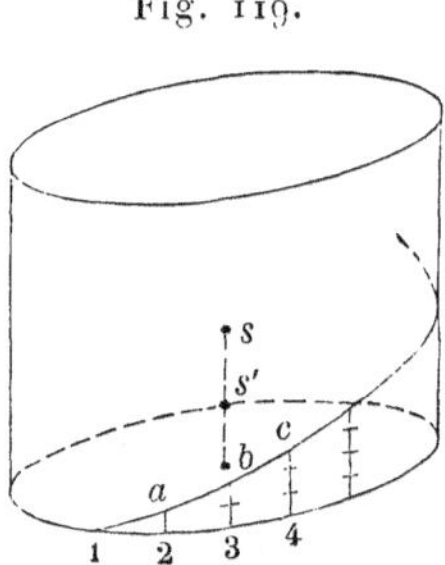

Si l'hélice part du point 1, nous portons à partir du point 2 un segment 2-a; à partir du point 3, nous portons deux fois ce même segment et nous obtenons le point b; à partir du point 4, nous portons trois fois ce même segment, et ainsi de suite : les points 1, a, b, c sont les points de l'hélice en perspective cavalière.

Elle est tracée sur le cylindre; elle arrive tangentiellement aux génératrices de contour apparent du cylindre, excepté dans un cas particulier dont nous allons parler bientôt.

Supposons que l'on ait construit le cône dont les génératrices sont parallèles aux tangentes à l'hélice et que ce cône ait pour base la base même du cylindre de révolution. Le sommet de ce cône est supposé en s, en dehors de l'ellipse perspective de la base du cylindre. Dans ce cas, le cône a deux génératrices de contour apparent; il y a alors deux plans tangents à ce cône parallèles aux projetantes. Mais les plans tangents à ce cône sont parallèles aux plans osculateurs de l'hélice; il y a donc des plans osculateurs de l'hélice parallèles aux projetantes, et, par conséquent, la perspective de l'hélice doit présenter des points d'inflexion.

Supposons que le sommet du cône soit en s' sur la courbe de base du cylindre; cela veut dire qu'il y a une génératrice du cône dirigée suivant une projetante, et, comme les génératrices de ce cône sont parallèles aux tangentes à l'hélice, il y a des tangentes à cette courbe qui sont parallèles aux projetantes; et alors, pour les perspectives des points de contact de ces tangentes, la courbe présente des points de rebroussement. Ces points de rebroussement sont nécessairement sur les génératrices de contour apparent du cylindre, puisque ces tangentes parallèles aux projetantes sont nécessairement dans les plans tangents à ce cylindre parallèles aux projetantes. C'est là le cas particulier annoncé précédemment.

Enfin, si le sommet du cône est à l'intérieur de l'ellipse perspective de la circonférence de base, la perspective de la courbe n'a ni point d'inflexion, ni point de rebroussement; elle présente alors ce qu'on appelle des *points doubles,* c'est-à-dire qu'elle se coupe elle-même; ces points doubles correspondent à des projetantes qui rencontrent deux fois l'hélice.

Ces différents cas se rencontrent lorsqu'on cherche l'ombre portée d'une hélice sur le plan de la base du cylindre; il est facile de voir que, selon l'inclinaison du rayon lumineux, cette ombre est une cycloïde ordinaire, raccourcie ou allongée.

Rayon de courbure de l'hélice. — Pour terminer ce qui concerne l'hélice, cherchons le rayon de courbure de cette courbe en un point quelconque.

Prenons (*fig.* 118) pour plan vertical de projection un plan parallèle au plan tangent au cylindre en ce point. Ce point se projette alors en m' sur l'axe du cylindre, et le plan osculateur de l'hélice se projette suivant la tangente à la projection de cette courbe en m'; cette droite fait avec le plan horizontal un angle α. La section faite par le plan osculateur dans le cylindre est une ellipse qui a en commun avec l'hélice trois points infiniment voisins réunis en m'; le rayon de courbure de l'hélice est donc égal au rayon de courbure de cette ellipse.

Le demi petit axe de cette ellipse est égal au rayon r de la base du cylindre, et le demi grand axe est $\frac{r}{\cos\alpha}$.

Cherchons le centre de courbure de cette ellipse pour le sommet m' (*fig.* 120), c'est-à-dire le point où le petit axe est rencontré

Fig. 120.

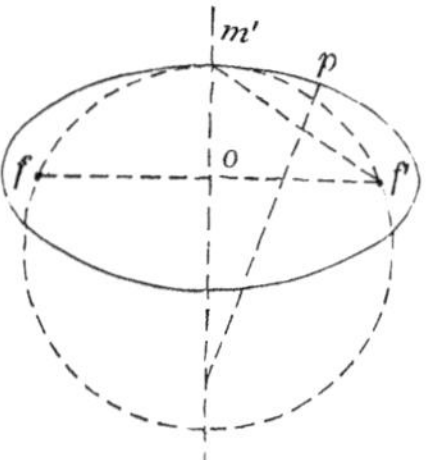

par la normale au point infiniment voisin de m'. La normale en un point p est la bissectrice de l'angle fpf', qu'on obtient en joignant p aux deux foyers f et f'; elle rencontre le petit axe en un point qui est sur la circonférence circonscrite au triangle fpf'. Lorsque p est infiniment voisin de m', cette circonférence passe par f', m', f, et elle rencontre le petit axe au centre de courbure demandé. Le rayon de courbure en m' est alors égal à $\frac{\overline{m'f'}^2}{m'o}$. Mais, d'après ce qui précède, $m'f' = \frac{r}{\cos\alpha}$ et $m'o = r$; on a donc, pour le rayon de courbure ρ de l'hélice,

$$\rho = \frac{\frac{r^2}{\cos^2\alpha}}{r} = \frac{r}{\cos^2\alpha}.$$

La longueur de ρ est la même quel que soit le point de la courbe, comme on pouvait le prévoir.

Pour construire ρ, on mène (*fig.* 118) $a'c$ parallèlement à la tangente en m' à l'hélice. Cette droite rencontre la projection de l'axe du cylindre au point c; de ce point on élève ce perpendiculairement à ac : le segment $a'e$ est le rayon de courbure demandé.

SUPPLÉMENT A LA QUINZIÈME LEÇON.

Démonstration du théorème énoncé p. 177 (1) et applications de ce théorème.— *On donne sur un plan (fig. 121) un angle asb et un point o. Quelle que soit la transversale oab, issue du point o, on a*

$$\left(\frac{1}{oa}-\frac{1}{ob}\right)\frac{1}{\sin aos}=\text{const.}$$

En effet, on a

$$\text{aire}\, osb - \text{aire}\, osa = \text{aire}\, asb,$$

ou

$$so.sb \sin osb - so.sa \sin osa = sa.sb \sin asb,$$

qu'on peut écrire

$$\frac{1}{sa \sin osa}-\frac{1}{sb \sin osb}=\frac{\sin asb}{so \sin osa \sin osb};$$

d'où

$$(1)\qquad \left(\frac{1}{oa}-\frac{1}{ob}\right)\frac{1}{\sin aos}=\frac{\sin osb}{so \sin osa \sin osb},$$

Fig. 121.

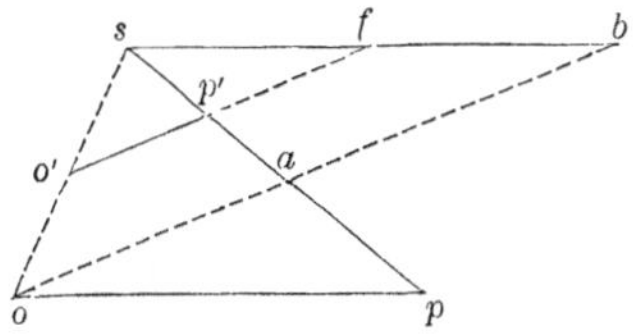

relation vraie quelle que soit la transversale ab, et, comme le second membre est constant, le théorème est démontré (1).

La relation (1) reste la même, quelle que soit la position du point o par rapport à l'angle, à la condition de donner un signe aux segments comptés à partir de o, selon le sens de ces segments.

(1) Il est facile de voir que ce théorème s'étend au cas où l'on a un angle dièdre et un point fixe.

Dans le cas particulier où (*fig.* 121) la transversale est perpendiculaire à os, la

Menons op parallèlement à sb, il résulte du théorème précédent que

$$\frac{1}{op \sin pos} = \left(\frac{1}{oa} - \frac{1}{ob}\right)\frac{1}{\sin bos}.$$

Du point o', pris arbitrairement sur so, menons $o'f$ parallèlement à ob; on a

$$oa = o'p'\frac{so}{so'}, \quad ob = o'f\frac{so}{so'}.$$

Portant ces valeurs dans la relation précédente, on obtient

$$(2) \qquad op = \frac{so \sin bos}{so' \sin pos}\,\frac{1}{\dfrac{1}{o'p'} - \dfrac{1}{o'f}},$$

où o' et l'angle $fo's$ sont arbitraires.

Si l'on considère les droites so, sa, sb comme des projetantes, on peut considérer op comme projeté en $o'p'$ sur la droite arbitraire $o'f$. La formule (2) donne alors la valeur de op en fonction de sa projection $o'p'$, du segment $o'f$ limité au point f, projection du point à l'infini sur op, et d'autres quantités qui disparaissent lorsqu'on emploie convenablement cette formule (2).

Nous allons faire usage de cette formule pour *transformer des relations homogènes de segments comptés sur une même droite.*

Transformons d'abord le rapport $\dfrac{op}{oq}$ (*fig.* 122).

Appliquant la formule (2), on a

$$(3) \qquad \frac{\dfrac{1}{o'q'} - \dfrac{1}{o'f}}{\dfrac{1}{o'p'} - \dfrac{1}{o'f}} \quad \text{ou} \quad \frac{\dfrac{fq'}{o'q'}}{\dfrac{fp'}{o'p'}}.$$

La transversale $o'f$ étant arbitraire, on voit que : *un faisceau de*

---

relation (1) devient

$$\frac{1}{so}\left(\frac{1}{\tang osa} - \frac{1}{\tang osb}\right) = \frac{\sin asb}{so \sin osa \sin osb};$$

d'où

$$\frac{\cos osa}{\sin osa} - \frac{\cos osb}{\sin osb} = \frac{\sin asb}{\sin osa \sin osb},$$

et, par suite, on a le développement de $\sin(osb - osa)$.

quatre droites so', sp', sq', sf détermine sur une transversale quelconque des segments entre lesquels on a un rapport, tel que (3), *qui a toujours la même valeur* [1].

Le rapport (3), qui n'est pas altéré par la projection, c'est-à-dire qui est *projectif,* est un *rapport anharmonique* des quatre points o', p', q', f [2].

Si la transversale of' est perpendiculaire à $o's$, on a

$$o'p' = o's \operatorname{tang} o'sp',$$
$$o'q' = o's \operatorname{tang} o'sq',$$
$$o'f = o's \operatorname{tang} o'sf;$$

portant ces valeurs dans le rapport (3), on a

$$(3') \qquad \frac{\dfrac{1}{\operatorname{tang} o'sq'} - \dfrac{1}{\operatorname{tang} o'sf}}{\dfrac{1}{\operatorname{tang} o'sp'} - \dfrac{1}{\operatorname{tang} o'sf}},$$

qui est un rapport anharmonique des quatre droites So', Sp', Sq', Sf.

Au moyen de la formule (2) nous venons de transformer un rapport de deux segments en un rapport projectif : ceci est général, cette formule permet de *transformer une relation homogène quelconque de segments d'une droite en une relation projective.*

Prenons comme exemple (*fig.* 122) la relation

$$(4) \qquad op + oq + or + \ldots = \mu . om,$$

dans laquelle la constante μ est égale au nombre des points p, q,

Fig. 122.

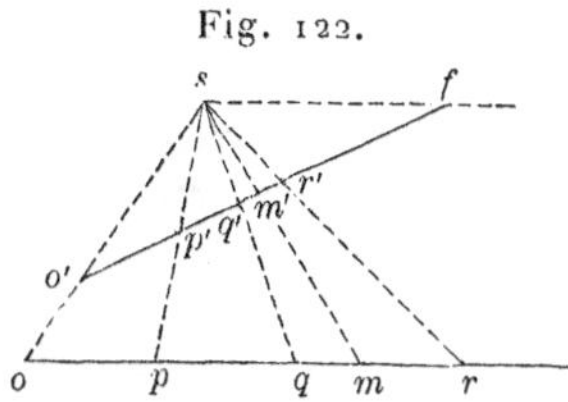

r, ... Le point m est appelé *centre des moyennes distances* des points p, q, r, ... [3].

---

(1) Il est facile de voir qu'on a une propriété analogue pour un faisceau de quatre plans.

(2) Chasles, *Géométrie supérieure,* 2e édition, page 7. — Cremona, *Éléments de Géométrie projective* (traduction de Dewulf), p. 44. — Rouché et de Comberousse, *Traité de Géométrie,* p. 212.

(3) La relation (4) pouvant s'écrire $mp + mq + mr + \ldots = 0$, le centre m est le même quel que soit le point o.

Appliquons la formule (2), remplaçons op, oq, or, ... par leurs valeurs et supprimons le facteur commun, il vient

$$\frac{1}{\frac{1}{o'p'}-\frac{1}{o'f}}+\frac{1}{\frac{1}{o'q'}-\frac{1}{o'f}}+\frac{1}{\frac{1}{o'r'}-\frac{1}{o'f}}+\ldots=\frac{\mu}{\frac{1}{o'm'}-\frac{1}{o'f}},$$

que l'on peut écrire

$$\left(\frac{1}{\frac{1}{o'p'}-\frac{1}{o'f}}-\frac{1}{\frac{1}{o'm'}-\frac{1}{o'f}}\right)+\left(\frac{1}{\frac{1}{o'q'}-\frac{1}{o'f}}-\frac{1}{\frac{1}{o'm'}-\frac{1}{o'f}}\right)+\ldots=0$$

ou

$$\frac{p'm'}{p'f}+\frac{q'm'}{q'f}+\ldots=0$$

ou

$$\frac{p'f-m'f}{p'f}+\frac{q'f-m'f}{q'f}+\ldots=0$$

et enfin

$$\frac{\mu}{m'f}=\frac{1}{p'f}+\frac{1}{q'f}+\frac{1}{r'f}+\ldots.$$

Cette relation est alors projective.

Le point m' est le *centre des moyennes harmoniques* des distances des points p', q', r', ... au point f (¹). On voit donc que *la projection du centre des moyennes distances des points p, q, r, ... est le centre des moyennes harmoniques des distances des projections de ces points au point f, qui est la projection du point à l'infini sur la droite pqr.*

GÉOMÉTRIE CINÉMATIQUE.

Construction des centres de courbure des lignes décrites pendant le déplacement d'une figure plane sur son plan (²). — Nous avons trouvé (p. 177) la relation

$$(1)\qquad \left(\frac{1}{ma}+\frac{1}{\rho-ma}\right)\cos\varphi=\frac{1}{R_M}+\frac{1}{R_F}.$$

(¹) Poncelet, *Traité des propriétés projectives des figures*, 2ᵉ édition, t. II, p. 16.

(²) Bobillier, *Cours de Géométrie*, Géométrie plane, IIᵉ Partie, Section III.

A. Transon, *Méthode géométrique pour les rayons de courbure d'une certaine classe de courbes* (*Journal de Mathématiques*, t. X, p. 148; 1845).

Chasles, *Construction des rayons de courbure des courbes décrites dans le mouvement d'une figure plane qui glisse sur son plan* (*Journal de Mathématiques*, t. X, p. 204; 1845).

Bresse, *Mémoire sur un théorème nouveau concernant les mouvements plans*

Supposons (*fig.* 123) que le point m se soit éloigné à l'infini sur am

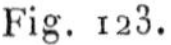
Fig. 123.

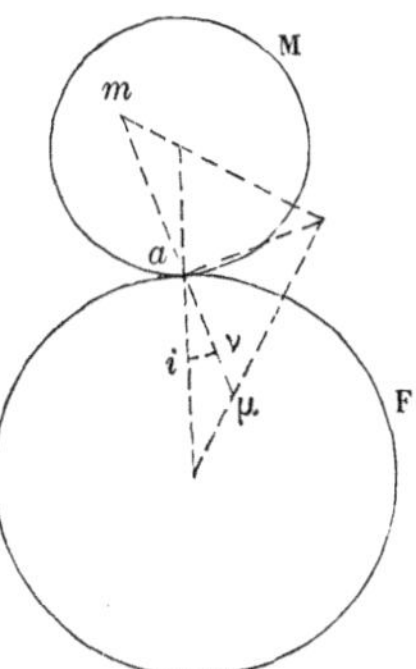

et que ν soit alors la nouvelle position du point μ, c'est-à-dire que ν soit le centre de courbure de la trajectoire décrite par le point à l'infini sur am.

---

et sur l'application de la Cinématique à la détermination des rayons de courbure (*Journal de l'École Polytechnique,* XXXVe Cahier, 1853).

Ph. Gilbert, *Recherches sur les propriétés géométriques des mouvements plans* (*Mémoires couronnés par l'Académie royale de Belgique,* t. XXX, 1857).

E. Lamarle, *Théorie géométrique des rayons et centres de courbure* (*Bulletins de l'Académie royale de Belgique,* 2e série, t. II, 1857).

Chelini, *Dei moti geometrici,* etc. (*Accadem. di Bologna,* 2e série, t. I, 1862).

Resal, *Traité de Cinématique pure.* Paris, 1862.

Dahlander (G.-R.), *Geometrisk theori för accelerationen viden plan figurs förflyttung i dess plan* (*Ofversight of Köngl. Vetenskaps-Akademiens. Förhandlingar.* Stockholm, t. XXV, 1868).

Liguine, *Théorie géométrique du mouvement absolu d'un système invariable.* Odessa, 1872.

Andreefsky, *Sur les méthodes de Chasles et de Bresse pour la construction des rayons de courbure des courbes décrites dans le mouvement plan d'une figure plane invariable* (*Bulletin de l'Université de Varsovie,* 1873).

Ph. Gilbert, *Sur quelques propriétés relatives aux mouvements plans* (*Annales de la Société scientifique de Bruxelles,* 2e année, 1877).

T. Rittershaus, *Kinematisch-geometrische Theorie der Beschleunigung für die ebene Bewegung* (aus dem *Civilingenieur.,* XXIV Band, I Heft).

Schell, *Theorie der Bewegung und der Kräfte.* Leipzig, 1879.

Ph. Gilbert, *Sur quelques propriétés relatives aux mouvements plans* (*Annales de la Société scientifique de Bruxelles,* 1877).

Ph. Gilbert, *Sur l'extension aux mouvements plans relatifs de la méthode des normales et des centres de courbure* (*Annales de la Société scientifique de Bruxelles,* 1878).

J. Petersen, *Kinematik;* Copenhague, 1884.

Enfin un Mémoire que j'ai publié dans le XXXVIIe Cahier du *Journal de l'École Polytechnique.*

La relation précédente devient

$$\frac{\cos\varphi}{a\nu} = \frac{1}{R_M} + \frac{1}{R_F}. \tag{2}$$

Élevons la perpendiculaire νi à $a\nu$, on a

$$\frac{1}{ai} = \frac{1}{R_M} + \frac{1}{R_F}. \tag{3}$$

Pour un point à l'infini situé sur une autre droite issue de a, on obtient le centre de courbure analogue à ν en projetant le point fixe i sur cette droite.

Il résulte de cette construction que :

Pour une position quelconque de la figure mobile, les centres de courbure des lignes décrites simultanément par les points de l'infini sont sur une circonférence tangente à la courbe fixe au centre instantané. Nous désignons par I cette circonférence.

La démonstration directe de cette propriété est très simple. Menons des droites partant de a. Prenons sur M un point a' infiniment voisin de a et menons de a' des droites parallèles aux droites issues de a. On a ainsi deux faisceaux de droites qui sont égaux et dont les sommets sont a et a'.

Après un déplacement infiniment petit de M, le point a' vient en a_1 sur F et devient le centre instantané de rotation. Le faisceau de droites dont le sommet est maintenant en a_1 est l'ensemble des normales aux trajectoires des points de l'infini. Les points de rencontre des droites du faisceau a_1 et des droites du faisceau a sont alors les centres de courbure des trajectoires décrites par les points de l'infini. Mais les faisceaux a et a_1 sont égaux ; donc ces points de rencontre sont sur une circonférence qui passe par a et a_1, et le théorème précédent est démontré. On peut énoncer ainsi ce théorème, en s'appuyant sur une propriété démontrée page 178 :

Les centres de courbure des courbes enveloppes de toutes les droites du plan de la figure mobile, pour une position quelconque du plan de cette figure, sont sur une circonférence I *tangente à la courbe fixe au centre instantané de rotation.*

Prenons un exemple. *Un triangle abc de grandeur invariable* (*fig.* 124) *se déplace de façon que les côtés ac, bc restent constamment tangents à deux circonférences données dont les centres sont e, f : construire le centre de courbure de l'enveloppe du troisième côté ab du triangle mobile.*

Le centre instantané o est le point de rencontre des perpendiculaires abaissées des points e, f sur les côtés ac, bc. La circonférence qui contient les points o, e, f est alors la circonférence I. La perpendi-

Fig. 124.

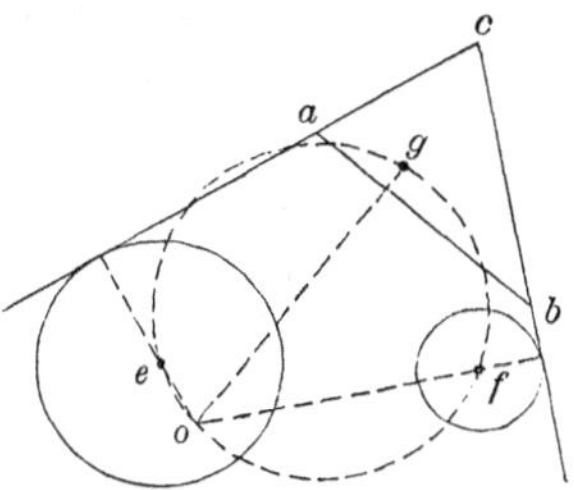

culaire abaissée du point o sur ab rencontre cette circonférence au point g qui est le centre de courbure demandé. Il résulte de cette construction que ce point est fixe, et par conséquent que le côté ab enveloppe aussi une circonférence de cercle.

Reprenons les relations (1) et (2). Il en résulte que

$$\frac{1}{ma} + \frac{1}{a\mu} = \frac{1}{a\nu}. \tag{4}$$

Cette relation permet de construire le point μ lorsque l'on connaît ν. Faisons une application. *D'un point fixe p (fig. 125) on abaisse des*

Fig. 125.

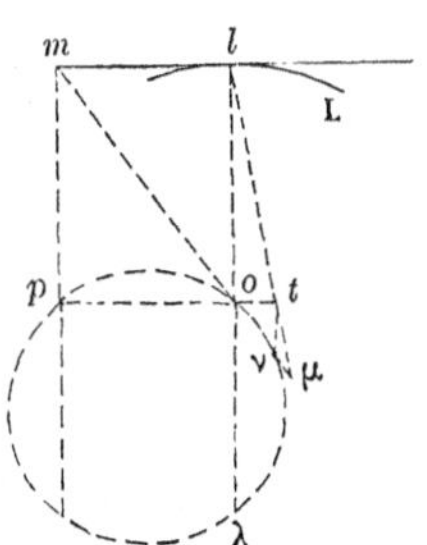

perpendiculaires sur les tangentes d'une courbe L : *on demande de construire le centre de courbure de la courbe* (m), *lieu des pieds de ces perpendiculaires* (*courbe qu'on appelle* podaire *de* L) (¹).

(¹) MACLAURIN, le premier, a étudié les courbes auxquelles TERQUEM a donné le nom de *podaires*.

On peut considérer le point m comme le sommet de l'angle droit pml. En déplaçant cet angle de grandeur invariable de façon que le côté mp passe toujours par p et que le côté ml reste tangent à L, le sommet m décrit la podaire (m). Cherchons le centre de courbure de cette courbe qui correspond au point m.

La perpendiculaire élevée du point p à pm rencontre la normale l à L au point o, qui est le centre instantané de rotation. La droite mo est alors normale en m à (m).

Le point λ étant le centre de courbure de L pour le point l, la circonférence qui contient les points p, o, λ est la circonférence I. La normale om à (m) rencontre cette circonférence au point ν. Connaissant m et ν, il s'agit maintenant de construire μ au moyen de la relation (4).

Du point ν abaissons la perpendiculaire νt sur po. La droite lt rencontre mo au point μ.

Pour le faire voir, prenons l'angle mlt et les deux transversales om et ot qui partent du point o. On a (p. 191)

$$\left(\frac{1}{o\mu} + \frac{1}{mo}\right)\frac{1}{\sin\mu ol} = \frac{1}{ot};$$

d'où

$$\frac{1}{o\mu} + \frac{1}{mo} = \frac{1}{o\nu}.$$

Ainsi μ est bien le centre de courbure demandé.

Un triangle abm (fig. 126) de grandeur invariable se déplace de

Fig. 126.

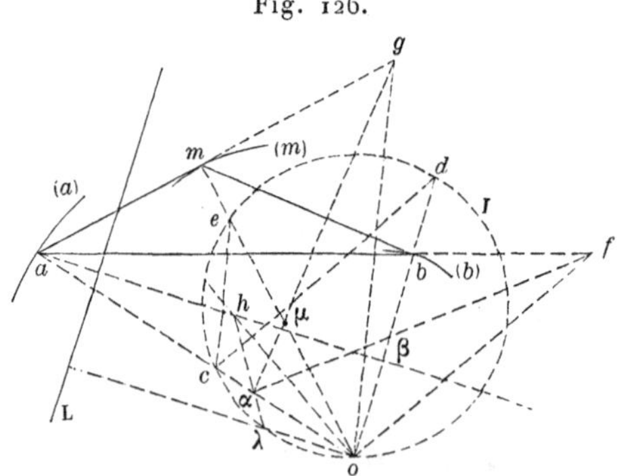

façon que a décrive la courbe (a) et b la courbe (b) : on demande le centre de courbure μ de la courbe (m) décrite par m, connaissant, pour la position du triangle abm, le centre de courbure α de (a) et le centre de courbure β de (b).

Le centre instantané o est le point de rencontre des droites $a\alpha$, $b\beta$. La droite mo est la normale à (m). Prenons sur $a\alpha$ et $b\beta$ les points c et d, tels que

$$\frac{1}{oc} = \frac{1}{o\alpha} - \frac{1}{oa},$$
$$\frac{1}{od} = \frac{1}{o\beta} - \frac{1}{ob}.$$

La circonférence qui passe par les points o, c, d est alors la circonférence I.

Joignons le point α au point β; cette droite rencontre ab au point f. Dans l'angle afo, les deux transversales oa, ob donnent (p. 191)

$$\left(\frac{1}{o\alpha} - \frac{1}{oa}\right)\frac{1}{\sin aof} = \left(\frac{1}{o\beta} - \frac{1}{ob}\right)\frac{1}{\sin bof}.$$

En tenant compte des égalités précédentes, il vient

$$oc \sin aof = od \sin bof.$$

Il résulte de là que cd est parallèle à of. De même, si le point μ était connu, on trouverait que ce est parallèle à og, le point e étant tel que

$$\frac{1}{oe} = \frac{1}{o\mu} - \frac{1}{om}.$$

Mais les angles ceo, cdo sont égaux; donc l'angle eog est égal à l'angle dof.

D'après cela, on a la construction suivante : *Après avoir déterminé* o, *on trace la droite* $\alpha\beta$. *Elle coupe* ab *en* f. *On construit l'angle* mog *égal à l'angle* bof : *la droite* αg *rencontre* mo *au centre de courbure demandé* μ [1].

Appliquons cette construction à la recherche du centre de courbure de l'enveloppe d'une droite L du plan du triangle abm, en déterminant le centre de courbure de la courbe décrite par le point qui est à l'infini sur la perpendiculaire $o\lambda$ abaissée de o sur L. Menons la droite oh telle que l'angle λoh soit égal à l'angle bof. Cette droite oh rencontre au point h la droite qui joint le point a au point décrivant, c'est-à-dire la perpendiculaire ah à L : la droite $h\alpha$ coupe la perpendiculaire $o\lambda$ à L au centre de courbure λ cherché. Comme on pouvait le prévoir, ce point est sur la circonférence I.

Nous avons fait remarquer précédemment que la circonférence I est

---

[1] Cette construction est due à BOBILLIER, *loc. cit.*

tangente à la circonférence F, base de la roulette; nous allons utiliser cette propriété.

Une droite ab du plan de la figure mobile (fig. 127) reste tangente à une courbe L, *le point a décrit (a) : on demande de construire la tangente pour le centre instantané o à la base de la roulette qui permet d'obtenir le déplacement épicycloïdal du plan de la figure mobile.*

Sur la droite oa, construisons le point c de façon que $\frac{1}{oc} = \frac{1}{o\alpha} - \frac{1}{oa}$, le point α étant le centre de courbure de (a). Pour cela, menons du

Fig. 127.

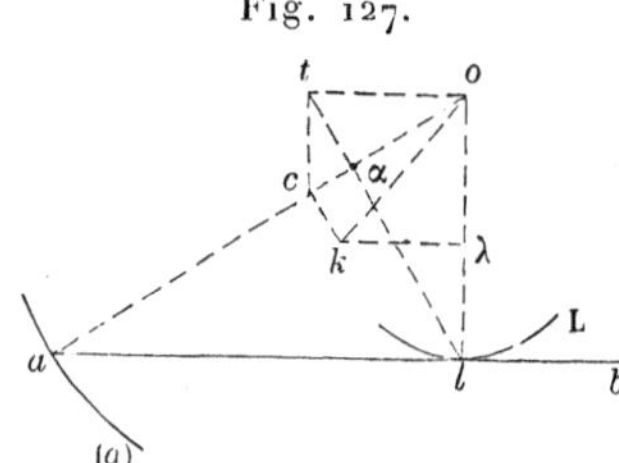

point o la droite ot parallèlement à ab. Cette droite est coupée par la droite $l\alpha$ au point t : la perpendiculaire tc à ab donne le point c.

La circonférence qui contient le point c, le point o et le centre de courbure λ de L est la circonférence I. On sait que cette courbe est tangente en o à la base de la roulette; on a alors la normale en o à cette courbe en menant la droite ok qui joint le point o au point de rencontre k des perpendiculaires ck, λk aux droites oa, ol.

Cette construction très simple peut être utilement employée lorsqu'il s'agit de construire le centre de courbure de la ligne décrite par un point qui fait partie d'une figure mobile de grandeur *variable*. Je vais donner un exemple.

Exemple de détermination du centre de courbure de la ligne décrite par un point d'une figure mobile de grandeur variable. — *Une droite aa′ (fig. 128) de longueur variable reste tangente à une courbe* L; *ses extrémités décrivent les courbes (a) et (a′) : on demande de construire le centre de courbure de la courbe (a″), lieu des points tels que a″, qui détermine sur la droite aa′ des segments proportionnels.*

La normale au point a'' à (a'') s'obtient en joignant le point a'' au point o'', qui est tel que

$$\frac{oo'}{o'o''} = \frac{aa'}{a'a''}.$$

Pendant le déplacement de aa', la droite oo' reste tangente à la développée de L; ses extrémités décrivent des courbes dont on sait construire les normales ok, $o'k'$. D'après ce qui précède, on peut déterminer la normale $o''k''$ à la courbe lieu des points o'', qui sont tels que

$$\frac{oo'}{o'o''} = \text{const.}$$

Il suffit, pour cela, de joindre le point o'' au point k'', déterminé de façon que $\frac{kk'}{k'k''} = \frac{oo'}{o'o''} = \frac{aa'}{a'a''}$. Connaissant k'', on projette ce point sur $o''a''$ au point c'', on abaisse la perpendiculaire $c''t$ sur la parallèle

Fig. 128.

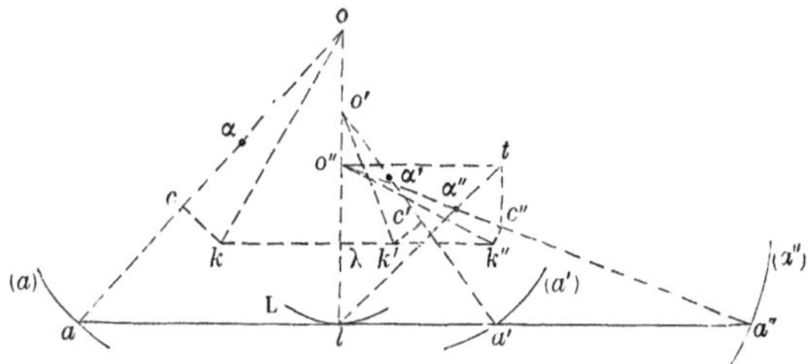

menée du point o'' à aa' : la droite tl coupe la normale $o''a''$ au centre de courbure α'' cherché.

Inversement, on peut *construire le centre de courbure* λ *de l'enveloppe* L *d'une droite mobile sur laquelle trois courbes* (a), (a'), (a'') *déterminent constamment des segments proportionnels, connaissant les centres de courbure de ces courbes données.*

Pour cela, on détermine les trois droites ck, $c'k'$, $c''k''$ et l'on cherche une droite kk' telle que l'on ait $\frac{kk'}{k'k''} = \frac{aa'}{a'a''}$. Le point λ où cette droite rencontre la normale lo est le centre de courbure de l'enveloppe L.

Si la droite mobile remplissant les conditions imposées reste constamment normale à (a), le point λ ainsi déterminé est le centre de courbure de la développée de (a).

Appliquons ceci à une ellipse.

Construire le centre de courbure de la développée d'une ellipse. — La normale à une ellipse (*fig.* 129) est partagée par cette ellipse et par les axes de cette courbe en segments proportionnels. Si, en se déplaçant, elle reste normale à l'ellipse, le centre de courbure de son enveloppe est le centre de courbure de la développée de l'ellipse; employons alors la construction précédente. On a l'ellipse (a) dont le centre de courbure est le point l. Les centres de courbure des axes (a') et (a'') sont à l'infini. *On a alors c' en prenant sur le prolongement de $a'o'$ un segment $o'c'$ égal à $a'o'$. De même pour c''. Puis on élève les perpendiculaires $c'k'$, $c''k''$. Ces droites se coupent en e' : en me-*

Fig. 129.

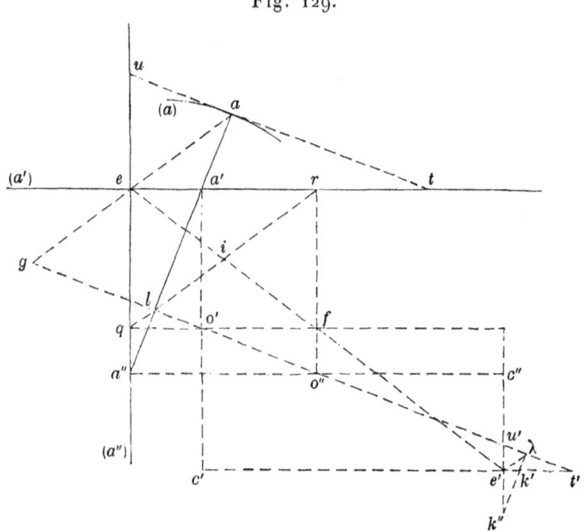

nant du point e' une parallèle à ae, on obtient le point cherché λ. Car, en élevant sur $l\lambda$ la perpendiculaire $\lambda k'k''$, on a bien

$$\frac{\lambda k'}{\lambda k''} = \frac{aa'}{aa''},$$

comme le montrent les figures semblables $tuea''a$, $t'u'e'k''\lambda$.

Transformons cette construction. Les points e, f, e' sont en ligne droite et l'on a $ef = fe'$. Mais ef est partagée en deux parties égales par la diagonale qr, qui, d'après une remarque faite à la fin de la quatorzième Leçon, est parallèle à ae et contient l; on a donc $ie' = 3\,ie$.

Par suite, comme les droites ae, il et $e'\lambda$ sont parallèles entre elles, on a $l\lambda = 3\,lg$.

On obtient donc le point λ en portant à partir de l, sur la perpendiculaire à la normale al, un segment $l\lambda$ triple du segment lg intercepté sur cette perpendiculaire par le diamètre ae et la normale al.

Nous retrouvons ainsi un résultat dû à Maclaurin (*Propriétés générales des courbes algébriques* et *Traité des fluxions.*)

Sur le déplacement infiniment petit d'une figure polygonale de forme variable (¹). — Les éléments d'une figure polygonale, côtés et angles, varient pendant le déplacement; cherchons d'abord les expressions des variations de grandeur de ces éléments. Nous déterminerons ensuite le rapport des chemins élémentaires parcourus par les extrémités d'un côté; cela nous permettra d'établir une liaison entre les côtés successifs du polygone.

ab (*fig.* 130), *dont la longueur est l, se déplace en restant tangent à* E, *le point a décrit* (*a*), *et b la courbe* (*b*) : *on demande la variation de longueur de l pour un déplacement infiniment petit de ab.*

Prenons sur *ab* le segment *ae* de grandeur invariable. Pour un déplacement infiniment petit de *a* sur (*a*), on a, relativement à ce segment, le centre instantané α. En désignant par $d\theta$ l'angle de contingence de E, on a, en désignant par e_1 la nouvelle position de *e*, après un déplacement infiniment petit de *ae*,

$$ee_1 = \alpha e . d\theta.$$

De même, en prenant le segment de grandeur invariable *be* et le

---

(¹) *Voir* Bour, *Cours de Mécanique et de Machines. Cinématique*, p. 51, et *Nouvelles Annales de Mathématiques*, 1re série, t. XVI, p. 322; 1857.

Grouard, *Sur les figures semblables* (*Bulletin de la Société philomathique*, 1870).

Aoust (l'abbé), *Analyse infinitésimale des courbes planes*, 1873.

Liguine, *Sur quelques propriétés géométriques du déplacement d'une figure plane sur son plan* (*Nouvelles Annales de Mathématiques*, 2ᵉ série, t. XII, 1873).

Burmester, *Kinematisch-geometrische Untersuchungen der Bewegung ähnlich veränderlicher ebener Systeme* (*Schlömilch's Zeitschrift*, t. XIX, XX et XXIII, 1874).

M. Lévy, *Sur la Cinématique des figures continues sur les surfaces courbes et, en général, dans les variétés planes et courbes* (*Comptes rendus des séances de l'Académie des Sciences*, 1er avril 1878).

Geisenheimer, *Recherches sur le mouvement d'un système mobile qui reste semblable à lui-même* (*Zeitschrift für Mathematik u. Physik*, t. XXIV, p. 129; 1879).

Geisenheimer, *Construction de figures en affinité au moyen de systèmes qui se meuvent en restant semblables à eux-mêmes* (*loc. cit.*, p. 345).

Geisenheimer, *Relation entre les rayons de courbure de deux courbes réciproques, collinéaires ou inverses* (*loc. cit.*), t. XXV, p. 300.

Formenti, *Mouvement des figures qui se conservent semblables à elles-mêmes* (*Journal de Battaglini*, t. XVII).

D'Ocagne, Articles dans les *Nouvelles Annales de Mathématiques*, 2ᵉ série, t. XIX, XX, et 3ᵉ série, t. I et II.

centre instantané β, on a

$$ee_2 = \beta e . d\theta,$$

par suite

$$e_1 e_2 = \alpha\beta . d\theta.$$

Mais $e_1 e_2$, en négligeant des infiniment petits d'ordre supérieur, est égal à la variation de longueur de ab; on a donc l'expression demandée

$$\frac{dl}{d\theta} = \alpha\beta. \tag{1}$$

Dans le cas particulier où (b) est une courbe parallèle à E, le point β

Fig. 130.

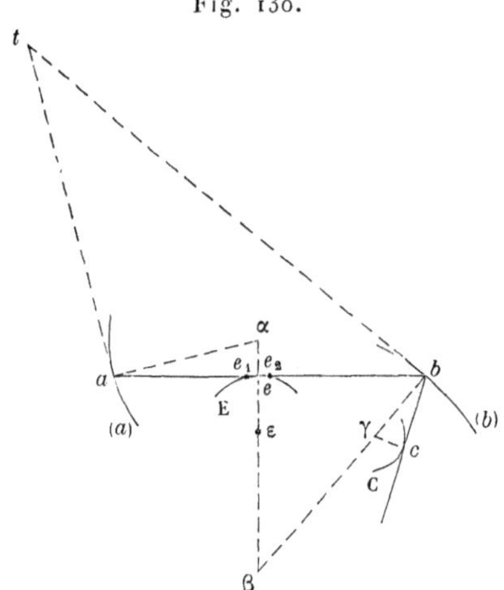

est le point de rencontre de deux normales de E, et, si ces deux courbes sont infiniment voisines, ce point de rencontre est le centre de courbure ε de E; on a alors

$$\frac{d . ae}{d\theta} = \alpha\varepsilon. \tag{1'}$$

Lorsqu'un segment mobile se déplace parallèlement à lui-même, la variation de sa longueur est la somme algébrique des projections sur ce segment des chemins parcourus par ses extrémités.

On demande la variation de grandeur d'un angle mobile.

Prenons l'angle abc, dont le côté bc reste constamment tangent à la la courbe C.

Pour un déplacement infiniment petit de b sur (b), la variation de l'angle abc, ou Φ, est la différence des angles de contingence des courbes C et E. En employant le centre instantané β, on a

$$d(b) = b\beta . d\theta$$

pour l'arc infiniment petit $d(b)$ décrit par b sur (b), d'où

$$d\theta = \frac{d(b)}{b\beta};$$

de même, en employant le centre instantané γ relatif à bc, on a

$$d\theta' = \frac{d(b)}{b\gamma};$$

par suite,

$$(2) \qquad d\Phi = d(b)\left(\frac{1}{b\gamma} - \frac{1}{b\beta}\right).$$

Enfin, si l'on prend le rapport des expressions de $d(a)$ et de $d(b)$, on a la formule

$$(3) \qquad \frac{d(a)}{d(b)} = \frac{a\alpha}{b\beta}.$$

Donnons quelques applications. Nous pouvons d'abord faire remarquer que la formule (1) permet de retrouver très simplement la construction que nous avons donnée (p. 172) de la normale à la courbe qui partage constamment ab en segments proportionnels [1].

Fig. 131.

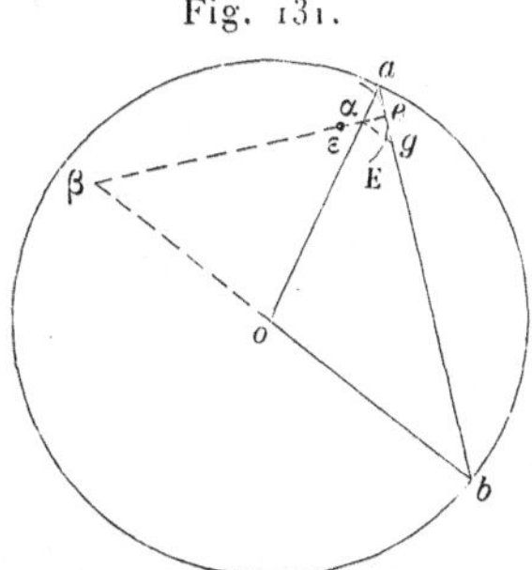

On joint constamment par une droite (fig. 131) l'extrémité a de l'aiguille des heures à l'extrémité b de l'aiguille des minutes : on demande le centre de courbure de l'enveloppe de cette droite.

Appelons e le point où ab touche son enveloppe. Comme l'extré-

---

[1] En nous reportant à la *fig.* 128 et appliquant la formule (1), nous pouvons écrire $\frac{d^2 aa'}{d\theta^2} = kk'$.

mité b parcourt des arcs égaux à douze fois les arcs parcourus par a, on a

$$d(b) = 12\, d(a),$$

et alors, en employant la formule (3), on voit que

$$b\beta = 12 a\alpha.$$

Menons αg parallèlement au rayon ob, on a

$$\alpha g = \alpha a;$$

par suite,

$$b\beta = 12\, \alpha g.$$

On a alors aussi $eb = 12\, eg$, et, comme $eg = ae$, on conclut que,

Fig. 132.

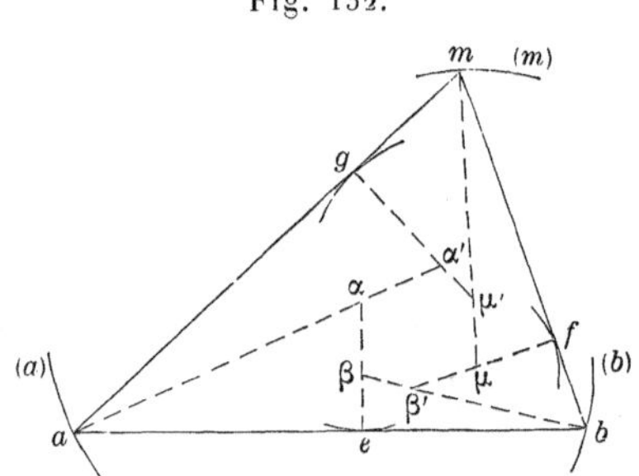

pour avoir le point e, on prend le point de division le plus rapproché de a lorsqu'on a partagé ab en treize parties égales.

Puisque le point de contact de l'enveloppe E de ab partage toujours cette droite en segments proportionnels, on voit, en appliquant la formule (1'), que *le centre de courbure* ε *de* E *s'obtient en partageant* $\alpha\beta$ *en treize parties égales et en prenant le point de division le plus rapproché de* α [1].

Les côtés d'un triangle abm mobile (*fig.* 132) *et de grandeur variable restent tangents à trois courbes données; les sommets a et b*

---

[1] E est une épicycloïde. Cela résulte de ce théorème dû à M. Fouret :
Deux points décrivant dans un même plan deux cercles avec des vitesses angulaires constamment proportionnelles, tout point qui divise dans un rapport constant la droite joignant à chaque instant les deux premiers points décrit une épicycloïde (*Bulletin de la Société philomatique*, séance du 16 mai 1868).

Voir Brocard, *Nouvelles Annales de Mathématiques*, 2e série, t XI, p. 329. Ph. Gilbert, *Annales de la Société scientifique de Bruxelles*, p. 153; 1880.

décrivent deux courbes données : on demande la normale à la courbe décrite par le sommet m.

Pour un déplacement infiniment petit de ab, on a, en appliquant la formule (3),

$$\frac{d(a)}{d(b)} = \frac{a\alpha}{b\beta},$$

$$\frac{d(b)}{d(m)} = \frac{b\beta'}{m\mu},$$

$$\frac{d(m)}{d(a)} = \frac{m\mu'}{a\alpha'};$$

multipliant membre à membre ces trois égalités, on a

$$1 = \frac{a\alpha . b\beta' . m\mu'}{b\beta . a\alpha' . m\mu},$$

d'où

$$\frac{m\mu}{m\mu'} = \frac{a\alpha . b\beta'}{b\beta . a\alpha'}.$$

On a donc la normale demandée en construisant une droite issue de m et qui soit partagée par $g\alpha'$ et $f\beta'$ en segments $m\mu'$, $m\mu$ dont le rapport est déterminé.

On voit aussi de la même manière que, si l'on donne les courbes décrites par les trois sommets du triangle mobile, ainsi que les courbes enveloppées par les deux côtés *am*, *bm*, on détermine le point *e* où *ab* touche son enveloppe en construisant une perpendiculaire à cette droite, de façon que le rapport $\frac{a\alpha}{b\beta}$ soit égal à un rapport déterminé. Tout cela est vrai pour un polygone variable d'un nombre quelconque de côtés.

Dans sa Statique, Möbius a considéré seulement le cas particulier où le polygone a ses côtés de grandeur constante. De pareils polygones forment ce qu'on appelle maintenant un *système articulé*. Plus loin, je dirai quelques mots sur les quadrilatères articulés.

Remarquons que la construction qui donne $m\mu$ est linéaire. L'ensemble des tracés qui conduisent à cette droite est une certaine figure polygonale dont on peut, d'après ce qui précède, déterminer les éléments qui servent à définir son déplacement infiniment petit, c'est-à-dire les tangentes aux lignes décrites par ses sommets et les points où les côtés touchent leurs enveloppes. Mais le point où $m\mu$ touche son enveloppe est le centre de courbure de (m); on a donc le moyen de construire ce centre de courbure. Pour arriver à cette solution, on est conduit à se donner les centres de courbure des lignes (a) et (b) et des courbes enveloppées par les trois côtés du triangle.

On donne une ellipse (*fig.* 133); *on prend un triangle* $m\mu g$, *dont les côtés sont la normale* $m\mu$, *le diamètre passant par* m, *et la perpendiculaire élevée du centre de courbure* μ *à la normale* $m\mu$: *on demande la normale en* g *à la courbe décrite par ce point lorsque* m *décrit l'ellipse donnée.*

Fig. 133.

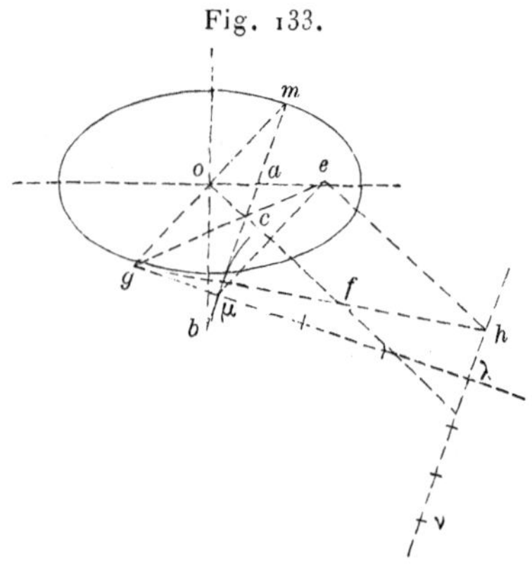

Appelons λ le centre de courbure de la développée de l'ellipse, gh la normale cherchée et appliquons la formule (3), on a

$$\frac{d(m)}{d(\mu)} = \frac{m\mu}{\mu\lambda},$$

$$\frac{d(\mu)}{d(g)} = \frac{\mu\lambda}{gh},$$

$$\frac{d(g)}{d(m)} = \frac{gf}{mc}.$$

Multipliant membre à membre ces égalités, il vient

$$1 = \frac{m\mu . gf}{mc . gh}.$$

D'après cela, on obtient h par cette construction : on mène du point μ la parallèle μe à om, cette droite rencontre gc au point e; la perpendiculaire à om menée du point e rencontre la perpendiculaire λh à $\mu\lambda$ au point h. La droite gh est la normale demandée.

Connaissant cette normale et sachant que $\mu\lambda$ est égal à trois fois $g\mu$, on n'a qu'à prendre le point ν de façon que $\lambda\nu$ soit égal à trois fois λh

pour obtenir en ce point ν *le centre de courbure de la développée de l'ellipse.*

Étant donnés un point fixe a et une circonférence de centre c, on demande le centre de courbure de la courbe (m) (*fig.* 134, ovale de Descartes), *lieu des points tels que m, pour lequel on a* $\frac{ma}{mb} = \text{const.}$ (¹).

Appelons λ cette constante. On trouve facilement que la tangente mt en m s'obtient en joignant le point m au point de rencontre t des

Fig. 134.

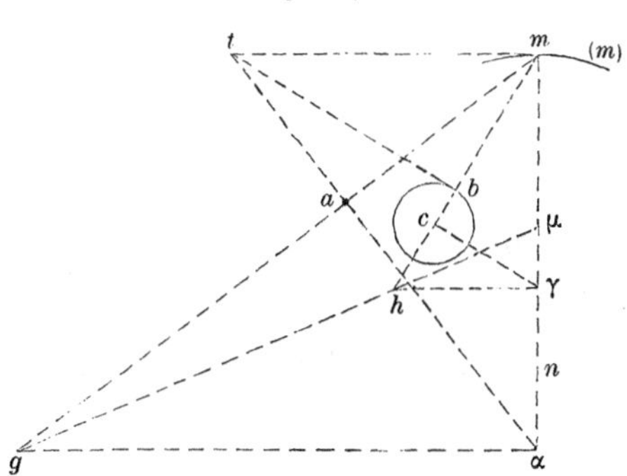

perpendiculaires at, bt aux droites am, bm, ou que la normale mn est telle que

$$\frac{\sin amn}{\sin bmn} = \lambda.$$

De cette relation on tire

$$\cos amn \frac{d.\widehat{amn}}{d(m)} = \lambda \cos bmn \frac{d.\widehat{bmn}}{d(m)};$$

désignant par μ le centre de courbure cherché et appliquant la formule (2), il vient

$$\frac{\frac{1}{m\mu} - \frac{1}{m\alpha}}{\operatorname{tang} amn} = \frac{\frac{1}{m\mu} - \frac{1}{m\gamma}}{\operatorname{tang} bmn}$$

ou

$$\frac{\mu\alpha}{m\alpha \operatorname{tang} amn} = \frac{\mu\gamma}{m\gamma \operatorname{tang} bmn},$$

relation qui montre que, *en élevant à la normale mn les perpendi-*

(¹) Voir *Annali di Matematica di Tortolini,* t. I, p. 364; 1858.

culaires αg, γh, *on obtient sur* ma, mb *les points* g *et* h, *et que la droite* gh *détermine* μ *sur* mn.

La formule (1) peut s'écrire sous cette forme, donnée par Newton ([1]) (*fig.* 130),

$$\frac{d(a)}{d(b)} = \frac{ae.at}{be.bt},$$

les droites at, bt étant les tangentes à (a) et à (b).

Si le point e est à l'infini, c'est-à-dire si la droite mobile se déplace parallèlement à elle-même, on a simplement

$$\frac{d(a)}{d(b)} = \frac{at}{bt},$$

ce qu'il est facile de voir directement.

Appliquons cette dernière formule.

On donne (*fig.* 135) *une droite* D *et une courbe* (a). *Sur les ordonnées telles que* ap, *parallèles entre elles, on construit des triangles semblables au triangle* apm; *les sommets tels que* m *appar-*

Fig. 135.

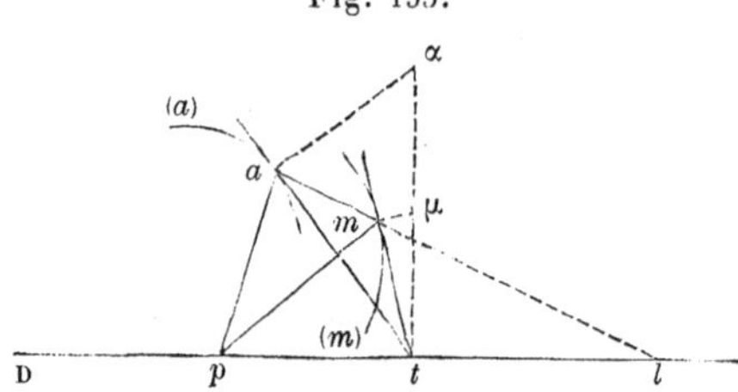

tiennent à une courbe (m) : *on demande la relation entre le rayon de courbure* ρ_m *de* (m) *en* m *et le rayon de courbure* ρ_a *de* (a) *pour le point* a.

Il résulte immédiatement de la génération de (m) que les tangentes at, mt aux courbes (a), (m) se coupent sur D.

Lorsque l'on déplace a sur (a) la droite am reste parallèle à elle-même et l'on a

$$\frac{d(a)}{d(m)} = \frac{at}{mt}.$$

L'arc $d(a)$ est égal au produit de ρ_a par l'angle de contingence

([1]) *Tractatus de quadratura curvarum*, opusculum III, p. 206.

de (a) en a et, comme cet angle est égal à $\frac{d(t)}{\alpha t}$, on a

$$d(a) = \rho_a \frac{d(t)}{\alpha t},$$

de même

$$d(m) = \rho_m \frac{d(t)}{\mu t}.$$

On a alors

$$\frac{\rho_a}{\rho_m} = \frac{at \times \alpha t}{bt \times \mu t},$$

et par suite, comme il est facile de le voir,

$$\frac{\rho_a}{\rho_m} = \frac{at^3}{bt^3} \times \frac{ml}{al}.$$

Telle est la relation cherchée.

On peut remarquer que $\frac{ml}{al}$ est constant et que cette relation s'applique aussi à la courbe (m) considérée comme lieu des points qui partagent dans un rapport constant les ordonnées telles que al de la courbe (a).

Si le point de la courbe (a) est tel que sa tangente est parallèle à D, la relation précédente donne simplement $\frac{ml}{al}$ pour le rapport des rayons de courbure aux points correspondants de (a) et de (m). Cette circonstance se présente pour le point C (*fig.* 70) de l'ellipse perspective cavalière du cercle. Appelons ρ le rayon de courbure de cette courbe pour le point C. On a, d'après la remarque précédente,

$$\rho = OC_1 \times \frac{OC_1}{ol} = \frac{\overline{OB}^2}{ol}.$$

On retrouve ainsi que : *pour un point d'une ellipse le rayon de courbure de cette courbe est égal au carré du demi-diamètre parallèle à la tangente en ce point divisé par la distance du centre à cette tangente.*

Dans le cas particulier où am (*fig.* 135) est parallèle à D, *les rayons de courbure ρ_a et ρ_m sont simplement proportionnels aux cubes des tangentes at, mt.*

On arrive au même résultat si (a) et (m) forment une seule courbe dont D est un diamètre. Ceci est applicable à une ellipse, donc : *En deux points d'une ellipse, les rayons de courbure sont entre eux comme les cubes des tangentes à la courbe, qui sont issues de ces points et qui sont limitées à leur point de rencontre.*

Voici encore quelques applications des formules précédentes.

Un triangle rectangle aoa', mobile et variable de grandeur, a son sommet de l'angle droit au point fixe o, son hypoténuse touche au sommet a une courbe (a) : construire la tangente en a' à la courbe (a') décrite par ce point lorsque a parcourt (a).

Fig. 136.

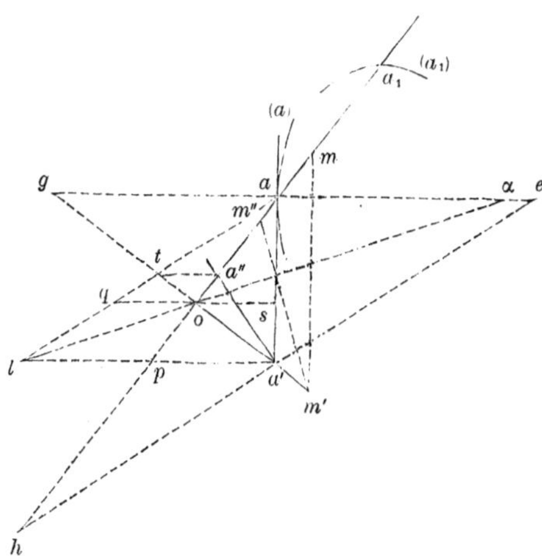

Soient (*fig.* 136) $a'e$ la normale en a' à (a') et α le centre de courbure de (a) pour le point a; on a

$$\frac{d(a)}{d(a')} = \frac{a\alpha}{a'e}.$$

Mais, en appelant $d\theta$ la variation angulaire de oa et oa', on a

$$d(a) = ag\,d\theta, \quad d(a') = a'h\,d\theta,$$

d'où

$$\frac{d(a)}{d(a')} = \frac{ag}{a'h}.$$

Par suite

$$\frac{a\alpha}{a'e} = \frac{ag}{a'h},$$

que l'on peut écrire

$$\frac{a\alpha}{ag} = \frac{a'e}{a'h}.$$

Élevons au point a' la perpendiculaire $a'l$ à aa'. Appelons l le point où cette droite rencontre αo. On a

$$\frac{a\alpha}{ag} = \frac{pl}{pa'} \quad \text{et} \quad \frac{a'e}{a'h} = \frac{pa}{ph}.$$

Portant ces valeurs dans la relation précédente, il vient

$$\frac{pl}{pa'} = \frac{pa}{ph}.$$

Il résulte de là que : *la normale $a'e$ est parallèle à la droite al* ou que *la tangente $a'a''$ à (a') est la perpendiculaire abaissée de a' sur al.*

Appelons a'' le point de rencontre de cette tangente avec oa et cherchons l'expression de oa'' en fonction de oa et de l'angle ω que oa fait avec (a).

Le point a'' est le point de rencontre des hauteurs du triangle taa'. Menons oq parallèlement à $a''t$, c'est-à-dire perpendiculairement à aa'. L'angle $a''ta$, coupé par les transversales oa et oq donne (p. 191)

$$\frac{1}{oa''} - \frac{1}{oa} = \frac{1}{oq\sin\omega}.$$

Mais

$$\frac{oq}{\alpha a} = \frac{lq}{la} = \frac{a's}{a'a} = \sin^2\omega.$$

On a donc, en appelant ρ_a le rayon de courbure de (a) en a,

$$\frac{1}{oa''} = \frac{1}{oa} + \frac{1}{\rho_a \sin^3\omega}.$$

Appliquons cette relation : *On a (fig. 136) des courbes (a), (a_1), ... dans un plan; on mène d'un point o une transversale qui les coupe aux points a, a_1, ...; on prend sur cette droite un point m, tel que $\sum \frac{\lambda_a}{oa} = \frac{\lambda_m}{om}$, λ_a et λ_m étant des constantes. Lorsque la tranversale tourne autour de o, les points, tels que m, appartiennent à une courbe (m), dont on demande le rayon de courbure ρ_m.*

Pour une variation angulaire infiniment petite de la transversale, on a

$$\sum \lambda_a d\,\frac{1}{oa} = \lambda_m d\,\frac{1}{om},$$

d'où

$$\sum \lambda_a \frac{d.oa}{\overline{oa}^2} = \lambda_m \frac{d.om}{\overline{om}^2}.$$

Soit mm' la tangente en m à (m). On a, pour une variation angulaire $d\theta$ de la transversale oam,

$$d.oa = og.d\theta = \frac{\overline{oa}^2}{oa'}\,d\theta,$$

de même

$$d.om = \frac{\overline{om}^2}{om'} d\theta.$$

Portons ces valeurs dans la relation précédente, il vient

$$\sum \frac{\lambda_a}{oa'} = \frac{\lambda_m}{om'}.$$

Cette relation permet de construire la tangente $m'm$. Elle est de même forme que la relation d'où nous sommes partis. Opérant alors encore de la même manière, on a, en appelant m'' un point analogue à a'',

$$\sum \frac{\lambda_a}{oa''} = \frac{\lambda_m}{om''}.$$

Mais nous avons trouvé précédemment

$$\frac{1}{oa''} = \frac{1}{oa} + \frac{1}{\rho_a \sin^3 \omega};$$

on a de même

$$\frac{1}{om''} = \frac{1}{om} + \frac{1}{\rho_m \sin^3 \varphi};$$

Introduisons ces valeurs de $\frac{1}{oa''}$, $\frac{1}{om''}$ dans la dernière relation, il vient

$$\sum \frac{\lambda_a}{oa} + \sum \frac{\lambda_a}{\rho_a \sin^3 \omega} = \frac{\lambda_m}{om} + \frac{\lambda_m}{\rho_m \sin^3 \varphi}.$$

Mais

$$\sum \frac{\lambda_a}{oa} = \frac{\lambda_m}{om};$$

donc

$$\sum \frac{\lambda_a}{\rho_a \sin^3 \omega} = \frac{\lambda_m}{\rho_m \sin^3 \varphi}.$$

Telle est la relation qui donne le rayon de courbure ρ_m. Voici quelques conséquences résultant de cette relation :

On a deux courbes (a), (a_1). Sur une transversale issue du point fixe o, on prend le point m, harmonique conjuguée de o par rapport aux points a et a_1, où les courbes sont coupées par la transversale. Lorsque cette transversale tourne autour de o, le point m décrit une courbe (m), et l'on a, en conservant les notations précédentes,

$$\sum \frac{1}{\rho_a \sin^3 \omega} = \frac{2}{\rho_m \sin^3 \varphi}.$$

Lorsque le point o est à l'infini, les transversales sont parallèles entre elles et le point m est le milieu du segment aa_1. La courbe (m)

est alors une ligne diamétrale. La relation précédente subsiste et permet de déterminer le rayon de courbure en un point de cette ligne diamétrale.

Prenons une courbe géométrique A, supposons que les coefficients constants, tels que λ_a, soient égaux à l'unité et que λ_m soit égal au degré de la courbe A. Le point m est alors, par rapport à o, le centre des moyennes harmoniques des points a, a_1, ..., où la transversale coupe A (p. 194). On sait, en vertu d'un théorème dû à Cotes, que la courbe (m) est une ligne droite. Le rayon de courbure ρ_m est alors infini et la relation précédente donne

$$\sum \frac{1}{\rho_a \sin^3 \omega} = 0.$$

Le théorème exprimé par cette relation est dû au Dr Reiss ([1]). On peut en déduire divers théorèmes, entre autres celui qui est relatif aux rayons de courbure en deux points d'une conique (p. 211).

On a des courbes A, A_1, ... (*fig.* 137) *dans un plan, on mène une tangente à chacune de ces courbes parallèlement à une certaine direction.*

Fig. 137.

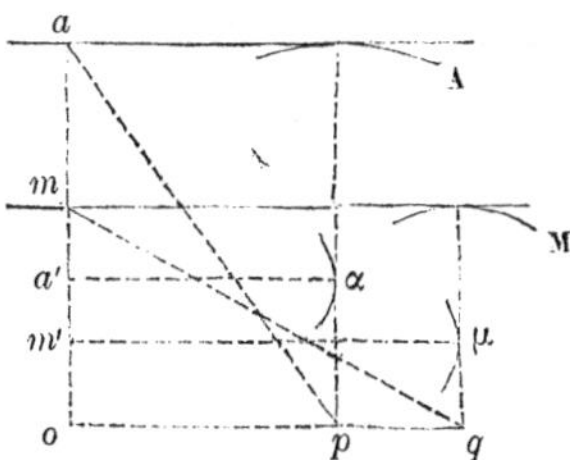

Soient oa la distance du point fixe o à la tangente à A *et λ_a une constante. Parallèlement à toutes ces tangentes on prend une droite dont la distance om au point o soit telle que l'on ait*

$\sum \lambda_a . oa = \lambda_m . om.$

Lorsque la direction des tangentes varie, cette parallèle enveloppe une courbe M : *quelle est la relation entre le rayon de courbure ρ_m de* M *et les rayons de courbure des courbes données.*

On a

$$\sum \lambda_a oa = \lambda_m om,$$

([1]) *Correspondance mathématique de Quetelet*, t. IX, p. 289.

d'où

$$\sum \lambda_a d.oa = \lambda_m d.om.$$

Menons opq parallèlement aux tangentes parallèles.

La droite ap est la normale en a à la podaire de A par rapport à o et mq est la normale en m à la podaire de M par rapport au même point. On a alors, pour une variation angulaire $d\omega$ de la direction des tangentes

$$d.oa = op.d\omega, \quad d.om = oq.d\omega.$$

Portons ces valeurs dans la relation précédente, elle devient

$$\sum \lambda_a.op = \lambda_m.oq.$$

D'après cela, il y a entre le point q et les points tels que p la même relation qu'entre m et les points tels que a.

Opérons, relativement aux points $p, \ldots$ et q, comme nous venons de le faire. Appelons α et μ les centres de courbure de A et de M : on a alors

$$\sum \lambda_a oa' = \lambda_m.om'.$$

Mais

$$\sum \lambda_a oa = \lambda_m om.$$

Retranchant terme à terme ces deux relations, il vient

$$\sum \lambda_a \rho_a = \lambda_m \rho_m :$$

telle est la relation cherchée.

Dans le cas particulier où il s'agit d'une seule courbe géométrique à laquelle on mène toutes les tangentes parallèles entre elles, si les coefficients, tels que λ_a, sont égaux à l'unité, on sait que M se réduit à un point. Le rayon de courbure ρ_m est alors égal à o et la relation précédente se réduit à

$$\sum \rho_a = 0.$$

Le théorème exprimé par cette relation est dû à Duhamel [1].

Sur les quadrilatères articulés. — *Un quadrilatère est formé par*

---

(1) *Journal de Mathématiques*, 1re série, t. IV, p. 364.

quatre tiges, trois de ses sommets sont respectivement liés à des points fixes par des tiges, construire, pour une position du quadrilatère, la normale à la ligne que décrit le quatrième sommet pendant la déformation du quadrilatère.

abcm (*fig.* 138) est le quadrilatère formé par les quatre tiges *ab*, *ac*, *bm*, *cm*. Le point *a* est lié au point *o* par la tige *ao*; le point *b* est

Fig. 138.

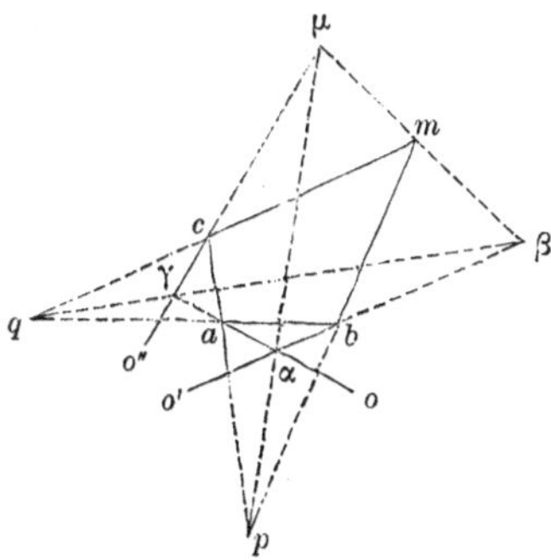

lié au point o' par la tige bo'; enfin le point *c* est lié au point o'' par la tige co''. Le sommet libre est *m*.

Le point de rencontre α des droites *ao*, bo' est le centre instantané relatif au côté *ab*; on a

$$\frac{d(a)}{d(b)} = \frac{\alpha a}{\alpha b},$$

de même

$$\frac{d(b)}{d(m)} = \frac{\beta b}{\beta m},$$

$$\frac{d(m)}{d(c)} = \frac{\mu m}{\mu c},$$

$$\frac{d(c)}{d(a)} = \frac{\gamma c}{\gamma a}.$$

Multipliant membre à membre ces égalités, il vient

$$\alpha a \times \beta b \times \mu m \times \gamma c = \alpha b \times \beta m \times \mu c \times \gamma a.$$

Il résulte de cette relation, en vertu d'un théorème connu [1], que *les diagonales* αμ, βγ *du quadrilatère formé par les quatre centres instantanés de rotation des côtés passent par les points de rencontre p et q des côtés opposés du quadrilatère abcm* [2].

---

(1) Chasles, *Traité de Géométrie supérieure*, 2e édition, n° 411.

(2) Phillips, *Théorie de la coulisse de Stephenson* (*Annales des Mines*, 1853 et

D'après cela, on mène la droite $p\alpha$; elle coupe $o''c$ au point μ. La droite $m\mu$ est la normale demandée.

Cas particulier. — Supposons que les diagonales du quadrilatère $abcm$ se rencontrent à angle droit (elles se coupent alors toujours à angle droit pendant la déformation du quadrilatère) et que les points o', o'' soient confondus en un seul point o' sur la diagonale am.

On a alors (*fig.* 139) un système articulé pour lequel les points o',

Fig. 139.

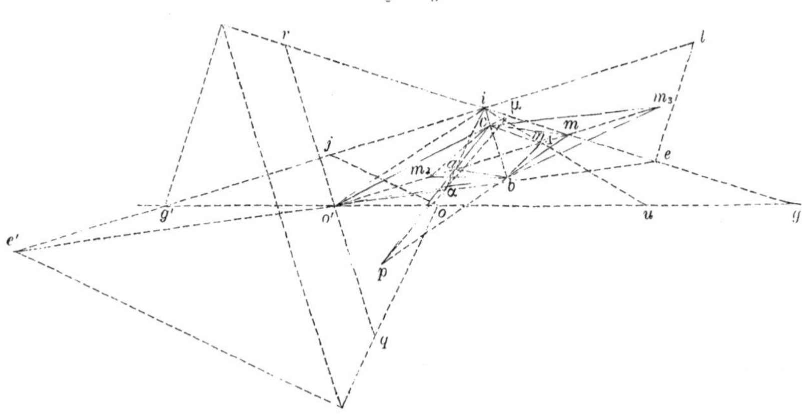

a, m restent toujours en ligne droite, quelle que soit la déformation du quadrilatère.

Appliquons la construction précédente. Menons la droite $p\alpha$, elle coupe $o'c$ au point μ : la droite $m\mu$ est la normale à la courbe (m) décrite par le sommet libre m.

L'hexagone $o'bcp\mu m o'$ a ses sommets sur les droites $o'c$ et pm; en vertu du théorème de Pascal, les points de rencontre α, a, i de ses côtés opposés sont en ligne droite. Il résulte de là que *la normale en m à (m) passe par le point i où oa rencontre la diagonale bc.*

Comme le point i ne dépend pas de la position de m sur $o'a$, on voit que, *si l'on relie par des tiges aux points b et c différents points de $o'a$, les normales aux courbes décrites par ces points concourent au même point i.*

Prenons, en particulier, le point m_1 symétrique de a par rapport à

Brochure; Mallet-Bachelier, 1863). — W. SCHELL, *Theorie der Bewegung und der Kräfte,* Leipzig, 1879; — J. PETERSEN, *Kinematik,* Copenhague, 1885. — G. YUNG, *Sur une propriété géométrique, statique et cinématique des polygones articulés* (*Comptes rendus de l'Institut royal lombard,* 12 mars 1885).

bc, la normale à la courbe (m_1) décrite par ce point est im_1. De la connaissance de cette normale, on peut déduire que (m_1) est une circonférence de cercle dont le centre est le point où cm_1 rencontre oo'; mais nous allons démontrer directement cette propriété. Supposons que l'on décrive une circonférence du point c comme centre avec ca pour rayon, on a $o'a \times o'm_1 = \overline{o'c}^2 - \overline{ca}^2 = \text{const.}$

La courbe (m_1) est donc la transformée par rayons vecteurs réciproques ([1]) de la circonférence décrite par a, c'est-à-dire une circonférence de cercle dont le centre est sur $o'o$ et telle que le rayon m_1u et le rayon ao soient également inclinés sur om_1.

Si oa est égal à oo', alors im_1 est parallèle à oo', et m_1 décrit une droite perpendiculaire à oo' ([2]).

La circonférence décrite du point i comme centre avec ia pour rayon est tangente aux circonférences (a) et (m_1). Le lieu (i) des points, tels que i, est alors le lieu de points également distants des deux circonférences : c'est donc une conique.

La tangente en i à cette courbe est ib. On voit ainsi que *la diagonale bc enveloppe une conique.*

Prenons le symétrique m_2 de m par rapport à bc, et formons avec

---

([1]) La transformée par rayons vecteurs réciproques d'une figure donnée est la figure qu'on obtient en portant, à partir d'un point ou pôle fixe, sur les rayons vecteurs partant de ce point et aboutissant aux points de la figure donnée, des longueurs inversement proportionnelles aux longueurs de ces rayons vecteurs. C'est en 1836 que M. Bellavitis a fait connaître ce mode de transformation. En 1843, M. Stubbs l'a trouvé de son côté et a publié un Mémoire : *On the application of a new method to the Geometry of Curves and curve Surfaces* (*Philosophical Magazine*, t. XXIII). A la suite d'un Mémoire de Sir W. Thomson, Liouville (*Journal de Mathématiques*, 1re série, t. XII) a étudié ce mode de transformation, auquel il a donné le nom actuel de *transformation par rayons vecteurs réciproques*. Il a trouvé que, par une seule transformation, on peut obtenir le résultat de transformations successives. J'ai démontré géométriquement cette très belle propriété dans le *Journal de Mathématiques*, 2e série, t. XVI. M. A. Hirst a employé ce mode de transformation dans son Mémoire *Sur la courbure d'une série de surfaces et de lignes* (*Annali di Matematica*, t. II). On trouve l'exposition élémentaire de ce mode de transformation dans l'Ouvrage de M. P. Serret : *Des méthodes en Géométrie*, p. 21, et dans le *Traité de Géométrie* de MM. Rouché et de Comberousse, Ire Partie, p. 247, et IIe Partie, p. 272.

([2]) Ce système articulé, composé de sept tiges, au moyen duquel on peut tracer une circonférence ou une droite, est dû au général Peaucellier, qui l'a découvert en 1864. Depuis, MM. Hart et Kempe ont fait connaître, pour le même objet, des systèmes articulés composés de cinq tiges. Le professeur J.-J. Sylvester a fait, à l'Institution royale de la Grande-Bretagne, une très intéressante lecture qui a provoqué de nombreux travaux sur les systèmes articulés. [Voir Liguine, *Liste des travaux sur les compas composés* (*Bulletin des Sciences mathématiques*, 1883).]

des tiges le losange mcm_2b. Lorsqu'on déforme le système à tiges, les points m et m_2 font partie d'une courbe qui rencontre la droite $o'a$ aux deux positions de m et m_2 qu'on obtient en amenant le point décrivant sur la droite $o'a$. La courbe (m) est donc du quatrième ordre.

On a

$$o'm \times o'm_2 = \overline{o'i}^2 - \overline{im}^2 = \overline{o'c}^2 - \overline{cm}^2 = \text{const.}$$

La courbe (m) *est donc une anallagmatique du quatrième ordre* [1].

Décrivons du point i comme centre une circonférence avec im pour rayon. Appelons C cette circonférence, elle est tangente en m et m_2 à l'anallagmatique (m). Mais, comme $\overline{o'i}^2 - \overline{im}^2 = \overline{o'c}^2 - \overline{cm}^2$, cette circonférence coupe orthogonalement la circonférence décrite du point o' comme centre avec un rayon égal à $\sqrt{\overline{o'c}^2 - \overline{cm}^2}$. On peut dire alors que *l'anallagmatique du quatrième degré* (m) *est l'enveloppe de circonférences dont les centres sont sur la conique* (i) *et qui coupent orthogonalement une circonférence donnée* [2].

Si le point décrivant est m_3, symétrique de o' par rapport à bc, alors (m_3) est une podaire de conique, car cette courbe est semblable à la courbe lieu du point de rencontre des diagonales αm, bc, et cette courbe est la podaire de o' par rapport à la conique (i).

Cherchons sur la normale mi le point e *centre de courbure de l'anallagmatique* (m). Pour un déplacement infiniment petit du quadrilatère articulé, le triangle aim se déforme et le point i se déplace sur la tangente ib à la conique (i).

Élevons en o la perpendiculaire oj à oi, cette droite coupe en j la parallèle ij menée du point i à $o'm$. On a

$$\frac{d(a)}{d(i)} = \frac{ao}{ij}.$$

Du centre de courbure cherché élevons la perpendiculaire el à im, cette droite coupe en l la droite ij. On a

$$\frac{d(i)}{d(m)} = \frac{il}{me}.$$

Élevons du point o' une perpendiculaire à $o'm$, cette droite coupe

---

(1) M. MOUTARD a donné le nom d'*anallagmatique* à une courbe qui se transforme en elle-même par rayons vecteurs réciproques.

(2) Cette génération des anallagmatiques du quatrième degré est due à M. MOUTARD.

en r et q les droites mi, ao. On a

$$\frac{d(m)}{d(a)} = \frac{mr}{aq}.$$

Multiplions membre à membre ces trois égalités, il vient

$$ao \times il \times mr = ij \times me \times aq.$$

Appelons ω et φ les angles que font ia et im avec ib; on a

$$il = \frac{ie}{\sin\varphi}, \quad mr = \frac{mo'}{\sin\varphi}, \quad ij = \frac{io}{\sin\omega}, \quad aq = \frac{ao'}{\sin\omega}.$$

Portant ces valeurs dans la relation précédente, il vient

$$\frac{ao \times ie \times o'm}{\sin^2\varphi} = \frac{ij \times me \times ao'}{\sin^2\omega}.$$

Le triangle aim, coupé par la transversale $o'og$, donne

$$ao \times ig \times mo' = io \times ao' \times mg.$$

Par suite, la dernière relation devient

$$\frac{\dfrac{mg}{ig}}{\dfrac{me}{ie}} = \frac{\sin^2\varphi}{\sin^2\omega}.$$

Coupons le faisceau $o'i$, $o'm$, $o'e$, $o'g$ par la parallèle ij à $o'm$.

Le rapport anharmonique qui est dans le premier membre de la dernière égalité est égal à $\frac{ie'}{ig'}$ (p. 193). On a alors

$$ie' \sin^2\omega = ig' \sin^2\varphi,$$

et, par suite, on construit e' de la manière suivante : on abaisse de g' une perpendiculaire sur mi; du pied de cette droite on abaisse une perpendiculaire sur ig'; cette dernière droite rencontre ia en un point d'où l'on élève une perpendiculaire à ia : cette perpendiculaire coupe ig' au point e'. Il suffit maintenant de mener la droite $e'o'$: elle rencontre mi au centre de courbure demandé.

Si l'on applique cette construction à la courbe (m_1), on trouve que, quelle que soit la position du quadrilatère, le centre de courbure est toujours sur $o'o$. Ce centre de courbure est alors unique, et nous retrouvons que la courbe (m_1) est une circonférence de cercle.

L'appareil du général Peaucellier se construit en prenant un losange $abcm$ (*fig.* 140) comme quadrilatère articulé. Cherchons, dans ce cas, les rapports des chemins élémentaires parcourus par les sommets opposés du losange ([1]).

Prenons d'abord les sommets a et m. Les segments des normales ai,

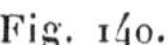

Fig. 140.

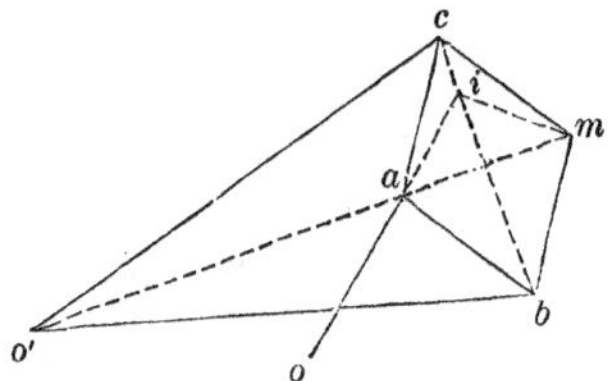

mi aux courbes (a) et (m), compris entre a ou m et la perpendiculaire élevée en o' à $o'm$, sont entre eux comme leurs projections $o'a$, $o'm$, puisqu'ils sont également inclinés sur $o'm$. On a donc

$$\frac{d(a)}{d(m)} = \frac{o'a}{o'm}.$$

Les sommets c, b décrivent des arcs de cercle. Les arcs élémentaires décrits par ces points sont entre eux comme les segments compris sur co', bo' entre c ou b et les points où la perpendiculaire élevée en i à cb rencontre co', bo'. Mais ces segments sont également inclinés sur cb : on a alors

$$\frac{d(c)}{d(b)} = \frac{ci}{ib}.$$

([1]) Voir à ce sujet, dans les *Nouvelles Annales de Mathématiques*, 2e série, t. XX, p. 456, 3e série, t. III, p. 199 des Notes de M. d'Ocagne, et dans le même Recueil, 3e série, t. I, p. 153, un Article de M. Liguine.

SEIZIÈME LEÇON.

SURFACES ENVELOPPES. — SURFACES RÉGLÉES.

Surface enveloppe, enveloppée, caractéristique. — Méthode des enveloppées circonscrites par la détermination des lignes d'ombre ou de perspective. — Perspective cavalière d'une sphère. — Surface enveloppe d'un plan mobile. — *Surfaces réglées.* — Surfaces gauches. — Cône directeur. — Surfaces développables.

Surface enveloppe, enveloppée, caractéristique [1]. — Le lieu des positions successives d'une ligne qui se déplace en se déformant suivant une certaine loi est une surface. On peut aussi considérer une surface quelconque (S) comme l'*enveloppe* d'une surface variable (E); voici en quoi consiste ce mode de génération.

Concevons des surfaces (E) construites au moyen d'un même mode de génération dépendant d'un seul élément variable. Deux surfaces (E), infiniment voisines, déterminent par leur intersection une ligne E : le lieu des lignes, telles que E, est une surface (S) qui est l'*enveloppe* des surfaces (E).

Les surfaces (E) sont les *enveloppées* de (S).

La courbe E est la *caractéristique* de la surface enveloppe (S).

Chaque enveloppée est tangente à l'enveloppe le long de la caractéristique.

Pour montrer qu'il y a contact de l'enveloppe (S) et de l'enveloppée en un point m de la caractéristique, menons des plans par ce point m. Chacun de ces plans coupe les enveloppées de (S), infiniment voisines, suivant des courbes infiniment voisines dont l'enveloppe est la ligne d'intersection du plan sécant et de la surface (S). Mais cette ligne enveloppe est tangente à ses enveloppées;

(1) Monge, *Analyse appliquée à la Géométrie.*

on a donc, à partir du point m, quel que soit le plan sécant mené par ce point, la courbe d'intersection avec la surface (S) qui est tangente à la courbe d'intersection du plan sécant et de l'enveloppée. Le plan tangent en m à la surface enveloppe et à l'enveloppée est donc le même.

Cela est vrai pour tous les points de la caractéristique; c'est ce que l'on exprime en disant que *la surface enveloppe et l'une de ses enveloppées sont circonscrites l'une à l'autre le long de la caractéristique.*

Une surface peut, de bien des manières, être considérée comme enveloppe. Le tore peut être engendré par une sphère de grandeur invariable qui tourne autour d'une droite; dans ce cas, les enveloppées du tore sont des sphères égales; les caractéristiques sont les méridiens du tore. On peut encore considérer le tore comme l'enveloppe de sphères dont les centres sont sur l'axe de révolution; on a une série de sphères inégales, et deux sphères infiniment voisines se coupent suivant un parallèle du tore.

Cette deuxième manière de considérer le tore comme enveloppe de sphères est applicable à une surface de révolution quelconque; nous allons faire usage de cette remarque à propos du problème suivant :

Déterminer l'intersection de deux surfaces de révolution dont les axes se rencontrent.

Projetons les deux surfaces (*fig.* 141) sur un plan parallèle aux axes. Pour construire un point de la ligne d'intersection, on décrit une sphère dont le centre est au point de rencontre de ces axes; cette sphère coupe chacune des surfaces de révolution suivant un parallèle; les plans de ces parallèles sont perpendiculaires au plan de projection. Ces parallèles sont alors projetés suivant de simples droites, et le point de rencontre m de ces droites est un point de la projection de la ligne commune aux deux surfaces.

Les surfaces étant de révolution peuvent être considérées comme l'enveloppe de sphères qui les touchent le long de leurs parallèles. Le contour apparent de la sphère, qui touche l'une des surfaces de révolution le long du parallèle ab, est une circonférence de cercle doublement tangente aux points a et b à la ligne de contour apparent de la surface de révolution. De même, pour l'autre surface de révolution, le contour apparent de la sphère qui touche cette surface le long du parallèle cd est une circonférence de cercle tangente aux points c et d au contour apparent de cette surface. Aux points de la ligne d'intersection des deux surfaces projetés en m, ces sphères ont respectivement les mêmes plans tangents que les surfaces dont elles sont les enveloppées; leur ligne d'intersection est donc tangente à la ligne d'intersection des deux surfaces. Mais la ligne d'intersection de ces deux sphères est un petit cercle dont le plan est perpendiculaire au plan de projection et qui se projette suivant la corde ef; la droite ef doit donc passer par le point m, et

Fig. 141.

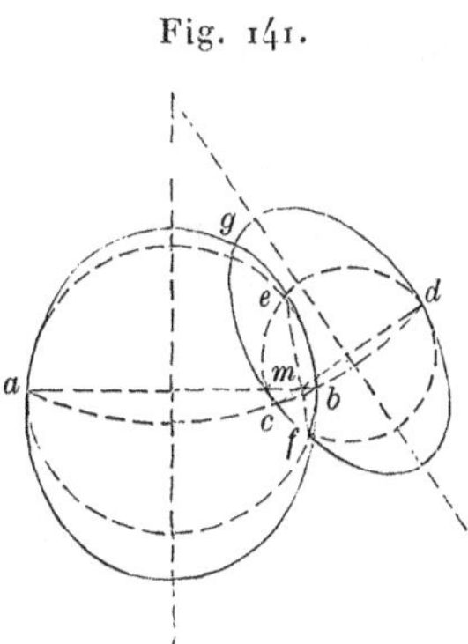

elle est la tangente en ce point à la projection de la ligne d'intersection des deux surfaces.

Au point de rencontre g' dans l'espace des lignes de contour apparent des deux surfaces, les plans tangents à ces surfaces sont perpendiculaires au plan de projection; la tangente à la courbe d'intersection des deux surfaces se projette donc en un point g et cette courbe est alors projetée sur un plan perpendiculaire à l'une de ces tangentes; la tangente au point g à cette projection est, par suite, dans le plan osculateur de la courbe au point g'.

Cette tangente au point g s'obtient en appliquant la construction que nous venons de donner pour le point m. On prend le parallèle de chacune des surfaces qui passe par le point g', puis les sphères tangentes à ces surfaces le long de ces parallèles, et la projection du petit cercle, intersection de ces sphères, est la tangente au point g.

Si les deux surfaces sont, par exemple, des ellipsoïdes, la ligne de l'espace est une ligne du quatrième ordre; mais, le plan des axes étant un plan de symétrie, les points de cette ligne se projettent deux à deux en un même point, et la projection de la courbe de l'espace est alors un arc de section conique.

Cette courbe est d'un même côté par rapport à sa tangente au point g; le plan osculateur de la courbe de l'espace en g' ne la traverse pas; ce plan osculateur a donc au point g', avec cette courbe, quatre points infiniment voisins communs.

Il est facile d'arriver autrement à ce résultat.

Il y a deux points de la courbe de l'espace projetés en m; en ces points, la circonférence projetée suivant ef est tangente à la ligne d'intersection des deux surfaces.

Lorsqu'on suppose que les points projetés en m se rapprochent du point g', on a constamment une circonférence, analogue à celle qui est projetée suivant ef, doublement tangente à la ligne d'intersection de l'espace. Lorsqu'on arrive au point g', les quatre points communs de cette circonférence avec la courbe d'intersection sont réunis en ce point; on a donc au point g' une circonférence ayant avec la courbe quatre points infiniment voisins communs. Cette circonférence est le cercle osculateur de la courbe; son plan est un plan osculateur qui a avec la courbe quatre points infiniment voisins communs et qui laisse la courbe d'un même côté.

Méthode des enveloppées circonscrites pour la détermination des lignes d'ombre ou de perspective. — En exposant dans la première Leçon les méthodes générales à l'aide desquelles on détermine les ombres, nous avons laissé de côté une méthode que nous allons maintenant développer sous le nom de *méthode des enveloppées circonscrites*.

Soit à déterminer la ligne d'ombre sur une surface (S) (*fig.* 142).

Considérons cette surface comme l'enveloppe d'une série de surfaces, et soit C une caractéristique de (S). Cherchons le point de la ligne d'ombre situé sur C. Pour cela, déterminons la ligne d'ombre sur l'enveloppée qui touche (S) le long de la caractéristique C. Cette ligne d'ombre est une courbe qui rencontre C au point m. *Le point m est un point de la ligne d'ombre sur* (S), car le plan tangent au point m passe par le point lumineux, puisque le point m est un point de la ligne d'ombre de l'enveloppée de (S).

Il est clair que cette méthode n'est simple que si la construction

Fig. 142.

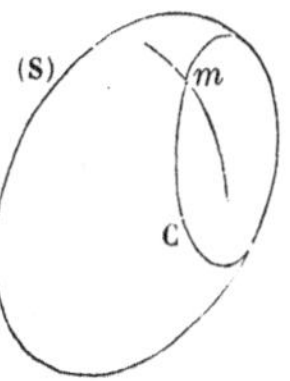

des lignes d'ombre est facile sur les enveloppées particulières que l'on considère pour déterminer la ligne d'ombre sur (S).

Ce que nous disons à propos des ombres est applicable en perspective. Si une surface est considérée comme enveloppe, un point de la ligne de contour apparent de cette surface se détermine en prenant la rencontre d'une de ses caractéristiques avec la ligne de contour apparent de l'enveloppée qui la touche suivant cette caractéristique.

Appliquons cela à la recherche de la perspective cavalière d'une sphère.

Perspective cavalière d'une sphère. — Traçons la perspective du grand cercle horizontal de cette sphère (*fig.* 143). Considérons

Fig. 143.

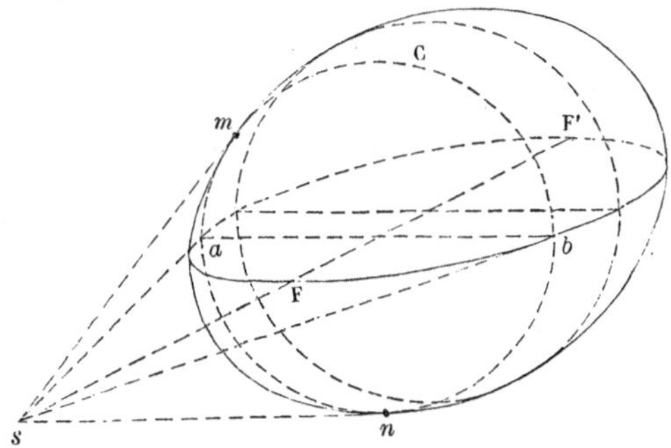

cette surface comme l'enveloppe de cônes de révolution dont les sommets sont sur le diamètre FF', perpendiculaire au plan du tableau. La ligne de contact de l'un de ces cônes avec la sphère est le cercle de front décrit sur la corde ab; le sommet du cône est le point de rencontre s des tangentes en a et b à la perspective du grand cercle horizontal. Le petit cercle de front, décrit sur ab comme diamètre, est la caractéristique C.

Les lignes de contour apparent du cône sont les tangentes à ce petit cercle de front menées du point s. Les points de contact m et n de ces tangentes sont alors, d'après ce que nous venons de voir, des points qui appartiennent à la ligne de contour apparent de la sphère; les points m et n sont donc des points de l'ellipse perspective cavalière de la sphère.

Nous pouvons maintenant compléter un théorème que nous avons énoncé précédemment. Nous avons dit (p. 125) que si l'on prend une ellipse et des cordes telles que ab, parallèles à une direction donnée, les circonférences décrites sur ces cordes comme diamètres ont pour enveloppe une ellipse; nous pouvons ajouter qu'on obtient, sur l'une de ces circonférences, les points où elle touche cette enveloppe en déterminant le pôle s de la corde ab, par rapport à l'ellipse donnée, et en prenant la polaire du point s par rapport à la circonférence décrite sur ab : cette polaire coupe cette circonférence aux points m et n, qui sont les points demandés.

Surface enveloppe d'un plan. — Parmi les surfaces simples qu'on peut considérer comme enveloppes, on peut prendre l'enveloppe d'un plan mobile. Dans ce cas, la caractéristique est une droite, et la surface enveloppe touche le plan mobile dans une de ses positions suivant la caractéristique qui est sur ce plan. Cette surface enveloppe peut être considérée comme le lieu des caractéristiques, par conséquent comme un lieu de droites : c'est alors une *surface réglée*. On désigne sous le nom de *surfaces réglées* les surfaces engendrées par une droite.

La surface enveloppe d'un plan est une surface réglée qui, d'après ce qui précède, jouit de cette propriété : le plan mobile, dans chacune de ses positions, est tangent à la surface tout le long d'une génératrice.

Comme exemple de surface enveloppe de plan, on peut prendre l'enveloppe des plans normaux à une courbe gauche. Cette enveloppe est le lieu des intersections des plans normaux successifs de la courbe donnée. Le plan normal en a à la courbe gauche est perpendiculaire à la tangente en a; de même, pour le point b, le plan normal est perpendiculaire à la tangente en b à la courbe gauche. La droite d'intersection de ces plans normaux est alors perpendiculaire à un plan parallèle à la tangente en a et à la tangente en b. Si le point b est infiniment voisin du point a, on sait que le plan mené par la tangente en a parallèlement à la tangente en b est le plan osculateur de la courbe; donc la caractéristique du plan normal en a est perpendiculaire au plan osculateur de la courbe gauche; en outre, elle passe par le point de rencontre de la normale principale en a avec le plan normal en b, qui est le centre de courbure de la courbe. Cette caractéristique est alors la droite que nous avons appelée l'*axe de courbure* de la courbe gauche.

Ainsi, *la surface enveloppe des plans normaux à une courbe gauche est la surface formée par les axes de courbure de cette courbe.*

SURFACES RÉGLÉES.

Surfaces gauches. — La surface enveloppe d'un plan mobile nous amène à faire une première étude des surfaces réglées.

G (*fig.* 144) est la génératrice d'une surface réglée, G′ la génératrice infiniment voisine de celle-ci. Menons la perpendiculaire commune oo' à G et G′; la limite des positions du pied o de cette perpendiculaire sur G est ce qu'on appelle le *point central* ([1]). Sur chaque génératrice il y a un point central; le lieu de ces points centraux est ce qu'on appelle la ligne de *striction* de la surface réglée. Il ne faut pas croire, d'après la définition du point central, que la ligne de striction rencontre à angle droit les génératrices.

Le plan de G et de la perpendiculaire commune oo' est ce qu'on appelle le *plan central* pour la génératrice G.

([1]) Chasles, *Mémoire sur les surfaces engendrées par une ligne droite* (*Correspondance mathématique et physique de Quetelet*, t. XI).

Par le point o' menons une parallèle G_1 à G; par un point a de G menons un plan perpendiculaire à cette droite. Ce plan rencontre G_1 au point b et G' au point c. G' étant une génératrice infiniment voisine de G, le point c est infiniment voisin du point a, et la droite ac est la tangente en a à la ligne d'intersection de la surface réglée et du plan mené en a perpendiculairement à G; le plan de G et de la droite ac est alors le plan tangent en a à la surface réglée.

Fig. 144.

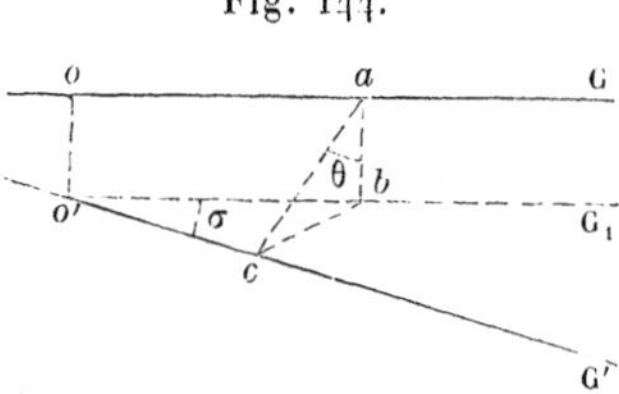

Cherchons la tangente de l'angle θ que ce plan tangent fait avec le plan central; on a

$$\operatorname{tang}\theta = \frac{bc}{ab}.$$

En désignant par l la distance du point o au point a, par σ l'angle que font entre elles les génératrices G et G', ou, ce qui revient au même, l'angle de G' et de G_1, on a

$$\operatorname{tang}\theta = \frac{l \operatorname{tang}\sigma}{ab};$$

ab étant la longueur de la perpendiculaire commune à G et G', perpendiculaire que nous désignons par p, on a donc

$$\operatorname{tang}\theta = \frac{l \operatorname{tang}\sigma}{p}$$

ou bien

$$\operatorname{tang}\theta = \frac{l}{\frac{p}{\sigma}},$$

en substituant l'angle à la tangente, ces deux quantités différant d'un infiniment petit d'ordre supérieur.

p et σ sont des infiniment petits; si nous les supposons de même ordre, le rapport $\frac{p}{\sigma}$ est fini. Nous le représenterons par k; k est ce qu'on appelle le *paramètre de distribution des plans tangents* à la surface réglée pour la génératrice G.

La formule $\tang\theta = \frac{l}{k}$ montre que, *pour une génératrice* G, *la tangente de l'angle que le plan tangent en un point de* G *fait avec le plan central est proportionnelle à la distance du point que l'on considère au point central sur cette génératrice.*

Il suffit de faire varier l pour déterminer les différentes valeurs de $\tang\theta$, et par suite pour voir comment varie le plan tangent à la surface réglée lorsque l'on prend successivement différents points de la génératrice G.

Lorsque l est infini, $\tang\theta$ est infini : le plan tangent est alors perpendiculaire au plan central, il est parallèle à la génératrice infiniment voisine de G ; l diminuant, l'angle θ diminue.

Lorsque l est égal à k, $\tang\theta$ est égal à 1 ; l'angle θ est alors égal à 45°. On peut dire aussi : *Le plan mené par* G, *qui fait avec le plan central un angle de* 45°, *touche la surface réglée en un point dont la distance au point central est un segment égal au paramètre de distribution des plans tangents.*

Lorsque l est égal à zéro, le plan tangent coïncide avec le plan central. Lorsque a, continuant à se déplacer sur la génératrice, passe de l'autre côté du point o, on trouve alors des plans qui sont, par rapport au plan central, symétriques des plans qu'on avait trouvés pour les points de G d'abord considérés. Et si l'on suppose le point a à l'infini, on retrouve alors un plan perpendiculaire au plan central.

Nous voyons qu'à un point partant de l'infini sur G, et parcourant cette droite jusqu'à l'infini, correspond un plan tangent qui tourne autour de G ; ce plan coïncide avec le plan central lorsqu'il a tourné d'un angle droit ; puis il continue son mouvement de rotation, et il coïncide avec le plan tangent au point qui est à l'infini sur G après avoir tourné de deux angles droits.

On voit que, lorsque k est fini, l'on a une surface réglée dont les plans tangents sont différents pour les divers points de la génératrice G et telle que tout plan mené par G la touche en un point de cette droite. Cette surface réglée fait partie d'une classe de surfaces à laquelle on donne le nom de *surfaces gauches*.

Ce que nous venons de trouver peut se voir géométriquement au moyen de la construction de l'angle θ.

Élevons au point central o de G une perpendiculaire $o\gamma$ égale au paramètre k et menons la droite γa.

Dans le triangle $\gamma o a$, on a

$$l = o\gamma \operatorname{tang} o\gamma a :$$

donc l'angle $o\gamma a$ est égal à θ.

Pour un autre point a_1 de G, on obtient de même l'angle θ_1 correspondant.

En prenant la différence de ces angles, on trouve que :

L'angle sous lequel on voit du point γ un segment de G *est égal à l'angle compris entre les plans qui touchent* (G) *aux extrémités de ce segment.*

J'appelle γ le *point représentatif* de l'élément de surface (G) le long de G (1).

Jusqu'à présent nous avons supposé que le paramètre k est fini; supposons maintenant que k soit infini, c'est-à-dire que σ soit infiniment petit par rapport à p. On a alors sur la surface réglée une génératrice analogue aux génératrices des surfaces cylindriques, c'est-à-dire parallèle à la génératrice infiniment voisine. Pour une pareille génératrice, $\operatorname{tang}\theta = \frac{l}{\infty}$; par conséquent, $\operatorname{tang}\theta$ est nul pour tout point de la génératrice à distance finie du point central; pour ces points, le plan tangent coïncide alors avec le plan central. Pour un point à l'infini, on ne peut pas dire quelle est la direction du plan tangent; tout plan mené par la génératrice et qui n'est pas confondu avec le plan central doit être considéré comme tangent à l'infini.

Si k est nul, c'est-à-dire si p est infiniment petit par rapport à σ, $\operatorname{tang}\theta = \frac{l}{0}$; on a alors une génératrice pour laquelle $\operatorname{tang}\theta$ est infini pour tout point à distance finie du point central; les plans tangents pour ces points sont confondus avec le plan tangent au point qui est à l'infini; le plan tangent est unique tout le long de cette génératrice. Lorsque l est nul, on ne peut pas dire quelle est

(1) Voir mon *Memoire d'Optique géométrique* (loc. cit).

la direction du plan tangent; tout plan mené par la génératrice et qui n'est pas confondu avec le plan tangent unique le long de cette droite doit être considéré comme tangent au point central.

Lorsque k est constamment nul ou infini pour les différentes génératrices, on a une surface appartenant à une deuxième classe de surfaces pour lesquelles le plan tangent est le même le long de chaque génératrice. On désigne ces surfaces sous le nom de *surfaces développables*.

Dans cette classe de surfaces, à l'exception des surfaces cylindriques, on ne trouve que celles pour lesquelles p est infiniment petit par rapport à σ. En nous reportant à ce que nous avons dit relativement à la plus courte distance des tangentes à une courbe gauche, qui sont infiniment voisines, il en résulte que *le lieu des tangentes à une courbe gauche est une surface développable*, et que *l'enveloppe d'un plan mobile, en supposant que cette enveloppe ne soit pas une surface cylindrique, est une surface telle que la plus courte distance de deux génératrices est infiniment petite par rapport à l'angle que ces droites comprennent entre elles*.

Nous allons montrer que *cette surface enveloppe d'un plan mobile est le lieu des tangentes à une courbe gauche*.

Fig. 145.

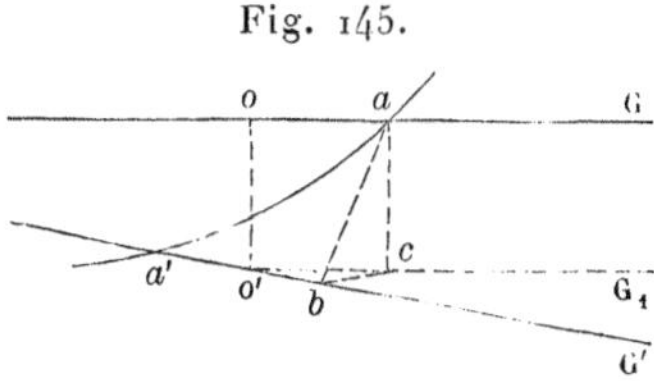

Soient G et G' (*fig.* 145) deux génératrices d'une surface réglée, a le point central sur G, a' le point central sur G'; aa' est alors un arc de la ligne de striction; aa' est du même ordre que l'angle de G et de G'. Si nous supposions aa' infiniment petit d'un ordre supérieur, nous aurions une génératrice G analogue à une génératrice de surface conique.

Écartons ce cas. Prenons la perpendiculaire oo' commune à G et G', menons par le point o' une parallèle G_1 à G, abaissons du point a la perpendiculaire ac sur G_1 et du point c la perpendiculaire cb sur G'. Il résulte de cette construction que ab est perpendiculaire à G'. Le point a, étant le point central sur G, est à une distance infiniment petite du point o, puisque ce point a est la limite des positions du point o lorsque G' se rapproche infiniment de G. Le segment ac est infiniment petit du premier ordre, ainsi que $o'c$; bc est un infiniment petit d'ordre supérieur au premier; alors, dans le triangle acb, ab est un infiniment petit de même ordre que ac, et par suite de même ordre que aa'. Il en résulte que dans le triangle aba' l'angle en a' est un angle fini; la ligne de striction coupe donc les génératrices sous des angles finis. C'est le cas des surfaces gauches.

Si ac est d'ordre supérieur au premier, il en est alors de même de ab; le segment ab est infiniment petit par rapport à aa', l'angle en a' est infiniment petit, et la ligne de striction est tangente à la génératrice. Ainsi, lorsque, quelle que soit la génératrice, sa distance à la génératrice infiniment voisine est infiniment petite par rapport à l'angle de ces droites, on peut dire que les génératrices de la surface sont tangentes à une courbe gauche.

En résumé, *les surfaces de la deuxième classe, en exceptant les surfaces cylindriques et les surfaces coniques, peuvent être considérées comme le lieu des tangentes à une courbe gauche.*

Nous sommes ainsi amenés, pour étudier les surfaces développables, à prendre la surface formée par les tangentes à une courbe gauche. Définissons d'abord ce qu'on appelle le *cône directeur* d'une surface réglée.

Cône directeur. — Si d'un point s de l'espace on mène des parallèles aux tangentes d'une courbe gauche, on obtient une surface conique, que nous avons déjà considérée à propos de l'hélice, et qui, par rapport à la surface développable lieu des tangentes à la courbe gauche, prend le nom de *cône directeur* (1). Cette expression de cône directeur est employée d'une manière générale lorsque, pour une surface réglée quelconque, on prend le cône lieu de

(1) L'intersection de ce cône directeur et d'une sphère dont le centre est au sommet de ce cône est la courbe que M. P. Serret a nommée *indicatrice sphérique* de la courbe gauche et dont il a montré l'utilité (*Théorie nouvelle géométrique et mécanique des lignes à double courbure*, p. 75; 1860).

droites menées d'un point fixe parallèlement aux génératrices de la surface réglée.

Lorsqu'il s'agit d'une surface développable, à une génératrice G correspond sur le cône directeur une génératrice *sg* qui lui est parallèle, et le plan tangent à la surface développable le long de G est parallèle au plan tangent au cône le long de *sg*; le cône directeur de la surface développable peut donc être considéré comme l'enveloppe des plans menés du point *s* parallèlement aux plans tangents de la surface développable.

Dans le cas d'une surface gauche, à une génératrice G correspond sur le cône une génératrice *sg*; le plan tangent au cône le long de *sg* est parallèle au plan tangent à la surface gauche au point qui est à l'infini sur G, puisque le plan tangent au point qui est à l'infini sur G est parallèle à la génératrice de la surface gauche qui est infiniment voisine de G.

On voit alors que, dans le cas d'une surface développable, si d'un point de l'espace on mène des plans parallèles aux plans tangents de cette surface, on a une enveloppe.

Dans le cas d'une surface gauche, en menant d'un point de l'espace des plans parallèles aux plans tangents de la surface, il n'y a pas d'enveloppe.

Surfaces développables. — C étant une courbe gauche, menons des tangentes à cette courbe et considérons la surface développable formée par ces droites. Le plan tangent à cette surface le long de la génératrice G est le plan mené par cette droite parallèlement à la génératrice infiniment voisine G'; mais ce plan n'est autre que le plan osculateur de C pour le point *a* où G touche cette courbe : on voit donc que *les plans tangents de la surface développable ne sont autres que les plans osculateurs de la courbe gauche,* et l'on voit aussi que *l'intersection de deux plans osculateurs infiniment voisins est une tangente de la courbe gauche.*

Il résulte de là un moyen graphique pour *construire le plan osculateur d'une courbe gauche en un point de cette courbe.*

Si l'on veut avoir au point *a* le plan osculateur de la courbe gauche C, on prend des tangentes à cette courbe gauche et les points où ces droites rencontrent un plan auxiliaire (P); en réunissant ces points par un trait continu, on a la trace de la surface développable formée par les tangentes de C. On mène à cette courbe une tangente au point où elle est rencontrée par la génératrice de la surface développable qui passe par a : le plan déterminé par cette tangente et par cette génératrice est le plan tangent à la surface développable lieu des tangentes à la courbe gauche; c'est, comme nous venons de le voir, le plan osculateur de la courbe gauche au point a.

DIX-SEPTIÈME LEÇON.

SURFACES DÉVELOPPABLES. — GÉOMÉTRIE CINÉMATIQUE (SUITE).

Section faite par un plan. — Arête de rebroussement. — Étude d'une nappe de la surface développable. — Rayon de courbure de la transformée d'une courbe. — Développement approximatif d'une portion de surface développable. — *Géométrie cinématique.* — Déplacements dans l'espace d'une figure de forme invariable. — Nombre des conditions qui assurent ces déplacements. — Déplacement infiniment petit d'une figure plane dans l'espace. — Déplacement d'une droite.

SUPPLÉMENT. — Courbes gauches et surfaces développables. — Théorème relatif à la ligne d'intersection de deux surfaces qui se coupent sous le même angle.

Section faite par un plan. — *La section faite dans une surface développable par un plan a un point de rebroussement au point où le plan sécant rencontre la courbe gauche qui définit la surface développable.*

Fig. 146.

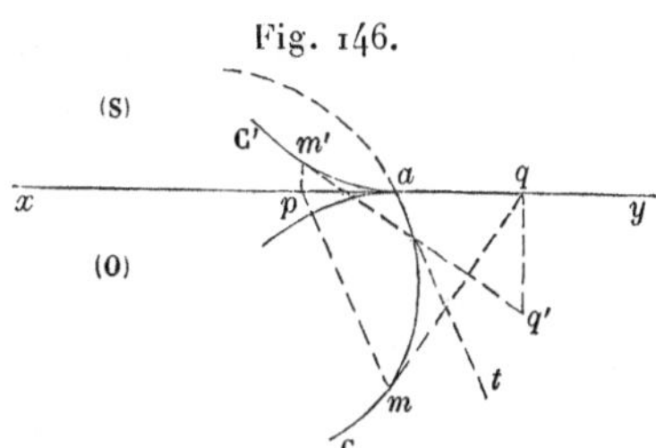

Prenons comme plans de projections le plan sécant (S) (*fig.* 146) et le plan osculateur (O) de la courbe gauche au point a où (S) rencontre la courbe. Ces deux plans se coupent suivant la droite xy. La projection de la courbe gauche sur son plan osculateur (O) est la courbe C, en supposant que cette projection soit faite au moyen de droites parallèles au plan sécant (S) et perpendiculaires à xy. La projection C′ de la courbe gauche sur le plan (S), étant faite au moyen de droites parallèles à la tangente au point a, a un point de rebroussement en a; la tangente en ce point est xy.

On a les projections d'un point de la courbe gauche en abaissant d'un point m' de C' une perpendiculaire $m'p$ sur xy et en menant par le point p une parallèle à la tangente at; cette parallèle rencontre la courbe C au point m, qui correspond à m'. La tangente à la courbe gauche, au point de l'espace dont les projections sont m et m', se projette suivant les tangentes en ces points aux projections C et C'. Pour avoir le point où cette tangente rencontre le plan (S), élevons une perpendiculaire à xy au point où la tangente mq coupe cette droite; cette perpendiculaire rencontre la tangente en m' au point q'; le point q' est la trace sur le plan (S) de la tangente à la courbe gauche au point (m', m). Le point a étant un point ordinaire sur la courbe donnée, les points tels que q sont toujours d'un même côté du point a sur la droite xy, et, par suite, la perpendiculaire qq' est tout entière sur l'une des régions de (S) située d'un même côté par rapport à la perpendiculaire élevée du point a sur xy.

Quant aux points tels que q', ils sont de part et d'autre de xy, puisque la courbe C' présente un point de rebroussement.

On voit déjà que la courbe trace de la surface développable est située de part et d'autre de xy et d'un même côté par rapport à la perpendiculaire menée du point a à cette droite.

La tangente au point q' à la trace de la surface développable s'obtient en prenant la trace sur le plan (S) du plan osculateur de la courbe donnée en (m', m). En appliquant toujours cette même construction, pour avoir la tangente au point a à la trace de la surface développable, on obtient en ce point la ligne xy qui est l'intersection du plan sécant et du plan osculateur en a. La courbe partant de q' arrive donc tangentiellement à xy au point a, et, comme elle est de part et d'autre du point a, elle présente en ce point un point de rebroussement (1).

Dans le cas particulier où le plan sécant est mené par une génératrice de la surface développable, la section faite par ce plan ne présente pas de rebroussement et a pour tangente la génératrice de

(1) M. Tresca, ingénieur en chef des ponts et chaussées, m'a donné cette démonstration lorsqu'il était élève à l'École Polytechnique.

la surface qui est l'intersection du plan sécant et du plan osculateur de la courbe.

Arête de rebroussement. — La courbe gauche qui définit la surface développable est donc, d'après ce que nous venons de démontrer, le lieu des points de rebroussement des sections planes de la surface développable; c'est pour cette raison que l'on donne à cette courbe le nom d'*arête de rebroussement.* La projection de l'arête de rebroussement forme le contour apparent de la surface développable.

On peut considérer la surface développable comme formée de deux nappes tangentes entre elles le long de l'arête de rebroussement; l'une des nappes est engendrée par les portions des tangentes à l'arête de rebroussement partant des points de cette courbe et se dirigeant toutes dans le même sens.

Étude d'une nappe de la surface développable. — Prenons des points sur la courbe donnée, arête de rebroussement de la surface développable. Menons les plans tangents en ces points à la surface développable; ces plans successifs forment une surface polyédrale. Les propriétés de ce polyèdre, qui ne dépendent ni du nombre ni de la grandeur de ses faces, peuvent s'étendre à la surface développable vers laquelle on tend en augmentant infiniment le nombre des points pris sur la courbe donnée.

On peut appliquer ce polyèdre sur un plan, en faisant tourner successivement ses faces autour des arêtes. Lorsqu'on augmente infiniment le nombre des points pris sur la courbe donnée, ce polyèdre tend vers la surface développable, et le développement du polyèdre se rapproche infiniment d'un développement qui est celui de la surface développable. C'est cette propriété de la surface développable de pouvoir se développer sur un plan qui lui a fait donner le nom de *surface développable.*

Prenons sur le polyèdre un polygone quelconque; après le développement du polyèdre, le périmètre de ce polygone n'a pas changé. Cette propriété conduit, pour la surface développable, à celle-ci : *Lorsqu'on développe une surface développable, un arc d'une courbe tracée sur cette surface et l'arc correspondant de la transformée de cette courbe ont la même longueur.*

Si, sur le polyèdre, à partir d'un point, on mène deux droites, côtés de polygones tracés sur le polyèdre, l'angle compris entre ces droites reste le même après le développement du polyèdre. Cette propriété conduit à celle-ci : *L'angle que deux courbes tracées sur une surface développable comprennent entre elles et l'angle que font entre elles les transformées de ces deux courbes après le développement de la surface développable sont égaux entre eux.*

On peut tracer sur une surface développable une courbe qui rencontre à angle droit les génératrices de cette surface; cette courbe, qu'on appelle *développante* de l'arête de rebroussement de la surface développable, se transforme, d'après ce qui précède, en une trajectoire orthogonale des tangentes de la transformée de l'arête de rebroussement après le développement de la surface développable, et par conséquent devient une développante de cette transformée de l'arête de rebroussement.

Rayon de courbure de la transformée d'une courbe. — Cherchons la *relation qui existe entre le rayon de courbure d'une courbe tracée sur une surface développable et le rayon de courbure de la transformée de cette courbe après le développement de la surface.*

Fig. 147.

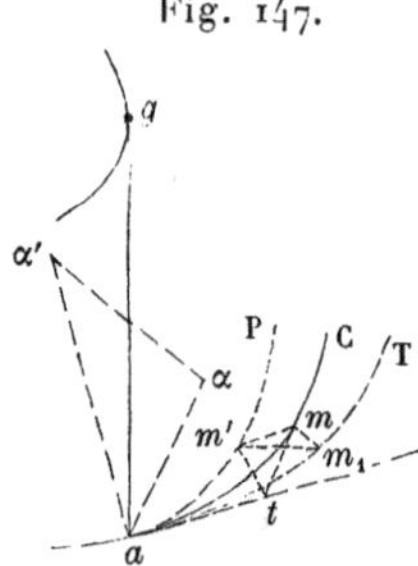

Prenons (*fig.* 147) pour plan de projection, que nous supposons de front, le plan tangent à la surface développable le long de la génératrice ga qui contient le point a de la courbe C tracée sur la surface. Projetons le point m en m', ainsi que les différents points de la courbe C; nous obtenons la projection am' ou P. Développons la surface développable sur le plan tangent le long de ag. Le point m, supposé infiniment voisin du point a, décrit un arc mm_1 infiniment petit et vient, dans ce plan tangent, sur la perpendiculaire à ag menée du point m', à une distance du point m infiniment petite du troisième ordre. La courbe am se transforme ainsi suivant la courbe am_1 ou T.

On a maintenant trois courbes : la courbe donnée C, la projection de cette courbe P sur le plan tangent, et la transformée T de la courbe C. Les courbes T et P sont osculatrices au point a, puisque les points m' et m_1 de ces deux courbes, infiniment voisins du point a, sont distants l'un de l'autre d'une longueur qui est infiniment petite du troisième ordre.

Cherchons alors la relation qui existe entre le rayon de courbure ρ de la courbe C en a et le rayon de courbure R de la courbe P au même point a. Pour cela, abaissons du point m' la perpendiculaire $m't$ sur la tangente at à ces deux courbes ; mt est alors aussi perpendiculaire à cette tangente, puisque mm' a été mené perpendiculairement au plan de projection, qui est tangent à la surface développable le long de ag et qui est supposé de front. La droite $m't$ est dans ce plan tangent à la surface développable; la droite mt est dans le plan osculateur de la courbe C; l'angle θ de ces droites est donc l'angle que le plan osculateur de la courbe C en a fait avec le plan tangent à la surface développable en ce point. Le rayon de courbure ρ de C est égal à $\frac{\overline{at}^2}{2mt}$; le rayon de courbure R de la courbe P est égal à $\frac{\overline{at}^2}{2m't}$; on a alors

$$\frac{R}{\rho} = \frac{mt}{m't}.$$

Dans le triangle rectangle $mm't$, on a

$$m't = mt\cos\theta;$$

il résulte de là

$$\frac{R}{\rho} = \frac{1}{\cos\theta}, \qquad \text{d'où} \quad R = \frac{\rho}{\cos\theta} \quad (1).$$

Ainsi, *le rayon de courbure* R *de la transformée d'une courbe est égal au rayon de courbure de cette courbe divisé*

---

(1) Cette relation est due à M. E. Catalan (*Comptes rendus des séances de l'Académie des Sciences,* t. XVII, p. 738; 1843).

par le cosinus de l'angle que le plan osculateur de la courbe fait avec le plan tangent de la surface développable.

Pour construire ce rayon de courbure R, menons l'axe de courbure $\alpha\alpha'$ de la courbe donnée; cette droite rencontre en un certain point α' le plan tangent suivant ag à la surface développable : le segment $a\alpha'$ est égal au rayon de courbure R de la transformée de la courbe sur ce plan tangent. En effet, cette droite fait avec le plan osculateur l'angle θ; la projection de cette droite sur le plan osculateur est le rayon de courbure $a\alpha$ de la courbe C. On a alors

$$a\alpha' = \frac{\rho}{\cos\theta} = \mathrm{R}.$$

Lorsque le plan osculateur de la courbe tracée sur la surface développable est perpendiculaire au plan tangent, l'axe de courbure de la courbe rencontre ce plan tangent à l'infini, et, par suite, le rayon de courbure de la transformée est infini. *Cette transformée présente un point d'inflexion.*

Lorsque le plan osculateur de la courbe se confond avec le plan tangent à la surface développable, c'est-à-dire lorsque θ est nul, R est égal à ρ : c'est ce qui a lieu pour les points de l'arête de rebroussement de la surface développable. Ainsi, *lorsque l'on développe une surface développable, la transformée de l'arête de rebroussement est une courbe dont les rayons de courbure sont respectivement égaux aux rayons de courbure de l'arête de rebroussement.*

Dans le cas particulier où l'arête de rebroussement est une hélice, on voit que la transformée de cette courbe, après le développement de la surface développable formée par ses tangentes, est une circonférence de cercle.

Développement approximatif d'une portion de surface développable. — Si l'on veut effectuer le développement d'une portion de surface développable limitée à deux courbes, on opère approximativement. On prend des points sur l'une des courbes et on les réunit en formant un contour polygonal; on trace les génératrices qui passent par ces points et l'on prolonge ces droites jusqu'à l'autre courbe; on réunit les extrémités de ces droites en formant un autre contour polygonal. On obtient ainsi une série de quadrilatères que l'on décompose en triangles au moyen de diagonales ; on construit ensuite sur un même plan des triangles égaux à ces triangles, et l'on a le développement approximatif de la portion de surface développable comprise entre les deux courbes.

GÉOMÉTRIE CINÉMATIQUE.

Déplacements dans l'espace d'une figure de forme invariable. Nombre des conditions qui assurent ces déplacements. — Nous allons suivre une marche analogue à celle que nous avons adoptée pour les courbes planes. Après avoir considéré ces courbes d'une façon générale, nous avons pris en particulier les lignes décrites pendant le déplacement d'une figure sur un plan ; de même, après avoir parlé des courbes gauches et des surfaces d'une façon générale, nous allons considérer les lignes décrites ou les surfaces engendrées pendant les déplacements dans l'espace d'une figure de forme invariable.

Commençons par déterminer le nombre de conditions auxquelles peut être assujettie une figure de l'espace que l'on déplace. *Trois conditions fixent la position d'un point dans l'espace et assurent son immobilité.* Retranchons une condition, conservons-en alors deux, le point n'est plus immobile ; il peut se déplacer et il décrit une *ligne trajectoire.* Retranchons encore une condition, le point, à partir de la position qu'il occupe, peut se déplacer dans une infinité de directions ; toutes les lignes trajectoires ainsi décrites appartiennent à une surface que j'appelle la *surface trajectoire du point* (¹).

Cherchons maintenant combien il faut de conditions pour assurer l'immobilité de tous les points d'une droite. Le point a d'une droite D étant immobile, le point b de cette droite ne peut se déplacer que sur une sphère dont le centre est au point a. Tandis qu'il faut trois conditions pour assurer l'immobilité du point a, il

---

(¹) *Voir* mon *Étude sur le déplacement d'une figure de forme invariable* (*Recueil des Mémoires des Savants étrangers,* t. XX, et *Journal de l'École Polytechnique,* XLIIIᵉ Cahier).

n'en faut plus que deux pour assurer l'immobilité du point b, puisque ce point est déjà assujetti à une condition, celle de se trouver sur une sphère déterminée. En ajoutant le nombre *trois*, qui indique les conditions relatives au point a, au nombre *deux*, qui indique les conditions relatives au point b, on trouve qu'*il faut cinq conditions pour assurer l'immobilité du segment ab et, par suite, de tous les points de la droite* D.

En retranchant une condition, on voit que *quatre conditions permettent aux points d'une droite de se déplacer; ces points décrivent des lignes trajectoires.*

En retranchant encore une condition, on voit que *trois conditions permettent aux points de la droite de se déplacer; ces points engendrent des surfaces trajectoires.*

Ce que nous venons de dire est relatif *aux points* de la droite D; mais, si nous ne nous occupons pas des points de la droite D, si nous prenons simplement cette droite comme figure géométrique, il faut une condition de moins pour assurer son immobilité que pour assurer l'immobilité de chacun de ses points; car, la droite D occupant une certaine position, on peut la faire glisser sur elle-même sans modifier cette position, les points seuls changeant de place. Il ne faut donc que *quatre conditions pour assurer l'immobilité d'une droite indépendamment de ses points;* c'est un résultat que l'on connaît, puisqu'on a vu, en Géométrie analytique, qu'il n'entre que quatre paramètres dans les équations d'une droite. Retranchant une condition, on trouve que *trois conditions permettent à la droite de se déplacer; elle engendre alors une surface réglée.*

Reprenons la droite D et les points de cette droite; imaginons un plan passant par D. Les points de la droite D étant immobiles, le plan ne peut que tourner de D; pour assurer son immobilité, il faut ajouter une condition à celles qui assurent l'immobilité des points de D, et l'on trouve ainsi qu'*il faut six conditions pour assurer l'immobilité d'un plan;* or, comme l'immobilité d'un plan d'une figure de grandeur invariable entraîne celle de la figure tout entière, on conclut qu'*il faut six conditions pour assurer l'immobilité d'une figure dans l'espace.* Ce nombre *six*, on le retrouve lorsqu'on cherche les équations d'équilibre d'un corps solide : il y a *six* équations d'équilibre.

Retranchant une condition, on voit que *cinq conditions permettent à une figure de l'espace de se déplacer; les points décrivent alors des lignes trajectoires.* Une condition de moins, et les points de la figure se déplacent sur des surfaces. Ainsi, *quatre conditions permettent à une figure de l'espace de se déplacer d'une infinité de manières à partir de la position qu'elle occupe; les points décrivent alors leurs surfaces trajectoires.*

Indépendamment des questions relatives au déplacement, ce que nous venons de dire peut être utile lorsque l'on veut chercher le nombre des conditions qu'il faut donner pour déterminer une figure dans l'espace, connaissant le nombre des paramètres qui suffisent pour déterminer sa forme. Il faut, par exemple, connaître les *trois* axes d'un ellipsoïde pour avoir la forme de cette surface. En ajoutant à ce nombre *trois* le nombre *six* relatif à la position, on retrouve bien qu'il faut *neuf* conditions pour déterminer un ellipsoïde de forme et de position.

Quant aux déplacements, les nombres que nous venons de déterminer permettent de savoir si le lieu d'un point mobile est une ligne ou une surface.

Si, par exemple, un ellipsoïde de grandeur invariable est assujetti à rester tangent à cinq ellipsoïdes, il est alors assujetti à cinq conditions, et, d'après ce que nous venons de dire, on peut le déplacer; chacun des points invariablement liés à cet ellipsoïde décrit alors une ligne trajectoire.

Si les quatre sommets d'un tétraèdre de grandeur invariable sont assujettis à rester sur quatre surfaces données, un point quelconque, invariablement lié au tétraèdre, et entraîné pendant le déplacement de ce tétraèdre, engendre une surface, puisque nous ne donnons que quatre conditions pour définir le déplacement de la figure.

Déplacement infiniment petit d'une figure plane dans l'espace ([1]). — Commençons par le déplacement infiniment petit d'une figure plane.

([1]) C'est à Chasles que l'on doit les fondements de la théorie que je vais exposer (*Comptes rendus des séances de l'Académie des Sciences*, p. 1420; 1843). *Voir* aussi mon *Étude sur le déplacement* (*loc. cit.*).

Le plan (P) (*fig.* 148) contient une figure. Après un déplacement infiniment petit, il vient en (P_1), et la figure qu'il contient prend sur ce plan (P_1) une certaine position.

Faisons tourner le plan (P_1) autour de la droite d'intersection C des plans (P) et (P_1), la figure qu'il contient prend sur (P) une nouvelle position. Nous pouvons amener cette figure à coïncider avec la première position qu'elle occupait d'abord sur (P) en la faisant tourner autour d'un centre instantané f. On voit ainsi qu'on peut décomposer le mouvement de la figure plane en deux rotations, l'une autour d'une droite perpendiculaire à (P) menée du

Fig. 148.

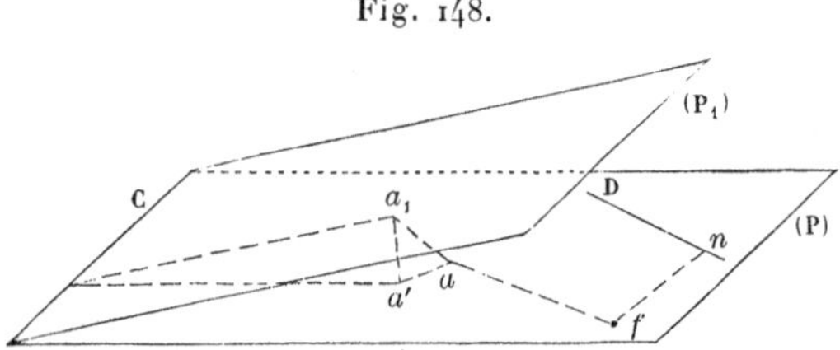

point f : un point a de cette figure vient alors en a'; l'autre autour de la droite C, intersection des plans (P) et (P_1) : le point a' vient maintenant prendre la position a_1 que doit avoir le point a sur (P_1).

Le plan $a_1 a a'$ est perpendiculaire au plan (P), et, comme af est normale à la trajectoire aa', on voit que af est aussi normale à la trajectoire aa_1. On peut dire que af est la trace sur le plan (P) du plan mené par le point a normalement à la trajectoire aa_1 de ce point, et, comme le point a est arbitraire sur le plan (P), on peut dire que :

Les plans normaux aux trajectoires de tous les points du plan (P) *passent par le point* f.

Le point f reçoit, pour cette raison, le nom de *foyer* du plan (P). On voit qu'il jouit de la propriété d'être le seul point du plan (P) dont la trajectoire soit normale à ce plan (P), puisque son déplacement est une rotation infiniment petite autour de la droite C seulement [1].

---

(1) Lorsqu'aux plans d'une figure considérée comme mobile on fait correspondre les foyers de ces plans et qu'aux points de la figure on fait correspondre les

Quand un plan se déplace d'une façon continue, dans chacune de ses positions il a, en général, un nouveau foyer; la courbe qui réunit tous ces points n'est pas une trajectoire orthogonale du plan mobile. Chacun des foyers jouit seulement de cette propriété : si on le considère comme marqué sur le plan mobile, son déplacement infiniment petit est normal à ce plan.

La droite C, intersection de (P) et de (P_1), porte le nom de *caractéristique;* c'est, en effet, la droite de contact du plan (P) et de la surface développable que ce plan enveloppe pendant son déplacement continu, puisque cette droite est l'intersection du plan (P) avec ce plan dans sa position infiniment voisine. Les points de cette droite jouissent de la propriété de se déplacer sur le plan (P) lui-même pour un déplacement infiniment petit de ce plan (P), puisqu'ils tournent seulement autour de la perpendiculaire à (P) en f : leurs rotations autour de la droite C ne changeant pas leurs positions.

Si une droite D *du plan* (P) *est entraînée pendant le déplacement de ce plan, elle engendre une surface réglée* (D); *la perpendiculaire fn abaissée du foyer f du plan* (P) *sur la droite* D *est normale à la surface réglée* (D), car la droite fn est perpendiculaire à D, et, en outre, elle est normale à la trajectoire décrite par le point n; elle est donc normale à deux lignes tracées sur la surface (D) à partir du point n; donc elle est normale à cette surface.

La réciproque de cette propriété est évidemment vraie.

Déplacement d'une droite. — Prenons la droite d'intersection D de deux plans (P) et (P'). Le plan normal à la trajectoire du point a de cette droite passe par le foyer f du plan (P); il passe aussi par le foyer f' du plan (P'); il contient donc la droite $f'f$. Cela est vrai pour un point quelconque de D; on voit donc que :

Les plans normaux aux trajectoires des points d'une droite se coupent suivant une même droite.

---

plans normaux aux trajectoires de ces points, on obtient un *mode de construction de figures corrélatives* dont M. L. Cremona a fait une élégante application dans son Mémoire *Le figure reciproche nella Statica grafica,* publié d'abord à Milan, en 1872, et depuis traduit en français par M. le capitaine Bossut (Gauthier-Villars, 1885).

Nous sommes déjà arrivés à cette propriété (p. 160) et nous avons vu, en outre, que cette droite est l'axe instantané de rotation à l'aide duquel on obtient le déplacement infiniment petit de la droite D.

La connaissance des trajectoires de deux points d'une droite suffit pour déterminer cet axe de rotation. Si le point a décrit la courbe (a), si le point b décrit la courbe (b), en menant par les points a et b des plans respectivement normaux aux trajectoires de ces deux points et prenant leur droite d'intersection, on a l'axe Δ autour duquel il faut faire tourner le segment ab pour faire décrire à chacun des points a et b les éléments des courbes (a) et (b).

Si le segment ab, pour une de ses positions, est normal à la trajectoire du point a, le plan normal en a à cette trajectoire contient le segment ab; il coupe alors le plan normal en b à la trajectoire (b) suivant une droite Δ qui passe par le point b. Le déplacement de ab est donc, dans ce cas, une rotation infiniment petite autour de Δ, qui fait décrire aux points de la droite ab des éléments *dans un même plan*, à l'exception du point b, qui reste dans la même position. Cela veut dire que, pour un déplacement infiniment petit du premier ordre du point a, le déplacement du point b est infiniment petit d'ordre supérieur au premier.

Si la droite ab, dans l'une de ses positions, est normale en a et b aux trajectoires de ces points et si les tangentes en a et b à ces trajectoires sont dans le même plan, les plans normaux en a et b sont confondus; la droite Δ est une certaine droite de ce plan normal à la fois aux trajectoires des points a et b, et le déplacement autour de cette droite est une rotation qui fait décrire aux points de ab des éléments normaux à ab et situés *dans le même plan*.

Enfin, si le segment ab, dans l'une de ses positions, est normal aux trajectoires des points a et b et si les tangentes en ces points à ces trajectoires ne sont pas dans le même plan, la droite Δ est confondue avec ab, et le déplacement de ce segment ab ne peut plus être obtenu par une rotation. Les points de ce segment décrivent des éléments normaux à ab; car, si l'un d'eux, m, ne décrivait pas un élément normal à ab, nous nous trouverions dans le premier cas examiné et nous aurions un axe de rotation passant par ce point m. En vertu de cet axe de rotation, tous les points du segment *ab* décriraient des éléments normaux à *ab dans un même plan;* or, par hypothèse, les éléments décrits par les points *a* et *b* ne sont pas dans un même plan; on ne peut donc pas admettre que le point *m* ne décrive pas un élément normal à *ab*. On voit alors que *le segment ab est tel qu'il est normal aux trajectoires de tous ses points,* et, d'après tout ce que nous venons de dire, on peut conclure que :

Lorsqu'une droite se déplace normalement à la trajectoire d'un de ses points, elle est, en général, normale aux trajectoires de tous ses points.

SUPPLÉMENT A LA DIX-SEPTIÈME LEÇON.

Courbes gauches et surfaces développables. — L'enveloppe des plans normaux à une courbe gauche C est une surface développable que Monge ([1]) a nommée *surface polaire* de C. Les génératrices de cette surface polaire sont les axes de courbure de C. L'axe de courbure de C, relatif au point *a* de cette courbe, touche l'arête de rebroussement de la surface polaire en un point qui est le centre d'une sphère qui a, avec C, quatre points infiniment voisins confondus en *a*, comme il est facile de le voir en prenant d'abord quatre points de C à distances finies les uns des autres. Cette sphère est appelée *sphère osculatrice* de C.

Le plan mené par la tangente en *a* à C, perpendiculairement au plan osculateur de cette courbe en ce point, est appelé *plan rectifiant* ([2]) de C.

L'enveloppe des plans rectifiants de C est la *surface rectifiante* de cette courbe. Les génératrices de cette surface développable sont les *droites rectifiantes* de C. Après le développement de la surface rectifiante de C, cette courbe est transformée suivant une droite.

Relativement à la surface développable formée par les tangentes à C, les plans rectifiants de cette courbe sont des plans normaux menés par les génératrices de cette surface. La droite rectifiante est l'intersection de deux de ces plans normaux infiniment voisins; aussi je

---

([1]) *Recueil des Savants étrangers,* t. X, p. 511; 1875.

([2]) Lancret, *Mémoire sur les courbes à double courbure,* même Recueil, t. I, 1805. *Mémoires sur les développoïdes,* même Recueil, t. II, 1811.

donne à cette droite le nom d'*axe de courbure* de la surface développable.

Les axes de courbure de cette surface développable sont aussi les axes de courbure des trajectoires orthogonales des génératrices de cette surface, ce qui fait que les points de l'arête de rebroussement de la surface rectifiante de C sont les centres des sphères osculatrices de ces trajectoires.

Théorème relatif à l'intersection de deux surfaces qui se coupent sous le même angle. — Soient (*fig.* 147) deux surfaces (M) et (N) qui se

Fig. 149.

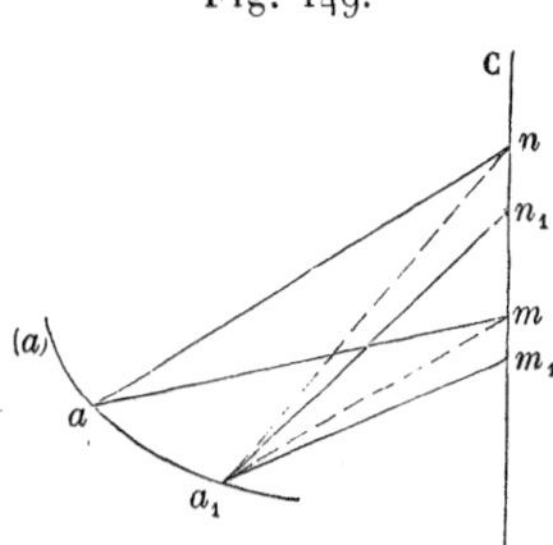

coupent suivant la courbe (a) et toujours sous le même angle aux différents points de cette courbe.

Prenons un arc infiniment petit aa_1 sur (a), et menons, à partir de a et a_1, les normales aux surfaces (M) et (N).

Les normales issues de a sont am et an; celles qui sont issues de a_1 sont a_1m_1 et a_1n_1.

On a l'angle man, qui est égal à l'angle $m_1a_1n_1$. On peut amener ces angles en coïncidence au moyen de deux rotations : l'une, qui amène en coïncidence les plans de ces angles, a lieu autour de la caractéristique du plan man; l'autre a lieu autour d'une perpendiculaire à ce plan issue de son foyer.

La caractéristique du plan man, qui reste normal à (a) pendant son déplacement, est l'axe de courbure C de cette courbe. La perpendiculaire au plan man issue de son foyer est tangente en a à (a).

En tournant autour de C, a vient en a_1 et l'angle man vient en ma_1n; puis cet angle tourne autour de a_1 et vient coïncider avec l'angle $m_1a_1n_1$.

Il résulte de là que l'angle m_1a_1m est égal à l'angle n_1a_1n, et, comme aa_1 est normal au plan de l'angle mobile, ces angles mesurent les angles des normales a_1m_1, a_1n_1 avec les plans maa_1 et naa_1.

Ainsi, *lorsque a décrit aa_1, la normale am à* (M) *vient en a_1m_1,* *qui fait avec le plan* maa_1, *normal à* (M), *un angle* ([1]) *égal à l'angle que* $a_1 n_1$ *fait avec le plan* naa_1 *qui est normal à* (N).

Il est important de remarquer que, tandis que $a_1 m_1$ est extérieur au dièdre dont les faces sont maa_1, naa_1, la normale $a_1 n_1$ est à l'intérieur de ce dièdre. Si $a_1 m_1$ avait été à l'intérieur, $a_1 n_1$ aurait été à l'extérieur.

([1]) *Angle de torsion géodésique,* dont la considération est due à M. J. Bertrand (*Journal de Mathématiques,* 1re série, t. IX, p. 133; 1844).

DIX-HUITIÈME LEÇON.

LEÇON D'OPTIQUE GÉOMÉTRIQUE
(APPLICATION DE GÉOMÉTRIE CINÉMATIQUE).

Variation de longueur d'un segment de droite mobile. — Théorème de Malus et de Dupin. — Construction de la normale à la surface podaire. — Surface de l'onde. — Points singuliers. — Plans tangents singuliers.

SUPPLÉMENT. — Construction de la normale à la surface podaire. — Surface de l'onde : autres définitions. — Détermination de la normale à la surface de l'onde. — Noms des auteurs qui ont traité de la surface de l'onde.

Nous allons consacrer cette Leçon à des applications des propriétés déjà démontrées relativement au déplacement dans l'espace d'une figure de forme invariable. Ces applications ont un double objet : d'abord, elles font bien comprendre les propriétés relatives au déplacement des figures; ensuite, elles donnent des résultats utiles en Optique.

Variation de longueur d'un segment de droite mobile. — Nous avons vu que, lorsqu'une droite se déplace sans rester dans le même plan, si elle est normale à la trajectoire d'un de ses points, elle est normale aux trajectoires de ses autres points. Il résulte de cette propriété le moyen de déterminer une expression de la variation de longueur d'un segment mobile de grandeur variable.

Fig. 150.

Le segment ab (*fig.* 150) devient $a_1 b_1$: quelle est la variation de longueur de ab? Menons à partir des points a et b les trajectoires orthogonales des droites ab, $a_1 b_1$; on peut confondre les éléments de ces trajectoires avec les perpendiculaires abaissées des points a et b sur $a_1 b_1$. On obtient ainsi, aux pieds de ces perpendiculaires, les points α et β, et, d'après le théorème que nous venons de rappeler, $\alpha\beta$ est égal à ab. La variation de longueur du segment est donc la somme des segments αa_1, βb_1, et l'on peut dire que *la variation de longueur d'un segment de droite est égale à la somme algébrique des projections, sur la direction de ce segment, des chemins parcourus par ses extrémités* ([1]).

Si la variation de longueur du segment est réduite à la projection du chemin parcouru par l'une de ses extrémités seulement, l'autre extrémité se déplace normalement au segment mobile. C'est ce cas particulier dont nous allons faire usage pour démontrer la généralisation faite par Dupin ([2]) d'un théorème dû à Malus ([3]) :

Théorème de Malus et de Dupin. — *Des rayons lumineux sortent normalement d'une surface; ils rencontrent une surface et sont réfractés de façon qu'un rayon incident et le rayon réfracté correspondant soient dans un même plan normal à cette surface et qu'entre le sinus de l'angle d'incidence et le sinus de l'angle de réfraction il y ait un rapport constant : après la réfraction, tous ces rayons sont encore normaux à une surface.*

ab (*fig.* 151) est un rayon lumineux qui est normal à une surface (A); ce rayon rencontre en b une surface (B); après la réfraction, il est dirigé suivant bl; les droites ba, bl font avec la normale au point b à la surface (B) des angles i et r, tels que

$$\frac{\sin i}{\sin r} = \lambda,$$

λ étant une constante.

Nous allons démontrer que les rayons, tels que bl, sont normaux à une même surface. Menons au point a le plan tangent à la sur-

---

([1]) A l'occasion de ce théorème, *voir* Gilbert, *Note sur quelques propriétés des lignes tracées sur une surface quelconque* (*Bulletin de l'Academie royale de Belgique*, 2e série, t. IX, n° 1).

([2]) *Applications de Géométrie et de Mécanique*, quatrième Mémoire.

([3]) *Premier Mémoire sur l'Optique* (*Journal de l'École Polytechnique*, XIVe Cahier).

face (A), au point b le plan tangent à la surface (B). Ces deux plans se coupent suivant une droite T, qui est alors perpendiculaire au plan du rayon incident, du rayon réfracté et de la normale à la surface (B). Par cette droite T menons un plan perpendiculaire au rayon réfracté bl; il rencontre ce rayon au point c. Les trois plans, qui se coupent suivant la droite T, étant respectivement perpendiculaires au rayon incident, au rayon réfracté et à la normale à (B), comprennent entre eux des angles égaux à i et r; et,

Fig. 151.

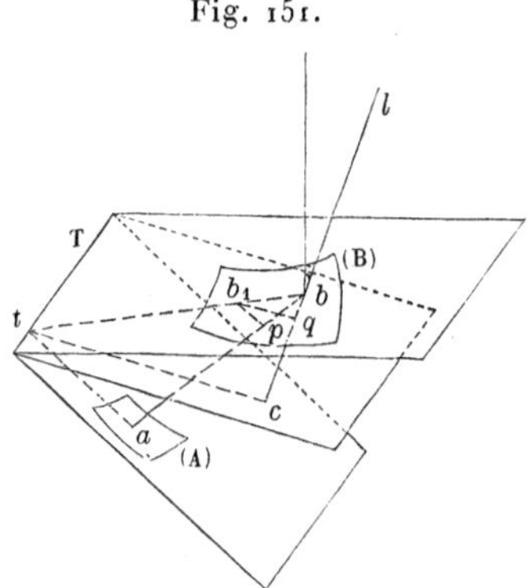

comme les sinus des angles compris par ces plans sont entre eux comme $\frac{ba}{bc}$, on voit que

$$\frac{ba}{bc} = \lambda. \tag{1}$$

Si le rayon lumineux issu de la surface (A) part d'un point infiniment voisin du point a, il rencontre la surface (B) en un point b_1 infiniment voisin de b. Joignons le point b au point b_1; cette droite coupe T au point t. Joignons le point t aux points c et a; les droites tc, ta sont respectivement perpendiculaires au rayon réfracté et au rayon incident. En abaissant du point b_1 une perpendiculaire b_1p sur ab et une perpendiculaire b_1q sur bc, on a alors des droites respectivement parallèles à ta et tc. Comme le rayon lumineux ab, quand on le déplace de façon à amener le point b au point b_1, est tel que le point a décrive sur la surface (A) une trajectoire normale à ab, la variation de longueur de ce rayon est simplement bp. Nous allons faire voir qu'en même temps la variation de longueur de bc n'est autre chose que bq, et alors le point c lui-même se déplace sur une surface tangente en c au plan mené par la droite T perpendiculairement au rayon réfracté.

De la relation (1) on tire

$$dba = \lambda\, dbc, \tag{2}$$

c'est-à-dire que la variation de longueur de ba est à la variation de longueur de bc dans le rapport constant λ.

On a

$$\frac{bp}{bq} = \frac{ba}{bc} = \lambda,$$

d'où

$$bp = \lambda\, bq.$$

Mais $bp = dba$; on a alors

$$dba = \lambda\, bq.$$

En rapprochant cette relation de la relation (2), on trouve que bq est la variation de bc, et le point c se déplace alors normalement à bc. Comme cela est vrai quelle que soit la direction de bb_1, on conclut que le rayon réfracté est normal à une surface tangente en c au plan (T, c) (1).

---

(1) Montrons que, *pour arriver au théorème de Dupin, on doit avoir la loi des sinus*. Soient ab un rayon incident et cb la direction du rayon réfracté; nous supposons que le plan de ces rayons est normal en b à (B), que ces rayons sont respectivement normaux aux surfaces (A), (C), et que cela est constamment vrai.

Prenons le rayon infiniment voisin de ab qui rencontre (B) au point b_1, projetons b_1 en p sur ab. Le segment pb est la variation de longueur de ab, lorsque b vient en b_1. On a

$$\frac{pb \text{ ou } d.ab}{ab} = \frac{b_1 b}{tb};$$

de même

$$\frac{d.cb}{cb} = \frac{b_1 b}{tb}.$$

On a donc

$$\frac{d.ab}{ab} = \frac{d.cb}{cb},$$

d'où, en intégrant,

$$\frac{cb}{ab} = \text{const.}$$

Par suite

$$\frac{\sin i}{\sin r} = \text{const.}$$

[Voir *Mémoire sur la théorie des surfaces*, par M. Bertrand (*Journal de Liouville*, 2e série, t. IX).]

Le théorème que nous venons de démontrer s'applique lorsqu'au lieu de réfraction on parle de réflexion, et lorsqu'au lieu d'une surface d'où partent normalement des rayons lumineux on a simplement un point lumineux.

Construction de la normale à la surface podaire. — Soient a (*fig.* 152) le point lumineux, ab un rayon lumineux, bn la normale à la surface réfléchissante. Prenons comme plan de la figure le plan abn; le rayon réfléchi est alors dans le plan de la figure, et il fait avec bn un angle égal à abn. La droite T de la figure précédente est maintenant projetée au point t, intersection de la tangente en b à (B) et de la perpendiculaire menée par le point a au rayon ab. Le

Fig. 152.

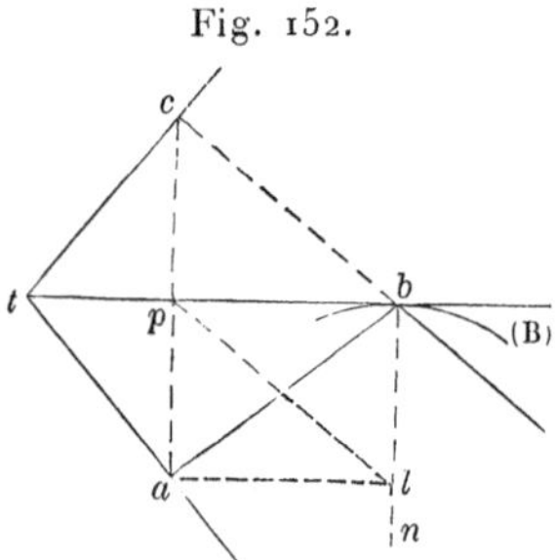

plan mené, par la droite projetée en t, perpendiculairement au rayon réfléchi est projeté suivant la perpendiculaire tc abaissée du point t sur le rayon réfléchi. D'après ce que nous venons de démontrer, le lieu des points, tels que c, est une surface (C) qui a pour normale la droite cb.

Comme l'angle d'incidence et l'angle de réflexion sont égaux entre eux, la droite ac est perpendiculaire sur bt, et le point p où elle rencontre cette droite est le milieu du segment ac. Le lieu $[p]$ des points, tels que p, c'est-à-dire le lieu des pieds des perpendiculaires abaissées du point fixe a sur les plans tangents à la surface (B) est alors une surface homothétique à la surface (C). On a donc la normale en p à la surface $[p]$, en menant une parallèle à cb.

La surface $[p]$ est ce que l'on appelle la *surface podaire* de (B) par rapport au point a. On voit que, pour construire en p la normale à la surface podaire, on doit mener une droite qui rencontre ab et qui fasse avec ap le même angle que ab ([1]).

Cette dernière construction va nous être utile pour l'étude d'une surface que l'on emploie en Optique : *la surface de l'onde lumineuse.*

Surface de l'onde. — Prenons comme première définition de cette surface celle que l'on rencontre dans la théorie de la lumière.

On donne un ellipsoïde dont le centre est en o (*fig.* 153); on joint le point o à un point m de cet ellipsoïde. Dans le plan mené par om et par la normale en m à l'ellipsoïde (plan que nous prenons

Fig. 153.

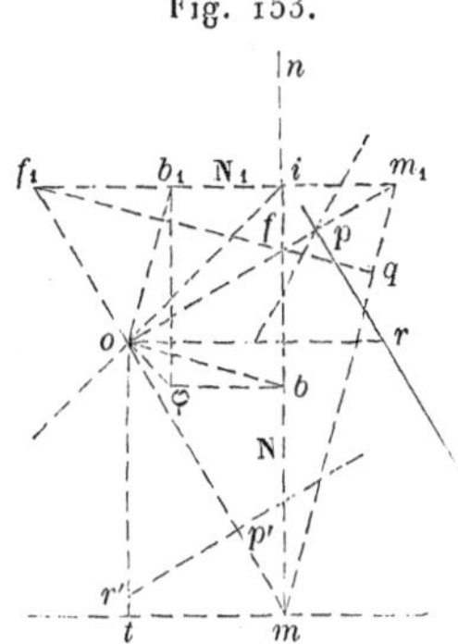

pour plan de la figure), on élève une perpendiculaire à om, et l'on porte sur cette droite une longueur $op = \frac{K^2}{om}$. Par le point p on mène un plan perpendiculaire à op : ce plan est tangent à la surface de l'onde.

Menons par om un plan perpendiculaire au plan omn; il coupe le plan tangent en m à l'ellipsoïde suivant une droite tangente à la section qu'il détermine dans l'ellipsoïde et qui est perpendiculaire à om. On voit ainsi que le point m est un sommet de la section faite dans l'ellipsoïde par le plan diamétral mené par om perpendiculairement au plan de la figure; om est l'un des demi-axes de cette section, et la longueur op est inversement proportionnelle à la longueur de cet axe. On peut dire, d'après cela, que *la surface*

(1) Voir le Supplément à cette Leçon.

de l'onde est la surface dont les plans tangents sont menés parallèlement aux plans diamétraux d'un ellipsoïde et à des distances de ces plans inversement proportionnelles aux axes des sections faites dans l'ellipsoïde par ces plans diamétraux.

Proposons-nous de construire le point où le plan tangent à la surface de l'onde que nous venons de mener par le point p touche cette surface. Puisque ce plan tangent à la surface de l'onde a été mené perpendiculairement à op, le point p est le pied de la perpendiculaire abaissée du point o sur ce plan, et les points tels que p appartiennent à la surface podaire $[p]$ de la surface de l'onde relative au point o.

Si nous savions construire la normale à cette surface podaire $[p]$, nous aurions le point de contact demandé en menant du point o une droite rencontrant la normale à $[p]$ et faisant avec op un angle égal à l'angle que cette normale fait avec cette droite.

Cherchons la normale à la surface podaire $[p]$. Portons sur op une longueur om_1 égale à om; au point m de l'ellipsoïde correspond ainsi un point m_1, et l'on peut dire qu'à l'ellipsoïde correspond une surface $[m_1]$ lieu des points tels que m_1.

On a

$$op \times om = K^2,$$

et aussi alors

$$op \times om_1 = K^2.$$

La surface podaire et la surface $[m_1]$, ayant leurs points correspondants liés entre eux par cette dernière relation ([1]), jouissent de cette propriété : *la sphère tangente en p à $[p]$ et qui contient m_1 est tangente en ce point à la surface $[m_1]$.* Mais les normales en m_1 et en p à cette sphère sont deux droites qui se rencontrent et qui sont également inclinées sur op; rapprochant alors ce résultat de ce qui a été dit précédemment, on voit que la normale au point m_1 à la surface $[m_1]$ est parallèle à la droite que nous nous proposons de trouver et qui rencontre le plan tangent à la surface de l'onde au point de contact qu'il s'agit de construire.

Le problème est donc ramené à la construction de la normale en m_1 à la surface $[m_1]$.

([1]) La surface $[m_1]$ est la transformée de $[p]$ par rayons vecteurs réciproques. Voir la Note au bas de la page 219.

Joignons le point m_1 au point m. Le triangle mom_1 est un triangle rectangle isoscèle de grandeur *variable*. Pour construire la normale à la surface sur laquelle reste le sommet m_1, nous allons profiter des éléments de grandeur invariable qui existent dans ce triangle. Prenons l'angle omm_1 de grandeur invariable; cherchons le foyer du plan de cet angle que l'on déplace de façon que, m restant sur l'ellipsoïde, ce plan contienne toujours la normale en ce point à cette surface; en outre, le côté om passe constamment par le centre o. Quand le point m se déplace sur l'ellipsoïde dans une direction arbitraire, le foyer de ce plan est sur la normale à la trajectoire du point m; donc il est un point de la normale mn à l'ellipsoïde. Comme le côté om passe toujours par le point o, le point de cette droite qui, après le déplacement infiniment petit, vient au point o, décrit un élément dans la direction même de om; la normale, dans le plan omn, à la trajectoire de ce point est alors la perpendiculaire élevée du point o à la droite om. Cette droite rencontre mn au point f, qui est le foyer cherché.

En appliquant une propriété démontrée dans la Leçon précédente, nous n'avons qu'à abaisser du point f une perpendiculaire sur le côté mm_1 pour avoir le point q où la surface engendrée par mm_1 est normale au plan omm_1.

Prenons maintenant l'angle om_1m de grandeur invariable. Le plan de cet angle coïncide toujours avec le plan du premier angle omm_1; mais ces deux angles ne sont pas soumis au même déplacement, puisque le triangle omm_1 est variable. Cherchons le foyer relatif au déplacement du plan de l'angle om_1m. Le côté om_1 passant par le point o, le foyer cherché se trouve sur la perpendiculaire élevée au point o à la droite om_1, c'est-à-dire sur mo ou sur son prolongement. Ce foyer se trouve aussi sur la normale à la surface engendrée par m_1m, menée du point q où cette surface est normale au plan mobile. Le foyer se trouve donc au point f_1, à la rencontre de fq et de mo. La droite f_1m_1 est alors la normale à la trajectoire du point m_1, et, comme le point f_1 ne dépend pas de la direction du chemin suivi par m, la droite f_1m_1 est normale à la trajectoire du point m_1 quelle que soit cette trajectoire; donc cette droite est normale à la surface $[m_1]$, sur laquelle se déplace le point m_1.

Dans le triangle f_1mm_1, l'angle m_1om est droit, l'angle f_1qm

est droit; le point f est donc le point de rencontre des hauteurs de ce triangle, et la droite $f_1 m_1$ est perpendiculaire sur mn. On voit ainsi que, pour avoir la normale à la surface $[m_1]$, il suffit d'abaisser du point m_1 une perpendiculaire sur la normale mn à l'ellipsoïde. En se reportant à ce que nous avons déjà dit, comme il faut mener du point o une parallèle à cette normale pour avoir le point de contact du plan tangent à la surface de l'onde, on voit qu'*il suffit d'abaisser du point o une perpendiculaire sur la normale mn et que le point r où cette perpendiculaire rencontre le plan tangent à la surface de l'onde est le point de contact de ce plan.*

Du point o abaissons la perpendiculaire ot sur le plan tangent à l'ellipsoïde. Les deux triangles opr, otm sont semblables; on a

$$\frac{ot}{om} = \frac{op}{or};$$

d'où

$$ot \times or = op \times om = K^2.$$

Puisque $ot \times or$ est un produit constant, nous tirons de là une deuxième définition de la surface de l'onde en faisant correspondre le point r au plan tangent mt de l'ellipsoïde. On peut dire qu'*on obtient le point r de la surface de l'onde en menant du point o une parallèle à la projection de om sur le plan tangent en m à l'ellipsoïde et en portant sur cette droite une longueur or inversement proportionnelle à la distance du point o à ce plan tangent.*

On a ainsi une définition de la surface de l'onde qui donne les points de cette surface correspondants au plan tangent de l'ellipsoïde, tandis que la première définition faisait correspondre les plans tangents de la surface de l'onde à des points de l'ellipsoïde.

En employant ces définitions, il est facile de se rendre compte de la forme de la surface de l'onde. Cette surface a les mêmes plans principaux que l'ellipsoïde, et l'on démontre aisément que *sur un quelconque de ces plans principaux la trace de la surface de l'onde se compose d'un cercle et d'une conique homothétique à la conique trace de l'ellipsoïde sur ce plan principal.* Dans le plan principal perpendiculaire à l'axe moyen de l'ellipsoïde, la circonférence et la conique, traces de la surface de l'onde, se rencontrent en des points réels.

Soient ac' (*fig.* 154) la conique et bb' la circonférence de cercle sur le plan des xz. Sur le plan des xy on a une circonférence de cercle qui passe par le point a et dont le rayon est oa. Sur le plan des zy la circonférence de cercle a pour rayon oc'. Sur le plan des xy la conique a pour demi-axes ob' et oc, et sur le plan des yz elle a pour axes ob et oa'.

La surface de l'onde se compose de deux nappes : l'une, exté-

Fig. 154.

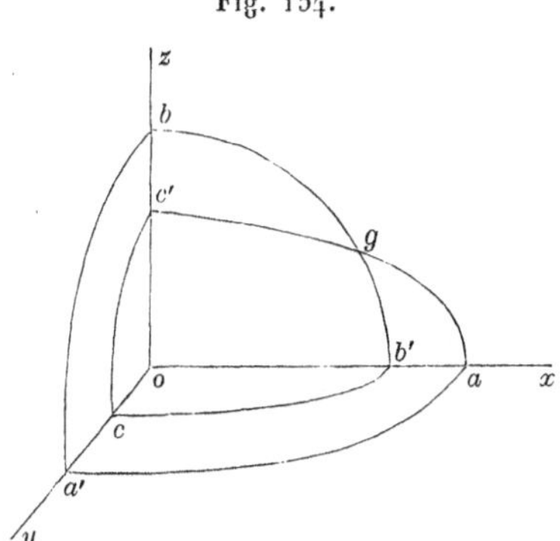

rieure, qui a pour traces les arcs ga, gb, aa', ba'; l'autre, intérieure, qui a pour traces les arcs gb', gc', $b'c$, cc'.

Points singuliers. — Aux points tels que g, la surface de l'onde a une infinité de plans tangents dont l'enveloppe est une surface conique. C'est pourquoi le point g est appelé *point conique*. Nous allons montrer qu'*en un point conique de la surface de l'onde l'enveloppe des plans tangents est une surface conique du second degré*.

Prenons (*fig.* 155) l'ellipsoïde et l'un des cylindres de révolution qu'on peut circonscrire à cette surface. Employons la deuxième définition de la surface de l'onde, celle qui détermine par points cette surface en faisant correspondre ses points aux plans tangents de l'ellipsoïde. Puisque les distances du point o aux plans tangents de l'ellipsoïde, qui sont des plans tangents à ce cylindre de révolution, sont égales, les distances du point o aux points de la surface de l'onde qui correspondent à tous ces plans tangents sont égales. Ainsi, à tous ces plans tangents correspondent sur la surface de l'onde les deux seuls points g, g' qu'on obtient en menant du point o une parallèle aux génératrices du cylindre et en portant à partir du point o une longueur og ou og' égale à K^2 divisé par la distance du point o aux plans tangents du cylindre circonscrit.

Le point g ainsi déterminé est un point conique. Construisons le plan tangent à la surface de l'onde en g qui correspond au plan tangent en m. Menons un plan parallèle au plan de la courbe de contact E de l'ellipsoïde et du cylindre circonscrit. La trace du

Fig. 155.

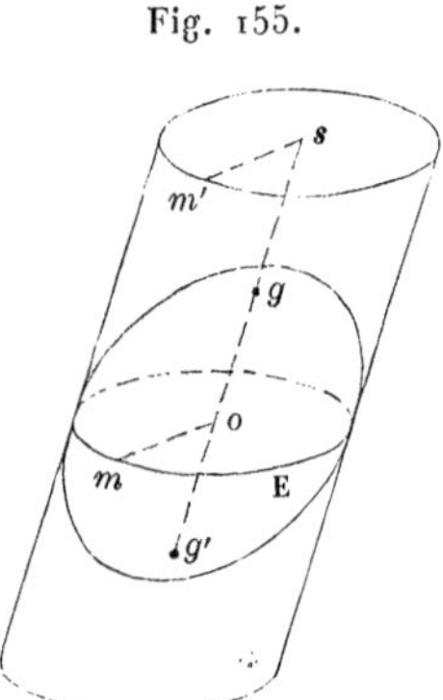

plan gom sur ce plan est la droite sm' parallèle à om. D'après ce qui précède, le plan tangent au point g à la surface de l'onde est parallèle au plan mené par sm' perpendiculairement à $m'os$, ou encore, le plan tangent à la surface de l'onde est perpendiculaire à perpendiculaire abaissée du point o sur $m's$.

Lorsque m varie sur E, les plans tangents en g à la surface de 'onde sont toujours respectivement perpendiculaires aux perpendiculaires abaissées du point o sur les droites, qui partent du point s et sont tracées sur le plan parallèle au plan de E. L'ensemble de ces perpendiculaires forme un cône du second degré, et, comme ce cône est supplémentaire du cône formé par les plans tangents à la surface de l'onde, on voit que *les plans tangents au point g à la surface de l'onde enveloppent une surface conique du second degré.*

Plans tangents singuliers. — Prenons l'ellipsoïde et l'une de ses sections circulaires C (*fig.* 156). Employons la première définition de la surface de l'onde; à un point m pris sur C correspond un plan (P) parallèle au plan de cette section circulaire, et ce plan est le même quel que soit le point pris sur C. On a donc là un plan (P) qui est tangent à la surface de l'onde en des points qui varient lorsqu'on prend différents points sur la section circulaire de l'ellipsoïde.

Cherchons le lieu des points de contact de (P) et de la surface

Fig. 156.

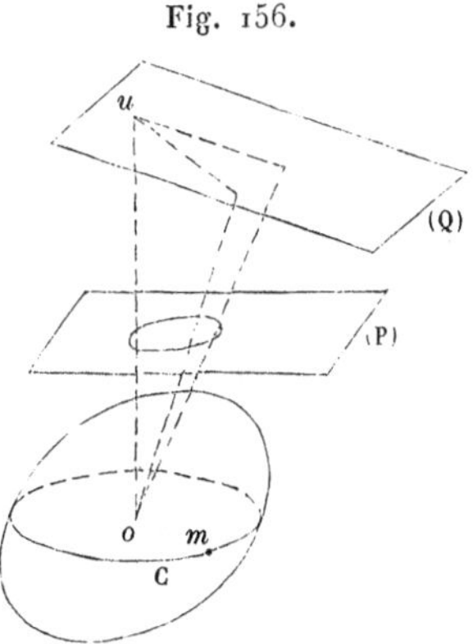

de l'onde. Pour avoir sur (P) le point de contact qui correspond à m, on doit abaisser du point o une perpendiculaire sur la normale en m à l'ellipsoïde et prendre la trace de cette droite sur le plan (P). Les normales à l'ellipsoïde, dont les pieds sont sur C, sont parallèles à un plan (Q) mené perpendiculairement au diamètre conjugué du plan de la circonférence C; en outre, elles rencontrent le diamètre perpendiculaire au plan de la section circulaire; ces normales sont donc parallèles à toutes les droites que l'on peut tracer sur le plan (Q) à partir du point u, où ce diamètre perpendiculaire au plan de C rencontre (Q). Pour avoir les points de contact du plan (P), on doit donc abaisser du point o des perpendiculaires sur toutes les droites tracées sur le plan (Q) à partir du point u et prendre les traces de ces perpendiculaires sur (P).

Mais le lieu de ces droites est une surface conique dont les sections circulaires sont, les unes parallèles au plan (Q), les autres perpendiculaires à ou; la trace de cette surface conique sur le plan tangent (P) à la surface de l'onde est alors une circonférence de cercle. *Le plan* (P) *est donc tangent à la surface de l'onde suivant une circonférence de cercle.*

A chacune des sections circulaires diamétrales de l'ellipsoïde correspondent ainsi deux plans tangents singuliers qui touchent la surface de l'onde suivant des circonférences de cercle. Ces plans tangents singuliers sont (*fig.* 154) perpendiculaires au plan xoz et leurs traces sur ce plan sont les tangentes communes à la conique ac' et au cercle bb'.

Les points coniques, qui sont des points singuliers de la surface de l'onde, donnent lieu à ce qu'on appelle en Optique la *réfraction conique,* et les plans tangents singuliers, tels que (P), donnent lieu au phénomène que l'on désigne sous le nom de *réfraction cylindrique.*

SUPPLÉMENT A LA DIX-HUITIÈME LEÇON.

Construction de la normale à la surface podaire. — Reprenons la *fig.* 152.

Quelle que soit la position du point p sur la surface podaire, on a un angle droit, tel que apb, dont un côté passe par le point fixe a, dont l'autre côté est tangent à (B) et dont le plan est normal en b à cette surface.

Pour un déplacement infiniment petit de l'angle apb, satisfaisant toujours à ces conditions, on obtient le foyer de son plan en élevant du point a la perpendiculaire al à ap et en prenant le point l où cette droite rencontre la normale bn. Cette dernière droite est, en effet, dans le plan apb, la normale à la surface engendrée par le côté pb.

Le foyer du plan apb est donc le point l, pied de la perpendiculaire abaissée de a sur bn. La normale à la trajectoire du point p est alors pl; comme cela est vrai, quel que soit le déplacement de l'angle apb, *la droite pl est la normale à la surface podaire* [p].

Les droites pl, ab, diagonales du rectangle $apbl$, sont également inclinées sur ab : on retrouve ainsi le résultat déjà obtenu page 256.

Surface de l'onde : autres définitions. — Du point o comme centre (*fig.* 153) décrivons une sphère de rayon K et prenons par rapport à cette sphère la polaire réciproque (1) de l'ellipsoïde $[m]$: nous obtenons un nouvel ellipsoïde (M). Cette surface est tangente au plan polaire de m, plan qui est perpendiculaire à om et qui est une distance op' du point o égale à op. La trace de ce plan polaire sur le plan de la figure est $p'r'$; elle rencontre ot au point r', pôle du plan tangent tm. Ce point r' est le point de contact avec (M) du plan tangent $p'r'$.

En faisant dériver la surface de l'onde $[r]$ de l'ellipsoïde (M), on a cette troisième définition :

On joint le centre o de l'ellipsoïde (M) *au point r' de cette surface. Dans le plan mené par or' normalement à* (M) *en r', on élève à or' la perpendiculaire or et l'on porte sur cette droite le segment or égal à or'; le lieu des points r est une surface de l'onde.*

Il résulte de cette troisième définition que la surface $[m_1]$ est aussi une surface de l'onde (2).

En faisant usage des trois définitions de la surface de l'onde, j'ai pu transformer des propriétés de l'ellipsoïde et arriver à des propriétés de la surface de l'onde. C'est ainsi qu'aux propriétés des diamètres conjugués de l'ellipsoïde correspondent des propriétés relatives aux diamètres de la surface de l'onde. Ces dernières propriétés sont remarquables, parce qu'elles s'interprètent en Optique (3).

Voici une autre définition de la surface de l'onde :

La surface de l'onde est le lieu du sommet d'un angle droit dont les côtés sont respectivement tangents à un ellipsoïde (ou à deux ellipsoïdes homofocaux) et dont le plan est normal à cette surface (ou à ces surfaces) en chacun des points de contact de ces côtés.

En déplaçant infiniment peu l'angle droit, on voit facilement que la normale à la surface de l'onde ainsi engendrée passe par le milieu de la corde de contact des côtés de cet angle (4).

Détermination de la normale à la surface de l'onde. — Reprenons l'ellipsoïde (E), dont le centre est o (*fig.* 153); menons le rayon vec-

---

(1) La théorie des polaires réciproques est due à PONCELET. On trouve la *théorie générale des polaires réciproques* dans le Tome IV du *Journal de Crelle*.

La théorie des polaires a donné le premier exemple de transformation d'une figure en figure corrélative.

(2) Cette génération de la surface de l'onde est due à MAC-CULLAGH, qui a trouvé aussi que la normale à $[m_1]$ en m_1 est perpendiculaire à la normale en m à l'ellipsoïde et rencontre cette droite.

(3) *Nouvelles propriétés optiques déduites de l'étude géométrique de la surface de l'onde* (*Journal de Physique théorique et appliquée*, t. V).

(4) Voir mes Notes dans les *Comptes rendus*, séances des 26 avril 1880 et 7 juin 1880.

teur om et la normale N à (E) au point m. Faisons tourner le plan de ces deux droites sur lui-même d'un angle droit autour du point o. Le point m vient en m_1 et la normale N vient en N_1, qui est alors perpendiculaire à N.

En répétant cette construction pour tous les points de (E), on obtient la surface de l'onde $[m_1]$: nous allons démontrer que N_1 est la normale au point m_1 à cette surface.

Traçons sur (E), à partir du point m, une courbe quelconque, et prenons cette courbe comme directrice d'une surface (N), lieu de normales à (E).

En répétant la construction précédente, les différentes génératrices de cette surface conduisent à des droites, telles que N_1, appartenant à une surface réglée que nous désignerons par (N_1).

Les droites N, N_1 et la bissectrice oi de l'angle droit compris entre ces droites déterminent une figure de forme invariable. Déplaçons cette figure de façon que la droite oi passe toujours par o et que N coïncide successivement avec les genératrices de (N), alors N_1 coïncide avec les génératrices de (N_1).

Pour un déplacement infiniment petit de cette figure, son plan a pour foyer un certain point φ de la perpendiculaire élevée du point o à la droite oi. Les pieds b et b_1 des perpendiculaires abaissées de ce foyer sur N et N_1 sont les points pour lesquels le plan (N, N_1) est normal à (N) et (N_1). Il résulte de la construction de b et de b_1 que l'angle bob_1 est droit et que $ob_1 = ob$; par suite, on a aussi $b_1 m_1 = bm$.

Laissons le déplacement de cette figure et supposons maintenant que l'on déplace N, de façon que son pied m décrive la directrice de (N). Le point b, supposé marqué sur N, décrit alors une trajectoire normale à N, et, comme il se déplace dans le plan tangent en b à (N), plan qui est perpendiculaire au plan de la figure, il décrit un élément normal au plan de la figure.

Puisque ob_1 est égal à ob, le point b_1, correspondant au point b, décrit aussi un élément perpendiculaire à N_1. Mais, lorsque N décrit (N), bm reste de grandeur invariable; il en est alors de même de $b_1 m_1$, qui lui est égal : le point m_1 décrit alors aussi un élément normal à N_1. Ceci est vrai quelle que soit la directrice de (N) : donc N_1 est normal à tous les éléments décrits par m_1; par suite, c'est la normale à la surface $[m_1]$.

NOMS DES AUTEURS QUI ONT TRAITÉ DE LA SURFACE DE L'ONDE.

Fresnel, *Mémoires de l'Académie des Sciences,* t. VII, 1827, et Œuvres.

Ampère, *Annales de Chimie et de Physique,* 1828.

Cauchy, *Exercices de Mathématiques,* t. V, 1830; *Mémoires de l'Académie des Sciences,* t. XVIII, 1842; *Comptes rendus,* t. XI et XII.

Herschel, *Traité de la lumière.*

Hamilton, *Transactions of the Royal Irish Academy,* t. XVI, 1830.

Mac Cullagh, *Transactions of the Royal Irish Academy,* t. XVI, XVII, XVIII.

Dr Senf, *Académie de Berlin,* 1835.

Sylvester, *Philosophical Magazine,* t. XI, XII.

A. Smith, *Transactions of the Cambridge Philosophical Society,* t. VI.

Plucker, *Journal de Mathématiques de Crelle,* t. XIX; *Journal de Mathématiques de Liouville,* 2e série, t. XI.

A. Cayley, *Journal de Mathématiques de Liouville,* 1re série, t. XI; *Quarterly Journal of Mathematics,* t. III et t. XVI.

De Senarmont, *Journal de Mathématiques de Liouville,* 1re série, t. VIII, et *Journal de l'École Polytechnique,* XXXVe Cahier.

Neumann, *Mémoires de l'Académie des Sciences,* t. XVIII.

Lamé, *Théorie mathématique de l'élasticité des corps solides.*

R. Moon, *Fresnel and his followers.* Cambridge.

Walton, *Cambridge and Dublin Mathematical Journal,* t. V, VII et VIII.

J. Bertrand, *Comptes rendus des séances de l'Académie des Sciences,* 1858.

F. Brioschi, *Annali di Matematica di Tortolini,* t. II.

Ed. Combescure, *ibid.*

W. Roberts, *ibid.*, t, IV.

P. Zech, *Journal de Mathématiques de Crelle,* t. LII.

Galopin, Massieu, Durrande, leurs Thèses.

C. Niven, *Quarterly Journal of Mathematics,* t. IX, et avril 1878.

Catalan, *Mémoires de l'Académie des Sciences de Belgique,* t. XXXVIII, et *Association française pour l'avancement des Sciences :* Congrès de Paris.

Gilbert, *Bulletins de l'Académie royale de Belgique,* 2e série, t. XXVII et XXVIII.

Salmon, *Treatise of analytic Geometry of three dimensions.*

Dr A. Beer, *Introduction à la haute Optique,* traduction de Forthomme.

Billet, *Optique physique.*

Rouché et de Comberoussè, *Traité de Géométrie.*

Mannheim, *Comptes rendus de l'Académie des Sciences,* 1867, 1874, 1876, 1879; *Association française pour l'avancement des Sciences :* Congrès de Lille, Congrès de Nantes, Congrès de Clermont-Ferrand, Congrès du Havre, Congrès de Paris; *Journal de Physique,* t. V, 1876, *Messenger of Mathematics,* 1885 et Supplément à la vingt-deuxième Leçon.

Darboux, *Comptes rendus de l'Académie des Sciences,* 1881, 1883.

O. Böklen, *Abhandlung über die Wellenfläche zweiaxiger Cristalle.* Reutlingen, 1881.

O. Böklen, *Zeitschrift f. Mathematik u. Physik,* XXVII, 3.

Voir aussi les travaux publiés sur la surface de Kummer, laquelle comprend comme cas particulier la surface de l'onde.

DIX-NEUVIÈME LEÇON.

RACCORDEMENT DES SURFACES RÉGLÉES (APP. DE GÉOM. CINÉM.). GÉOMÉTRIE CINÉMATIQUE (SUITE).

Déplacement infiniment petit d'une droite. — Paraboloïde des normales. — Raccordement des surfaces réglées. — *Géométrie cinématique.* — Droites conjuguées. — Normales aux lignes décrites par les points d'une figure dont le déplacement est assujetti à cinq conditions. — Normales aux surfaces trajectoires des points d'une figure dont les déplacements sont assujettis à quatre conditions.

SUPPLÉMENT. — Lieu des conjuguées d'une droite. — De la droite auxiliaire. — Des pinceaux de droites. — Méthode des normales dans le cas d'une figure de grandeur invariable mobile dans l'espace. — Exemple relatif au déplacement d'une figure mobile de grandeur variable.

Déplacement infiniment petit d'une droite. — Considérons (*fig.* 157) une surface réglée (D) et un point a d'une des génératrices D de

Fig. 157.

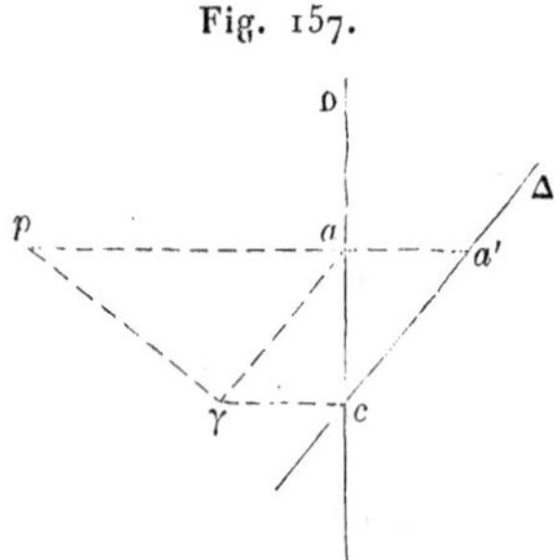

cette surface. A partir de a traçons sur (D) une courbe (a) qui ne rencontre pas à angle droit les génératrices. Si nous assujettissons la génératrice D à venir coïncider successivement avec les génératrices de la surface (D), le point a décrivant la courbe que nous venons de tracer, le déplacement de cette génératrice D est bien défini. Le déplacement infiniment petit de cette droite, comme nous l'avons démontré, peut être obtenu au moyen d'une rotation infiniment petite autour d'une certaine droite Δ; les différents points de D, pendant cette rotation infiniment petite, décrivent des éléments pour venir se placer sur la génératrice D′ infiniment voisine de D. Pour étudier ce qui est relatif aux plans tangents à la surface (D) aux différents points de cette droite, nous n'avons alors qu'à considérer les plans tangents à la surface engendrée par D qui tourne infiniment peu autour de la droite Δ.

Prenons comme plan de projection un plan parallèle aux droites D et Δ. Les normales à l'élément de surface engendré par D, qui tourne autour de Δ, se projettent suivant des perpendiculaires à D, et ces droites rencontrent la droite Δ. Au point a, la normale est aa', le point a' étant sur la droite Δ. Le plan tangent en a est le plan mené par D perpendiculairement à la normale aa'.

Lorsque le point a s'éloigne sur la droite D, la normale aa' tend à devenir parallèle au plan de projection, et, lorsque le point a est à l'infini, le plan tangent en ce point est le plan mené par D perpendiculairement au plan de projection.

Lorsque le point a vient au point c, qui se projette au point de rencontre des projections des deux droites D et Δ, la normale en c se projette en ce point de rencontre; le plan tangent est alors un plan mené par D parallèlement au plan de projection. Ce plan est perpendiculaire au plan qui touche (D) à l'infini sur D; donc c'est le plan central, et alors le point de contact c est le point central sur la génératrice D.

On voit ainsi que *le pied de la perpendiculaire commune à* D *et* Δ *est, sur la droite* D, *le point central relatif à cette génératrice, et que le plan central est parallèle à* Δ.

Pour deux points également éloignés du point central, on retrouve des plans tangents qui sont également inclinés sur le plan central.

Appelons p la plus courte distance de D et Δ, θ l'angle que le plan tangent en a fait avec le plan central ou encore l'angle que la normale aa' fait avec la normale en c. On a

$$aa' = p \tang \theta;$$

en désignant par l la distance ac, on a aussi

$$aa' = l \tang(D, \Delta).$$

Il résulte de là

$$\operatorname{tang}\theta = \frac{l}{\dfrac{p}{\operatorname{tang}(\mathrm{D}, \Delta)}}.$$

Comparant cette valeur de $\operatorname{tang}\theta$ à la valeur $\operatorname{tang}\theta = \frac{l}{k}$, trouvée précédemment (p. 230), on voit que k est égal à $\frac{p}{\operatorname{tang}(\mathrm{D}, \Delta)}$, c'est-à-dire que *le paramètre de distribution des plans tangents à* (D), *pour la génératrice* D, *est égal à la plus courte distance entre* D *et* Δ, *divisée par la tangente de l'angle compris entre ces deux droites.*

Paraboloïde des normales. — Les normales à (D) aux différents points de la droite D sont perpendiculaires à cette droite et rencontrent Δ; ces normales sont donc parallèles à un plan perpendiculaire à D et rencontrent les deux droites D et Δ. Elles appartiennent alors à un paraboloïde hyperbolique, et l'on peut dire : *Les normales à une surface réglée, dont les pieds sont les points d'une génératrice de cette surface, appartiennent à un paraboloïde hyperbolique.*

On désigne ce paraboloïde sous le nom de *paraboloïde des normales.*

Les plans directeurs de ce paraboloïde sont, l'un perpendiculaire à D, et l'autre parallèle aux droites D et Δ. Mais le plan central de la surface gauche pour la génératrice D est parallèle aux droites D et Δ; par conséquent, *pour la génératrice* D *le paraboloïde des normales à la surface gauche* (D) *a pour plans directeurs un plan perpendiculaire à* D *et le plan central relatif à cette génératrice.*

Si D est une génératrice d'une surface développable, le paraboloïde des normales se décompose en deux plans. L'un de ces plans est le plan normal à la surface développable mené par D, l'autre est le plan perpendiculaire à D mené par le point où cette droite touche l'arête de rebroussement de la surface développable.

Reprenons la surface gauche (D). Un autre déplacement de D sur (D) se fait autour d'une autre droite Δ; mais cette nouvelle droite doit toujours conduire au même paraboloïde des normales : donc *le lieu des droites telles que* Δ *est le paraboloïde des nor-*

males à (D) *pour la génératrice* D. Les droites Δ sont les génératrices de ce paraboloïde qui ne sont pas perpendiculaires à D.

L'axe du paraboloïde des normales est parallèle à l'intersection des plans directeurs; il est alors parallèle à une droite perpendiculaire à D et parallèle au plan de projection. Le plan mené par D perpendiculairement à cette droite contient la normale au point c; donc ce plan est tangent au paraboloïde des normales au point c de la droite D. Nous avons vu que ce point c est le point central relatif à cette génératrice, et comme, d'après ce que nous venons de dire, c'est le point de contact d'un plan perpendiculaire à la direction de l'axe du paraboloïde des normales, nous pouvons ajouter que *le point central sur* D *est le sommet du paraboloïde des normales relatif à cette génératrice.*

De la relation $l = k \operatorname{tang}\theta$ on tire, en différentiant,

$$dl = \frac{k\,d\theta}{\cos^2\theta}, \qquad \text{d'où} \qquad \frac{dl}{d\theta} = \frac{k}{\cos^2\theta};$$

dl est l'accroissement de ca quand le point a se déplace sur D et $d\theta$ est l'angle dont tourne la normale aa'; $\frac{dl}{d\theta}$ est alors le paramètre de distribution des plans tangents au paraboloïde des normales pour la génératrice de ce paraboloïde, qui est la normale aa'. Si nous désignons par k_1 ce paramètre de distribution, on voit que

$$k_1 = \frac{k}{\cos^2\theta} \text{ (1)}.$$

Construisons le paramètre k_1. Élevons (*fig.* 157), du point central c, une perpendiculaire à D. Portons sur cette droite une longueur $c\gamma$ égale à k; la perpendiculaire γp à γa rencontre la perpendiculaire ap à D au point p; le segment ap est égal à k_1. On a, en effet,

$$ap = \frac{\gamma a}{\cos pac'} = \frac{c\gamma}{\cos^2 cc'a} = \frac{k}{\cos^2\theta}.$$

Lorsque θ est nul, c'est-à-dire lorsque l'on considère la génératrice du paraboloïde des normales issue du point c, alors $k_1 = k$,

(1) Dans le Supplément de cette Leçon, nous arriverons géométriquement à cette formule.

c'est-à-dire que *le paramètre de distribution des plans tangents au paraboloïde des normales, pour la génératrice menée normalement à la surface* (D) *à partir du point central sur* D, *est égal au paramètre de distribution des plans tangents à la surface* (D) *pour la génératrice* D.

Démontrons directement ce dernier résultat.

Pour la génératrice C du paraboloïde des normales, issue du point c, le plan central est le plan mené par cette droite et par D, et le point central est aussi le point c.

Appelons g le point où C rencontre Δ. Le plan tangent en g au paraboloïde des normales est le plan (C, Δ). Ce plan fait avec le plan central (D, C), relatif à C, l'angle (D, Δ). La distance gc n'est autre que p. Le paramètre de distribution k_1 pour C, en vertu de la formule $\tang\theta = \frac{l}{k}$, est alors $\frac{p}{\tang(D, \Delta)}$, qui est égal à k. On a donc $k_1 = k$.

Raccordement des surfaces réglées. — Pour construire le paraboloïde des normales, on doit connaître trois de ses génératrices, c'est-à-dire trois normales à la surface réglée. Cela revient à dire que la connaissance de trois plans tangents à la surface réglée, pour trois points d'une génératrice, entraîne la connaissance de tous les plans tangents de la surface réglée pour cette génératrice, donc : *si deux surfaces gauches ont une même génératrice et, pour trois points de cette génératrice commune, les mêmes plans tangents, elles auront les mêmes plans tangents pour tous les points de cette génératrice commune.* On dit alors que ces deux surfaces gauches *se raccordent* le long de cette génératrice.

L'un des plans tangents communs à ces deux surfaces, qui ont une même génératrice, peut les toucher au point qui est à l'infini sur cette droite. Ce plan tangent est parallèle au plan tangent au cône directeur le long de la génératrice correspondant à celle des surfaces gauches. D'après cela, on peut dire : *Lorsque deux surfaces gauches ont même cône directeur ou même plan directeur, elles se raccordent si elles ont, en deux points d'une génératrice commune, les mêmes plans tangents.*

Reprenons une génératrice D d'une surface réglée (D) et supposons qu'en trois points a, b, e de cette droite on connaisse les plans tangents à la surface réglée. Dans chacun de ces plans et par les points a, b, e traçons une droite; l'hyperboloïde qui a ces trois droites pour directrices est de raccordement avec la surface gauche, puisqu'il a les mêmes plans tangents que cette surface aux trois points a, b, e. Comme, par les points a, b, e, on peut tracer des droites quelconques dans les plans tangents en ces points, on voit que : *le long d'une génératrice d'une surface réglée, on peut construire une infinité d'hyperboloïdes de raccordement.*

On peut remarquer que chacun de ces hyperboloïdes a son centre dans le plan tangent à (D) au point qui est à l'infini sur D. Parmi tous ces hyperboloïdes, il y en a une infinité qui sont de révolution : ce sont ceux qui sont engendrés par D qui tourne autour d'une des droites, telles que Δ, c'est-à-dire autour d'une des génératrices du paraboloïde des normales à (D).

Par une droite donnée arbitrairement on peut faire passer un hyperboloïde de raccordement avec (D) *le long de la génératrice* D. On prend les traces de la droite donnée sur les points a, b, e et l'on joint respectivement ces traces à ces trois points; on obtient ainsi les directrices de l'hyperboloïde de raccordement qui contient la droite donnée.

Par chacun des points a, b, e, on peut mener *parallèlement à un plan donné* des droites sur les plans tangents en ces points; ces trois droites définissent un paraboloïde qui est de raccordement avec la surface réglée, et, comme le plan, parallèlement auquel on mène des droites par les points a, b, e, a une direction arbitraire, on voit que, *le long d'une génératrice* D, *on peut construire une infinité de paraboloïdes de raccordement.*

Si l'on fait tourner d'un angle droit autour de D l'un quelconque de ces paraboloïdes, on obtient un paraboloïde normal à la surface réglée en chacun des points de D. L'un de ces paraboloïdes normaux est le paraboloïde des normales : c'est celui qui a l'un de ses plans directeurs perpendiculaire à la génératrice D.

Ce que nous venons de dire constitue les propriétés relatives au *raccordement des surfaces réglées;* c'est, comme on peut le remarquer, une application immédiate de la propriété que nous avons démontrée : que tout déplacement infiniment petit d'une droite peut s'obtenir par une simple rotation.

Nous allons maintenant reprendre l'étude des propriétés relatives au déplacement d'une figure de forme invariable, et nous continuerons les applications à mesure que nous avancerons dans cette étude.

GÉOMÉTRIE CINÉMATIQUE.

Droites conjuguées. — Prenons une droite D (*fig.* 158), des plans (P), (P_1), (P_2) menés par cette droite et liés entre eux, constituant alors une figure de forme invariable. Nous avons déjà dit que, pour un déplacement infiniment petit de cette figure, le déplacement de la droite D peut s'obtenir par une rotation autour d'une

Fig. 158.

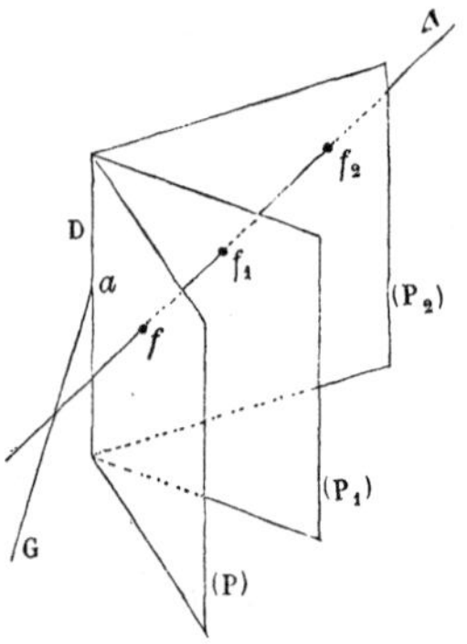

droite Δ, et que cette droite Δ contient les foyers de tous les plans menés par la droite D.

Supposons que Δ soit elle-même liée à la figure mobile. Pour un déplacement de cette figure, cette droite Δ est entraînée et son déplacement peut lui-même être obtenu au moyen d'une rotation autour d'une certaine droite : *cette droite n'est autre que* D, comme nous allons le voir.

Le foyer f du plan (P) est, d'après ce que nous savons, un point dont la trajectoire est normale au plan (P), ou, ce qui est exactement la même chose, le plan (P) est normal à la trajectoire du point f. De même le plan (P_1) est normal à la trajectoire du point f_1, et ainsi de suite. Les plans (P), (P_1), (P_2) sont donc les plans normaux aux trajectoires des points de la droite Δ, et ils se coupent suivant la droite D, qui est alors l'axe instantané relatif à Δ. Ainsi *la droite* D *est l'axe instantané relatif à la droite* Δ.

Les droites D et Δ jouissent alors de cette propriété que, pendant le déplacement infiniment petit de la figure, l'une d'elles peut être considérée comme tournant autour de l'autre; c'est pourquoi l'illustre géomètre, Chasles, les a appelées *droites conjuguées* (1).

Une rotation infiniment petite de la figure mobile autour de D fait prendre à la droite Δ sa nouvelle position Δ_1 ; une autre rotation de la figure autour de Δ fait prendre à D la place que cette droite doit avoir. Le déplacement de Δ_1, en vertu de cette dernière rotation, est négligeable, puisque les points de cette droite décrivent des éléments infiniment petits du second ordre. Ces rotations autour de D et de Δ, qui amènent ces droites dans leurs nouvelles positions, amènent aussi la figure tout entière dans la position que celle-ci doit occuper.

Le déplacement de la figure mobile peut donc être obtenu au moyen de deux rotations, et, comme D est une droite arbitraire,

---

(1) *Propriétés géométriques du mouvement infiniment petit d'un corps solide libre dans l'espace* (*Comptes rendus des séances de l'Académie des Sciences,* 1843). Ce beau Mémoire renferme de nombreuses propriétés des droites conjuguées. CHASLES avait déjà fait connaître ces propriétés dans un Mémoire intitulé *Propriétes nouvelles de l'hyperboloïde à une nappe* (*Journal de Mathématiques de Liouville,* 1re série, t. IV; 1839). PLUCKER a retrouvé ces propriétés en étudiant l'ensemble des droites auquel il a donné le nom de *complexe linéaire de rayons* [*On a new Geometrie of Space* (*Philosophical Transactions,* vol. CLV; 1865), et la traduction de ce Mémoire (*Journal de Mathématiques de Liouville,* 2e série, t. XI); *Neue Geometrie des Raumes,* Leipzig, 1868]. Les travaux de PLUCKER ont été le point de départ de nombreuses recherches sur les complexes et les congruences de droites, dues à MM. CLEBSCH, CAYLEY, REYE, CHELINI, ZEUTHEN, F. KLEIN, DRACH, VOSS et HALPHEN. A l'occasion de communications faites à l'Académie des Sciences par M. SYLVESTER (15 avril et 13 mai 1861), CHASLES est revenu sur les propriétés des droites conjuguées dans son travail *Sur les six droites qui peuvent être les directions de six forces en équilibre* (*Comptes rendus des séances de l'Académie des Sciences,* 3 juin 1861). Pour cette dernière question, *voir* aussi MÖBIUS (A.-F.), *Ueber die Zusammensetzung unendlich kleiner Drehungen* (*Journal de Mathématiques de Crelle,* t. XVIII, p. 189; 1838).

on a alors ce résultat : *Le déplacement infiniment petit d'une figure mobile de grandeur invariable peut être obtenu d'une infinité de manières au moyen de deux rotations.*

Pendant le déplacement de la figure, les droites D et Δ sont telles, que l'une tourne autour de l'autre. Il résulte de là qu'*une droite* G *de la figure mobile, qui rencontre* D *et* Δ, *jouit de la propriété d'être normale aux trajectoires de ses points,* car le point a où G rencontre D, par exemple, ne fait que tourner autour de Δ, la rotation autour de D n'ayant pas d'influence sur le déplacement du point a; la trajectoire de ce point est donc normale à la droite G.

Normales aux lignes décrites par les points d'une figure dont le déplacement est assujetti à cinq conditions. — Prenons (*fig.* 159) un point quelconque i de la figure mobile. Menons, du point i, la normale à la trajectoire de ce point qui rencontre D. Cette droite est dans

Fig. 159.

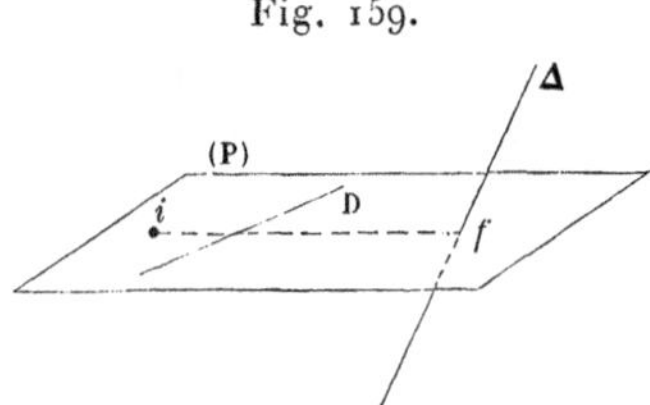

le plan (P), qui passe par le point i et par la droite D; elle est la trace sur (P) du plan normal à la trajectoire du point i; elle passe donc par le foyer f du plan (P), c'est-à-dire qu'elle rencontre la droite Δ conjuguée de D. Comme cela est vrai, quel que soit le point i, on a la propriété suivante :

Pour une position quelconque d'une figure mobile de forme invariable, les normales aux points entraînés qui s'appuient sur une droite D *rencontrent la droite* Δ, *conjuguée de* D.

On peut supposer que la droite D est à l'infini et donner cette droite au moyen d'un plan dont elle est la droite à l'infini. Le théorème précédent devient alors celui-ci :

Pour une position quelconque de la figure mobile, parmi les normales aux trajectoires des points entraînés, celles qui sont parallèles à un même plan rencontrent toutes une même droite, qui est la *conjuguée de la droite à l'infini sur ce plan.*

Nous verrons plus loin que la direction de cette droite est indépendante de la direction du plan donné.

Ces théorèmes sont relatifs à une figure mobile dont les points décrivent des lignes trajectoires, c'est-à-dire qu'ils concernent une figure mobile dont le déplacement est assujetti à cinq conditions.

Normales aux surfaces trajectoires des points d'une figure dont les déplacements sont assujettis à quatre conditions. — Prenons maintenant une figure de forme invariable, assujettie simplement à quatre conditions ([1]). Les points de cette figure décrivent alors des surfaces trajectoires. Cherchons la situation relative des normales aux surfaces trajectoires de tous les points de la figure.

Fig. 160.

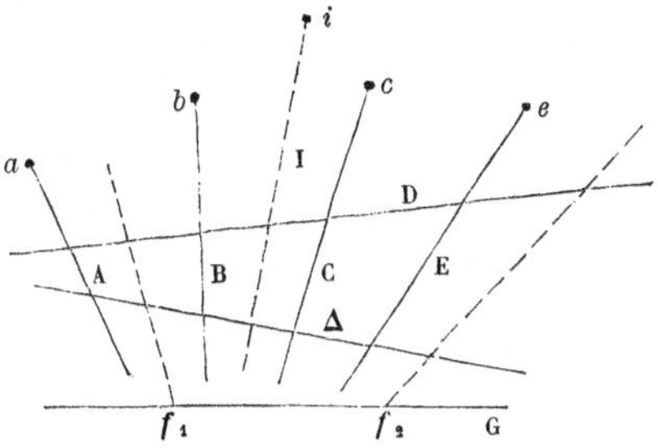

Supposons que quatre points de la figure a, b, c, e se déplacent sur quatre surfaces données (*fig.* 160). On connaît, par exemple, pour une position de la figure mobile, les normales A, B, C, E, menées des points a, b, c, e aux surfaces sur lesquelles se déplacent

([1]) Pour le cas où le déplacement de la figure est assujetti à moins de cinq conditions, voir SCHÖNEMANN, *Ueber die Construction von Normalen und Normalebenen gewisser krummer Flächen und Linien* (*Journal de Borchardt,* 90ᵉ Cahier); SOMOFF, *Sur les vitesses virtuelles d'une figure invariable, assujettie à des équations de condition quelconques de forme linéaire* (*Bulletin de l'Académie de Saint-Pétersbourg,* t. IV; 1872); HALPHEN, *Sur le déplacement d'un solide invariable* (*Bulletin de la Société mathématique de France,* t. II, p. 56; 1873); ROBERT STAWELL BALL, *The theory of screws : a study in the dynamics of a rigid body;* Dublin, 1876, et mon *Étude sur le déplacement,* etc. (*loc. cit.*).

ces points. *Il y a deux droites* D, Δ *réelles ou imaginaires, qui rencontrent ces quatre droites;* il est facile de le voir : les trois droites A, B, C déterminent un hyperboloïde; parmi les génératrices qui rencontrent A, B, C, si l'on prend celles qui passent par les points où cet hyperboloïde est rencontré par E, on a les droites qui s'appuient sur les quatre droites A, B, C, E.

Les droites D *et* Δ *sont conjuguées.* — En effet, quel que soit le déplacement de la figure, la droite A est normale à la trajectoire du point *a* et elle s'appuie sur D; donc elle doit rencontrer la conjuguée de D. On peut répéter la même chose pour B, C, E, et l'on voit que la conjuguée de D doit rencontrer les quatre droites A, B, C, E; par conséquent, cette conjuguée est la droite Δ.

Prenons maintenant un point quelconque *i* de la figure mobile, et menons du point *i* une droite I qui rencontre D et Δ. Quel que soit le déplacement, la trajectoire du point *i* est normale à cette droite, d'après une remarque faite précédemment. Cette droite I, étant normale aux trajectoires qu'on peut faire décrire au point *i* à partir de sa position, est alors la normale à la surface trajectoire de ce point.

Ainsi, la normale à la surface trajectoire d'un point quelconque de la figure est la droite issue de ce point et qui s'appuie sur D et Δ; on peut dès lors énoncer cette propriété :

Lorsqu'une figure de forme invariable se déplace de manière que quatre de ses points restent sur quatre surfaces données, pour une position quelconque de cette figure, les normales aux surfaces trajectoires de tous ses points rencontrent deux mêmes droites (¹).

Il est important de remarquer que, pendant qu'un point arbitraire de la figure mobile se déplace, à partir de sa position, d'une infinité de manières sur sa surface trajectoire, un point de D ou Δ ne décrit qu'un même élément de ligne, parce que le déplacement

(¹) Voir : SCHÖNEMANN (*loc. cit.*); ce que j'ai publié dans mon *Étude sur le déplacement*, etc. (*loc. cit.*); dans le *Bulletin de l'Association française pour l'avancement des Sciences* (Congrès de Lyon, 1873); dans le *Recueil des Savants étrangers*, t. XXII, et dans le *Journal de Mathématiques de M. Resal*, 3ᵉ série, t. I, p. 57; E. COLLIGNON, *Traité de Mécanique*, IIᵉ Partie : *Statique*, p. 216; GEISER, *Journal de Borchardt*, 90ᵉ Cahier.)

infiniment petit d'un point d'une de ces droites est une simple rotation autour de l'autre.

Dans le cas du déplacement d'une figure plane sur son plan, on a vu que, pour une position de cette figure, les normales aux trajectoires de ses points passent par un même point, *centre instantané de rotation;* dans le cas de l'espace, au lieu de lignes trajectoires, on a des surfaces trajectoires, et les normales à ces surfaces trajectoires rencontrent les deux mêmes droites; *ces deux droites sont les axes instantanés de rotations simultanées à l'aide desquelles on obtient tous les déplacements de la figure mobile* (¹).

Si l'on prend une droite quelconque G de la figure mobile, les normales aux surfaces trajectoires des points de cette droite partent des points de G et s'appuient sur D et Δ; ces normales, rencontrant trois droites, appartiennent à l'hyperboloïde défini par ces trois droites. Ainsi, *les normales aux surfaces trajectoires des points d'une droite forment un hyperboloïde.*

Parmi les génératrices de cet hyperboloïde, il y en a deux, réelles ou imaginaires, qui sont perpendiculaires à G. Les points f et f', où ces génératrices rencontrent G, décrivent des surfaces trajectoires tangentes à G, et, pour tous les déplacements infiniment petits de la figure, la droite G, à partir de la position qu'elle occupe, décrit des éléments de surfaces qui sont tangents à ces surfaces trajectoires.

SUPPLÉMENT A LA DIX-NEUVIÈME LEÇON.

Lieu des conjuguées d'une droite. — Nous venons de démontrer que les normales aux surfaces trajectoires des points d'une droite mobile G forment un hyperboloïde. Ces droites sont normales aux lignes trajectoires décrites par les points de G pour un déplacement de G;

(¹) A ce sujet, *voir :* RIBAUCOUR, *Note sur la déformation des surfaces* (*Comptes rendus des séances de l'Académie des Sciences,* 14 février 1870). Dans cette Note, M. RIBAUCOUR considère le cas où les droites D et Δ se rencontrent toujours. Il énonce alors cette belle proposition : *Les lieux des points de rencontre des droites* D *et* Δ *dans l'espace et dans le corps sont deux surfaces applicables l'une sur l'autre,* qui est l'analogue de la proposition relative au déplacement épicycloïdal d'une figure plane sur son plan.

elles rencontrent donc la conjuguée de cette droite relative à ce déplacement.

Cela est vrai pour tous les déplacements qu'on peut imprimer à G. On voit donc que *le lieu des conjuguées d'une droite, qui fait partie d'une figure de forme invariable assujettie à quatre conditions, est un hyperboloïde qui contient* G *et les axes simultanés* D, Δ.

Comme on l'a vu dans cette Leçon, *lorsque* G *se déplace sur une surface réglée, le lieu des conjuguées de cette droite est le paraboloïde des normales à cette surface.*

De la droite auxiliaire.— Prenons (*fig.* 161) une surface réglée (D) et le paraboloïde des normales à cette surface pour la génératrice D,

Fig. 161.

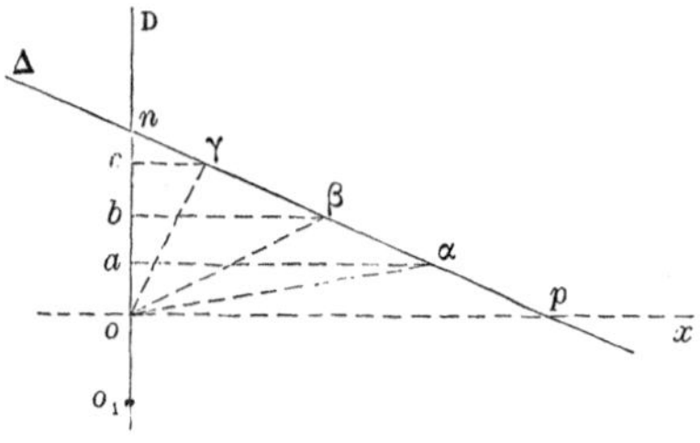

que nous supposons verticale. Projetons ce paraboloïde sur deux plans : l'un perpendiculaire à D en o, l'autre vertical mené par cette droite.

Les normales à (D), issues des points de D et qui sont les génératrices du premier système pour le paraboloïde des normales, se projettent horizontalement suivant des droites passant par o et verticalement suivant des perpendiculaires à D. L'une de ces normales se projette verticalement au point n, où le plan vertical de projection est tangent à (D). Les génératrices du paraboloïde du second système se projettent verticalement suivant des droites passant toutes par ce point n. Horizontalement, elles se projettent suivant des droites parallèles à la trace horizontale du plan central de (D), puisque ce plan central est un plan directeur du paraboloïde et qu'il est perpendiculaire au plan horizontal de projection.

Par le point n menons une parallèle à cette trace du plan central; nous obtenons une droite Δ, qui est à la fois la projection horizontale et la projection verticale d'une génératrice du second système du paraboloïde des normales.

La normale en a à (D) est projetée verticalement suivant la perpendiculaire $a\alpha$ à D et horizontalement suivant $o\alpha$.

La normale en n est perpendiculaire au plan vertical; la normale en o est confondue avec ox, c'est-à-dire que le plan vertical est tangent en n à (D) et normal en o à cette surface.

L'angle que le plan tangent en a à (D) fait avec le plan tangent en o, étant égal à l'angle des normales en ces points, n'est autre que $xo\alpha$. De même, les plans tangents en a et b comprennent entre eux un angle égal à $\alpha o \beta$.

Connaissant les plans tangents en o, a et b, c'est-à-dire en trois points de D, il est aisé de construire la droite Δ au moyen de α et β, qu'on détermine facilement.

La droite Δ étant parallèle à la trace horizontale du plan central, la normale à (D), menée du point central sur D, se projette horizontalement suivant la perpendiculaire $o\gamma$ abaissée du point o sur Δ. En abaissant du point γ la perpendiculaire γc sur D, on a la projection verticale de cette normale ; par suite, *c est le point central.*

Dans le triangle $co\gamma$, l'on a

$$oc = c\gamma \operatorname{tang} c\gamma o = c\gamma \operatorname{tang} po\gamma,$$

d'où

$$c\gamma = \frac{co}{\operatorname{tang} po\gamma},$$

et, comme $po\gamma$ est l'angle que le plan tangent en o fait avec le plan tangent en c, c'est-à-dire le plan central, on voit que *$c\gamma$ est le paramètre de distribution k des plans tangents à* (D) *pour la génératrice* D.

Puisque Δ est à la fois la projection horizontale et la projection verticale d'une droite de l'espace, celle-ci est dans le plan bissecteur de l'un des dièdres formés par les plans de projection. Par suite, le point p est, sur la génératrice op du paraboloïde, le point de contact de ce paraboloïde et d'un plan tangent incliné à 45° sur le plan vertical de projection. Mais le plan vertical est le plan central relatif à ce paraboloïde pour op, puisque D est perpendiculaire commune à toutes les génératrices du premier système du paraboloïde; donc le point p est sur op, à une distance du point central o relatif à cette droite, égale au paramètre k_1 pour cette génératrice.

On voit qu'on obtient op ou k_1 en portant, sur la perpendiculaire à D élevée du point central c, $c\gamma$ égal au paramètre k, et en élevant la perpendiculaire γp à γo.

C'est la construction même à laquelle nous étions déjà arrivés (p. 271).

Nous disons que *Δ est la droite auxiliaire de* (D) *pour la génératrice* D *et relative au point o.*

Pour un autre point o_1, on obtient la droite auxiliaire en prenant la perpendiculaire élevée du point γ à la droite γo_1.

Relativement au point central, la droite auxiliaire est parallèle à D.

Le point γ est le point fixe que nous avons appelé *point représentatif* (p. 232) : c'est par ce point que passent toutes les droites auxiliaires pour D; *l'angle sous lequel on voit du point* γ *un segment ab de* D *est égal à l'angle que font entre eux les plans tangents en a et b à* (D), théorème déjà trouvé (p. 232) ([1]).

Des pinceaux de droites ([2]). — Des droites assujetties à deux conditions forment une *congruence*. Prenons une droite G et des droites voisines de celle-ci faisant partie d'une congruence. Par un point a de G, menons une surface $[a]$ qui coupe ces droites. Amenons successivement G en coïncidence avec les droites qui lui sont voisines en laissant a sur $[a]$. Chacun des points de G reste alors sur sa surface trajectoire, et, d'après ce que nous venons de démontrer à la fin de cette Leçon, il y a, sur G, deux points f et f' dont les surfaces trajectoires sont tangentes à G. Sur chaque droite de la congruence, il y a deux points analogues à f et f'. Lorsque la droite G vient coïncider avec G_1, qui lui est infiniment voisine, elle engendre une surface réglée tangente en f à la surface trajectoire de ce point. La ligne qui joint f au point analogue f_1 de G_1 est alors tangente à cette surface. Il résulte de là que la surface lieu des points tels que f et f', qu'on appelle *surface focale* de la congruence, est tangente à G en f et aussi en f'; on peut dire alors :

([1]) Relativement à la droite auxiliaire, j'ai publié un *Mémoire sur les pinceaux de droites*, etc. (*Journal de Mathématiques de Liouville*, 2ᵉ série, t. XVII); dans le même Recueil, même Volume, une Note intitulée *Démonstration géométrique d'une proposition due à M. Bertrand*, et un travail *Sur la surface gauche lieu des normales principales de deux courbes;* dans les *Comptes rendus de l'Académie des Sciences, Nouveau mode de représentation plane de classes de surfaces réglées* (séances des 29 octobre, 5 novembre, 19 novembre 1877 et 20 mai 1878), *Sur un mode de transformation des surfaces réglées* (2 juin 1879), *Transformation d'un pinceau de normales* (9 juin 1879); *Association française pour l'avancement des Sciences* (Congrès de Paris, 1878), une Note *Sur la surface de l'onde; voir* aussi *Traité de Géométrie descriptive* de M. DE LA GOURNERIE, IIIᵉ Partie, p. 41.

([2]) Indépendamment des travaux que je viens de citer, j'ai publié relativement aux pinceaux de droites : *Sur la surface de l'onde et sur la transformation d'un pinceau* (16 juin 1879), *Représentation plane relative aux déplacements d'une figure de forme invariable assujettie à quatre conditions* (2 février 1885), *Memoire d'Optique géométrique* (loc. cit.)

Les droites d'une congruence sont tangentes aux nappes de la surface focale (¹).

L'élément infinitésimal d'une congruence est un *pinceau*.

Pour définir un pinceau [G], on donne (*fig.* 164) une droite G ou *rayon* du pinceau, les points f et f' *foyers* du rayon G, et les nappes (F), (F′) de la *surface focale* que G touche en f et f'. Les plans tangents aux nappes (F), (F′) aux foyers f et f' sont les *plans focaux* du pinceau [G] (²). Lorsque l'on déplace le rayon G, de manière à l'amener dans une position infiniment voisine, il engendre

Fig. 162.

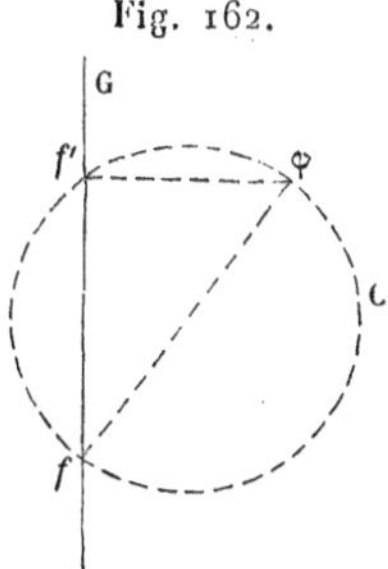

un élément de surface réglée que j'appelle *surface élémentaire* du pinceau.

Toutes les surfaces élémentaires du pinceau [G] ont pour plans tangents communs en f et f' les *plans focaux*.

Représentons ces surfaces élémentaires par des droites auxiliaires relatives au foyer f.

Toutes ces droites passent par le point φ situé sur la perpendiculaire $f'\varphi$ à G et tel que l'angle $f'\varphi f$ est égal à l'angle compris entre les plans focaux.

Projetons f sur toutes les droites auxiliaires des surfaces élémentaires de [G]. Le lieu de ces projections est une circonférence C qui a $f\varphi$ pour diamètre.

Au moyen de cette circonférence C, on peut déterminer les propriétés du pinceau [G].

Par exemple, puisqu'il suffit de projeter les points de cette circonférence sur G pour avoir les points centraux des surfaces élémentaires du pinceau [G], on voit que :

(¹) Malus, *Journal de l'École Polytechnique,* XIVᵉ Cahier.

(²) Les expressions de *rayon, foyer, surface focale,* sont tirées de l'Optique, où l'on considère des pinceaux de rayons lumineux.

Les points centraux de toutes les surfaces élémentaires d'un pinceau [G] *se trouvent sur un segment déterminé de* G.

M. Kummer a nommé *points limites* les extrémités de ce segment (1).

Les surfaces élémentaires dont les points centraux sont aux points limites ont pour plans centraux des plans que M. Kummer appelle *plans principaux* du pinceau [G].

Au moyen de la circonférence C, on voit tout de suite que :

Les plans principaux d'un pinceau sont rectangulaires.

De même on voit que :

La distance focale ff' est égale à la distance qui sépare les points limites multipliée par le sinus de l'angle que font entre eux les plans focaux.

L'existence de C prouve que :

Si dans un plan passant par un rayon d'un pinceau on porte sur des perpendiculaires à ce rayon élevées des points centraux des surfaces élémentaires et, à partir de ces points, des longueurs égales aux paramètres de distribution de ces surfaces, les extrémités des longueurs ainsi portées sont sur une circonférence passant par les foyers du rayon et qui coupe ce rayon sous des angles égaux à l'angle que font entre eux les plans focaux.

Pinceau de normales.— Les normales à une surface (S) autour d'une normale A forment un pinceau [A] pour lequel les plans focaux sont rectangulaires. Les foyers et les points limites sont, dans ce cas, confondus avec les centres de courbure principaux γ_1 et γ_2. Les surfaces élémentaires sont des éléments des surfaces que j'appelle *normalies* à (S), et la circonférence précédente est décrite sur $\gamma_1\gamma_2$ comme diamètre (2).

Au moyen de cette circonférence C, on trouve facilement des propriétés des normalies (3).

---

(1) *Théorie générale des systèmes de rayons rectilignes* (*Journal de Mathématiques de Crelle,* t. LVII); les *Nouvelles Annales de Mathématiques,* t. XIX, XX, XXI, contiennent une traduction de ce Mémoire faite par M. Dewulf.

(2) Voir la Leçon suivante.

(3) Pour plus de développement, *voir* mon *Mémoire sur les pinceaux de droites et les normalies* (*Journal de Mathématiques de Liouville,* 2e série, t. XVII); Ribaucour, *Propriétés relatives aux déplacements d'un corps assu-*

Méthode des normales dans le cas d'une figure mobile dans l'espace et de grandeur invariable ([1]). — Les normales aux surfaces trajectoires décrites par les points d'une figure dont quatre points restent sur quatre surfaces données rencontrent les deux mêmes droites D et Δ : de là un moyen de construire la normale à la surface trajectoire décrite par un point de la figure mobile quand D et Δ sont réels.

Fig. 163.

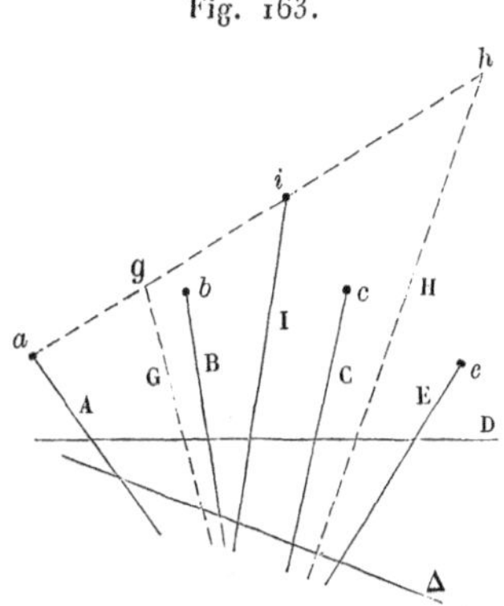

Comment doit-on opérer lorsque ces droites sont imaginaires?— Appelons a, b, c, e (*fig.* 163) les points qui décrivent les surfaces données $[a]$, $[b]$, $[c]$, $[e]$, et A, B, C, E les normales à ces surfaces dont les pieds sont en ces points.

Soit i le point de la figure pour lequel on demande la normale à la surface trajectoire $[i]$ qu'il décrit. Menons la droite ai et désignons par g le point où elle rencontre l'hyperboloïde définie par les droites A, B, C. Il est facile de construire g; pour cela, on prend la droite suivant laquelle l'hyperboloïde est coupé par le plan (A, ai) : le point où cette droite rencontre ai est le point g. Par ce point passe une génératrice de l'hyperboloïde (A, B, C) de même système que A, B, C; désignons cette droite par G. De la même manière, en prenant les trois droites A, B, E, déterminons une droite H.

Les trois droites A, G, H *déterminent un hyperboloïde, et la génératrice de cette surface, du même système que ces droites, qui passe par le point i, est la normale demandée.*

---

jetti à quatre conditions (*Comptes rendus des séances de l'Académie des Sciences,* 2 juin 1873). M. Ribaucour montre que les droites du corps qui engendrent des pinceaux de normales appartiennent à un complexe du premier degré.

([1]) Schönemann (*loc. cit.*) et mon *Étude sur le déplacement d'une figure de forme invariable.*

Car les droites D, Δ, étant des génératrices des hyperboloïdes (A, B, C) et (A, B, E), sont rencontrées par G et H, et par suite sont des génératrices de l'hyperboloïde (A, G, H) : la génératrice de ce dernier hyperboloïde, issue de i, rencontre donc D, Δ et est la droite demandée.

Cette construction, indépendante de l'existence des droites D, Δ, répond à la question posée.

Prenons le cas particulier où le point i est à l'infini dans la direction d'une perpendiculaire à un plan (P) (*fig.* 164).

Tout ce qui précède est applicable. On détermine encore les

Fig. 164.

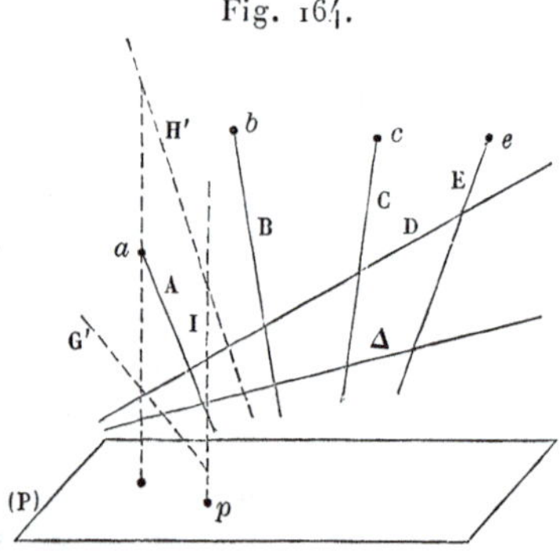

droites G', H', comme on vient de déterminer G, H, en employant une perpendiculaire à (P) menée de a. L'hyperboloïde (A, G', H'), qui contient déjà la perpendiculaire à (P) issue de a, contient encore une autre perpendiculaire à ce plan. Celle-ci est la normale I demandée.

Pour déterminer son pied p sur (P), on construit deux droites qui rencontrent A, G', H' : les projections de ces droites sur (P) se coupent au point p.

La normale que nous venons de déterminer est normale aux surfaces trajectoires de chacun de ses points; par suite, le plan (P) est tangent en p à la surface trajectoire de ce point.

En d'autres termes, nous avons construit le *point p où le plan* (P) *touche la surface à laquelle ce plan reste tangent pendant le déplacement de la figure mobile.*

Supposons que les points a et b soient confondus, les surfaces [a] et [b] étant distinctes. On a alors une figure dont un point a décrit une ligne (a), intersection des surfaces [a] et [b] et dont les points restent sur des surfaces données.

La solution est toujours la même; les droites A, B partent maintenant du même point a. Les droites D et Δ sont alors, l'une la droite qui joint les traces des normales C, E sur le plan (A, B), c'est-à-dire sur le plan normal en a à (a), l'autre est la droite issue du point a et qui rencontre C et E.

La construction de la normale à la surface trajectoire d'un point d'une figure mobile dont quatre points restent sur quatre faces données conduit immédiatement à la construction du plan normal à la trajectoire décrite par un point d'une figure mobile dont cinq points restent sur cinq surfaces données.

Soient a, b, c, e, l les points qui décrivent les surfaces données. Faisons abstraction de la surface $[l]$ sur laquelle se déplace le point l, on a, pour un point i invariablement lié à la figure mobile, la normale I à sa surface trajectoire $[i]$. Reprenons $[l]$ et faisons abstraction de $[e]$; le point i se déplace sur une nouvelle surface trajectoire $[i']$ qui donne lieu à une normale I'.

Le plan (I, I') est alors le plan normal à la ligne trajectoire (i) décrite par le point i lorsque les cinq points donnés restent sur leurs surfaces trajectoires.

Exemple relatif au déplacement d'une figure mobile de grandeur variable (1). — Dans l'espace comme sur le plan, on peut arriver facile-

---

(1) A. Picart, *Nouvelle théorie du déplacement continu d'un corps solide* (*Nouvelles Annales de Mathématiques*, 2e série, t. VI, p. 158).

Durrande, *Essai sur le déplacement d'une figure de forme variable* (*Annales scientifiques de l'École Normale supérieure*, 2e série, t. II, 1873); *Étude de l'accélération dans le déplacement d'un système de forme variable* (*Annales scientifiques de l'École Normale supérieure*, 2e série, t. III, 1874).

Dirichlet, *Recherches sur un problème d'Hydrodynamique* (*Journal de Borchardt*, t. LVIII).

Brioschi, *Développements relatifs aux recherches de Dirichlet* (*Journal de Borchardt*, t. LIX).

Thomson et Tait, *Philosophie naturelle.*

Beltrami, *Sur les principes fondamentaux de l'Hydrodynamique rationnelle* (*Mémoires de l'Académie de Bologne*, 1872-1874).

Everett, *Cinématique d'un système solide* (*Quarterly*, etc., t. XIII, 1875).

Joukofsky, *Cinématique d'un corps liquide* (*Bulletin de la Société mathématique de Moscou*, t. VIII, 1876).

Lévy, *Sur la composition des accélérations d'ordre quelconque et un problème plus général que celui de la composition des mouvements* (*Comptes rendus des séances de l'Académie des Sciences*, 29 avril 1878).

G. Fouret, *Sur le mouvement d'un corps qui se déplace et se déforme en restant homothétique à lui-même* (*Comptes rendus des séances de l'Académie des Sciences*, 3 février 1879).

Ad. Schumann, *Sur la cinématique des systèmes variables* (*Journal de Schlömilch*, t. XXVI).

ment au cas de la figure de grandeur variable en utilisant les propriétés relatives à une figure de grandeur invariable. Je vais en montrer un exemple :

Déterminer l'expression de la variation de longueur d'un segment d'une droite mobile dans l'espace. — La droite mobile G (*fig.* 165) se déplace en restant tangente à trois surfaces données (L), (M), (N) ; elle est limitée en a et b à deux surfaces $[a]$, $[b]$: on demande la variation de longueur de ab pour un déplacement infiniment petit de G.

Les normales aux surfaces (L), (M), (N) dont les pieds sont les

Fig. 165.

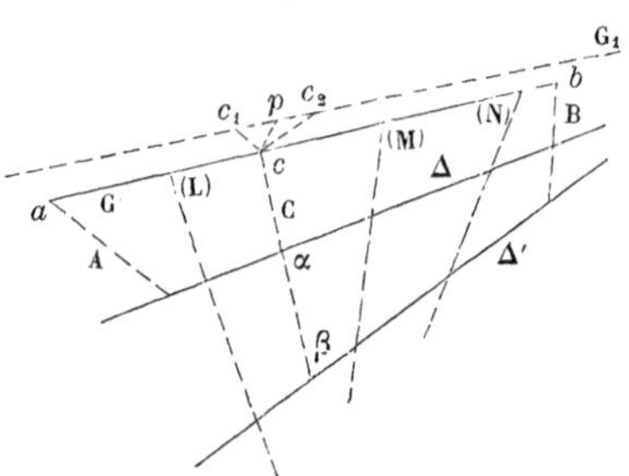

points de contact de G avec ces surfaces définissent le paraboloïde des normales à la surface (G) engendrée par G pendant son déplacement.

Menons du point a la normale A à $[a]$. Cette droite rencontre ce paraboloïde des normales en un point. La génératrice Δ de ce paraboloïde qui passe par ce point est l'axe de rotation instantané qui permet d'amener G dans sa position infiniment voisine, le point a restant sur $[a]$.

Menons la perpendiculaire commune à G et Δ ; elle rencontre G au point c, qui est le point central de (G), et Δ en un point que nous désignons par α.

De même, en considérant le point b, nous avons de la même manière une droite Δ'. Cette droite rencontre à angle droit la perpendiculaire commune à G et Δ, en un point que nous désignons par β.

Après le déplacement infiniment petit de G tournant autour de Δ, cette droite vient en G_1 ; le point central c vient en c_1 sur G_1.

De même, on peut faire tourner G autour de Δ' pour l'amener à coïncider avec G_1 ; le point c vient alors en c_2.

La variation de longueur de ab est le segment infiniment petit c_1c_2.

Pour évaluer ce segment, abaissons du point c une perpendiculaire cp sur G_1.

On a

$$c_1p = cc_1 \sin pcc_1,$$
$$c_2p = cc_2 \sin pcc_2.$$

Mais les angles pcc_1 et pcc_2 sont respectivement égaux aux angles (G, Δ) et (G, Δ′), et l'on a, comme il est facile de le voir,

$$cc_1 = c\alpha \frac{d\gamma}{\sin(G, \Delta)},$$
$$cc_2 = c\beta \frac{d\gamma}{\sin(G, \Delta')},$$

en désignant par $d\gamma$ l'angle (G, G_1).

On obtient donc

$$c_1p = c\alpha . d\gamma,$$
$$c_2p = c\beta . d\gamma;$$

d'où

$$\frac{c_1c_2}{d\gamma} = \alpha\beta.$$

Telle est la formule, complètement analogue à la formule (1), trouvée (p. 204) pour le déplacement plan, et qui donne la variation de longueur d'un segment de droite dans l'espace.

VINGTIÈME LEÇON.

NORMALIES. — COURBURE DES SURFACES.

(APPL. DE GÉOM. CINÉM.)

Théorème sur les normalies. — *Courbure des surfaces.* — Théorème de Meusnier. — Construction du rayon de courbure d'une section normale. — Relation d'Euler.

SUPPLÉMENT. — Sur les normales infiniment voisines autour d'un point. — Construction directe du rayon de courbure d'une section oblique.

J'appelle *normalie* le lieu de normales à une surface dont les pieds sont les points d'une courbe tracée sur cette surface. Cette courbe est la directrice de la normalie.

LEMME. — *A partir d'un point a sur une surface* (S), *il existe une courbe* M *telle que les normales à* (S), *dont les pieds sont des points de cette courbe, rencontrent la normale* A *de la surface* (S) *au point a.*

Du point a comme centre (*fig.* 166), décrivons une sphère. La ligne d'intersection de cette sphère et de la surface (S) est une courbe G. Les distances des points de cette courbe au plan (T), tangent à (S) en a, sont inégales; car, si elles étaient égales, cette courbe G serait plane; ce serait une circonférence de cercle, et, en général, la section d'une surface (S) par une sphère n'est pas une circonférence de cercle. Puisque les points de la courbe G sont inégalement distants du plan (T), l'un de ces points est à une distance minima de ce plan tangent. Appelons b ce point. La distance du point b au plan (T) étant minima, la tangente en ce point à G est parallèle à ce plan tangent.

Le plan normal à G en b est alors perpendiculaire à (T), et, comme il contient le rayon de la sphère et par suite a, il contient aussi la normale A. La normale à (S), qui est dans ce plan normal à G, rencontre donc A.

Pour chacune des sphères décrites du point a comme centre, on a une courbe telle que G, et sur chacune de ces courbes un point tel que b. Tous ces points appartiennent à la directrice d'une normalie dont les génératrices rencontrent A, directrice dont il fallait établir l'existence.

Fig. 166.

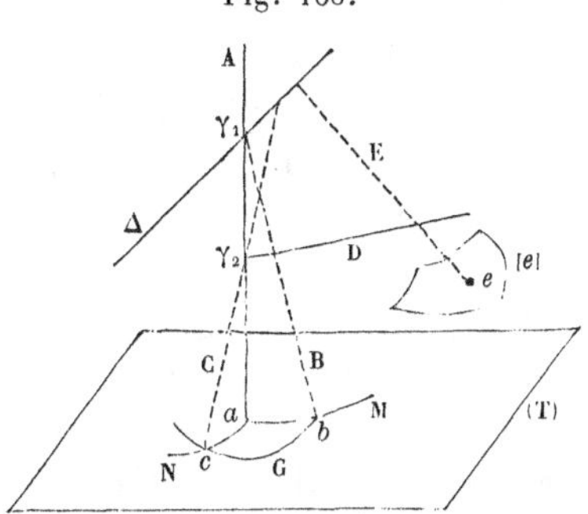

Cette directrice comprend aussi le lieu des points, tels que c, qui, sur les courbes G, sont chacun à une distance maxima du plan (T). Appelons M la branche de cette directrice, lieu des points b, et N la branche relative aux points c.

Si le rayon de la sphère décrite du point a comme centre est infiniment petit, le point γ_1, où la normale à (S) issue de b rencontre A, est le centre de courbure de la section faite dans (S) par le plan mené par A tangentiellement à M en a. Le point b étant à une distance minima du plan (T), le rayon de courbure $a\gamma_1$ est le plus grand parmi les rayons de courbure des autres sections normales à (S) en a.

De même, la normale en c à (S) rencontre A en un point γ_2, et $a\gamma_2$ est le rayon de courbure le plus petit parmi les rayons de courbure des sections normales à (S) en a. Le plan de la section normale, qui a $a\gamma_2$ pour rayon de courbure, est tangent à N en a.

Les rayons de courbure $a\gamma_1$, $a\gamma_2$ sont appelés *rayons de courbure* principaux de la surface (S) pour le point a; les points γ_1, γ_2 sont les *centres de courbure principaux,* et les plans des sections de (S) qui ont γ_1, γ_2 pour centres de courbure sont appelés *plans des sections principales de* (S).

Les plans des sections principales de (S) en a sont distincts, c'est-à-dire que les branches M et N ne sont pas tangentes entre elles en a; car, si l'on admettait le contraire, les centres de courbure γ_1, γ_2 coïncideraient, et, par suite, il en serait de même des centres de courbure de toutes les sections normales de (S) en a, ce qui ne peut avoir lieu que dans un cas particulier.

Théorème sur les normalies. — Conservons (*fig.* 166) la surface (S) sur laquelle on a M et N qui se rencontrent sous un angle fini. Du point a, décrivons une sphère. Elle coupe M en b' et N en c' (¹). Supposons que les points a, b', c', invariablement liés entre eux, appartiennent, avec un quatrième point e, à une figure de forme invariable.

Déplaçons cette figure de façon que a, b', c' restent sur (S), tandis que e reste sur une surface [e]. Le déplacement de la figure mobile peut être effectué d'une infinité de manières, puisqu'elle n'est assujettie qu'à quatre conditions. On obtient tous ces déplacements au moyen de rotations simultanées autour de deux axes, et, dans les circonstances actuelles, il est facile de construire ces axes, comme on va le voir.

Menons en a, b', c' les normales A, B′, C′ à (S), et en e la normale E à [e]. L'un des axes de rotation est la droite qui joint le point de rencontre de A et de B′ au point où E rencontre le plan (A, C′). L'autre axe est la droite qui joint le point de rencontre de A et de C′ au point où E rencontre le plan (A, B′). Car on a bien ainsi deux droites qui rencontrent à la fois les quatre droites A, B′, C′, E.

Tout cela est vrai, quel que soit le rayon de la sphère qui a donné b' et c'. Passons au cas limite où ce rayon est nul, et figurons en b et c les points b' et c'. Les droites ab, ac sont maintenant des tangentes à (S). La figure mobile doit alors se déplacer, de façon que les droites ab, ac restent tangentes à (S) en leur point de rencontre a, tandis que e reste sur [e]. Appelons D et Δ les axes simultanés de rotation relatifs à tous les déplacements de cette figure. D'après ce qui précède, l'une de ces droites est la droite Δ, qui joint le centre de courbure principal γ_1 au point de rencontre

(¹) Les points b' et c' ne sont pas sur la figure.

de E et du plan de la section principale tangente en a à N, l'autre est la droite D qui joint le centre de courbure principal γ_2 au point de rencontre de E et du plan de la section principale tangente en a à M.

Lions à la figure mobile la normale A, perpendiculaire aux tangentes ab et ac. Quel que soit le déplacement de la figure, cette droite A engendre une normalie à (S). Les éléments de toutes les normalies que peut ainsi engendrer A, à partir de sa première position, peuvent être obtenus au moyen de rotations simultanées autour des droites D, Δ. Mais le point γ_1 de A appartenant à Δ ne peut que tourner autour de D et engendre toujours le même élément de ligne. Cet élément de ligne et A déterminent un plan qui est alors tangent à toutes les normalies engendrées par A. De même, on a en γ_2 un plan tangent commun à toutes ces normalies. Ainsi : *toutes les normalies engendrées par* A *ont les mêmes plans tangents aux centres de courbure principaux* γ_1, γ_2.

Parmi les normalies engendrées par A, il y a celle qui a pour directrice M, dont le plan tangent en γ_2 est le plan de la section principale (A, B) qui contient D; il y a celle qui a pour directrice N, dont le plan tangent en γ_1 est le plan de la section principale (A, C) qui contient Δ, donc : *les plans tangents communs en* γ_1, γ_2 *aux normalies engendrées par* A *sont les plans des sections principales de* (S) *pour le point* a.

Puisque γ_1 tourne seulement autour de D, l'élément décrit par ce point est perpendiculaire au plan (A, D). Mais cet élément est dans le plan (A, C) qui contient Δ, donc : *Les plans* (A, D), (A, Δ) *sont perpendiculaires entre eux,* ou encore, *les sections principales de* (S) *en* a *sont rectangulaires.*

En résumé, on peut énoncer le théorème suivant :

Si, à partir d'un point a *sur une surface* (S), *on trace des courbes quelconques, les normalies à* (S), *qui ont ces courbes pour directrices, ont les mêmes plans tangents aux centres de courbure principaux de* (S) *situés sur la normale en* a *à cette surface, et ces plans tangents communs, qui sont les plans des sections principales de* (S) *en* a, *sont rectangulaires.*

COURBURE DES SURFACES.

Théorème de Meusnier. — Nous allons ramener l'étude de la courbure des sections faites dans une surface par des plans menés par un point, et obliques par rapport au plan tangent en ce point, à l'étude des courbures des sections normales, en démontrant le *théorème de Meusnier* (¹).

Si, par une tangente at en a à une surface (S), *on mène un plan normal à cette surface et un plan oblique, le centre de courbure de la section faite dans* (S) *par ce plan oblique est la projection du centre de courbure de la section faite dans* (S) *par le plan normal.*

Établissons d'abord un lemme : *Un plan mobile passe successivement par les génératrices d'une surface réglée; pour une position quelconque de ce plan, sa caractéristique passe par le point où il touche la surface réglée.*

Fig. 167.

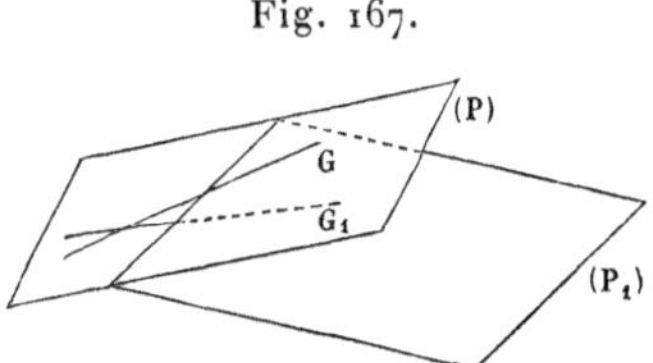

(P) est le plan mobile (*fig.* 167); il passe par la génératrice G de la surface (G). Après un déplacement infiniment petit, ce plan vient en (P_1) et contient la génératrice G_1, infiniment voisine de G; la droite d'intersection de ces deux plans, c'est-à-dire la caractéristique de (P), rencontre donc G et G_1 ; elle est alors tangente à la surface (G), et le point où elle rencontre G est le point de contact du plan mobile (P) avec (G).

Démontrons maintenant le théorème de Meusnier.

Appliquons le théorème relatif aux normalies en prenant cette

(¹) *Mémoire sur la courbure des surfaces* (*Recueil des Savants étrangers*, t. X, 1785); et Hachette, *Éléments de Géométrie à trois dimensions.*

fois non plus des courbes quelconques tracées à partir du point a sur (S), mais des courbes ayant pour tangente at (*fig.* 168). Puisque toutes les normalies dont les directrices passent par a sont tangentes entre elles aux points γ_1 et γ_2 situés sur la normale A, celles qui ont pour directrices des courbes tangentes entre elles en a sont, en outre, tangentes entre elles en ce point a; leur plan tangent commun en a est le plan de la normale A et de la tangente commune at à leurs courbes directrices; ces normalies ont donc les mêmes plans tangents au point a, au point γ_1 et au point γ_2; par suite, elles se raccordent.

Prenons l'une d'elles, celle qui a pour directrice une courbe C;

Fig. 168.

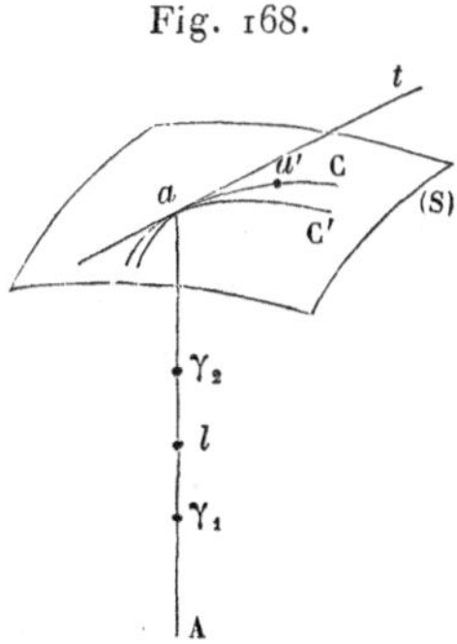

menons au point a le plan normal à cette courbe. Menons de même à C un plan normal passant par le point a', qui est, sur C, infiniment voisin de a. Ces deux plans normaux se coupent suivant l'axe de courbure C, et cette droite est la caractéristique du plan normal en a à la courbe C, lorsqu'on déplace ce plan en le laissant normal à cette courbe. D'après le lemme, cette caractéristique passe par le point où ce plan normal touche la normalie dont la directrice est C, car ce plan, supposé mobile en restant normal à la courbe C, contient constamment une normale de la surface (S), c'est-à-dire une génératrice de la normalie. Ce plan normal, qui a pour caractéristique l'axe de courbure de C, touche au point l la normalie dont C est la directrice, et l'axe de courbure doit alors passer par ce point l.

Prenons une courbe C', tangente en a à la droite at, et répétons le même raisonnement : nous trouvons que l'axe de courbure de C' passe par le point où le plan normal en a à C' touche la normalie à (S) dont cette courbe est la directrice. Mais cette normalie se raccorde avec celle qui a pour directrice C; le plan normal commun à C et C′ touche alors ces normalies au même point l. On voit donc que *toutes les courbes tracées sur la surface à partir du point a et tangentes entre elles en ce point ont pour axes de courbure des droites qui passent par le même point l*. L'axe de courbure d'une courbe étant la perpendiculaire à son plan osculateur élevée du centre de courbure de cette courbe, *on obtient donc les centres de courbure des directrices des normalies en projetant le même point l sur les plans osculateurs de ces courbes*, c'est-à-dire sur des plans qui passent par la tangente commune at.

Prenons comme directrice d'une normalie la courbe qui résulte de l'intersection de (S) et du plan mené par at normalement à cette surface; on a le centre de courbure de cette courbe en projetant le point l sur son plan; mais le point l est à lui-même sa projection; donc le point l est le centre de courbure de la section faite dans (S) par le plan normal qui contient at. En rapprochant cela des résultats précédents, on voit que le théorème de Meusnier, énoncé comme nous l'avons fait d'abord, est démontré.

Le plan normal, commun à toutes les courbes tracées sur la surface (S) à partir du point a, est tangent aux normalies, dont ces courbes sont les directrices, au même point l, qui est le centre de courbure de la section normale à (S) et tangente à ces courbes directrices. Si l'on fait tourner de 90° ce plan normal autour de A, il devient le plan normal à (S) qui contient at, et l'on a alors ce théorème :

Si l'on considère une normalie qui a pour directrice une courbe C *tracée sur* (S), *le plan normal à* (S), *tangent en a à* C, *est normal à cette normalie en un point qui est le centre de courbure de la section qu'il détermine dans la surface* (S).

Construction du rayon de courbure d'une section normale. — Soient (*fig.* 169) A la normale en a à (S), normale que nous supposons placée verticalement. Sur A, on a les centres de courbure principaux γ_1, γ_2 de la surface (S).

Prenons une normalie à (S) qui contienne A, et soit γ le point représentatif de l'élément de cette normalie le long de A. Je place γ

de façon que la figure formée par les droites $\gamma\gamma_1$, $\gamma\gamma_2$, γa soit égale à la figure formée par les traces horizontales des plans qui touchent la normalie aux points γ_1, γ_2, a.

Fig. 169.

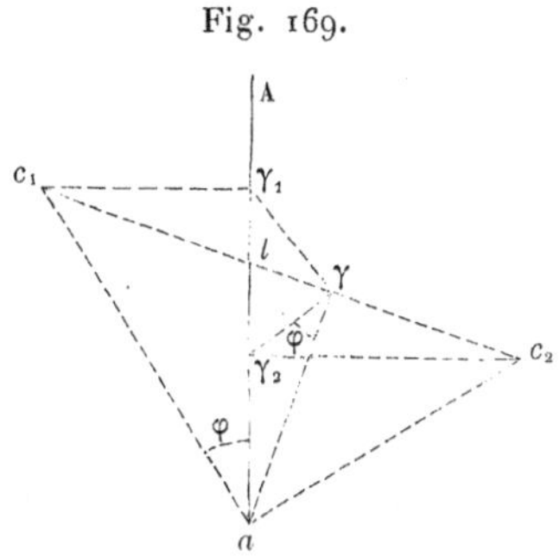

Les plans tangents à la normalie en γ_1 et γ_2 sont rectangulaires; les plans tangents en γ_2 et en a comprennent entre eux un angle φ. L'angle $\gamma_1\gamma\gamma_2$ est alors droit, et l'angle $\gamma_2\gamma a$ est égal à φ.

D'après le théorème qui vient d'être démontré, le plan tangent à la normalie au centre de courbure de la section faite dans (S) par le plan tangent en a à cette normalie est perpendiculaire à ce dernier plan tangent. On obtient alors ce centre de courbure en l au point où A est coupée par la perpendiculaire γl à γa.

Le point l est donc facile à construire lorsque l'on a γ.

On peut obtenir ce point γ au moyen de deux segments capables : l'un, d'un angle droit décrit sur $\gamma_1\gamma_2$, l'autre, de l'angle φ décrit sur $\gamma_2 a$. Nous allons l'obtenir directement. Prolongeons γl jusqu'à sa rencontre en c_1 et en c_2 avec les perpendiculaires élevées de γ_1 et γ_2 à A. Les points c_1, γ_1, γ, a appartiennent à la circonférence décrite sur ac_1 comme diamètre. L'angle $\gamma_1 ac_1$ est alors égal à $\gamma_1\gamma c_1$ et, par suite, à φ. Les points a, γ_2, γ, c_2 appartiennent à la circonférence décrite sur $a_2 c_2$ comme diamètre. L'angle $c_2 a\gamma_2$ est alors égal à $\gamma_2\gamma l$, c'est-à-dire au complément de φ. Il résulte de là que l'angle $c_2 ac_1$ est droit.

La construction qui donne le rayon de courbure d'une section normale peut donc être énoncée ainsi :

On a (fig. 169) la normale A, *les centres de courbure principaux* γ_1, γ_2 *et les perpendiculaires à* A *issues de ces points. On mène, du point a, la droite* ac_1 *qui fait avec* A *l'angle* φ *que le plan de la section normale, dont on cherche le rayon de courbure, fait avec le plan de la section principale dont le centre de courbure est* γ_1 [1]. *On élève, au point* a, *la perpendiculaire* ac_2 *à la droite* ac_1; *on joint le point* c_1 *au point* c_2; *cette droite rencontre* A *au point* l : *le segment* al *est le rayon de courbure de la section normale considérée.*

Lorsque l'angle droit c_2ac_1 tourne autour de a, on retrouve bien par cette construction que l se trouve toujours entre γ_1 et γ_2.

Relation d'Euler. — Nous allons traduire en une formule cette construction du rayon de courbure d'une section normale.

Soient R_1 et R_2 les longueurs des rayons de courbure principaux de (S) au point a.

Écrivons que l'aire du triangle rectangle c_1ac_2 est égale à la somme des aires des triangles c_1al et lac_2 :

$$c_1ac_2 = c_1al + lac_2.$$

Le double de l'aire du triangle c_1ac_2 est $ac_1 \times ac_2$; de même, pour le triangle c_1al, on a $ac_1 \times al \times \sin\varphi$, et, pour le triangle lac_2, $al \times ac_2 \times \cos\varphi$; on a alors

$$ac_1 \times ac_2 = ac_1 \times al \times \sin\varphi + al \times ac_2 \times \cos\varphi.$$

En divisant par le produit $ac_1 \times ac_2 \times al$, il vient

$$\frac{1}{al} = \frac{\sin\varphi}{ac_2} + \frac{\cos\varphi}{ac_1};$$

al est le rayon de courbure ρ de la section normale; ac_2 est égal à $\frac{R_2}{\sin\varphi}$, ac_1 est égal à $\frac{R_1}{\cos\varphi}$. On a donc la relation

$$\frac{1}{\rho} = \frac{\sin^2\varphi}{R_2} + \frac{\cos^2\varphi}{R_1}.$$

Cette relation, qui permet de déterminer le rayon de courbure d'une section normale, connaissant les rayons de courbure principaux R_1, R_2 et l'angle φ que cette section normale fait avec le plan

---

[1] Il ne faut pas oublier que le plan de la section principale de (S), tangent en γ_2 à la normalie, lui est normal en γ_1 et que ce point est le centre de courbure de la section que ce plan détermine dans (S).

de la section principale dont le rayon de courbure est R_1, est désignée sous le nom de *relation d'Euler* (¹).

SUPPLÉMENT A LA VINGTIÈME LEÇON.

Sur les normales infiniment voisines autour d'un point. — Ces normales sont dans les positions que prend la normale A à (S) en a (*fig.* 170), lorsque cette droite est entraînée avec le plan (T), tangent à (S) au point a, que l'on déplace, à partir de sa première position, de toutes les manières en le laissant tangent à (S) au pied de A.

Fig. 170.

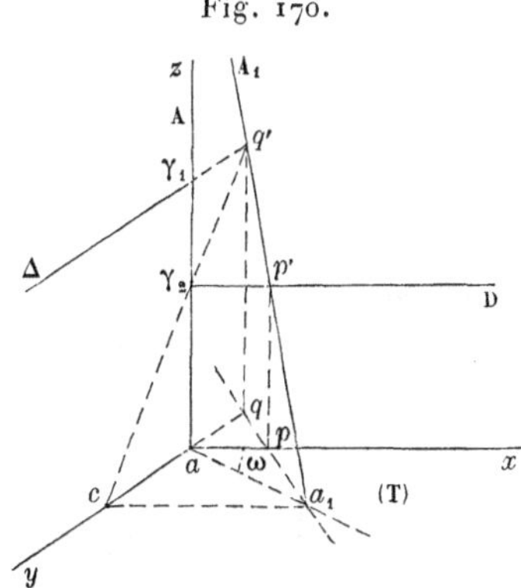

Tous ces déplacements peuvent être obtenus au moyen de deux axes simultanés de rotation D, Δ que nous prenons perpendiculairement à A.

La droite Δ, issue du centre de courbure principal γ_1, est dans le plan de la section principale qui est tangent en ce point à toutes les normalies à (S), dont les directrices partent de a. La droite D, issue de γ_2, est dans le plan de l'autre section principale.

En tournant autour de D, la normale A vient prendre la position $q'\gamma_2$; puis, en tournant autour de Δ, cette droite vient en $q'p'a_1$.

Nous désignons par A_1 cette nouvelle position de A. La droite A_1 est normale en a_1 à (S); sa projection sur (T) est a_1pq.

Appelons ω l'angle que fait aa_1 avec ax, trace sur (T) du plan de

---

(¹) *Recherches sur la courbure des surfaces* (*Mémoires de l'Académie de Berlin,* 1760).

la section principale qui contient D. On a, au moyen des triangles semblables $\gamma_1 q' \gamma_2$, $\gamma_2 ac$,

$$\frac{\gamma_1 q'}{aa_1 \sin\omega} = \frac{R_1 - R_2}{R_2},$$

d'où

$$\gamma_1 q' = \frac{aa_1 \sin\omega (R_1 - R_2)}{R_2};$$

de même on a

$$\gamma_2 p' = \frac{aa_1 \cos\omega (R_1 - R_2)}{R_1}.$$

Expression de l'angle $d\sigma$ que fait A *avec la normale infiniment voisine* A_1. — La tangente de cet angle est égale à $\frac{pq}{R_1 - R_2}$. On a alors, en employant les valeurs de $\gamma_1 q'$ et de $\gamma_2 p'$,

$$d\sigma^2 \text{ ou } \frac{\overline{pq}^2}{(R_1 - R_2)^2} = \overline{aa_1}^2 \left(\frac{\cos^2\omega}{R_1^2} + \frac{\sin^2\omega}{R_2^2} \right).$$

En désignant aa_1 par ds, il vient

$$d\sigma = ds \sqrt{\frac{\cos^2\omega}{R_1^2} + \frac{\sin^2\omega}{R_2^2}}.$$

Expression de l'angle $d\theta$ que fait A_1 *avec le plan* (A, aa_1). — La tangente de cet angle est égale à la distance du point p' à ce plan normal divisée par R_2.

Comme la distance du point p' au plan (A, aa_1) est égale à $\gamma_2 p' \sin\omega$, on a

$$d\theta = \frac{aa_1 \sin\omega \cos\omega (R_1 - R_2)}{R_1 R_2} = ds \sin\omega \cos\omega \left(\frac{1}{R_2} - \frac{1}{R_1} \right).$$

Cette formule est due à M. Bertrand ([1]), qui en a déduit ce théorème :

« *Si en un point* A, *pris sur une surface, on mène une normale* AZ, *puis que par le point* A *on fasse passer sur la surface deux lignes perpendiculaires sur lesquelles on prenne des longueurs infiniment petites et égales* AB, AC, *la normale au point* B *fera avec le plan* ZAB *un angle égal à celui que la normale au point* C *forme avec le plan* ZAC; *j'ajouterai que les deux normales seront toutes deux dans l'intérieur de l'angle dièdre* BAC *ou toutes deux en dehors de cet angle.* »

On peut aussi démontrer ce théorème en faisant usage de la *fig.* 170 et sans employer l'expression de $d\theta$.

([1]) *Journal de Mathématiques de Liouville*, 1re série, t. IX, p. 133; 1844.

Remarque. — La normale A, dans toutes ses positions infiniment voisines, rencontre D et Δ. Nous serions arrivés à un résultat analogue avec d'autres axes simultanés de rotation. Il est bien clair pourtant que les normales à (S), infiniment voisines de A, ne rencontrent pas toutes les droites tracées à partir de γ_1 et γ_2 dans les plans des sections principales, et qu'on peut prendre par couples comme axes de rotation. C'est qu'il ne faut pas oublier que nous n'avons conservé dans ce qui précède que les infiniment petits du premier ordre.

On voit donc comment il faut comprendre ce théorème de Sturm [1] : *Les normales infiniment voisines de* A *rencontrent deux droites.*

Construction directe du centre de courbure d'une section oblique. — *Connaissant les centres de courbure principaux* γ_1, γ_2 *et les plans des sections principales de* (S) *relatifs au point a, construire directement le centre de courbure de la section* E *faite dans* (S) *par un plan quelconque* (P) *mené par la tangente at à cette surface* [2].

Prenons la normalie à (S), qui a E pour directrice. Le contour apparent de cette normalie sur le plan (P) est la développée de E. Le centre de courbure ε que nous cherchons est, sur la normale $a\varepsilon$ en a à E, la projection sur (P) du point où le plan normal en a à E touche la normalie.

Pour le construire, prenons, le long de la normale A à (S) au point a, un paraboloïde de raccordement de la normalie. Choisissons celui qui a pour plan directeur le plan mené par at perpendiculairement à (P).

Nous connaissons les plans tangents à la normalie en a, γ_1, γ_2. Nous pouvons alors construire les directrices de ce paraboloïde : ces droites sont at et les intersections des plans des sections principales de (S) avec des plans menés des points γ_1, γ_2 parallèlement au plan directeur.

Au moyen de ces directrices, nous construisons une génératrice du même système que A. La projection de cette droite sur (P) coupe $a\varepsilon$ au point ε demandé, parce que toutes les génératrices du paraboloïde du même système que A se projettent suivant des droites qui passent par un même point, et que, pour A et la génératrice qui lui est infiniment voisine, le point de rencontre des projections de ces droites est le point ε.

---

(1) *Mémoire sur la théorie de la vision* (*Comptes rendus des séances de l'Académie des Sciences,* 1845).

(2) *Comptes rendus des séances de l'Académie des Sciences,* 6 avril 1874.

VINGT ET UNIÈME LEÇON.

COURBURE DES SURFACES (SUITE).

Indicatrice elliptique, ombilic. — Indicatrice hyperbolique. — Tangentes à la section faite dans une surface à courbures opposées par l'un de ses plans tangents. — Tangentes à la courbe d'intersection de deux surfaces tangentes entre elles. — Indicatrice parabolique. — Lignes de courbure d'une surface. — Lignes de courbure d'une surface de révolution. — Surfaces osculatrices. — Surfaces du second degré osculatrices. — Hyperboloïde osculateur. — Surface du second ordre de révolution osculatrice d'une surface de révolution le long d'un parallèle.

SUPPLÉMENT. Autre démonstration du théorème de Meusnier. — Théorème sur les normalies.

Indicatrice elliptique. — Reprenons la relation d'Euler :

$$\frac{1}{\rho} = \frac{\cos^2\varphi}{R_1} + \frac{\sin^2\varphi}{R_2}. \tag{1}$$

Écrivons

$$\rho = \lambda \overline{d}^2, \quad R_1 = \lambda \overline{a}^2, \quad R_2 = \lambda \overline{b}^2;$$

portant ces valeurs dans la relation précédente et supprimant le facteur λ, il vient

$$\frac{1}{\overline{d}^2} = \frac{\cos^2\varphi}{\overline{a}^2} + \frac{\sin^2\varphi}{\overline{b}^2}, \tag{2}$$

équation en coordonnées polaires d'une ellipse dont les demi-axes sont $\overline{a}$ et $\overline{b}$; $\overline{d}$ est le rayon vecteur : par conséquent, c'est un demi-diamètre de cette ellipse.

Construisons cette courbe (*fig.* 171) sur le plan (T) tangent à la surface (S) de façon que son centre soit au point de contact a de ce plan tangent et que son demi grand axe soit dans le plan de la section principale dont le rayon de courbure est R_1 ; l'autre axe est alors sur (T) la trace du plan de la section principale dont le rayon de courbure est R_2. Si, par la normale au point a à (S), nous menons un plan faisant un angle φ avec le plan de la section principale qui donne lieu au rayon de courbure R_1, sa trace est sur (T) un diamètre de l'ellipse et la longueur de la moitié de ce diamètre est donnée par l'équation (2).

Ainsi, *les sections normales de la surface* (S) *au point a ont des rayons de courbure proportionnels aux carrés des diamètres d'une conique.*

C'est pour cette raison que Dupin, à qui l'on doit l'emploi de cette courbe, l'a désignée sous le nom d'*indicatrice* [1].

Lorsque les centres de courbure principaux γ_1 et γ_2 sont d'un même côté par rapport au plan tangent (T), la surface est convexe autour du point a; l'indicatrice est une ellipse.

Fig. 171.

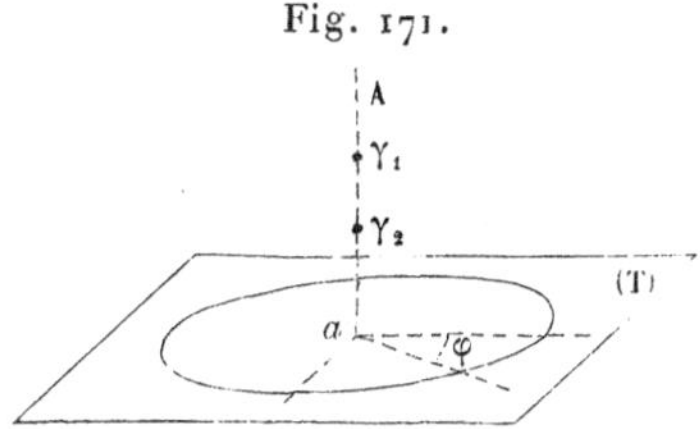

Dans le cas particulier où, pour un point de (S), les centres de courbure principaux coïncident, R_1 est égal à R_2 et, pour une section normale quelconque en ce point, le rayon de courbure est égal à R_1 ; on a alors sur la surface (S) un point tel, que toutes les sections normales faites dans la surface en ce point ont des rayons de courbure égaux; l'indicatrice est une circonférence de cercle, et le point est un *ombilic*.

Indicatrice hyperbolique. — Si les centres de courbure principaux sont de côtés différents par rapport au plan tangent, les rayons de courbure principaux sont de signes contraires et la relation d'Euler devient

$$\frac{1}{\rho} = \frac{\cos^2\varphi}{R_1} - \frac{\sin^2\varphi}{R_2};$$

---

[1] *Développements de Géométrie*, p. 48, et troisième Mémoire.

la surface traverse le plan tangent, on dit qu'elle est *à courbures opposées* et l'indicatrice est une hyperbole.

Les plans menés par les asymptotes de l'indicatrice déterminent, dans la surface, des sections qui ont un rayon de courbure infini; par conséquent, pour ces sections, le point a est un point d'inflexion et la tangente en a est osculatrice. Cette droite est aussi une tangente osculatrice de la surface, et, comme il y a au point a deux asymptotes de l'indicatrice, on voit qu'*en un point a d'une surface à courbures opposées il y a deux tangentes osculatrices.*

Tangentes à la section faite dans une surface à courbures opposées par l'un de ses plans tangents. — Nous venons de dire que la surface traverse son plan tangent. Soit C (*fig.* 172) la courbe d'intersection de la surface et de son plan tangent (T). Menons par le point a un plan; sa trace sur le plan (T) est une certaine droite qui contient le point a et qui rencontre la courbe C en m; la section faite dans la surface par ce plan est une courbe tangente en a à la droite am et qui passe par le point m. Lorsqu'on fait tourner ce plan autour du point a de façon que le point m se rapproche infiniment du point a, la section qu'il détermine dans la surface devient une courbe E tangente en a à sa trace sur (T) et qui contient un point de C, infiniment voisin du point a, c'est-à-dire que cette trace est une tangente osculatrice de la courbe E, et par suite de la surface.

Fig. 172.

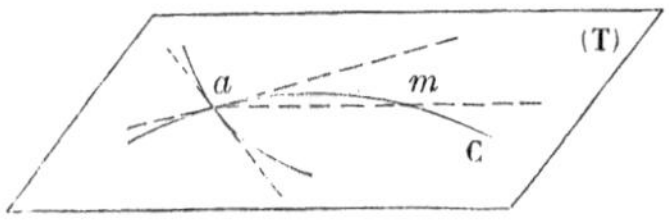

Ainsi, la section faite dans la surface (S) par son plan tangent a pour tangente au point a une tangente osculatrice de (S), et, comme il y a deux tangentes osculatrices au point a, la courbe d'intersection C tangente à ces deux droites présente au point a un point double; donc : *La section faite dans une surface à courbures opposées par son plan tangent en a est une courbe qui a un point double au point a, et les tangentes en ce point*

aux deux branches de la courbe sont les asymptotes de l'indicatrice pour ce point a.

On peut suivre les variations de forme des différentes sections normales autour du point a de la manière suivante.

Soit (*fig.* 173) sur le plan tangent en a la trace de la surface à courbures opposées; indiquons par le signe $+$ les parties de cette surface qui sont d'un côté du plan tangent et par le signe $-$ les

Fig. 173.

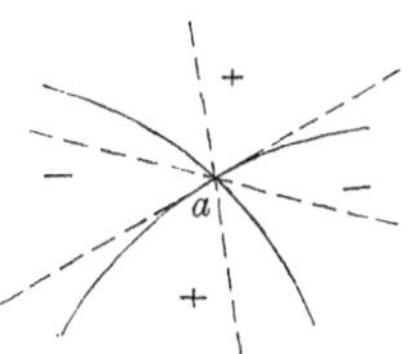

parties de la surface qui sont de l'autre côté de ce plan tangent. Menons un plan dont la trace est une droite qui passe par le point a; si cette droite est dans la région marquée par le signe $+$, elle se prolonge de l'autre côté dans la région marquée par le signe $+$, c'est-à-dire que la courbe d'intersection de la surface par ce plan est située tout entière d'un seul côté du plan tangent; de même, si la trace du plan est une droite dont les deux parties sont dans les régions marquées par le signe $-$, cette droite est la trace d'un plan qui coupe aussi la surface suivant une courbe située tout entière d'un même côté du plan.

Menons le plan sécant tangentiellement en a à l'une des branches de la trace de la surface sur son plan tangent, c'est-à-dire contenant une droite passant de la région marquée du signe $-$ dans la région marquée du signe $+$ ou réciproquement. Considérons la partie de la section qu'il détermine située d'un côté du plan tangent et la tangente correspondante issue du point a, l'autre partie de cette droite est tangente à la portion de la section qui est de l'autre côté du plan tangent, et cette section présente au point a un point d'inflexion.

La section faite dans une surface par un plan qui contient une asymptote de l'indicatrice, et qui n'est pas le plan tangent de la surface, est une courbe osculatrice de cette asymptote. Cette propriété se généralise si, au lieu de considérer la section d'une surface par son plan tangent, on considère la courbe d'intersection de deux surfaces tangentes entre elles.

Tangentes à la courbe d'intersection de deux surfaces tangentes entre elles. — Deux surfaces se touchent au point a; la courbe d'intersection de ces deux surfaces est C. Menons un plan sécant par le point a; il coupe chacune des surfaces suivant une courbe qui passe par le point m, où ce plan sécant rencontre C, et ces deux courbes d'intersection sont tangentes entre elles au point a. Lorsque le plan sécant a tourné de façon à contenir la tangente au point a à C, le point m vient se confondre avec a, et les deux courbes d'intersection des surfaces par ce plan ont en a même rayon de courbure. Traçons, sur le plan (T) qui est tangent en a aux deux surfaces, et au moyen d'un même paramètre λ, les indicatrices de chacune de ces surfaces; le plan sécant, qui a été mené par la tangente en a à C, a pour trace sur (T) une droite qui doit alors passer par l'un des points de rencontre de ces indicatrices. Mais les indicatrices des deux surfaces sont des coniques concentriques, qui se coupent en quatre points symétriques deux à deux par rapport à leur centre; donc *les deux diamètres qui contiennent ces quatre points sont les tangentes aux deux branches de la courbe d'intersection des deux surfaces tangentes entre elles*.

Indicatrice parabolique. — Relativement aux différentes formes que peut avoir l'indicatrice, il reste à supposer que l'un des rayons de courbure principaux de (S) est infini. Si R_1 est infini, la relation d'Euler devient

$$\frac{1}{\rho} = \frac{\sin^2\varphi}{R_2},$$

et l'indicatrice correspondante se compose simplement de deux droites parallèles entre elles.

Cette circonstance se présente pour les surfaces développables. Le plan normal qui contient une génératrice coupe la surface suivant cette génératrice et, par conséquent, la section faite par ce plan normal est une ligne pour laquelle le rayon de courbure est infini; l'indicatrice d'une surface développable en un point est donc l'ensemble de deux droites parallèles à la génératrice qui passe par ce point.

Lignes de courbure d'une surface. — Monge a donné le nom de *ligne de courbure* à une courbe tracée sur une surface (S) et telle qu'en chacun de ses points sa tangente est l'un des axes de l'indicatrice de (S) en ce point. Ces lignes donnent alors en chacun des points de (S) les directions de plus petite ou de plus grande courbure.

Une ligne de courbure est la directrice d'une normalie développable, car, pour un point quelconque a de cette ligne, le plan tangent à cette normalie est l'un des plans de section principale de (S), plan qui est aussi tangent à la normalie en l'un des centres de courbure principaux de (S). La normalie est donc telle, que sur une quelconque de ses génératrices un même plan lui est tangent en deux points : elle est donc développable. On démontre de la même manière que : *lorsqu'une normalie est développable, sa directrice est une ligne de courbure.*

Puisque, à partir d'un point a, il y a les deux axes de l'indicatrice qui se coupent à angle droit, il en résulte que *sur une surface il y a deux séries de lignes de courbure qui se rencontrent à angle droit.*

Lorsqu'on a un système de lignes de courbure, il est facile d'avoir les lignes de courbure de l'autre système; il suffit de prendre les trajectoires orthogonales des lignes de courbure du premier système.

Par exemple, pour une surface développable, les génératrices forment un premier système de lignes de courbure; les autres lignes de courbure sont les trajectoires orthogonales des génératrices, c'est-à-dire des développantes de l'arête de rebroussement.

Dans le cas particulier où la surface est conique, *les génératrices sont des lignes de courbure;* les autres lignes de courbure sont les trajectoires orthogonales de ces génératrices, et comme, après le développement du cône, ces trajectoires orthogonales des génératrices deviennent les trajectoires orthogonales de droites qui partent d'un même point, leurs transformées sont des circonférences de cercle. Il résulte de là que *les autres lignes de courbure d'une surface conique sont les intersections de cette surface avec des sphères dont le centre est au sommet de cette surface conique.*

Lignes de courbure d'une surface de révolution. — *Cherchons les lignes de courbure d'une surface de révolution.*

Les normales à la surface de révolution issues de tous les points d'un méridien sont dans un même plan : *ce méridien est donc une ligne de courbure.* Pour un point m de ce méridien (*fig.* 174), l'un des centres de courbure principaux de la surface de révolution est le centre de courbure μ_1 de cette ligne méridienne.

Fig. 174.

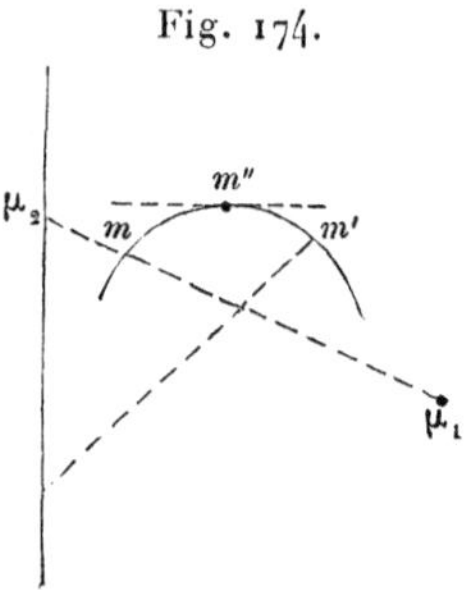

Le parallèle de la surface qui passe par le point m est l'autre ligne de courbure. Les normales à la surface de révolution issues de chacun des points de ce parallèle forment, en effet, un cône de révolution; le sommet de ce cône est le point de rencontre μ_2 des normales à la surface issues des points de ce parallèle; ce point de rencontre μ_2 est donc l'autre centre de courbure principal. Le parallèle a pour tangente au point m une ligne perpendiculaire au plan méridien qui passe par ce point; on a bien là deux lignes de courbure se rencontrant à angle droit. On voit aussi que *les points de l'axe de révolution de la surface sont des centres de courbure principaux.*

La section normale à la surface de révolution, tangente en m au parallèle, a pour centre de courbure le point μ_2 situé sur l'axe de révolution, et en projetant ce point sur le plan du parallèle on doit retrouver, d'après le théorème de Meusnier, le centre de ce parallèle. C'est ce qui arrive, puisque cette perpendiculaire est l'axe de révolution et que cette droite passe par le centre du parallèle.

Prenons un point m' tel que le centre de courbure de la ligne méridienne ainsi que le point de rencontre de la normale en m' et de l'axe de révolution soient d'un même côté de m' : autour de ce point m' la surface est convexe. Prenons un point m pour lequel la surface est à courbures opposées; tandis qu'au point m' l'indicatrice est une ellipse, au point m l'indicatrice est une hyperbole. Si l'on suit d'une manière continue l'arc de la ligne méridienne depuis le point m' jusqu'au point m, il y a un point à partir duquel l'indicatrice, qui était une ellipse, devient une hyperbole. Le passage d'un cas à l'autre a lieu au point m'', qui est le point de contact d'une tangente à la ligne méridienne perpendiculaire à l'axe de révolution. En ce point m'' l'un des rayons de courbure principaux est infini et l'indicatrice se compose de deux droites parallèles entre elles.

Surfaces osculatrices. — Considérons deux surfaces, tangentes entre elles en un point a, qui ont en ce point mêmes plans de sections principales et mêmes rayons de courbure principaux. En vertu du théorème de Meusnier et de la relation d'Euler, un plan sécant mené par le point a détermine dans ces surfaces des courbes ayant au point a même rayon de courbure. Les sections faites dans ces deux surfaces par des plans menés par leur point de contact a sont donc des courbes osculatrices; on dit alors que *ces surfaces sont osculatrices*.

Étant donnée (fig. 175) une surface (S), *construire une sur-*

Fig. 175.

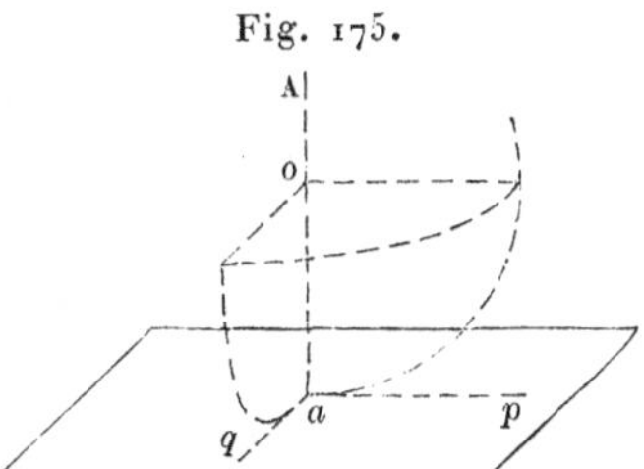

face du second degré qui lui soit osculatrice en a et dont un des sommets soit en ce point. Prenons sur la normale en a à (S) un point o, et déterminons la surface du second ordre qui a ce point pour centre et qui a pour plans principaux les plans des sections principales de la surface donnée, en même temps que cette surface a pour rayons de courbure principaux au point a les rayons de courbure principaux de la surface donnée.

Puisque la section faite dans la surface du second ordre par le plan principal dont la trace est *ap* doit être une conique dont le sommet est au point *a* et dont le rayon de courbure doit être le rayon de courbure R_1 de la surface donnée, le demi-axe $\overline{a}$ de cette conique, parallèle à *ap*, doit être tel que l'on ait

$$R_1 = \frac{\overline{a}^2}{oa},$$

car nous avons vu que le rayon de courbure en un sommet d'une conique est égal au carré du demi-axe parallèle à la tangente au sommet que l'on considère, divisé par la longueur du demi-axe aboutissant à ce sommet.

De même, le plan principal dont la trace est *aq* sur le plan tangent (T) doit couper la surface du second ordre suivant une conique dont l'un des axes étant *oa*, l'autre $\overline{b}$, doit être tel que l'on ait

$$R_2 = \frac{\overline{b}^2}{oa}.$$

On a alors les trois axes $\overline{a}$, $\overline{b}$ et *oa* de la surface du second ordre qui est osculatrice en *a* à la surface donnée.

Le point *o* a été pris arbitrairement sur la normale en *a*. Lorsqu'il s'agit d'une surface convexe, on doit le prendre d'un seul côté du plan tangent; quand la surface est à courbures opposées, le point *o* peut être un point quelconque de la normale. On voit, *dans tous les cas, qu'il y a une infinité de surfaces du second ordre osculatrices à* (S) *ayant pour sommet le point a.*

Si l'on prend pour centre de l'une de ces surfaces osculatrices un point situé à une distance du point *a* égale à R_1, l'autre demi-axe de la surface du second ordre, qui est dans le plan principal dont le rayon de courbure est R_1, est lui-même égal à R_1, et, par conséquent, cette section principale est une circonférence de cercle et la surface du second ordre est de révolution.

Comme on peut répéter la même chose en plaçant le centre de la surface du second ordre à une distance du point *a* égale à R_2, on voit que, *parmi les surfaces du second ordre osculatrices à* (S) *en a, il y en a deux, qui ont ce point pour sommet, et qui sont de révolution.*

On peut remarquer aussi que la section faite dans l'une des surfaces du second ordre osculatrices en a à (S) par un plan mené par son centre parallèlement au plan tangent en a est une conique semblable à l'indicatrice de la surface au point a.

Dans les applications, on construit souvent l'indicatrice sur le plan tangent en a en donnant pour axe à cette courbe les traces des plans des sections principales sur le plan tangent en a. On peut remarquer que, si l'on prend R_1 pour demi grand axe de cette indicatrice, le demi petit axe est égal à $\sqrt{R_1 R_2}$.

Hyperboloïde osculateur d'une surface réglée le long d'une génératrice. — Nous venons de voir qu'on peut construire des surfaces du second degré osculatrices à une surface donnée *en un point donné;* nous allons montrer que *pour une surface réglée* (G) *on peut déterminer un hyperboloïde osculateur tout le long d'une génératrice.*

Soit G une génératrice de (G) le long de laquelle nous nous proposons de déterminer un hyperboloïde osculateur, c'est-à-dire un hyperboloïde tel, qu'un plan sécant coupe la surface réglée donnée et cet hyperboloïde suivant des courbes ayant même rayon de courbure pour le point où le plan sécant rencontre la génératrice G.

Prenons une génératrice G′ de la surface (G). Par G′, comme par une droite quelconque, on peut construire un hyperboloïde de raccordement de (G) le long de la génératrice G. En coupant la surface donnée et cet hyperboloïde par un plan, on obtient deux courbes tangentes entre elles au point a, où le plan sécant rencontre la génératrice G, et ces deux courbes d'intersection ont en commun le point m, où le plan sécant rencontre la génératrice G′. Si maintenant nous supposons que G′ soit infiniment voisine de G, ces deux courbes sont osculatrices au point a; comme le plan sécant est arbitraire, l'hyperboloïde est devenu alors osculateur.

Menons le plan tangent en a à la surface (G). Ce plan coupe cette surface suivant une courbe et l'hyperboloïde suivant une droite qui est la tangente en a à cette courbe. Cette tangente est l'une des asymptotes de l'indicatrice de (G) en a; l'autre asymptote est la génératrice G. *On a donc l'hyperboloïde osculateur de* (G) *le long de* G *en prenant l'hyperboloïde qui a pour di-*

rectrices les asymptotes des indicatrices de (G) *en trois points de* G [1].

Si la surface donnée est à plan directeur, on n'a plus un hyperboloïde, mais un paraboloïde osculateur.

Surface du second ordre de révolution osculatrice d'une surface de révolution le long d'un parallèle. — Nous allons montrer que *le long d'un parallèle d'une surface de révolution on peut déterminer une surface osculatrice du second ordre ayant pour axe de révolution l'axe de révolution de la surface donnée.*

Prenons (*fig.* 176) un point m de la ligne méridienne de la surface donnée. Construisons pour le point m une conique oscula-

Fig. 176.

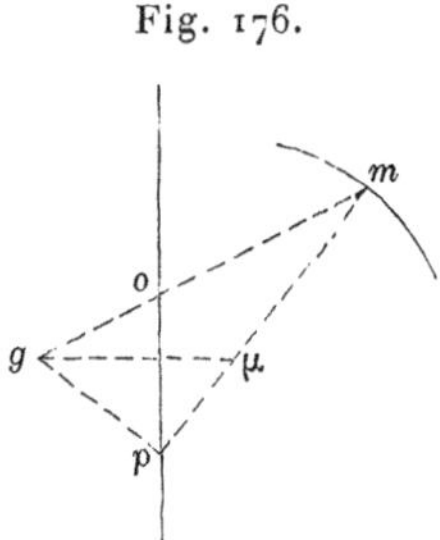

trice de la ligne méridienne ayant pour axe l'axe de révolution donné. Pour cela, du centre de courbure μ de la ligne méridienne, correspondant à m, abaissons sur l'axe de révolution la perpendiculaire μg; du point p, où la normale $m\mu$ rencontre l'axe de révolution, élevons à cette normale la perpendiculaire pg. La droite mg rencontre l'axe de révolution au point o, et, d'après ce que nous avons trouvé (p. 174) pour la détermination du centre de courbure d'une conique, le point o est le centre de la conique demandée et op est la direction de l'un des axes de cette courbe. Cette conique a, avec la ligne méridienne, trois points communs infiniment voisins. Lorsqu'on la fait tourner autour de l'axe de révolution, elle engendre une surface du second ordre de révolution qui

(1) Cette construction, trouvée par Chasles, lorsqu'il était élève à l'École Polytechnique, a été insérée par Hachette dans ses *Éléments de Geométrie à trois dimensions*, p. 86; 1817. Voir le supplément à la 30e Leçon.

a, avec la surface donnée, trois parallèles infiniment voisins communs.

Coupons maintenant la surface donnée et cette surface du second ordre par un plan; les courbes d'intersection ont en commun les trois points infiniment voisins où ce plan rencontre ces trois parallèles; par conséquent, ces deux courbes d'intersection sont osculatrices. Comme le plan sécant est arbitraire, la surface du second ordre de révolution est osculatrice tout le long du parallèle décrit par le point m.

SUPPLÉMENT A LA VINGT ET UNIÈME LEÇON.

Autre démonstration du théorème de Meusnier ([1]). — Prenons sur une surface (S), à partir d'un point a, une courbe C. Construisons une sphère tangente à (S) au point a qui passe par le point a_1 situé sur C et infiniment voisin du point a. La surface (S) et cette sphère se coupent suivant une courbe dont une des tangentes est la droite aa_1t. Un plan mené par cette tangente at coupe la surface (S) et la sphère suivant des courbes ayant en a même rayon de courbure. La section faite dans la sphère par ce plan est alors le cercle de courbure de la section qu'il détermine dans (S), et, comme ceci est vrai, quel que soit le plan mené par at, pourvu que ce ne soit pas le plan tangent en a à (S), on voit que *cette sphère est le lieu des cercles de courbure des sections faites dans* (S) *par des plans menés par la tangente at* ([2]).

En particulier, on peut prendre le centre de courbure l de la section faite par un plan mené normalement à (S) par la tangente at, puis le centre de courbure d'une section oblique menée par cette même tangente at, et, comme les centres de courbure de ces deux sections sont l'un le point l, centre de la sphère, et l'autre le centre d'un petit cercle de cette sphère, on voit que ce dernier centre de courbure est la projection du point l sur le plan sécant, c'est-à-dire que l'on retrouve le théorème de Meusnier.

Théorème sur les normalies. — Nous avons démontré que les normalies à une surface (S), dont les directrices sont des courbes tracées

---

([1]) A l'occasion de cette démonstration, *voir* une Note de M. Moutard dans les *Applications d'Analyse et de Géométrie* du général Poncelet, t. II, p. 363.

([2]) Dupin, *Développements de Géométrie*, p. 38.

sur cette surface à partir d'un point a, sont tangentes entre elles aux centres de courbure principaux γ_1, γ_2 situés sur la normale A à (S) en a. Supposons que les directrices de ces normalies passent en outre par un point b de (S). Les normalies correspondantes ont alors en commun les normales A, B à (S), qui sont issues des points a et b. Coupons ces normalies par un plan arbitraire mené par le point γ_1. On obtient des sections tangentes entre elles en ce point et qui passent par le point b', où ce plan sécant rencontre la normale B. Si le point b est infiniment voisin de a, le point b' est infiniment voisin de γ_1 et les courbes de section sont osculatrices entre elles au point γ_1. Comme le plan sécant est arbitraire, on a alors ce théorème :

Les normalies à une surface (S), *dont les directrices sont des courbes tangentes entre elles en* a, *sont osculatrices entre elles aux centres de courbure principaux de* (S) *situés sur la normale* A *en* a.

On voit de la même manière que, si les directrices des normalies à (S) ont un contact du $n^{\text{ième}}$ ordre au point a, les sections faites dans les normalies correspondantes par des plans passant par les centres de courbure principaux, situés sur la normale A, sont des courbes ayant un contact de l'ordre $n+1$ ([1]).

Puisque les normalies à (S), dont les directrices sont tangentes entre elles en a, sont osculatrices entre elles aux points γ_1, γ_2, les indicatrices ont en ces points les mêmes asymptotes. La normale A est une asymptote commune à ces deux indicatrices; les deux autres asymptotes sont des droites issues respectivement de γ_1, γ_2, et situées dans les plans des sections principales de (S). L'utilité de ces dernières droites ressort de Communications que j'ai faites à l'Académie des Sciences ([2]).

([1]) Cette propriété m'a été signalée par M. O. Bonnet [*Étude sur le déplacement*, etc. (*Journal de l'École Polytechnique,* XLIIIe Cahier, p. 114)].

([2]) *Note à l'occasion de la Communication faite par M. Ribaucour dans la séance du* 15 *mars* 1875 (*Comptes rendus des séances de l'Académie des Sciences,* 22 mars 1875); *Démonstration géométrique d'une relation due à M. Laguerre* (*ibid.,* 6 mars 1876).

VINGT-DEUXIÈME LEÇON.

THÉORÈME DES TANGENTES CONJUGUÉES : CONSÉQUENCES ET APPLICATIONS.

Lemme. — Théorème des tangentes conjuguées. — Conséquences du théorème des tangentes conjuguées. — Autre démonstration du théorème des tangentes conjuguées. — Rayon de courbure de la courbe de contour apparent d'une surface. — Ligne d'ombre ou de perspective sur les surfaces à courbures opposées. — Cône d'ombre.

Supplément. — Droites de courbure. — Lignes tracées sur une surface. — Développée d'une surface. — Théorèmes analogues au théorème de Meusnier. — Construire pour un point de la courbe d'intersection de deux surfaces : 1° l'axe de courbure; 2° le centre de la sphère osculatrice. — Théorème de Dupin sur les surfaces orthogonales. — Détermination des centres de courbure principaux de la surface de l'onde (appl. de Géom. ciném.). — Sur les ombilics de la surface de l'onde.

Nous allons nous occuper d'un théorème important qui est dû à Dupin ([1]), et qu'on désigne sous le nom de *théorème des tangentes conjuguées*.

Démontrons d'abord le lemme suivant :

Lemme. — *La tangente en un point a à la directrice d'une normalie à une surface* (S) *et la trace du plan central de cette normalie sur le plan* (T) *tangent en a à* (S) *sont deux diamètres conjugués de l'indicatrice de* (S) *en a.*

Soient toujours, comme précédemment (*fig.* 177), la normale A à (S) en a, qui est placée verticalement, γ_1, γ_2 les centres de courbure principaux de (S) sur A, et, pour un élément de normalie, le point représentatif γ convenablement placé sur la figure. L'angle $\gamma_1\gamma\gamma_2$ est alors droit, et l'angle $\gamma_2\gamma a$ est égal à l'angle que les plans tangents en γ_2 et en a à la normalie font entre eux.

([1]) *Développements de Géométrie*, p. 41.

Le pied c de la perpendiculaire γc, abaissée de γ sur A, est le point central de cette normalie, et l'angle $c\gamma a$ est l'angle compris entre le plan central de la normalie et le plan tangent en a à cette surface.

La figure formée par les droites $\gamma\gamma_1$, γc, $\gamma\gamma_2$, γa étant égale à la figure formée par les traces horizontales des plans qui touchent la normalie en γ_1, c, γ_2, a est aussi égale à la figure formée par les traces de ces plans tangents sur (T), tangent à (S) en a.

Fig. 177.

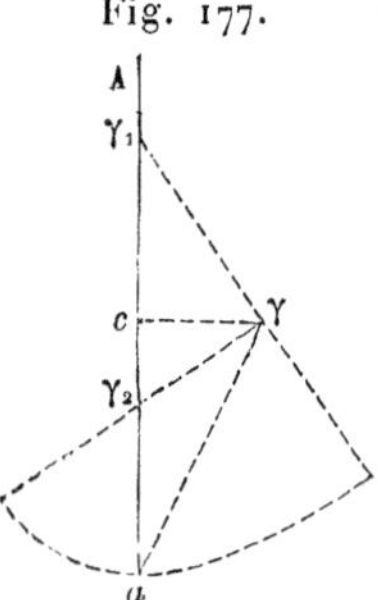

Au lieu de tracer l'indicatrice de (S) pour le point a sur le plan (T), traçons cette courbe sur le plan de la figure en mettant son centre en γ, dirigeant son grand axe suivant $\gamma\gamma_2$, et en la faisant passer par a. Appelons toujours $\bar{a}$, $\bar{b}$ les demi-axes de cette conique. Puisque c'est une indicatrice, on a

$$\frac{a\gamma_1}{a\gamma_2} = \frac{\bar{a}^2}{\bar{b}^2}.$$

Cette relation montre que A est normale en a à l'indicatrice tracée sur le plan de la figure. Par suite γc, qui lui est perpendiculaire, est parallèle à la tangente en a à cette courbe. Les droites γc, γa sont donc deux diamètres conjugués de l'indicatrice, et, comme ces droites correspondent à la trace sur (T) du plan central de la normalie et du plan tangent en a à cette surface, le lemme est démontré.

Théorème des tangentes conjuguées. — *Une courbe* (a) (*fig.* 178) *est tracée sur une surface* (S); *on mène au point* a *de cette courbe le plan tangent* (T) *à cette surface. La caractéristique* *de ce plan, que l'on déplace de façon qu'il soit toujours tangent à* (S) *et que son point de contact reste sur la courbe* (a), *est une droite* C *qui passe par le point* a *et qui forme avec la tangente en* a *à la courbe* (a) *un système de diamètres conjugués de l'indicatrice de* (S) *en* a.

Démontrons d'abord que la caractéristique C passe par le point a. Les plans tangents à la surface (S) contiennent les tangentes à la courbe (a), c'est-à-dire les génératrices de la surface développable formée par ces tangentes; la caractéristique du plan (T) passe alors par le point où ce plan est tangent à cette

Fig. 178.

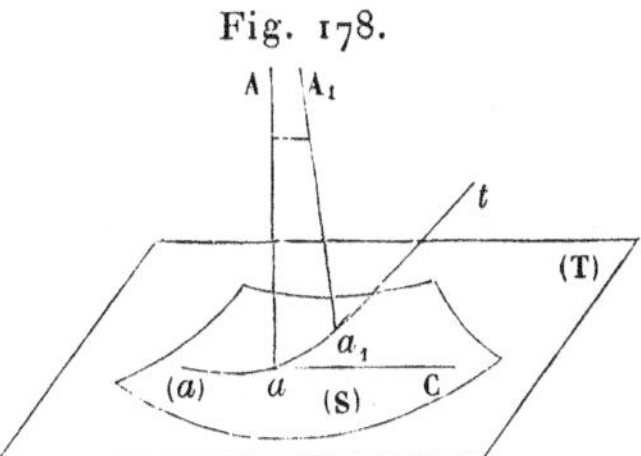

surface. Puisque le plan (T) n'est pas le plan osculateur de la courbe (a), il doit être considéré comme tangent à la surface développable au point a; donc C passe par ce point.

Prenons sur (a) le point a_1, infiniment voisin de a, et menons par les deux points a et a_1 les normales A et A_1 à la surface (S). Les plans tangents à cette surface aux points a et a_1 sont respectivement perpendiculaires à ces normales; le plan (T) est perpendiculaire à A, le plan (T_1) est perpendiculaire à A_1; la droite d'intersection de ces deux plans tangents est donc parallèle à la perpendiculaire commune à A et A_1. Ainsi, la droite C est parallèle à la perpendiculaire commune aux deux normales A et A_1. Le plan mené par A et par cette perpendiculaire commune a alors pour trace sur (T) la droite C, caractéristique de ce plan. Mais le plan mené par A et par cette perpendiculaire commune est le plan central de la normalie dont la directrice est la courbe (a), et, d'après le lemme précédent, la trace de ce plan est conjuguée de la tangente at à cette courbe directrice; donc C et la tangente at sont deux diamètres conjugués de l'indicatrice au point a. Le théorème de Dupin est ainsi démontré.

Si l'on trace du point a une courbe (a') tangente à la droite C, on peut répéter pour cette courbe ce que nous venons de dire pour la courbe (a); on voit alors que la caractéristique du plan (T), lorsque son point de contact se déplace sur (a'), est la droite at. C'est pour cette raison que les deux droites at et C sont désignées sous le nom de *tangentes conjuguées*.

Le théorème des tangentes conjuguées, extrêmement utile, donne lieu à de nombreuses conséquences.

Conséquences du théorème des tangentes conjuguées. — Traçons sur une surface une courbe quelconque E, et menons à cette surface des plans tangents aux différents points de cette courbe. L'enveloppe de ces plans est la surface développable circonscrite à la surface donnée le long de la courbe E. D'après le théorème précédent, *la génératrice* G *de cette surface, qui passe par le point a de* E, *et la tangente at en ce point à cette courbe sont deux diamètres conjugués de l'indicatrice de la surface donnée par le point a.*

Si, sur la génératrice G, on prend un point quelconque comme sommet d'un cône circonscrit à la surface donnée, la courbe de contact de ce cône et de la surface donnée est tangente au point a à la droite at, car la tangente en ce point à la courbe de contact du cône est conjuguée de la génératrice G. Par suite, *quelle que soit la position du sommet du cône sur la tangente* G, *les courbes de contact de tous ces cônes sont tangentes entre elles au point a.*

Il résulte de là que la tangente en un point d'une courbe d'ombre sur une surface est la tangente conjuguée du rayon lumineux qui passe par ce point.

Substituons à la surface donnée au point a une surface qui lui soit osculatrice, ces deux surfaces ont en ce point même indicatrice; la direction conjuguée d'une tangente G en a est la même pour l'une ou l'autre de ces surfaces. Par conséquent, pour la recherche de la direction conjuguée d'une tangente à une surface en un point a, on peut substituer à cette surface une surface qui lui est osculatrice en a.

La construction, en un point, de la tangente conjuguée d'une tangente est très simple lorsque l'on connaît les asymptotes de l'indicatrice pour ce point, puisque le diamètre conjugué d'un diamètre d'une hyperbole est le même, par rapport à la courbe ou par rapport aux asymptotes. Dans tous les cas, les constructions peuvent être faites sur les plans de projection par rapport aux projections de l'indicatrice, parce qu'une conique et deux diamètres conjugués se projettent suivant une conique et deux diamètres conjugués.

De ce que nous venons de dire on peut conclure que, *si deux surfaces géométriques se raccordent simplement le long d'une ligne, les lignes d'ombre ne se raccordent pas*. C'est ce que l'on voit immédiatement en prenant comme exemple (*fig.* 179) un cylindre de révolution terminé par une demi-sphère.

Fig. 179.

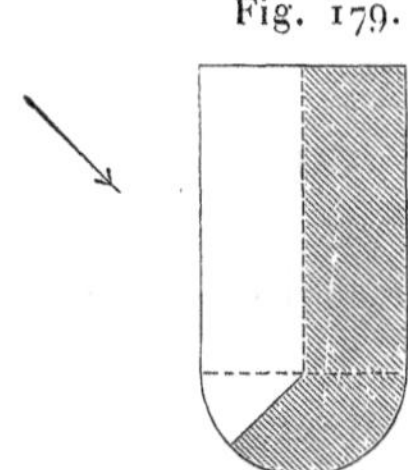

Projetons ce cylindre et cette demi-sphère sur un plan parallèle aux génératrices du cylindre, et supposons que le rayon lumineux soit parallèle à ce plan de projection. La ligne d'ombre sur le cylindre est une génératrice qui se projette sur l'axe de ce cylindre; la ligne d'ombre sur la sphère est un grand cercle dont le plan est perpendiculaire au rayon lumineux et se projette alors suivant une droite perpendiculaire à la direction du rayon lumineux. On voit bien que les deux courbes d'ombre ne se raccordent pas; elles se rencontrent en un point de la ligne de raccordement des deux surfaces, mais en ce point elles n'ont pas la même tangente.

Il résulte de là que, lorsqu'en Architecture on veut prendre le profil d'un balustre, ce profil ne doit pas être tracé par arcs de cercle. Si l'on traçait les courbes qui forment le profil du balustre au moyen d'arcs de cercle, les surfaces de révolution engendrées par ces arcs donneraient lieu à des surfaces se raccordant seulement le long de parallèles, et alors la ligne d'ombre sur le balustre présenterait des angles. Il vaut mieux tracer à simple vue le profil du balustre, en ayant soin de prendre les courbes qui forment ce profil de manière à les rendre osculatrices aux points où l'on passe de l'une à l'autre.

Autre démonstration du théorème des tangentes conjuguées. — On peut arriver au théorème des tangentes conjuguées en s'appuyant sur ce que nous avons démontré (p. 306) relativement à la construction des tangentes aux deux branches de la ligne d'intersection de deux surfaces tangentes entre elles en un point.

Nous avons vu que, lorsque deux surfaces sont tangentes entre elles en un point a, si l'on construit sur le plan tangent en a les indicatrices de ces deux surfaces à l'aide du même paramètre, les diamètres communs à ces deux courbes sont les tangentes aux deux branches de la courbe d'intersection des surfaces au point a.

Si les deux surfaces, au lieu d'être simplement tangentes entre elles en a, sont aussi tangentes entre elles en un point infiniment voisin du point a, alors les deux diamètres des indicatrices doivent se confondre pour ne donner au point a qu'une seule et même tangente aux deux branches de la courbe d'intersection. Pour cela, il faut que les deux indicatrices soient doublement tangentes. Cette circonstance se présente pour les points de la ligne de contact de deux surfaces circonscrites l'une à l'autre.

Soient une surface et la développable qui lui est circonscrite le long d'une courbe (a). Au point a de cette courbe de contact, la surface donnée a pour indicatrice une certaine courbe que nous pouvons tracer sur le plan tangent en a; la surface développable a pour indicatrice l'ensemble de deux droites parallèles à la génératrice G qui passe par a. Mais, d'après ce que nous venons de dire, cette indicatrice doit être doublement tangente à la première; l'indicatrice de la surface développable se compose donc de l'ensemble des tangentes à la première indicatrice menées parallèlement à la génératrice G de la surface développable, et la corde de contact de ce système de tangentes est la tangente à la courbe (a). Il est bien clair, d'après cela, que cette tangente est conjuguée de G, et l'on retrouve ainsi le théorème des tangentes conjuguées.

De là il résulte aussi que *les cônes qui ont pour sommets des points de la génératrice* G *sont osculateurs entre eux au point* a, car tous ces cônes ont même indicatrice. Cette courbe est toujours, en effet, l'ensemble des tangentes communes à l'indicatrice de la surface donnée, menées parallèlement à G.

Cette dernière propriété est utile à l'occasion du problème suivant.

Rayon de courbure de la courbe de contour apparent d'une surface donnée. — *Construire le rayon de courbure de la courbe de contour apparent d'une surface projetée orthogonalement sur un plan.*

Circonscrivons à la surface donnée (S) un cylindre dont les génératrices soient perpendiculaires au plan de projection. Appelons E la courbe de contact de ce cylindre et de (S) et E′ la trace de ce cylindre sur le plan de projection. La courbe E′ est la ligne de contour apparent de (S) sur le plan de projection. Comme cette courbe ne change pas, à quelque distance que l'on transporte ce plan de projection parallèlement à lui-même, nous supposons que ce plan passe par le point a de E, pour lequel nous allons chercher le rayon de courbure de E′.

Prenons E pour directrice d'une normalie à (S).

Les génératrices de cette normalie sont parallèles au plan de projection et se projettent suivant les normales à E′.

Soient, pour le point a de (S), la normale A que nous supposons placée verticalement, A_1 la normale à (S) au point a_1 de E, qui est infiniment voisin de a, et c le pied sur A de la perpendiculaire commune à cette droite et à A_1. Le point c est le point de rencontre de deux normales à E′, qui sont infiniment voisines. C'est alors le centre de courbure demandé.

On voit ainsi que, pour la génératrice A de la normalie, ce centre de courbure est un point central, et que le plan central est perpendiculaire au plan de projection.

D'après cela, reproduisant la *fig.* 177, on a (*fig.* 180) l'angle ω que les projetantes font avec le grand axe de l'indicatrice en a qui est égal à l'angle $c\gamma\gamma_2$ que le plan central de la normalie fait avec le plan tangent en γ_2 à cette surface. Mais cet angle est égal à l'angle $\gamma_2\gamma_1\gamma$; on a alors la construction suivante pour déterminer c :

On mène $\gamma_1\gamma$ qui fait avec $\gamma_1\gamma_2$ l'angle donné ω. Cette droite *rencontre au point γ la circonférence décrite sur $\gamma_1\gamma_2$ comme diamètre : la projection de γ sur* A *est le centre de courbure cherché.*

On a

$$\gamma_2 c = \gamma c \operatorname{tang}\omega = c\gamma_1 \operatorname{tang}^2\omega.$$

Désignons par R le rayon de courbure ac de E′ en a. La relation précédente peut s'écrire

$$R - R_2 = (R_1 - R)\operatorname{tang}^2\omega,$$

d'où

$$R = R_1 \sin^2\omega + R_2 \cos^2\omega.$$

Telle est la relation qui existe entre le rayon de courbure de la courbe de contour apparent d'une surface, les rayons de cour-

Fig. 180.

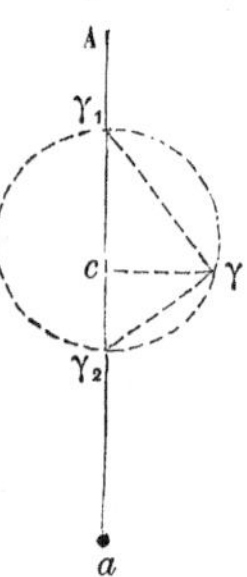

bure principaux de cette surface et l'angle de la projetante et du grand axe de l'indicatrice pour le point que l'on considère.

Lorsque la surface est à courbures opposées, cette relation devient

$$R = R_1 \sin^2\omega - R_2 \cos^2\omega.$$

Si l'on veut que le rayon de courbure de la courbe de contour apparent soit nul, on doit alors avoir

$$R_1 \sin^2\omega = R_2 \cos^2\omega,$$

d'où

$$\operatorname{tang}^2\omega = \frac{R_2}{R_1} = \frac{\overline{b}^2}{\overline{a}^2},$$

$\overline{b}$ et $\overline{a}$ étant les demi-axes de l'indicatrice.

Il résulte de là que la direction de la projetante est la direction d'une asymptote de l'indicatrice. Ainsi, *quand on projette une surface à courbures opposées sur un plan perpendiculaire à la direction d'une asymptote de l'indicatrice en un point de cette surface, le rayon de courbure de la courbe de contour apparent est nul.*

Remarque. — Si, au lieu de projeter orthogonalement la surface donnée, on la projette coniquement sur le même plan de projection, en prenant pour sommet du cône projetant un point de la projetante en a, on a, sur ce plan de projection, une courbe de contour apparent dont le rayon de courbure en a est encore ac; car ce cône projetant et le cylindre projetant, dont nous venons de parler, sont osculateurs en a.

Lignes d'ombre ou de perspective sur les surfaces à courbures opposées. — Pour construire un point de la ligne d'ombre de la surface (S) éclairée par un point lumineux l, employons la méthode des plans sécants.

Par le point lumineux (*fig.* 181) menons un plan; il coupe la

Fig. 181.

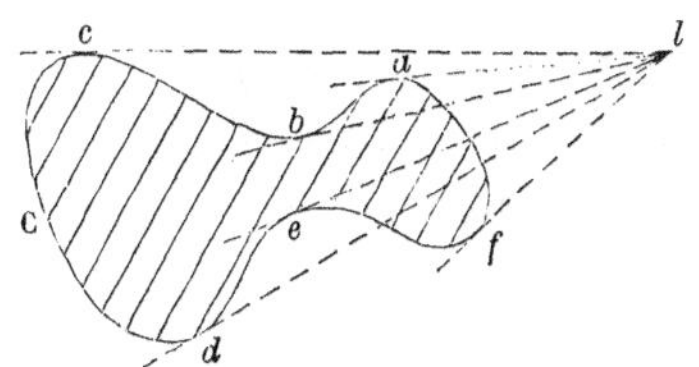

surface suivant une ligne C, et le corps occupe la partie couverte de hachures.

Du point l on peut mener à cette ligne un certain nombre de tangentes; les points de contact de ces tangentes appartiennent à la ligne de contact du cône circonscrit à la surface donnée et dont le sommet est au point lumineux. Mais, pour la question d'ombre, ces points de contact ne jouent pas le même rôle. Les points de contact tels que a, c, d, f des tangentes extérieures au corps reçoivent le nom de *points réels;* les points tels que b, e, qui sont des points de contact des tangentes intérieures au corps, sont appelés *points virtuels* de la courbe d'ombre.

On peut remarquer que, parmi les points réels, il y en a qui ne sont pas utiles comme points de la courbe d'ombre; ainsi, le point d est un point réel qui n'est pas utile, car le rayon lumineux ld est intercepté par le corps ; le point d se trouve dans une région qui est dans l'ombre. Les points réels peuvent former une ligne séparée de la ligne formée par les points virtuels ; c'est ce que l'on voit immédiatement en prenant le point lumineux sur l'axe d'une surface de révolution (*fig.* 182). Le point c appartient à un parallèle, lieu de points réels, qui est séparé du parallèle auquel appartient le point b; celui-ci est un lieu de points virtuels.

Fig. 182.

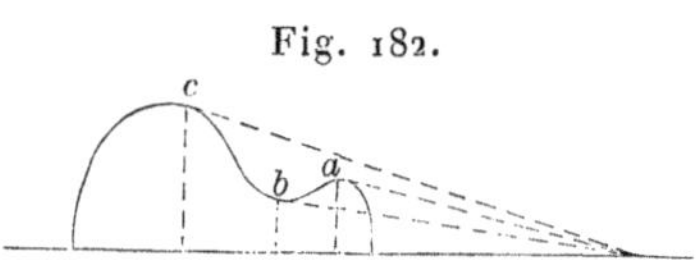

En général, la ligne de contact du cône circonscrit se partage en arcs formés par des points réels suivis d'arcs formés par des points virtuels ; les points qui séparent ces arcs sont appelés *points de passage ;* on donne aussi à ces points de passage le nom de *points limites.*

Il ressort de la définition des points réels ou virtuels qu'un point limite considéré comme appartenant à l'arc réel est un point de contact d'un rayon lumineux extérieur au corps, et, si au contraire on le considère comme l'extrémité de l'arc virtuel, il est le point de contact d'un rayon lumineux intérieur au corps. Le point limite est donc le point de contact d'une tangente qui passe d'une région dans l'autre ; cette tangente est alors une droite osculatrice de la surface, et par conséquent une asymptote de l'indicatrice. Ainsi, *au point limite, le rayon lumineux est une asymptote de l'indicatrice.* Dans tout cela, il s'agit, bien entendu, de surfaces géométriques.

Pour avoir la tangente en un point quelconque de la ligne d'ombre, nous avons dit qu'on devait prendre la direction conjuguée du rayon lumineux qui passe par ce point. Pour un point limite, la direction conjuguée du rayon lumineux, qui est une asymptote de l'indicatrice, est cette asymptote elle-même ; donc, *au point limite, la ligne d'ombre est tangente au rayon lumineux.*

Réciproquement, *les points de contact de la courbe d'ombre et des rayons lumineux qui lui sont tangents sont des points limites.*

Car la tangente et le rayon lumineux, étant confondus, doivent coïncider avec une asymptote de l'indicatrice de la surface éclairée. Cette droite est alors osculatrice, elle traverse la surface et son point de contact est un point limite.

Cette propriété se conserve en projection, et l'on a alors un moyen de déterminer les points limites lorsqu'on a construit les projections de la ligne d'ombre. On mène, sur le plan de projection, des tangentes à la projection de la ligne d'ombre, et les points de contact sont les projections des points limites; à moins que ces points de contact ne soient les projections de plans pour lesquels les plans tangents de la surface sont perpendiculaires au plan de projection. Car, lorsqu'on a, pour des points d'une surface, des plans tangents perpendiculaires à un plan de projection, les droites tracées à partir de ces points sur ces plans tangents se projettent toutes suivant les tangentes aux projections des lignes tracées à partir de ces points sur la surface, bien qu'elles ne soient pas, dans l'espace, tangentes à ces lignes.

Cône d'ombre. — Les rayons lumineux tangents à la surface éclairée forment le cône d'ombre. Au point limite il y a une génératrice de ce cône qui est tangente à la ligne d'ombre. Le cône d'ombre présente alors un rebroussement le long du rayon lumineux qui passe en un point limite, et, en ce point, le plan tangent à la surface éclairée est le plan osculateur de la courbe d'ombre. Cela résulte de ce que nous avons dit (p. 184) relativement aux projections d'une courbe gauche.

SUPPLÉMENT A LA VINGT-DEUXIÈME LEÇON.

Droites de courbure. — Conservons toujours les mêmes notations. (C) est la normalie à (S) dont la directrice est C. Au point a de cette courbe menons la normale A à (S) et sur cette droite marquons les centres de courbure principaux γ_1, γ_2. En ces points élevons les droites Γ_1, Γ_2, normales communes à toutes les normalies à (S), dont les directrices partent de a.

Ce sont ces droites Γ_1, Γ_2 que j'appelle *droites de courbure*, elles permettent de déterminer ce qui est relatif à la courbure de (S) pour le point a.

Menons le plan (P) tangent en a à (C) et construisons le centre de courbure l de la section qu'il détermine dans (S). Pour cela, élevons en a la perpendiculaire an à (P). D'un point quelconque n de cette droite menons la droite G qui rencontre Γ_1 et Γ_2. Cette droite rencontre (P) en un point qu'il suffit de projeter sur A pour avoir l. G est, en effet, une génératrice du paraboloïde des normales à la normalie (C), et, par la construction précédente, on voit que (P) est normal à (C) au point l.

La droite G étant une génératrice du paraboloïde des normales à (C) est parallèle au plan central de cette surface pour la génératrice A. La projection de G sur le plan (T), tangent à (S) en a, est alors parallèle à la trace du plan central de (C) sur ce même plan (T).

Par suite, cette projection donne la direction conjuguée de la trace du plan (P) sur (T).

Ainsi : *la projection de* G *sur le plan* A*an rencontre* A *au centre de courbure de la section faite dans* (S) *par le plan* (P) *et la projection de* G *sur* (T) *donne la direction conjuguée de la trace de* (P) *sur ce plan.*

Définitions de quelques lignes tracées sur une surface [1]. — Nous avons déjà parlé des *lignes de courbure* dues à Monge.

---

[1] O. Bonnet, *Mémoire sur la théorie générale des surfaces* (*Journal de l'École Polytechnique*, XXXIIe Cahier).

Liouville, nouvelle édition de l'*Application de l'Analyse à la Géométrie* suivie des *Disquisitiones generales circa superficies curvas* de Gauss et de Notes importantes, Paris, 1850.

E. Bour, *Théorie de la déformation des surfaces* (*Journal de l'École Polytechnique,* XXXIXe Cahier).

O. Bonnet, *Mémoire sur la théorie des surfaces applicables sur une surface donnée* (*Journal de l'École Polytechnique*, XLIe et XLIIe Cahier).

Lamé, *Leçons sur les coordonnées curvilignes.*

Chasles, *Théorie analytique des courbes à double courbure de tous les ordres tracées sur l'hyperboloïde à une nappe* (*Comptes rendus des séances de l'Académie des Sciences*, 1861).

L'abbé Aoust, *Analyse infinitésimale des courbes tracées sur une surface quelconque;* Paris, 1869.

Ph. Gilbert, *Mémoire sur la théorie générale des lignes tracées sur une surface quelconque* (*Mémoire de l'Académie de Belgique,* t. XXXVII).

Ribaucour, *Propriétés de courbes tracées sur les surfaces* (*Comptes rendus des séances de l'Académie des Sciences,* 15 mars 1875).

Dupin a donné le nom de *ligne asymptotique* à une courbe tracée sur une surface et qui a pour tangente en chacun de ses points une asymptote de l'indicatrice de la surface en ce point.

La surface développable, circonscrite à une surface donnée le long d'une ligne asymptotique, a pour génératrices, d'après le théorème des tangentes conjuguées, les tangentes à cette ligne. D'après cela, les plans osculateurs d'une ligne asymptotique sont tangents à la surface sur laquelle cette ligne est tracée. Réciproquement, une ligne tracée sur une surface et dont les plans osculateurs sont tangents à cette surface est une ligne asymptotique.

Une *ligne de longueur minima* sur une surface est la plus courte entre deux quelconques de ses points. En prenant deux points infiniment voisins, on voit que le rayon de courbure de la courbe doit être maximum et, par suite, que son plan osculateur est normal à la surface (1).

Entre deux points d'une surface, la ligne la plus courte que l'on peut tracer sur la surface porte le nom de *ligne géodésique*. D'après ce que nous venons de dire, le plan osculateur d'une ligne géodésique est, en chaque point de la courbe, normal à la surface sur laquelle est tracée la ligne géodésique. Par extension, on donne encore le nom de *ligne géodésique* à une courbe tracée sur une surface et qui, en chacun de ses points, a son plan osculateur normal à cette surface.

On dit qu'une courbe est surosculée par son cercle osculateur lorsqu'elle a avec ce cercle un contact du troisième ordre. Aux sommets des coniques on a des cercles qui surosculent ces courbes. M. de la Gournerie a étudié (2) sur les surfaces du second ordre *les lignes tangentes aux sections normales surosculées par des cercles*, et il a démontré que ces courbes sont les lignes de contact de surfaces développables circonscrites à la surface du second ordre donnée et à des sphères concentriques. C'est en raison de cette propriété qu'il a donné à ces courbes le nom de *polhodie*, qui avait été employé par Poinsot seulement dans le cas de l'ellipsoïde central.

M. Ribaucour a établi un théorème remarquable (3) relatif à la section faite dans une surface par un plan mené par une tangente à cette surface et tel que cette section soit surosculée par un cercle. Pour cela, il a considéré une ligne tracée sur la surface et qu'il appelle

---

(1) Bertrand, *Démonstration géométrique de quelques théorèmes relatifs à la théorie des surfaces* (*Journal de Mathématiques de Liouville*, 1re série, t. XIII, p. 73).

(2) *Traité de Géométrie descriptive*, IIIe Partie, p. 96.

(3) *Comptes rendus des séances de l'Académie des Sciences*, 15 mars 1875.

courbe à courbure normale constante. Cette ligne est telle que les sections normales à la surface sur laquelle elle est tracée, et qui lui sont menées tangentiellement, ont des rayons de courbure égaux.

M. Darboux a considéré les courbes tracées sur une surface (S) et telle que leurs sphères osculatrices sont tangentes à cette surface ([1]).

En raisonnant comme nous l'avons fait dans le Supplément à la vingt et unième Leçon pour démontrer le théorème de Meusnier, on voit que *les plans osculateurs de cette courbe déterminent dans* (S) *des sections qui sont surosculées par leurs cercles osculateurs* ([2]). Il est facile de voir aussi que, *sur la normalie à* (S), *qui a l'une de ces courbes pour directrice, les centres des sphères osculatrices de cette courbe appartiennent à une ligne asymptotique.*

Développée d'une surface. — A partir d'un point a d'une surface (S), il y a deux lignes de courbure. Ces lignes de courbure sont les directrices de deux normalies développables. En décrivant l'une de ces normalies la normale A à (S) en a reste tangente à l'arête de rebroussement de cette normalie. En décrivant l'autre normalie, A reste tangente à l'arête de rebroussement de cette autre normalie.

Le lieu des arêtes de rebroussement des normalies développables se compose des deux nappes de la surface lieu des centres de courbure principaux de (S). C'est cette dernière surface que nous appelons *développée de* (S).

Une normale quelconque de (S) est tangente aux deux nappes de cette développée, et, aux points de contact, les plans tangents à ces nappes sont à angle droit. Cette propriété est due à Monge; je n'ai fait que lui donner une autre forme en énonçant le théorème sur les normalies (p. 293).

Les nappes de la développée de (S) forment la surface focale de la congruence formée par les normales à (S). Les foyers d'un pinceau [A] sont les centres de courbure principaux de (S) sur A, et les plans focaux de ce pinceau sont les plans des sections principales de (S) menés par A.

Théorèmes analogues au théorème de Meusnier ([3]). — Traçons sur une surface (S) des courbes (a_1), (a_2), ... tangentes entre elles en a. Le long de ces courbes circonscrivons à (S) des surfaces développables.

([1]) *Annales scientifiques de l'École Normale supérieure,* t. VII, 1870.

([2]) Ribaucour, *Propriétés de courbes tracées sur les surfaces* (*loc. cit.*).

([3]) *Voir*, dans les *Comptes rendus des séances de l'Academie des Sciences,* ma Communication du 5 février 1872.

Ces surfaces ont une génératrice commune $a\tau$, qui est la tangente conjuguée de la tangente at aux courbes (a_1), (a_2), ... Prenons les normalies à (S) qui ont ces courbes pour directrices.

L'axe de courbure de la surface développable ([1]) circonscrite à (S) le long de (a_1) est dans le plan normal à (S) mené par $a\tau$ et passe par le point β, où ce plan touche la normalie à (S) dont la directrice est (a_1). De même, pour la surface développable circonscrite à (S) le long de (a_2), l'axe de courbure passe par le point où ce même plan normal touche la normalie à (S) dont la directrice est (a_2).

Mais les normalies à (S), dont les directrices sont les courbes (a_1), (a_2), ... tangentes entre elles en a, se raccordent le long de la normale A à (S) au point a; le plan normal $(A, a\tau)$ touche alors toutes ces normalies au même point β, et l'on peut dire :

Lorsque des courbes tracées sur une surface (S) *sont tangentes entre elles en un point a, les surfaces développables circonscrites à* (S) *le long de ces courbes ont, pour axes de courbure relatifs à la génératrice qui passe en a, des droites qui passent par un même point β de la normale* A *à* (S) *en a.*

La *surface polaire* d'une courbe quelconque (a) tracée sur une surface (S), c'est-à-dire la surface enveloppe des plans normaux à cette courbe, est une surface circonscrite à la normalie à (S) dont (a) est la directrice. La courbe de contact de ces deux surfaces coupe A au point α, où l'axe de courbure de (a) rencontre cette normale.

Prenons sur (S) des courbes osculatrices entre elles en a. Elles ont un même axe de courbure relatif à ce point. Leurs surfaces polaires contiennent cette droite et sont circonscrites aux normalies à (S), dont ces courbes sont les directrices. Les courbes de contact avec ces normalies passent par le point α, et, en vertu du théorème des tangentes conjuguées, elles sont tangentes entre elles en ce point.

En appliquant le théorème précédent, nous pouvons dire maintenant :

Lorsque des courbes tracées sur une surface sont osculatrices entre elles, les axes de courbure de leurs surfaces polaires passent par un même point.

Par le cercle osculateur de (a) faisons passer une sphère. Appelons E l'intersection de cette sphère et de (S). L'axe de courbure de $a)$ rencontre la sphère en un point γ, qui est le centre de courbure sphérique de E.

([1]) *Voir* page 250 la définition de cet axe de courbure.

La surface polaire de E rencontre la sphère suivant la *développée sphérique* de E, c'est-à-dire suivant l'enveloppe sur la sphère des grands cercles normaux à E. L'axe de courbure de la surface polaire de E rencontre la sphère au centre de courbure de cette développée sphérique correspondant à γ.

Prenons différentes sphères passant par le cercle osculateur de (a), et leurs intersections E_1, E_2, ... avec (S). Les développées sphériques de ces courbes ont, pour centres de courbure sphérique relatifs à ce point, les traces sur les sphères des axes de courbure des surfaces polaires de E_1, E_2, ... Comme ces dernières droites passent par un même point et respectivement par les centres des sphères, on peut dire :

Lorsque, par le cercle osculateur en a d'une courbe (a) *tracée sur une surface* (S), *on fait passer des sphères, celles-ci coupent* (S) *suivant des courbes dont on obtient les centres de courbure de leurs développées sphériques en projetant un même point sur ces sphères.*

Il est utile de remarquer que le point que l'on projette est dans le plan normal à (S) mené tangentiellement en a à (a).

Construire pour un point de la courbe d'intersection de deux surfaces : 1° l'axe de courbure de cette courbe; 2° le centre de la sphère osculatrice (¹). — Soit (a) la courbe qui résulte de l'intersection des deux surfaces données (S) et (S′). Désignons par at la tangente à (a) au point a.

En vertu du théorème de Meusnier, le plan normal à (S), mené par at, est rencontré par l'axe de courbure cherché au centre de courbure de la section qu'il détermine dans (S). On peut répéter la même chose en prenant la section faite dans (S′) par le plan normal à cette surface, mené par at. On a donc l'axe de courbure de (a) en joignant par une droite les centres de courbure des sections faites dans (S) et (S′) par les plans respectivement normaux à ces surfaces et menés par at.

Le plan mené par at perpendiculairement à cet axe de courbure est le plan osculateur de (a) en a, et le point de rencontre de ce dernier plan et de l'axe de courbure est le centre de courbure de (a). Cette construction, due à Hachette, résulte, comme on le voit, du théorème de Meusnier. De même, pour résoudre la seconde partie du problème,

---

(¹) *Voir* mes Notes dans le *Bulletin de la Société mathématique de France*, 1874, et dans les *Comptes rendus des séances de l'Académie des Sciences*, 27 novembre 1876.

nous allons appliquer le théorème analogue au théorème de Meusnier, qui vient d'être démontré.

Considérons d'abord (a) sur (S). Parmi toutes les sphères qu'on peut mener par le cercle osculateur de (a) en a, il y a celle dont le centre est à l'infini et qui se réduit au plan osculateur de (a). Ce plan coupe (S) suivant une courbe dont le centre de courbure δ de la développée est la projection orthogonale d'un certain point β. Ce point β est aussi dans le plan normal à (S) mené par la tangente at. En supposant connu le point δ, il est alors facile de déterminer β.

De même, en considérant (a) sur (S'), on a un point β' analogue à β en employant un point δ' analogue à δ.

Prenons maintenant la sphère osculatrice de (a) et désignons par o son centre.

D'après le dernier théorème démontré, il faut joindre β ou β' au centre o de cette sphère pour avoir le centre unique de courbure de la développée sphérique des courbes d'intersection de cette surface avec (S) et (S').

Inversement, le centre o se trouve sur la droite $\beta\beta'$. D'après cela, on a la construction suivante :

On détermine les centres de courbure δ, δ' des développées des sections faites dans (S) *et* (S') *par le plan osculateur de* (a) *en* a. *On élève en ces points des perpendiculaires à ce plan. Elles rencontrent respectivement en* β, β' *les plans menés par* at *normalement à* (S) *et à* (S') : *la droite* $\beta\beta'$ *rencontre le plan normal en* a *à* (a) *au centre* o *de la sphère osculatrice demandée.*

Cette solution exige qu'on sache construire le centre de courbure de la développée de la section faite dans une surface par un plan, problème dont j'ai donné différentes solutions [1].

Théorème de Dupin sur les surfaces orthogonales. — Si trois séries de surfaces sont telles que chaque surface de l'une quelconque de ces séries coupe orthogonalement les surfaces des deux autres séries, on dit que ces surfaces forment un système triplement orthogonal. *Dans un système triplement orthogonal, la ligne d'intersection de deux surfaces appartenant à deux séries différentes est une ligne de courbure pour chacune de ces surfaces* [2].

---

(1) *Comptes rendus des séances de l'Académie des Sciences,* 15 et 22 mars 1875.

(2) *Développements de Géométrie,* quatrième Mémoire.

Prenons (*fig.* 183) les surfaces de chacune des séries qui passent par un point quelconque o. Soient oa, ob, oc des éléments égaux entre eux des lignes d'intersection de ces surfaces. Les droites oa, ob, oc normales aux trois surfaces forment un trièdre trirectangle.

Amenons la normale oc en ac_1 et supposons qu'elle soit extérieure au trièdre. On a deux surfaces se coupant à angle droit suivant oa; les normales à ces surfaces en a sont ac_1, ab_1 perpendiculaires l'une à l'autre, et ab_1 est à l'intérieur du trièdre, puisque nous supposons que ac_1 est à l'extérieur.

Amenons la normale oc en bc_2. Cette droite est extérieure au trièdre comme ac_1, en vertu d'un théorème de M. Bertrand (p. 300). Puis on a une autre normale ba_1, qui est alors à l'intérieur du trièdre.

Fig. 183.

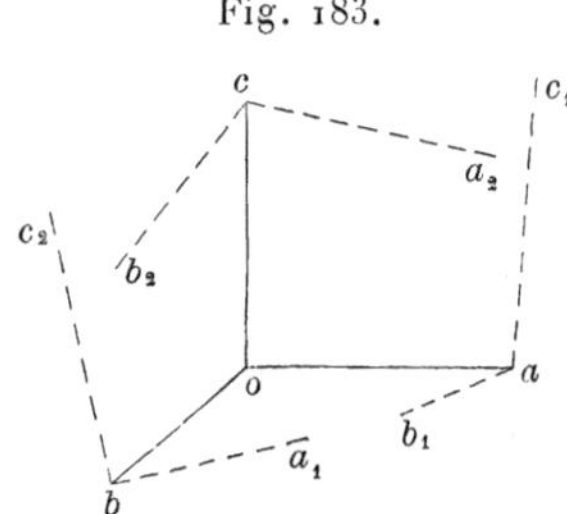

La normale ab_1 peut être considérée comme la nouvelle position de ob, dont le pied est venu en a. En déplaçant alors ob de façon que son pied vienne en c, elle sera intérieure au trièdre comme ab_1.

On peut répéter la même chose pour ba_1 et ca_2, nouvelles positions de oa, et qui sont alors toutes deux à l'intérieur du trièdre.

On arrive ainsi à avoir les deux normales ca_2, cb_2, qui sont à angle droit et qui sont toutes deux à l'intérieur, ce qui est impossible, d'après un théorème démontré page 250. Nous arriverions de même à une impossibilité, en supposant d'abord que ac_1 est à l'intérieur du trièdre. On voit alors que oc doit se déplacer dans le plan de la face coa, c'est-à-dire que oa est la direction d'une ligne de courbure. Cela est vrai pour ob et oc, et, comme le point o est arbitraire, le théorème est démontré.

Construction des centres de courbure principaux de la surface de l'onde [1] (Appl. de Géom. ciném.). — Lorsqu'une figure de forme invariable se déplace de façon que ses points décrivent des surfaces tra-

(1) *Comptes rendus des séances de l'Académie des Sciences,* 11 février 1867.

jectoires, nous avons vu que, pour une position quelconque de la figure, les normales à ces surfaces rencontrent les mêmes deux droites D, Δ, et qu'une droite G entraînée engendre un pinceau, dont on a les foyers, en prenant les pieds sur G des perpendiculaires à cette droite qui rencontrent D et Δ.

Supposons maintenant, pour définir le déplacement, qu'au lieu de prendre quatre points assujettis à rester sur quatre surfaces données on ait les deux points a et b confondus en un seul o, les surfaces $[a]$, $[b]$ restant distinctes, et une droite G assujettie à toucher deux surfaces données (Σ_1), (Σ_2).

Le point o, réunion des points a et b, ne peut alors décrire que la ligne d'intersection (o) des surfaces $[a]$, $[b]$.

Déterminons D, Δ. Menons en o les normales A, B aux surfaces $[a]$, $[b]$. Ces droites déterminent un plan. On joint par une droite les traces, sur ce plan, des droites Γ_1, Γ_2 normales à (Σ_1), (Σ_2) et menées à partir des points γ_1, γ_2, où G touche ces surfaces. On obtient ainsi la droite Δ, qui rencontre bien les quatre droites A, B, Γ_1, Γ_2.

Pour avoir D, on mène de o une droite qui rencontre Γ_1 et Γ_2. On peut remarquer qu'on n'emploie que le plan (A, B) des droites A et B, c'est-à-dire le plan normal en o à (o), et non les droites A, B elles-mêmes. On pouvait prévoir qu'il en serait ainsi, puisque (o) peut être considéré comme l'intersection d'autres surfaces dont les normales en a sont dans le plan (A, B).

Appliquons cela à la recherche des centres de courbure principaux de la surface de l'onde. Reprenons les notations et la *fig.* 153 de la dix-huitième Leçon.

Proposons-nous de construire les centres de courbure principaux de la surface de l'onde $[m_1]$ qui sont sur la normale $m_1 f_1$.

Puisque om_1 est égal à om et que la normale $m_1 f_1$ est perpendiculaire à mn, la droite oi est la bissectrice de l'angle droit $f_1 i m$.

La figure mobile de grandeur invariable que nous allons considérer est formée par les trois droites $f_1 i$, oi, mi. Nous définissons son déplacement en disant : la droite oi passe constamment par le point fixe o et la droite mi reste tangente aux deux nappes (Σ_1), (Σ_2) de la développée de l'ellipsoïde.

Quel que soit le déplacement infiniment petit de la figure mobile, il y a toujours un point de oi, infiniment voisin de o, qui vient en ce point. Nous pouvons alors considérer le point o comme décrivant toujours un élément de la ligne oi.

Nous nous trouvons alors dans les conditions précédentes et nous construisons alors D et Δ au moyen d'un plan perpendiculaire à oi

mené par le point o et des droites Γ_1, Γ_2. Ces dernières droites sont maintenant les droites de courbure de l'ellipsoïde.

Connaissant D, Δ, nous n'avons plus qu'à mener les droites qui les rencontrent et qui sont perpendiculaires à $m_1 f_1$. Nous avons ainsi les droites de courbure de la surface de l'onde, puisque pendant les déplacements de la figure mobile la droite $m_1 f_1$ engendre un pinceau de normales. Les pieds sur $m_1 f_1$ de ces droites de courbure sont les centres de courbure principaux demandés, et les plans déterminés par ces droites et par $m_1 f_1$ sont les plans des sections principales de la surface de l'onde.

Nous pouvons déduire de là le théorème suivant :

Pour les points correspondants m, m_1 de l'ellipsoïde et de la surface de l'onde, les droites de courbure de ces surfaces jouissent de ces propriétés ; du point o on peut mener une droite D *qui les rencontre toutes les quatre ; les traces de ces quatre droites sur le plan mené du point o perpendiculairement à oi sont des points d'une droite* Δ.

Détermination géométrique des ombilics de la surface de l'onde (¹). — Pour déterminer les ombilics de la surface de l'onde (²), nous allons employer la construction que nous venons de trouver pour déterminer les centres de courbure principaux et les plans des sections principales de la surface de l'onde.

Faisons tout d'abord remarquer que cette construction est symétrique par rapport à l'ellipsoïde et à la surface de l'onde, c'est-à-dire que, les éléments de courbure de l'une des surfaces étant donnés, on peut les employer à la recherche des éléments analogues pour l'autre surface.

Prenons toujours pour plan de la *fig.* 184 le plan passant par le centre o de l'ellipsoïde et par la normale mn en m à cette surface, et appelons m_1 le point de la surface de l'onde correspondant à m.

Supposons que m_1 soit un ombilic de la surface de l'onde $[m_1]$. Les centres de courbure principaux de cette surface, correspondant à m_1, sont alors confondus en un seul point que nous appelons μ_1. La droite D de la construction précédente est maintenant $o\mu_1$. La droite Δ est une perpendiculaire au plan de la figure, issue du point d'intersection δ

(¹) *Comptes rendus des séances de l'Académie des Sciences,* 5 mai 1879, et *Mémoire sur la théorie de la courbure des surfaces,* par M. DE SALVERT (*Annales de la Société scientifique de Bruxelles;* 1881).

(²) Il ne s'agit pas des points coniques qu'on appelle aussi quelquefois *ombilics.*

des droites $\mu_1\delta$ et $o\delta$, tracées sur le plan de la figure perpendiculairement à $m_1\mu_1$ et oi.

Abaissons sur mn la perpendiculaire $\delta\gamma_1$; cette droite rencontre D et Δ. Du point γ_2, où D rencontre mn, menons une perpendiculaire au plan de la figure : cette droite rencontre aussi D et Δ.

Les points γ_1, γ_2 sont alors les centres de courbure principaux de l'ellipsoïde correspondant à m, et les plans des sections principales de cette surface pour ce point sont le plan de la figure et le plan perpendiculaire à celui-ci mené par mn.

Nous trouvons donc que, pour le point m de l'ellipsoïde, d'où dérive

Fig. 184.

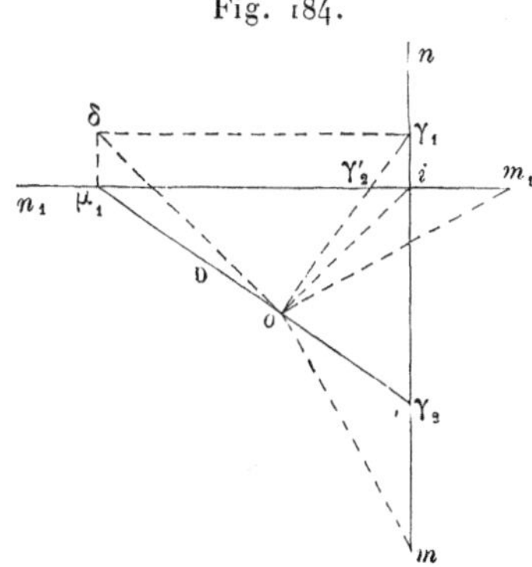

un ombilic de la surface de l'onde, le plan d'une des sections principales de l'ellipsoïde contient le centre de cette surface. Ce point m_0 doit être alors dans l'un des plans principaux de l'ellipsoïde, et il en est de même de l'ombilic qui lui correspond.

Ainsi, *les ombilics de la surface de l'onde sont dans les plans de symétrie de cette surface.*

La construction qui donne les centres de courbure principaux γ_1, γ_2 montre que l'angle $\gamma_1 o \mu_1$ est droit; on peut dire alors :

Un point m de l'ellipsoïde, d'où dérive un ombilic m_1 de la surface de l'onde, est tel, que les diamètres $o\gamma_1$, $o\gamma_2$, allant aux centres de courbure principaux de l'ellipsoïde relatifs à ce point, sont à angle droit.

Le point γ_1 est le centre de courbure de la section faite dans l'ellipsoïde par le plan de la figure que nous savons être un plan principal de cette surface. L'autre centre de courbure γ_2 et les autres plans principaux déterminent, comme on sait, sur la normale mn des segments mesurés à partir de m qui sont proportionnels aux carrés des axes de l'ellipsoïde.

En faisant tourner d'un angle droit le plan de la figure autour de o, le point m vient en m_1 sur la conique de $[m_1]$, située dans le même plan principal. Cette courbe doit alors avoir μ_1 pour centre de courbure, et le point γ'_2, nouvelle position de γ_2, doit remplir sur $m_1 n_1$ le même rôle que γ_2 sur mn.

D'après cela, on voit, en représentant la surface de l'onde (*fig.* 185), que nous devons déterminer, sur l'une des coniques de cette surface,

Fig. 185.

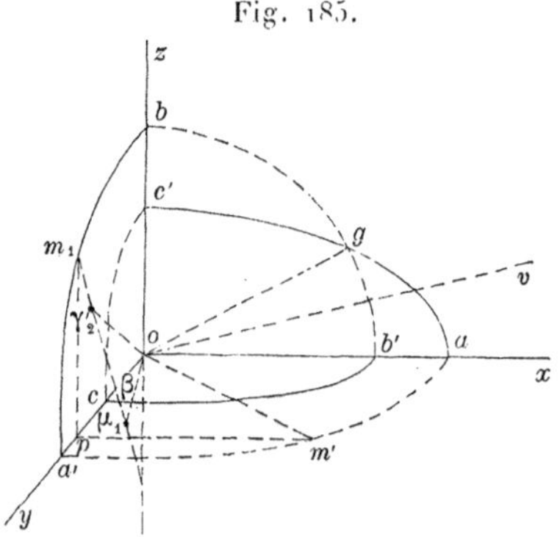

un point m_1, pour lequel l'angle $\gamma'_2 o \mu_1$ soit droit, le point γ'_2 étant tel que sur la normale $m_1 \beta$ on ait

$$\frac{m_1 \gamma'_2}{m_1 \beta} = \frac{c^2}{b^2},$$

en appelant a, b, c les longueurs des demi-axes oa, ob, oc de la surface de l'onde et en conservant les notations précédentes.

Désignons par y et z les coordonnées inconnues de m_1. Il résulte des conditions que doit remplir ce point que l'on a

$$\frac{z^4}{y^4} = \frac{b^6(a^2 - c^2)}{a^6(b^2 - c^2)}.$$

Au moyen de cette relation, construisons m_1. Appelons g l'un des points singuliers de la surface de l'onde et ω l'angle xog. On a

$$\frac{1}{\cos^2 \omega} = \frac{b^2(a^2 - c^2)}{a^2(b^2 - c^2)};$$

par suite,

$$\frac{z^2}{y^2} = \frac{b^2}{a^2} \frac{1}{\cos \omega}.$$

Par le point m_1, menons le plan m_1pm' parallèlement au plan des xy (le point m' est sur la circonférence dont le rayon est oa). Désignons $m'p$ par ξ; on a

$$\frac{z}{\xi} = \frac{b}{a},$$

et alors

$$\frac{\xi^2}{y^2} = \frac{1}{\cos\omega}.$$

En appelant φ l'angle xom', on a alors

$$\tang^2\varphi = \cos\omega,$$

que l'on peut écrire

$$\cos\tfrac{1}{2}\omega\cos\varphi = \cos\frac{\pi}{4}.$$

La bissectrice ov de l'angle xog fait donc avec om' un angle égal à $\frac{\pi}{4}$. On détermine alors les ombilics de la surface de l'onde de la manière suivante :

On mène la bissectrice ov de l'angle xog que le diamètre og fait avec l'un des axes ox de la conique qui contient g. A partir de o, on mène une droite faisant avec ov un angle égal à $\frac{\pi}{4}$. Cette droite, en tournant autour de ov, engendre un cône qui rencontre en quatre points la circonférence de rayon oa. Par ces points on mène des plans parallèles au plan des xz. Ces plans rencontrent la conique de la surface de l'onde, située dans le plan perpendiculaire à ox, en quatre points réels qui sont des ombilics de la surface de l'onde.

En employant la bissectrice de l'angle goz, on trouve quatre ombilics réels sur la conique dont le plan est perpendiculaire à oz.

On voit ainsi que *sur la surface de l'onde il y a huit ombilics réels,* et l'on voit aussi comment on détermine ces points.

On peut remarquer que la conique qui contient les points singuliers réels est la seule sur laquelle il n'y a pas d'ombilics réels.

VINGT-TROISIÈME LEÇON.

LIGNES D'OMBRE PORTÉE SUR LES SURFACES A COURBURES OPPOSÉES. — CONSTRUCTIONS DES LIGNES D'OMBRE PROPRE SUR LES SURFACES DE RÉVOLUTION ET DES TANGENTES A CES LIGNES.

Tangente à la courbe d'ombre portée. — Raccordement des lignes d'ombre propre et d'ombre portée sur les surfaces à courbures opposées. — Points de rencontre des lignes d'ombre propre et d'ombre portée. — Cône d'ombre. — Ligne de contour apparent d'une surface à courbures opposées. — *Constructions des lignes d'ombre propre sur les surfaces de révolution.* — Surface de révolution considérée comme enveloppe de cônes de révolution. — Surface de révolution considérée comme enveloppe de sphères. — Le point lumineux est supposé dans le plan méridien parallèle au plan vertical de projection. — *Constructions de la tangente en un point de la ligne d'ombre sur une surface de révolution.* — Première construction au moyen de l'indicatrice. — Deuxième construction au moyen d'une surface du second ordre osculatrice et de révolution.

Supplément. — Troisième construction de la tangente en un point de la ligne d'ombre sur une surface de révolution. — Construire les rayons bitangents à un tore éclairé par un point lumineux. — Construire les rayons bitangents à un tore éclairé par des rayons lumineux parallèles entre eux.

Coupons la surface (S), qui termine le corps (*fig.* 186), éclairé

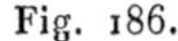
Fig. 186.

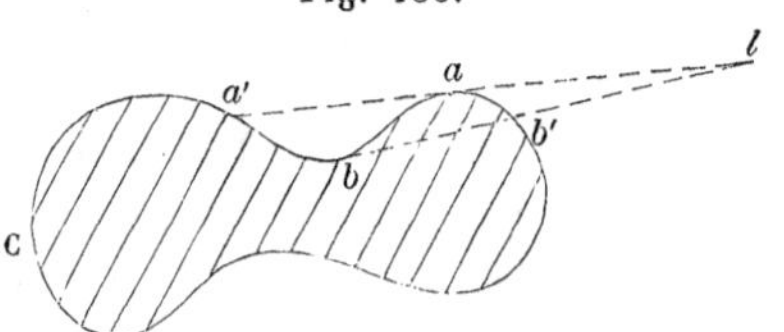

par un plan mené par le point lumineux l. Menons de ce point des tangentes à la section C ainsi obtenue; ces droites peuvent de nouveau rencontrer cette courbe : ainsi, le point de contact a de la tangente la a pour ombre portée le point a', où la droite la rencontre la courbe C. La droite lb rencontre cette courbe au point

b', qui fait partie de la courbe d'intersection de la surface (S) et du cône circonscrit à cette surface, mais qui n'appartient pas à une ligne d'ombre portée. On dit que le point a', qui appartient à une tangente extérieure, est un point *réel* de la courbe d'ombre portée; le point b', qui appartient à une tangente intérieure, est dit un point *virtuel* de cette courbe. On a alors sur cette courbe des arcs réels et des arcs virtuels et des points de passage de ces arcs réels aux arcs virtuels; nous allons faire voir que *les points de passage des lignes d'ombre portée sont les points limites des lignes d'ombre propre.*

Prenons (*fig.* 187) un rayon lumineux tangent à la courbe

Fig. 187.

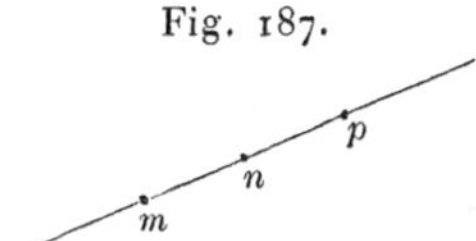

d'ombre; il a alors avec la surface trois points infiniment voisins communs m, n, p. Si l'on considère les deux points n et p comme appartenant à une tangente extérieure, le point m est un point réel de la courbe d'ombre portée; si l'on considère les points m et n comme formant par leur réunion le point de contact d'une tangente intérieure, le point p est un point virtuel de la courbe d'ombre portée. On voit ainsi que, selon que l'on considère la tangente intérieure ou la tangente extérieure en un point limite de la courbe d'ombre propre, on obtient un point de la courbe d'ombre portée que l'on peut regarder comme réel ou virtuel; *un point limite de la courbe d'ombre propre est donc aussi point limite pour la courbe d'ombre portée.*

Tangente à la courbe d'ombre portée. — Pour construire la tangente au point a' à la courbe d'ombre portée (*fig.* 186), on n'a qu'à prendre l'intersection du plan tangent en a' à (S) avec le plan tangent au cône d'ombre le long de la génératrice la'. Mais ce plan tangent au cône d'ombre n'est autre que le plan tangent en a à la surface (S) qui limite le corps éclairé; la tangente en a' à la courbe d'ombre portée est donc l'intersection des plans tangents en a' et a à la surface (S).

Raccordement des lignes d'ombre propre et d'ombre portée sur les surfaces à courbures opposées. — Dans le cas particulier où le point de la courbe d'ombre portée est un point limite, on doit prendre l'intersection de deux plans tangents infiniment voisins dont les points de contact sont dans la direction d'une asymptote de l'indicatrice ; la droite d'intersection de ces deux plans est alors l'asymptote elle-même. Ainsi, *en un point limite la tangente à la courbe d'ombre portée est le rayon lumineux lui-même;* par conséquent, *aux points limites, les courbes d'ombre propre et les courbes d'ombre portée se raccordent.*

Il est essentiel de bien voir comment se succèdent les arcs des courbes d'ombre propre et d'ombre portée.

Pour le montrer, considérons un demi-tore (*fig.* 188) et le

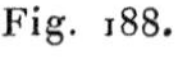

Fig. 188.

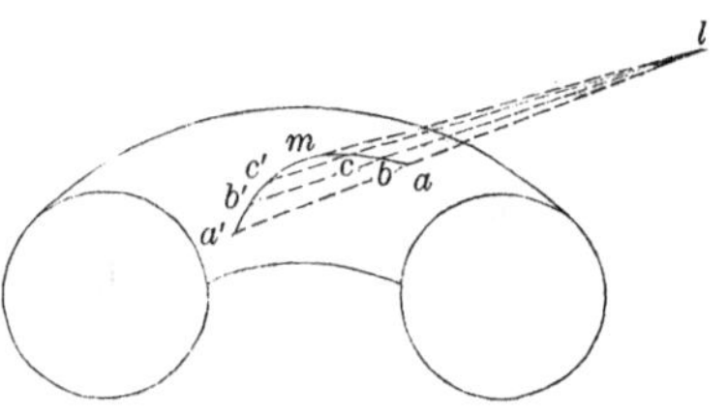

point lumineux l. Menons du point l des tangentes au tore; la tangente la le rencontre de nouveau au point a', la tangente lb rencontre cette surface au point b', la tangente lc donne le point c', et enfin la tangente lm touche le tore au point limite m. Les points a, b, c, m forment un arc réel de la courbe d'ombre propre; à partir du point m, la ligne d'ombre propre devient virtuelle, mais cet arc est prolongé par un arc réel de la courbe d'ombre portée. Ainsi, au point m les arcs réels des courbes d'ombre propre et d'ombre portée se raccordent, et c'est en ce point m que ces deux arcs, si on les prolonge, deviennent simultanément virtuels.

Points de rencontre des lignes d'ombre propre et d'ombre portée. — Le point m est un point de rencontre d'une ligne d'ombre propre et d'une ligne d'ombre portée. Il peut exister d'autres points de rencontre des courbes d'ombre propre et d'ombre portée. Supposons qu'un rayon lumineux (*fig.* 189) soit bitangent à la surface (S) : chacun des points de contact a et a' appartient à la ligne d'ombre propre. Mais le point a' peut être considéré comme l'ombre portée par le point a; on a donc au point a' un point de rencontre des courbes d'ombre propre et d'ombre portée.

Au point a', la tangente à la courbe d'ombre propre est la tangente conjuguée du rayon lumineux $a'l$; la tangente en a' à la courbe d'ombre portée, étant l'intersection du plan tangent en a'

Fig. 189.

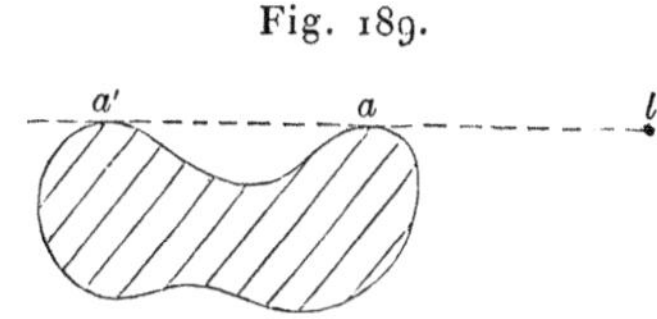

et du plan tangent en a à la surface éclairée, est le rayon lumineux, excepté quand les plans tangents en ces points se confondent. Ainsi, en général, *en un point de rencontre d'une courbe d'ombre propre et d'une courbe d'ombre portée, les tangentes à ces courbes sont conjuguées,* et l'on peut dire que cela est vrai pour le point limite, puisque, la tangente au point limite à l'une ou à l'autre de ces courbes étant l'asymptote de l'indicatrice, cette droite est confondue avec sa direction conjuguée.

Cette propriété, relative à la direction des tangentes en un point de rencontre d'une courbe d'ombre propre et d'une courbe d'ombre portée, subsiste lorsque l'on considère l'ombre portée d'un corps sur un autre. Ainsi, un tore porte son ombre sur un autre tore; il y a alors, sur cette seconde surface, à la fois une ligne d'ombre propre et une ligne d'ombre portée par le premier tore; au point de rencontre de ces lignes, leurs tangentes donnent deux diamètres conjugués de l'indicatrice.

Cône d'ombre. — Les rayons lumineux bitangents sont, sur le cône d'ombre, des génératrices doubles, et, si l'on prend la trace de ce cône d'ombre sur une surface extérieure à l'objet éclairé, ces génératrices doubles donnent des points doubles de la ligne d'ombre portée; en ces points doubles, les tangentes à la courbe d'ombre portée sont les traces des plans tangents à (S) aux points de contact des rayons bitangents. Les génératrices du cône d'ombre qui passent par les points limites donnent des points de rebroussement sur cette courbe d'ombre portée, et les tangentes en ces points sont les traces des plans tangents à (S) aux points limites.

Ligne de contour apparent d'une surface à courbures opposées. — Ce qui précède s'applique lorsque l'on prend la ligne de contour apparent d'une surface à courbures opposées. Projetons, par exemple, un tore sur un plan ; on a (*fig.* 190) une courbe parallèle à une

Fig. 190.

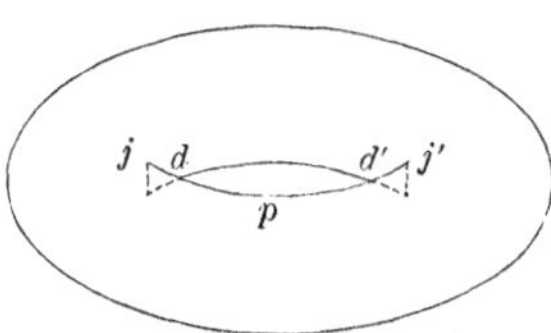

ellipse ; j et j' sont des points de rebroussement de la ligne de contour apparent du tore sur ce plan ; ces points terminent un arc réel jpj' ; les points d et d' sont des points doubles de cette ligne de contour apparent.

Si, au lieu de projeter le tore, on suppose cette surface éclairée par des rayons lumineux parallèles à la direction des projetantes que nous venons de considérer, on obtient toujours (*fig.* 191) la

Fig. 191.

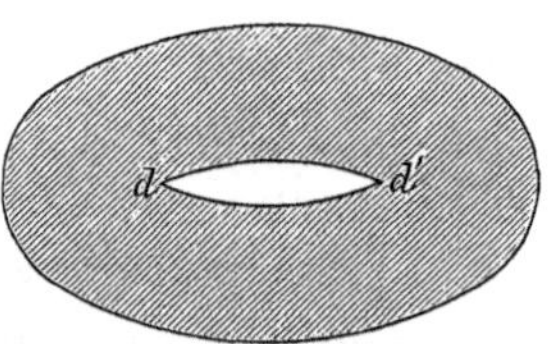

courbe parallèle à une ellipse, mais dans ce cas les arcs utiles sont simplement des portions de cette courbe.

Nous allons appliquer ce qui concerne la courbure des surfaces à la construction des tangentes aux lignes d'ombre propre sur les surfaces de révolution. Construisons d'abord ces lignes.

CONSTRUCTIONS DES LIGNES D'OMBRE PROPRE SUR LES SURFACES DE RÉVOLUTION.

Surface de révolution considérée comme enveloppe de cônes de révolution. — Prenons (*fig.* 192) un tore dont l'axe est perpendicu-

Fig. 192.

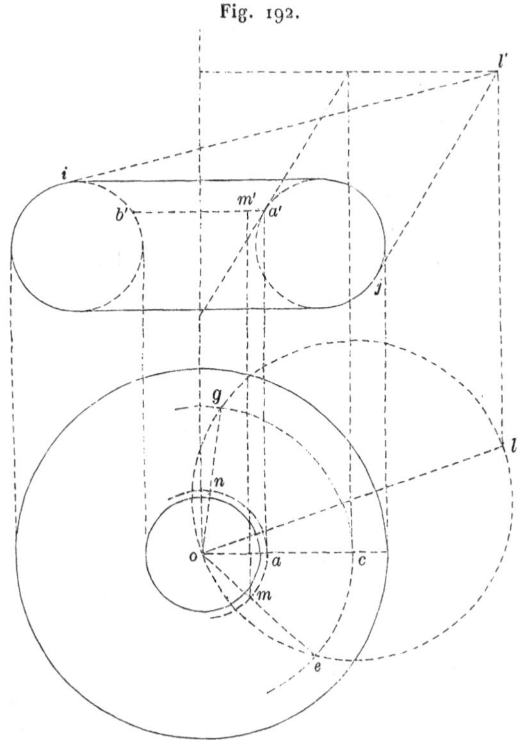

laire au plan horizontal de projection; soit (l, l') le point lumineux. Pour déterminer les points de la ligne d'ombre situés sur des parallèles du tore, considérons cette surface comme l'enveloppe de cônes de révolution dont les caractéristiques sont ces parallèles; $a'b'$ étant la projection du parallèle sur lequel nous cherchons un point de la courbe d'ombre, menons au point a' une tangente à la courbe méridienne. Cette droite est la génératrice de contour apparent du cône circonscrit au tore le long de $a'b'$; la trace de ce cône, sur le plan horizontal à la hauteur du point l', est une circonférence de cercle qui se projette horizontalement suivant la circonférence décrite du point o comme centre avec oc pour rayon. Les lignes d'ombre propre sur ce cône sont des génératrices, dont on obtient des points en construisant les points de contact des tangentes à cette circonférence menées du point l; sur ol, comme diamètre, on décrit une circonférence de cercle qui rencontre en deux points e, g la circonférence décrite du point o comme centre avec oc pour rayon; les droites oe, og sont les projections horizontales des lignes d'ombre sur le cône; ces droites rencontrent la projection horizontale du parallèle $a'b'$ en deux points m et n, qui sont les projections horizontales de deux points de la courbe d'ombre cherchée.

Dans cette construction, il faut tenir compte de la position du parallèle sur le cône relativement au sommet de ce cône et à la base de cette surface sur le plan horizontal à la hauteur du point l'; on voit, dans le cas de la figure, que $a'b'$ est entre ce plan horizontal et le sommet du cône : les points tels que m et n sont alors entre la projection horizontale o du sommet du cône et les points e, g, qui appartiennent à la base de ce cône.

La courbe d'ombre est symétrique par rapport à la droite ol; les points de la courbe d'ombre qui se projettent sur cette droite sont ceux pour lesquels la tangente est horizontale; par conséquent, ce sont le point le plus haut et le point le plus bas de cette courbe. Pour les construire, on n'a qu'à chercher les points de la courbe d'ombre situés sur les méridiens qui se projettent sur ol.

Quel que soit le méridien du tore, on peut construire les points de la ligne d'ombre situés sur ce méridien, en considérant le tore comme l'enveloppe de cylindres de révolution. On est ainsi conduit aux tracés mêmes que nous venons d'obtenir en cherchant les points de la courbe d'ombre situés sur des parallèles.

Sur les lignes de contour apparent, on obtient très facilement des points de la courbe d'ombre propre. Par exemple, sur la projection verticale, on a des points de la courbe d'ombre propre en prenant les points de contact des tangentes menées du point l' à la ligne de contour apparent du tore sur le plan vertical de projection; car on peut considérer cette courbe comme la trace sur le plan vertical d'un cylindre circonscrit au tore et dont les génératrices sont perpendiculaires au plan vertical de projection. Les lignes d'ombre sur ce cylindre sont les perpendiculaires au plan vertical qui passe par les points de contact des tangentes à la base de ce cylindre menées du point l'; on a donc les points i et j qui représentent les projections verticales des lignes d'ombre propre sur le cylindre projetant le tore. Ces droites rencontrent la ligne de contact du tore et du cylindre circonscrit aux points de la courbe d'ombre cherchée; les points i et j sont alors les projections des points de l'ombre propre sur le tore, et en ces points la projection de la ligne d'ombre propre est tangente à la ligne de contour apparent du tore sur le plan vertical.

Ce que nous venons de dire pour la projection verticale peut se répéter pour la projection horizontale. On obtient des points de la ligne d'ombre propre en menant, à la ligne de contour apparent du tore sur le plan horizontal, des tangentes issues du point l.

Dans le cas où les rayons lumineux sont parallèles entre eux, on détermine la courbe d'ombre propre en transportant les cônes circonscrits au tore de manière à leur donner pour sommet un point commun sur l'axe de révolution.

Surface de révolution considérée comme enveloppe de sphères. — Une surface de révolution étant l'enveloppe de sphères, cherchons, dans le cas de rayons lumineux parallèles, la ligne d'ombre propre au moyen de sphères enveloppées.

Fig. 193.

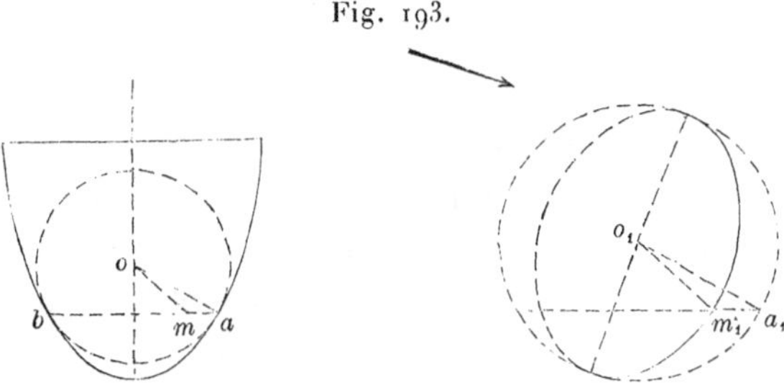

Considérons (*fig.* 193) la sphère qui touche la surface de révolution le long du parallèle ab. La ligne d'ombre propre sur cette sphère se projette suivant une courbe semblable à la courbe que l'on obtient en prenant une sphère auxiliaire d'un rayon arbitraire $o_1 a_1$. Supposons qu'on ait construit cette courbe d'ombre propre sur cette sphère; on n'a alors qu'à mener du centre o_1 une parallèle $o_1 a_1$ au rayon oa, puis du point a_1 une parallèle à ab; cette droite rencontre la courbe d'ombre propre au point m_1; en menant du point o une parallèle à $o_1 m_1$, on obtient sur le parallèle ab le point m qui appartient à la courbe d'ombre propre sur la surface de révolution.

Quel que soit le parallèle de la surface de révolution, on emploie toujours cette même sphère de rayon arbitraire sur laquelle on a construit une fois pour toutes la ligne d'ombre propre.

Lorsque la surface donnée est un tore, on peut prendre pour sphère auxiliaire la sphère décrite du centre du tore avec un rayon égal au rayon de la sphère qui, en tournant autour de l'axe de révolution du tore, engendre cette surface. Pour obtenir un point de la courbe d'ombre du tore sur un méridien oo_1 (*fig.* 194), on

Fig. 194.

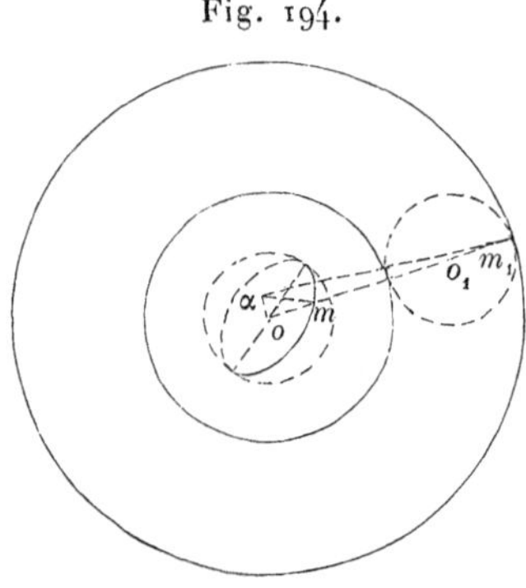

n'a qu'à transporter parallèlement à elle-même cette sphère auxiliaire avec sa ligne d'ombre propre; le point m de cette ligne vient ainsi au point m_1, tel que $mm_1 = oo_1$. Quel que soit le méridien considéré, on doit toujours prolonger les diamètres de l'ellipse, courbe d'ombre sur la sphère auxiliaire, d'une longueur constante égale à oo_1; on voit ainsi que *la projection horizontale de la courbe d'ombre propre sur un tore éclairé par des rayons lumineux parallèles est une conchoïde d'ellipse.*

On peut déterminer la normale au point m_1 à cette courbe d'ombre; pour cela, on mène au point o une perpendiculaire à la droite om_1, et au point m on trace la normale à l'ellipse, projection de la courbe d'ombre sur la sphère auxiliaire; ces deux droites se coupent en un point α : la droite αm_1 est la normale demandée. Le point α est, en effet, le centre instantané de rotation pour un déplacement infiniment petit du segment mm_1, de grandeur invariable, qui passe constamment par le point o et dont l'une des extrémités m décrit une ellipse.

Le point lumineux est supposé dans le plan méridien parallèle au plan vertical de projection. — Cherchons la courbe d'ombre propre sur le tore en supposant que le point lumineux λ soit (*fig.* 195) dans le plan méridien du tore parallèle au plan vertical de projection.

Fig. 195.

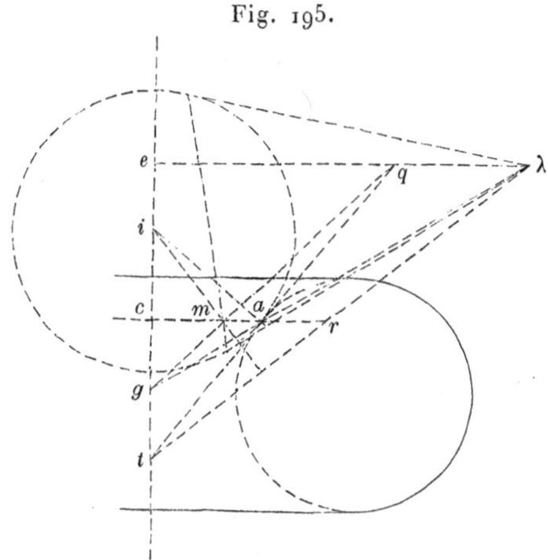

Nous allons considérer le tore à la fois comme l'enveloppe de cônes de révolution et comme l'enveloppe de sphères. Prenons le parallèle qui passe par le point a; le cône circonscrit le long de ce parallèle a son sommet au point t; la sphère circonscrite au tore le long de ce parallèle a son centre au point i, où la normale en a au cercle méridien du tore rencontre l'axe de révolution de cette surface. Par suite de la position particulière du point lumineux, la courbe d'ombre propre sur cette sphère se projette suivant une droite; cette droite rencontre le parallèle ac au point m qui est la projection verticale d'un point de la courbe d'ombre. Il résulte de cette construction que le point m est le point de rencontre des cordes de contact relatives au système des tangentes menées des points λ et t à la circonférence ia; ce point m est alors sur la perpendiculaire im abaissée du point i sur la droite λt.

Si le point λ est à l'infini, c'est-à-dire si les rayons sont parallèles entre eux et parallèles au plan vertical de projection, on voit qu'on obtient le point m en abaissant du point i une perpendiculaire au rayon lumineux.

Reprenons le point λ à distance finie. On peut dire que le point m est, dans l'espace, le point de contact de la sphère, dont le centre est au point i, et d'un plan tangent à cette surface mené par la droite λt; le point m est alors le point de contact avec le parallèle am de la trace de ce plan tangent sur le plan de ce parallèle.

Appelons r le point où la droite λt rencontre le plan du parallèle. Puisque, dans l'espace, la droite rm est une tangente à ce parallèle, on a

$$cm = \frac{\overline{ca}^2}{cr} = ca \times \frac{ca}{cr}.$$

Prolongeons la droite at jusqu'au point q où elle rencontre la perpendiculaire abaissée du point λ sur l'axe de révolution. On a alors

$$cm = ca \times \frac{eq}{e\lambda},$$

car le rapport $\frac{eq}{e\lambda}$ est égal à $\frac{ca}{cr}$.

Il résulte de cette relation que, si l'on joint le point λ au point a, cette droite rencontre l'axe de révolution en un point g, tel que les points q, m, g soient en ligne droite. Ainsi, *pour obtenir le point* m *de la courbe d'ombre situé sur le parallèle* ac, *on trace la droite* λa *qui donne le point* g, *on joint ce point* g *au point* q *où la tangente* at *rencontre la perpendiculaire* λe *à l'axe de révolution; la droite* gq *coupe le parallèle* ac *au point* m *demandé.*

Cette construction est applicable pour un parallèle quelconque du tore, tandis que la première construction ne conduisait à des points de la ligne d'ombre propre que pour les points de cette ligne réellement existants. C'est qu'entre ces deux constructions il y a cette différence : la première s'appuyait sur la détermination possible de tangentes à une circonférence menées d'un point, tandis que pour la seconde, si les tangentes au parallèle *ac* menées du point *r* n'existent pas, la corde de contact de ces tangentes est toujours réelle; or c'est cette corde, dont la projection donne le point *m*.

CONSTRUCTIONS DE LA TANGENTE EN UN POINT DE LA LIGNE D'OMBRE SUR UNE SURFACE DE RÉVOLUTION.

Première construction au moyen de l'indicatrice. — Proposons-nous de construire la tangente au point (m, m') (*fig.* 196) de la courbe

Fig. 196.

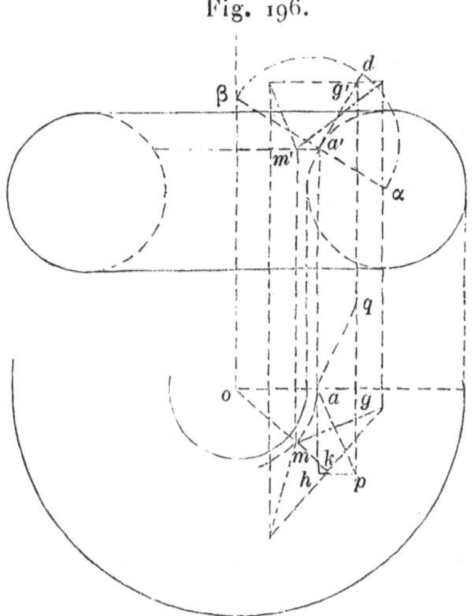

d'ombre. En ce point, la surface est à courbures opposées. Nous n'avons donc qu'à chercher la tangente conjuguée du rayon lumineux qui passe au point (m, m') par rapport aux asymptotes de l'indicatrice en ce point.

Cherchons ces asymptotes. Faisons tourner le plan méridien *om* jusqu'à ce qu'il soit parallèle au plan vertical de projection. Le point (m, m') vient en (a, a'); les axes de l'indicatrice en ce point sont, l'un la tangente au méridien, l'autre la tangente au parallèle. Sur la tangente au méridien portons une longueur $a'g' = a'\alpha$, $a'\alpha$

étant le rayon de courbure de la ligne méridienne en a'. L'autre axe de l'indicatrice est alors (p. 311) une moyenne proportionnelle entre $a'\alpha$ et $a'\beta$. Pour construire cette moyenne proportionnelle, décrivons sur $\alpha\beta$ comme diamètre une demi-circonférence, elle rencontre $a'g'$ en un point d, et la longueur de l'autre axe de l'indicatrice est $a'd$. Projetons horizonalement les axes de cette indicatrice : le point g' se projette horizontalement en g; l'axe de l'indicatrice qui est perpendiculaire au plan vertical de projection se projette suivant la perpendiculaire au plan vertical de projection menée du point a, et cette droite ah est égale à $a'd$. Les projections des asymptotes sont alors les droites ap et aq, les points p, q étant obtenus en prenant $gp = gq = ah$. Ramenons maintenant le plan méridien oa de manière que le point a vienne en m en entraînant les droites ap et aq. On a alors les projections des asymptotes de l'indicatrice pour le point m, et il suffit de prendre par rapport à ces droites la direction conjuguée de la projection du rayon lumineux. On peut opérer de même sur le plan vertical de projection en cherchant les projections verticales des asymptotes de l'indicatrice.

Au point de vue graphique, il est clair qu'au lieu de tracer les droites ap et aq, on peut immédiatement tracer les projections des asymptotes de [l'indicatrice en m. On prend, sur le prolongement de om, un point k tel que $mk = ag$, puis on élève au point k une perpendiculaire à la droite ok et l'on porte sur cette perpendiculaire à partir du point k deux segments égaux à $a'd$; on joint les extrémités de ces segments au point m, et l'on a les projections horizontales des asymptotes de l'indicatrice pour ce point.

Lorsque le point de la courbe d'ombre est sur une partie de la surface qui est convexe, on peut opérer comme s'il y avait des asymptotes pour l'indicatrice; puis, quand la construction est achevée, on prend par rapport aux axes de l'indicatrice la droite symétrique de la tangente à laquelle on est conduit, et l'on a la droite qu'il s'agissait d'obtenir. On opère ainsi parce que, pour une ellipse et une hyperbole qui ont les mêmes axes, les diamètres conjugués d'un même diamètre sont deux droites symétriques par rapport à ces axes. En effet, les coefficients angulaires de ces deux diamètres conjugués ne diffèrent que par le signe.

Seconde construction au moyen d'une surface du second ordre osculatrice et de révolution. — Supposons que le rayon lumineux qui passe par le point m de la courbe d'ombre rencontre le plan méridien du tore, parallèle au plan vertical de projection, en un point λ (*fig.* 197). Nous savons qu'en prenant le point λ comme point lumineux, la courbe d'ombre propre correspondante est tangente, sur le tore, à la courbe d'ombre propre relative au premier point lumineux. Le problème est donc ramené à la recherche de la tangente à la courbe d'ombre propre dans le cas où le point lumineux occupe la position particulière λ.

Substituons à la surface de révolution donnée une surface qui lui soit osculatrice au point m. Nous savons que la courbe d'ombre

Fig. 197.

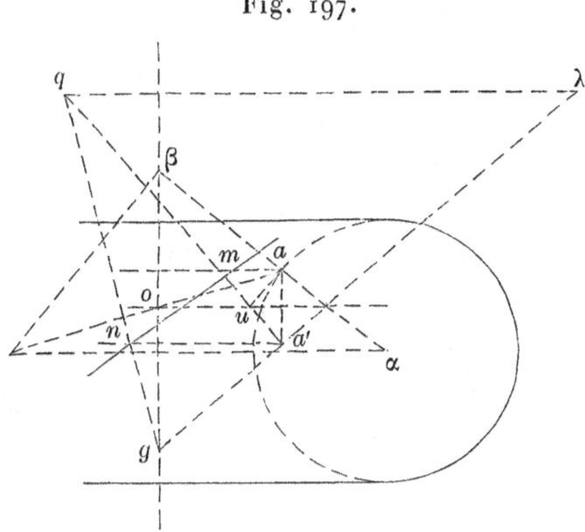

propre sur cette surface osculatrice est tangente à la courbe d'ombre propre sur la surface donnée. Nous ramenons alors le problème à la recherche de la tangente à la courbe d'ombre propre sur cette surface osculatrice au point m.

Prenons une surface du second ordre de révolution osculatrice à la surface donnée tout le long du parallèle qui contient le point m. Cette surface étant de révolution et le point que nous considérons comme lumineux se trouvant dans le plan méridien parallèle au plan vertical de projection, la courbe d'ombre sur cette surface se projette suivant une simple droite, qui est la tangente demandée. Effectuons les constructions.

Cherchons le centre de la conique courbe méridienne de cette surface du second ordre. Élevons au point β une perpendiculaire à la normale $a\beta$ à la courbe méridienne du tore et prenons le point de rencontre de cette droite avec la perpendiculaire abaissée du centre de courbure α sur l'axe de révolution. Joignons par une droite ce point de rencontre au point a; elle coupe l'axe de révolution au point o qui est le centre de la conique, d'après ce que nous avons trouvé page 174. Sur cette conique on a le point a', symétrique du point a par rapport à l'axe ou, et en ce point la tangente à cette courbe passe par le point u où la tangente en a à la courbe méridienne du tore rencontre cet axe. Ainsi, au point a' de la conique, la tangente est la droite $a'u$.

Pour avoir la courbe d'ombre sur la surface du second ordre osculatrice, nous n'avons qu'à en construire un point, puisque cette courbe se projette suivant une droite et qu'elle passe par le point m. Cherchons le point situé sur le parallèle qui contient le point a'; appliquons la construction que nous venons de donner pour le cas où le point lumineux est dans le plan méridien parallèle au plan vertical de projection. A cet effet, on joint le point λ au point a' et l'on obtient le point g sur l'axe de révolution; on prend le point de rencontre q de la tangente $a'u$ et de la perpendiculaire abaissée du point λ sur l'axe de révolution; on joint le point g au point q. Cette droite rencontre le parallèle qui passe par a' en un point n; ce point n est le point de la courbe d'ombre sur ce parallèle; la tangente en m à la courbe d'ombre sur le tore est donc la droite mn.

SUPPLÉMENT A LA VINGT-TROISIÈME LEÇON.

Troisième construction de la tangente en un point de la ligne d'ombre sur une surface de révolution. — Cette construction est basée sur cette remarque, faite à la page 326 : la direction conjuguée en un point m de la tangente à la directrice d'une normalie à une surface (S) est la projection, sur le plan (T) tangent en ce point à (S), d'une génératrice du paraboloïde des normales à cette normalie.

La droite, que l'on doit projeter sur (T), rencontre alors la droite tracée sur (T) à partir de m normalement à la directrice de la normalie et les droites de courbure de (S) relatives au point m.

Prenons (*fig.* 198) pour plan vertical de projection un plan passant par l'axe de révolution d'un tore et pour plan horizontal le plan perpendiculaire à cet axe, qui contient le centre o'' de la sphère mobile dont le tore est l'enveloppe.

Supposons que m soit un point de la projection horizontale de la ligne d'ombre et que le rayon lumineux passant en m se projette suivant R. Nous devons construire la tangente conjuguée du rayon lumineux projeté en R. Nous allons appliquer ce que nous venons de rappeler, en supposant qu'on ait une normalie au tore dont la directrice soit tangente en m au rayon lumineux.

Faisons tourner le plan méridien qui contient le point m autour de

Fig. 198.

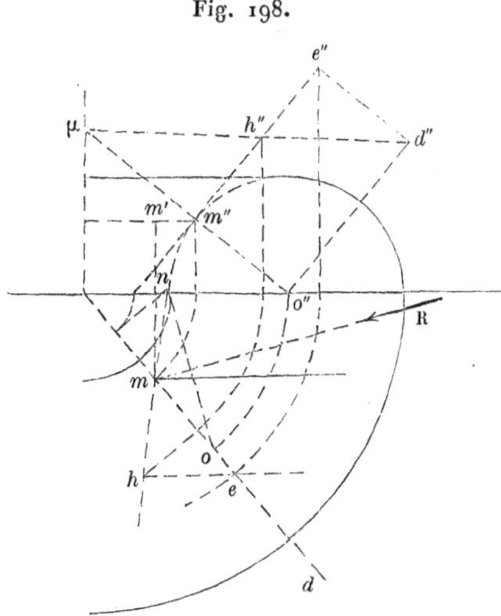

l'axe de révolution pour l'amener à coïncider avec le plan vertical de projection et entraînons la normalie : le point m vient en m''.

Les droites de courbure du tore relatives à m'' sont, l'une, dans le plan vertical de projection, la perpendiculaire $o''d''$ au rayon $m''o''$; l'autre, la perpendiculaire au plan vertical de projection, qui se projette au point μ. La normale à la directrice de la normalie, qui est dans le plan tangent en m'', se projette verticalement suivant la tangente $m''h''$ à la circonférence méridienne du tore. Une génératrice du paraboloïde des normales à la normalie se projette alors verticalement suivant une droite quelconque $\mu h'' d''$ qui passe par le point μ.

Pour déterminer ce que devient la projection de cette droite sur le plan tangent au tore en m, lorsqu'on a ramené le point m'' en m, nous allons chercher d'abord pour le point m la projection de la droite de courbure analogue à $o''d''$ et la normale en m à la directrice de la normalie dans le plan tangent en m.

Commençons par cette dernière droite. Elle est l'intersection du plan (T) tangent au tore en m et d'un plan mené par m perpendiculairement au rayon lumineux qui passe en ce point. La trace horizontale de ce plan est la perpendiculaire on abaissée du point o, centre de la circonférence méridienne du tore, sur la projection horizontale R du rayon lumineux. Cette perpendiculaire on rencontre en n la trace horizontale du plan (T) : la droite mn est alors la projection d'une droite qui, dans ce plan tangent, est perpendiculaire au rayon lumineux.

Quant à la droite de courbure $o''d''$, elle se projette, après la rotation, suivant la droite od.

Reprenons la génératrice du paraboloïde des normales $\mu h''d''$ qui est projetée suivant $m''h''e''$ sur le plan tangent au tore en m''. Cherchons ce que devient cette projection lorsque m'' vient en m. Le point e'' se ramène en e sur od, le point projeté verticalement en h'' vient en h sur mn. La droite he est alors, d'après ce qui précède, parallèle à la projection horizontale de la tangente à la ligne d'ombre en m. Il suffit donc de mener du point m une parallèle à he pour avoir la tangente demandée.

Fig. 199.

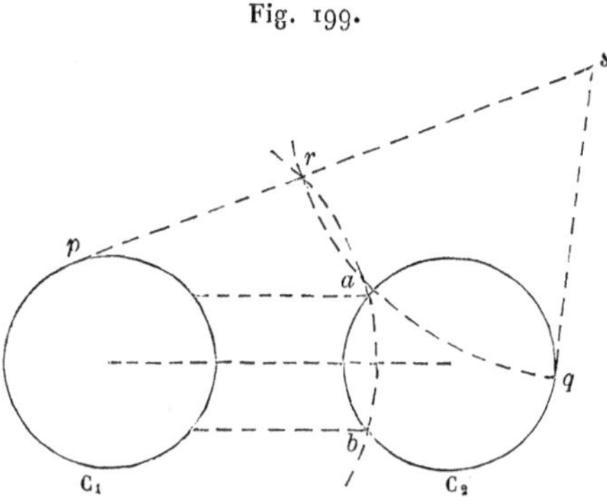

Construire les rayons bitangents à un tore éclairé par un point lumineux. — Nous avons vu que l'ombre portée par un tore présente, dans certains cas, des points doubles et que ces points doubles sont les traces des rayons lumineux bitangents au tore. Il y a donc lieu, pour déterminer directement ces points doubles, de chercher à construire ces rayons bitangents.

Considérons l'un de ces rayons et faisons-le tourner autour de l'axe de révolution du tore. Il engendre ainsi un hyperboloïde de révolution qui touche le tore suivant les deux parallèles de cette surface engendrés par les points de contact du rayon bitangent.

Prenons, pour plan de la *fig.* 199, le plan méridien qui passe par le point lumineux s. La section faite par ce plan dans le tore se compose des deux circonférences C_1, C_2 et la section faite dans l'hyperboloïde est une hyperbole qui passe par le point s et qui est doublement tangente à chacune de ces circonférences.

Du point s menons les tangentes sp, sq à C_1 et C_2. L'hyperbole peut être considérée comme le lieu des points pour lesquels la différence des distances de ces points aux circonférences C_1, C_2 (distances mesurées suivant les tangentes à ces circonférences) est constante et égale à $sp - sq$.

Pour construire les points où l'hyperbole touche la circonférence C_2, nous n'avons qu'à prendre le segment sr égal à sq, afin d'avoir la différence constante pr, et à décrire la circonférence concentrique à C_1 qui passe par r : cette circonférence coupe C_2 aux points a et b qui sont les points cherchés.

Ces points appartiennent aux parallèles du tore suivant lesquels cette surface est touchée par l'hyperboloïde. Il suffit alors de mener de s les droites qui rencontrent ces deux parallèles pour avoir les rayons bitangents.

Fig. 200.

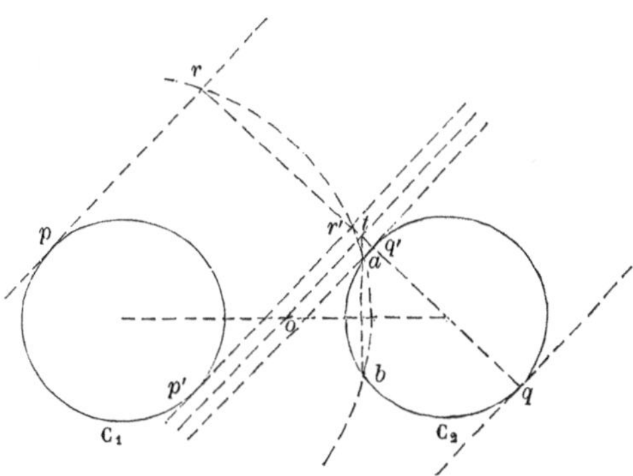

Construire les rayons bitangents à un tore éclairé par des rayons lumineux parallèles entre eux. — Le point lumineux s du cas précédent est maintenant à l'infini dans la direction donnée des rayons lumineux.

Appliquons la construction précédente. Parallèlement à la direction des rayons lumineux, menons (*fig.* 200) des tangentes aux circonférences C_1, C_2; nous obtenons les points de contact p, q. Du point q

menons la perpendiculaire qr à ces tangentes. La circonférence concentrique à C_1, qui passe par r, coupe C_2 aux points a et b. Il suffit de mener les droites parallèles aux rayons lumineux qui rencontrent les parallèles du tore contenant a et b pour avoir les rayons lumineux bitangents demandés.

Dans cette solution, nous avons employé les tangentes qui touchent C_1 et C_2 en p et q. Nous aurions pu prendre les tangentes dont les points de contact sont p' et q', ou p et q', ou encore p' et q; on a toujours la même circonférence concentrique à C_1 qui passe par r et r' et qui détermine a et b. Menons la corde ab qui rencontre qr au point t. On a

$$tq' \times tq = ta \times tb = tr' \times tr.$$

Comme les segments rr' et qq' sont égaux, le point t est le milieu de $r'q'$; par suite, ot est parallèle aux rayons lumineux, o étant le centre du tore.

On a alors cette construction : *Du centre o du tore on mène une parallèle aux rayons lumineux. Sur cette droite on projette en t le centre de C_2. La perpendiculaire abaissée du point t sur la ligne des centres de C_1, C_2 rencontre C_2 aux points a et b.*

M. Janin est arrivé directement à cette construction [1] en 1865, étant élève à l'École Polytechnique.

---

[1] *Bulletin de la Société Philomathique,* séance du 18 mars 1865.

VINGT-QUATRIÈME LEÇON.

GÉOMÉTRIE CINÉMATIQUE. — HÉLICOIDE DÉVELOPPABLE. HÉLICOIDE RÉGLÉ. (APPL. DE GÉOM. CINÉM.)

Définitions. — Le déplacement infiniment petit le plus général d'une figure de grandeur invariable est hélicoïdal. — Propriétés relatives au déplacement infiniment petit. — *Hélicoïde développable.* — *Hélicoïde réglé.* — Plan tangent. — Développable asymptote. — Construction du point où un plan mené par une génératrice touche l'hélicoïde. — Courbe de contact de l'hélicoïde et d'un cylindre circonscrit. — Courbe d'ombre.

Supplément. — Théorème relatif à un dièdre mobile.

Définitions. — Si l'on déplace sur lui-même un cylindre de révolution, de façon qu'un de ses points décrive une hélice tracée sur sa surface, le déplacement de ce cylindre est hélicoïdal. Tout point invariablement lié au cylindre engendre une hélice ayant même pas que l'hélice tracée sur ce cylindre. La surface engendrée par une ligne invariablement liée au cylindre est le lieu des hélices de même pas qui sont décrites par tous les points de cette ligne : cette surface est désignée sous le nom de *surface hélicoïdale.* L'enveloppe d'une surface entraînée est une surface hélicoïdale, car on peut la considérer comme engendrée par sa caractéristique. La surface enveloppe d'un plan entraîné porte le nom d'*hélicoïde développable.* La surface hélicoïdale engendrée par une droite quelconque porte le nom d'*hélicoïde réglé.*

Dans le cas particulier où la génératrice d'un hélicoïde réglé rencontre, sans lui être perpendiculaire, l'axe du cylindre qui sert à définir le déplacement, la surface engendrée prend le nom de *surface de vis à filet triangulaire.* Si la génératrice rencontre l'axe du cylindre à angle droit, on a un hélicoïde réglé à plan directeur qui porte le nom de *surface de vis à filet carré.*

Je donne à l'axe du cylindre le nom d'*axe du déplacement.*

Le déplacement hélicoïdal du cylindre peut être considéré comme résultant d'une rotation du cylindre autour de son axe et d'une translation dans la direction de cet axe. Si l'un ou l'autre de ces déplacements existe seul, on obtient alors comme cas particulier du déplacement hélicoïdal soit une rotation, soit une translation.

Le déplacement infiniment petit le plus général d'une figure de grandeur invariable est hélicoïdal. — Nous allons montrer que *le déplacement infiniment petit le plus général d'une figure de forme invariable est hélicoïdal,* c'est-à-dire qu'on peut le considérer comme résultant d'une rotation infiniment petite et d'une translation infiniment petite (¹).

Nous avons vu (p. 274 et suiv.) que, *lorsque des plans invariablement liés passent par une même droite, leurs foyers sont sur la conjuguée de cette droite.* Si la droite par laquelle passent tous les plans est à l'infini, ces plans sont parallèles entre eux, et la droite qui contient leurs foyers est la conjuguée de la droite à l'infini sur l'un quelconque de ces plans. Cette conjuguée L, qui contient les foyers de plans parallèles entre eux, je la désigne sous le nom d'*adjointe* (²) aux plans.

Ainsi, *l'adjointe à un plan est la conjuguée de la droite à l'infini sur ce plan.*

Prenons (*fig.* 201) des plans (P), (P_1), (P_2) quelconques, invariablement liés. Coupons ces plans par un plan arbitraire (Q). Les traces des plans (P), (P_1), (P_2) sur le plan (Q) sont des droites D, D_1, D_2 qui ont pour conjuguées les droites partant du foyer φ du plan (Q) et aboutissant respectivement aux foyers de chacun des plans (P), (P_1), (P_2). Supposons maintenant le plan (Q) à l'infini : les droites D, D_1, D_2 deviennent les droites à l'infini sur chacun des plans (P), (P_1), (P_2); leurs conjuguées passent par le foyer du plan (Q), et, comme ce plan est tout entier à l'in-

(¹) *Voir* Chasles, *Notice historique sur la question du déplacement d'une figure de forme invariable* (*Comptes rendus des séances de l'Académie des Sciences,* 1861, p. 487).

W. Fiedler, *Géométrie et Géomécanique* (*Journal de Mathématiques de M. Resal,* 3ᵉ serie, t. IV, p. 141).

(²) *Étude sur le déplacement, etc.* (*loc. cit.*).

fini, son foyer est lui-même à l'infini; les conjuguées des droites à l'infini sur chacun des plans (P), (P_1), (P_2) sont donc des droites parallèles entre elles, et, en faisant usage du mot d'« adjointe » pour désigner ces conjuguées des droites à l'infini sur chacun des plans, nous disons : *Les adjointes de tous les plans de la figure mobile sont des droites parallèles entre elles.*

Menons un plan (T) perpendiculaire à ces adjointes. Les foyers des plans parallèles à (T) sont alors sur la perpendiculaire X à (T) élevée de son foyer r. Pendant le déplacement de la figure,

Fig. 201.

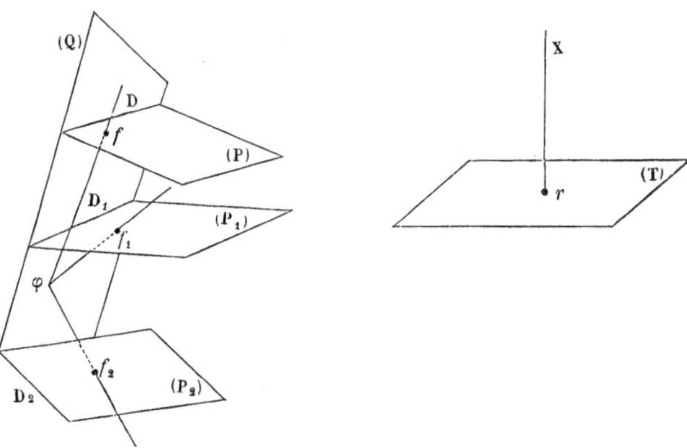

le foyer r du plan (T) se déplace suivant X; et le plan tourne autour de cette droite : on a donc simultanément une rotation autour de X et une translation suivant cette droite, c'est-à-dire *un déplacement hélicoïdal.* La droite X est l'axe du déplacement; nous voyons aussi que *l'adjointe d'un plan quelconque est une droite parallèle à l'axe du déplacement.* Pour un déplacement infiniment petit, cet axe est aussi désigné sous le nom d'*axe instantané de rotation et de glissement.*

Pendant le déplacement continu d'une figure de forme invariable, le lieu de ces axes est une certaine surface réglée. Les droites de la figure mobile qui deviennent successivement ces axes appartiennent à une autre surface réglée. Le déplacement continu peut être obtenu au moyen de ces deux surfaces. Les génératrices de la seconde surface viennent successivement coïncider avec les génératrices de la première, et il y a simultanément, le long de chacune de ces droites, rotation infiniment petite et glissement ([1]).

Lorsque dans la figure mobile il y a un point fixe, il ne peut plus y avoir glissement, et les axes de rotation passent tous par le point fixe. Dans ce cas, les deux surfaces réglées se réduisent à deux surfaces coniques, et il est facile de voir que le déplacement peut s'obtenir au moyen du roulement de l'un des cônes sur l'autre.

Prenons les traces de ces cônes sur une sphère décrite du point fixe comme centre. On a deux lignes sphériques de grandeurs invariables quelle que soit la position des cônes. Pendant le déplacement, l'une de ces lignes roule sur l'autre. *Sur la sphère, comme sur le plan, le déplacement continu le plus général est donc épicycloïdal.*

Propriétés relatives au déplacement infiniment petit. — Considérons

Fig. 202.

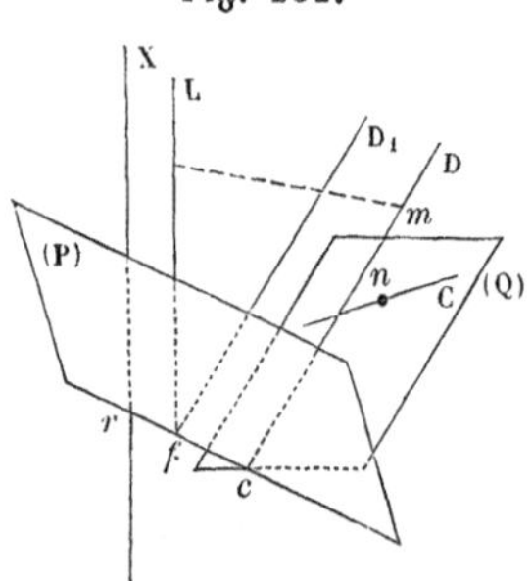

une droite D (*fig.* 202) qui fait partie d'une figure de forme invariable. Appelons X l'axe du déplacement infiniment petit de cette figure. Menons la perpendiculaire commune rc à X et à D; par cette perpendiculaire commune, menons un plan (P) perpen-

([1]) C'est dans ses Leçons à la Faculté des Sciences de Paris que Poncelet a fait usage de ces deux surfaces réglées pour représenter le déplacement continu d'un corps solide.

Aux renseignements donnés par Chasles dans sa *Notice historique* (*loc. cit.*) nous ajouterons (*voir* p. 160 et 194) :

Thomson et Tait, *Traité de Philosophie naturelle*.

Beltrami, *Du mouvement géométrique d'un solide qui roule sur un autre solide* (*Journal de Mathématiques de Battaglini*, t. X, 1872).

Battaglini, *Sur le mouvement géométrique infinitésimal d'un système rigide* (*Journal de Mathématiques de Battaglini*, t. X, 1872).

diculaire à D. Pendant le déplacement infiniment petit, le point r, qui est sur l'axe du déplacement, décrit un élément de cette droite ; rc, qui est perpendiculaire à X et qui est dans le plan (P), est la normale à la trajectoire du point r, située dans ce plan (P) ; cette droite contient alors le foyer f du plan (P).

Nous avons démontré (p. 276) que parmi les normales aux trajectoires des points d'une figure celles qui sont parallèles à un plan rencontrent la conjuguée de la droite à l'infini sur ce plan, c'est-à-dire l'adjointe au plan. Menons au point m de D la normale à la trajectoire de ce point, qui est parallèle à (P) ; cette droite est normale à la trajectoire du point m et perpendiculaire à D, c'est-à-dire qu'elle est la normale en m à la surface (D) engendrée par D. Elle doit rencontrer l'adjointe au plan (P), c'est-à-dire qu'elle rencontre la droite L menée par le point f parallèlement à X.

Ce que nous venons de dire pour le point m est vrai pour tous les points de la droite D, et, comme les normales issues des points de cette droite à la surface engendrée par D forment le paraboloïde des normales de cette surface, on voit que L est une génératrice de ce paraboloïde.

La position de L ne dépend que de la direction de D. On voit ainsi que *pour une position quelconque de la figure mobile les paraboloïdes des normales aux surfaces engendrées par des droites parallèles entre elles passent tous par une même droite.*

Puisque L est une génératrice du paraboloïde des normales à la surface (D), le plan mené par D parallèlement à L est le plan central de la surface (D), et, comme la droite L est parallèle à l'axe du déplacement, on voit que *le plan central de la surface engendrée par une droite quelconque est, pour une position de la figure, le plan mené par cette droite parallèlement à l'axe du déplacement.*

On voit aussi que, puisque la droite rc est la perpendiculaire commune à L et à D, le point c est le point central sur cette droite. La droite rc est la perpendiculaire commune à l'axe du déplacement et à D ; on peut dire que *le point central sur la génératrice* D *est le pied de la perpendiculaire commune à cette droite et à l'axe du déplacement* (1).

---

(1) La conjuguée Δ de D étant aussi une géneratrice du paraboloïde des nor-

Par le point f menons la droite D_1 parallèlement à D, c'est-à-dire la perpendiculaire au plan (P), issue du foyer de ce plan. Pour les points de cette droite, autres que f, les normales à la surface (D_1) qu'elle engendre sont dans le plan $(D_1 L)$; la droite D_1 engendre alors un élément de surface développable. Parmi les parallèles à D qui rencontrent rc, la droite D_1 est la seule qui jouisse de cette propriété.

Par D menons un plan (Q) ; ce plan étant entraîné a une caractéristique C. La normale à la trajectoire du point n de la caractéristique C, qui est parallèle au plan (P), rencontre L. Mais la trajectoire du point n est tangente au plan (Q), puisque le point n est un point de la caractéristique de ce plan ; la normale au point n à la trajectoire de ce point, qui est parallèle au plan (P), est alors la perpendiculaire en n au plan (Q). On peut donc dire que les perpendiculaires au plan (Q), issues de tous les points de la caractéristique de ce plan, rencontrent L, et, inversement, *on obtient la caractéristique* C *du plan* (Q) *en projetant* L *sur ce plan.*

Nous énonçons ainsi ce résultat : *La caractéristique d'un plan quelconque* (Q) *est la projection sur ce plan de l'adjointe à un plan qui lui est perpendiculaire* (1).

Cela se généralise pour un cylindre, et l'on voit que : *La caractéristique de l'enveloppe d'un cylindre est le lieu des pieds des normales à ce cylindre qui rencontrent l'adjointe à un plan perpendiculaire à ses génératrices.*

Ces propriétés générales étant démontrées, nous passons à l'étude de l'hélicoïde développable.

---

males à (D), on voit que *la perpendiculaire commune à* D *et à sa conjuguée* Δ *rencontre à angle droit l'axe du déplacement* X. On peut dire aussi que *l'axe du déplacement* X *est une ligne de striction du paraboloïde hyperbolique déterminé par* X, D, Δ.

(1) *Les projections de deux droites conjuguées sur un plan* (Q) *se coupent en un point de la caractéristique de ce plan ;* car ce point, appartenant à la perpendiculaire à (Q) qui rencontre les deux droites conjuguées, a sa trajectoire normale à cette droite et par suite tangente à (Q).

Si l'une des droites conjuguées est à l'infini sur un plan perpendiculaire à (Q), on retrouve, comme conséquence de cette propriété, celle que nous venons de démontrer dans le texte.

HÉLICOIDE DÉVELOPPABLE.

Plaçons verticalement (*fig.* 203) l'axe du déplacement X et prenons le plan vertical de projection parallèlement à une droite D. L'axe X se projette horizontalement au point o. Appelons (f', f) les projections du foyer du plan perpendiculaire à D, mené par la perpendiculaire commune à cette droite et à l'axe du déplacement. Pour un déplacement infiniment petit, la droite D_1, menée par le point f parallèlement à D, engendre un élément de surface développable. Mais si, au lieu d'un déplacement infiniment petit, la droite D_1 se déplace de la même manière d'une façon continue

Fig. 203.

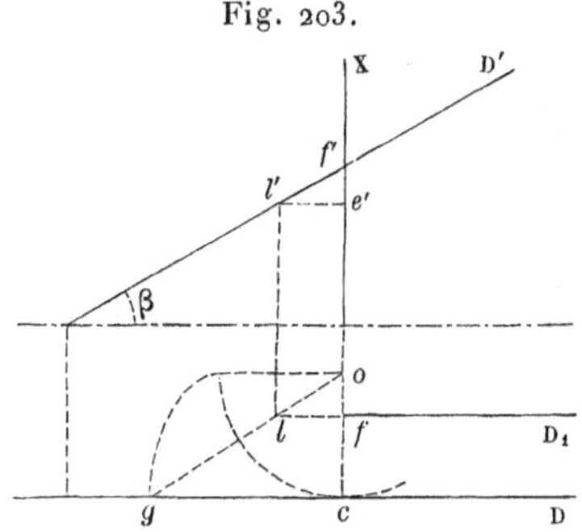

autour de l'axe du déplacement, elle engendre un hélicoïde développable, dont l'arête de rebroussement est l'hélice décrite par f.

Calculons la distance de l'axe du déplacement à la droite D_1. Appelons β l'angle que D_1 fait avec un plan horizontal et H le pas de l'hélice décrite par le point f. On a

$$\tang\beta = \frac{H}{2\pi of},$$

d'où

$$of = \frac{H}{2\pi}\cot\beta.$$

$\frac{H}{2\pi}$ est le pas réduit h; on a donc

$$of = h\cot\beta.$$

Construisons un segment égal à $\frac{H}{2\pi}\cot\beta$. Pour cela, prenons $f'e' = \frac{H}{4}$. Soit gc un segment égal au quart de la circonférence qui a pour rayon oc. Élevons la perpendiculaire $e'l'$ à la droite X et abaissons du point l' une perpendiculaire à la ligne de terre; cette perpendiculaire rencontre og en un point l. La perpendiculaire abaissée du point l sur oc rencontre cette droite au point f, qu'il s'agissait de déterminer.

En effet, on a

$$of = lf\frac{oc}{gc},$$

$$lf = l'e' = f'e'\cot\beta = \frac{H}{4}\cot\beta,$$

$$oc = r,$$

$$gc = \frac{2\pi r}{4}.$$

Introduisant ces valeurs de lf, oc et gc dans l'expression de of, on retrouve la valeur

$$\frac{H}{2\pi}\cot\beta.$$

Il est essentiel de porter dans un sens convenable, sur la perpendiculaire abaissée de o sur D_1, le segment ainsi construit. Pour s'assurer que le segment est porté dans le sens convenable, il suffit de voir si l'extrémité f du segment, entraîné dans le déplacement, sort de sa position dans la direction de la droite D_1.

Le plan qui projette D_1 sur le plan vertical de projection, a pour caractéristique la projection de la verticale f, c'est-à-dire qu'il a pour caractéristique la droite D_1 elle-même. Ce plan entraîné a pour enveloppe l'hélicoïde développable engendré par D_1. Quelle que soit la position de ce plan, il fait constamment le même angle avec le plan horizontal de projection; l'hélicoïde développable fait alors partie des surfaces que l'on désigne sous le nom de *surfaces d'égale pente,* dont nous reparlerons plus tard, et qui jouissent de cette propriété : leurs plans tangents sont également inclinés sur un plan horizontal.

A l'occasion des surfaces d'égale pente, nous résoudrons les problèmes suivants : déterminer la section d'une pareille surface par un plan; mener un plan tangent par un point ou parallèlement à une droite, etc. C'est pourquoi nous ne les traitons pas actuellement.

L'arête de rebroussement de l'hélicoïde développable est l'hélice engendrée par le point f. Quand on développe l'hélicoïde développable, cette arête de rebroussement se transforme en une circonférence de cercle dont le rayon est le rayon de courbure de l'hélice arête de rebroussement, c'est-à-dire $\frac{of}{\cos^2 \beta}$.

HÉLICOIDE RÉGLÉ.

Reprenons les mêmes données que précédemment. Le point c de la droite D (*fig.* 204) engendre une hélice sur le cylindre de

Fig. 204.

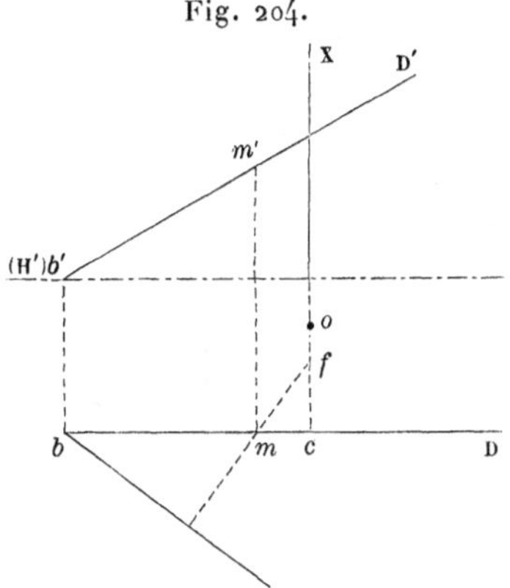

révolution dont la section droite a pour rayon oc. On peut dire alors que *l'hélicoïde réglé est le lieu des droites également inclinées sur un plan perpendiculaire à l'axe d'un cylindre de révolution et qui touche ce cylindre aux différents points d'une hélice.* Il résulte de là que le cône directeur de cette surface est un cône de révolution.

Nous avons démontré que le point c est le point central sur D. Cette propriété subsiste pendant le déplacement continu de D, c'est-à-dire que *l'hélice décrite par le point c est la ligne de striction de l'hélicoïde réglé engendré par la droite* D.

Plan tangent. — Proposons-nous de construire le plan tangent à l'hélicoïde réglé au point m de la droite D. Nous avons démontré que la normale en m à la surface engendrée par D, pour un déplacement infiniment petit, rencontre l'adjointe à un plan perpendiculaire à D; si f est la projection de cette adjointe, la normale au point m se projette alors suivant la droite fm. La trace du plan tangent en m, sur un plan horizontal (H′), est perpendiculaire à cette droite, et, comme elle passe par la trace b de D sur (H′), on obtient une horizontale du plan tangent cherché en abaissant du point b une perpendiculaire sur la droite fm. Quel que soit le point pris sur la droite D, on a toujours à abaisser du même point b une perpendiculaire sur des droites partant du point f. Si l'on prend le point c, on voit que la trace sur (H′) du plan tangent en ce point est confondue avec la projection de D; le plan tangent en c est donc le plan vertical qui projette horizontalement la droite D. Le point c étant le point central, on retrouve ainsi que *le plan central est parallèle à l'axe du déplacement*.

Lorsque le point de la droite D, pour lequel on veut construire le plan tangent, est à l'infini, on a, à mener par le point f, une parallèle à la projection de D et à abaisser du point b une perpendiculaire sur cette droite; on voit ainsi que le plan tangent au point qui est à l'infini sur D est le plan qui projette cette droite sur le plan vertical de projection.

Développable asymptote de l'hélicoïde réglé. — Pendant le déplacement continu de la droite D, si l'on entraîne le plan qui touche la surface au point qui est à l'infini sur D, l'enveloppe de ce plan est un hélicoïde développable qui est la *développable asymptote* de l'hélicoïde réglé.

Construction du point où un plan mené par une génératrice touche l'hélicoïde réglé. — Un plan quelconque mené par D est tangent à l'hélicoïde réglé; cherchons directement le point de contact de ce plan. Supposons que ce plan soit entraîné en même temps que D; sa caractéristique, d'après ce que nous avons vu, est la projection de la verticale f. Cette caractéristique est alors une ligne de plus grande pente de ce plan; elle se projette horizontalement suivant la perpendiculaire abaissée du point f sur la projection d'une horizontale du plan. Mais la caractéristique d'un plan mobile, qui contient successivement les génératrices d'une surface réglée, passe par le point où le plan touche la surface réglée; par suite, la perpendiculaire abaissée du point f sur la projection d'une horizontale du plan rencontre la projection de D au point m, projection du point de contact de ce plan, et l'on voit que la projection du point où un plan mené par D touche l'hélicoïde réglé est le point de rencontre de la projection de D et de la perpendiculaire abaissée de f sur une horizontale de ce plan.

Il est utile de remarquer que, d'après cela, la projection horizontale mf de la caractéristique d'un plan qui passe par une droite D contient le point f_1, qui est la projection horizontale du foyer d'un plan perpendiculaire à D.

Courbe de contact de l'hélicoïde réglé et d'un cylindre circonscrit. Courbe d'ombre. — Proposons-nous de construire la courbe d'ombre sur l'hélicoïde réglé, éclairé par des rayons lumineux parallèles

Fig. 205.

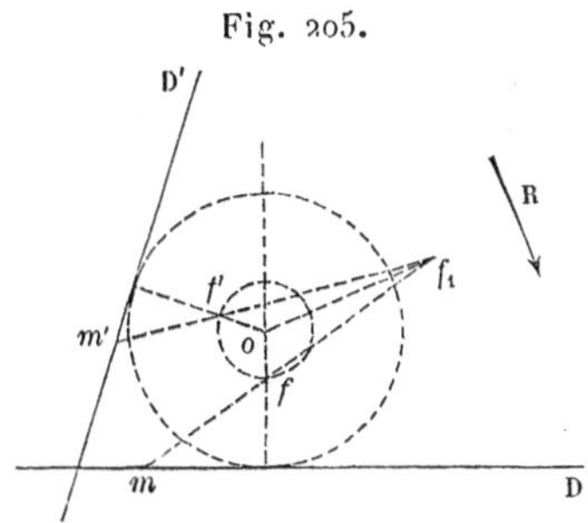

entre eux, c'est-à-dire la courbe de contact de l'hélicoïde réglé et d'un cylindre circonscrit dont les génératrices sont parallèles au rayon lumineux R (*fig.* 205).

Pour déterminer le point de cette courbe situé sur une génératrice D, menons par cette droite un plan parallèle à R. Ce plan touche l'hélicoïde réglé en un point qui appartient à la ligne d'ombre demandée. Ce plan, passant par D et supposé entraîné, a une caractéristique projetée suivant une droite qui, d'après la dernière remarque que nous venons de faire, contient le foyer f du plan perpendiculaire à D; ce plan, étant parallèle à R, a une caractéristique projetée suivant une droite qui contient aussi le foyer f_1 d'un plan perpendiculaire à R; la droite f_1f, qui joint ces deux foyers, est alors la projection horizontale de la caractéristique du plan mené par D parallèlement à R, et elle rencontre la projection de D au point m, qui est la projection du point de contact de ce plan avec l'hélicoïde réglé.

Pour une autre génératrice projetée horizontalement en D', le foyer f', correspondant au plan perpendiculaire à cette droite, est sur la perpendiculaire abaissée du point o sur D' et à une distance $of' = of$. Quant au point f_1, il est fixe; on a alors le point de la courbe d'ombre situé sur D' en prenant le point de rencontre de cette droite avec f_1f'. On voit ainsi comment on construit par points la projection de la courbe d'ombre en faisant usage du point fixe f_1 et des différents points de la circonférence décrite du point o comme centre avec of pour rayon.

Nous avons vu comment on construit le point f pour une droite D. Il est inutile de reprendre pour le point f_1 une construction analogue. Lorsque, par la droite D, on a mené un plan parallèle au rayon lumineux, la caractéristique de ce plan se projette suivant la perpendiculaire abaissée du point f sur une horizontale de ce plan, et cette dernière droite rencontre au point f_1 la perpendiculaire abaissée du point o sur la projection horizontale du rayon lumineux.

SUPPLÉMENT A LA VINGT-QUATRIÈME LEÇON.

Théorème relatif à un dièdre mobile. — (a) est la courbe d'intersection de deux surfaces qui se coupent constamment sous le même angle. Au point a de cette courbe menons des plans tangents à chacune des surfaces, ces plans déterminent un dièdre dont l'arête D est tangente en a à (a). On peut déplacer ce dièdre de façon que son arête reste tangente à (a) et que ses faces soient toujours tangentes aux surfaces données.

Pour un déplacement infiniment petit de ce dièdre de grandeur invariable, ses faces ont pour caractéristiques des droites C, C′ qui passent par a et qui sont des tangentes conjuguées de D.

D'après ce que nous venons de voir dans cette Leçon :

1° Les plans normaux aux faces du dièdre, menés respectivement par C et C′, sont parallèles à l'axe du déplacement. La droite d'intersection L de ces plans normaux est parallèle à l'axe du déplacement; en outre, on voit qu'elle passe par le point a.

2° Le plan central de la surface engendrée par D est aussi parallèle à l'axe du déplacement. Comme ce plan contient a, il doit alors contenir L. Ce plan central est ici le plan rectifiant de (a), puisque D engendre une surface développable.

Je trouve ainsi ce théorème :

Lorsque deux surfaces se coupent constamment sous le même angle, les plans menés normalement à ces surfaces respectivement par les tangentes conjuguées de la tangente D *à leur ligne d'intersection, et le plan rectifiant de cette courbe, mené par* D, *se coupent suivant une même droite.*

Il permet de retrouver que :

Lorsque deux surfaces se coupent constamment sous le même angle, si leur ligne d'intersection est une ligne de courbure de l'une des surfaces, elle est aussi ligne de courbure de l'autre ([1]).

Enfin, comme une courbe quelconque d'un plan ou d'une sphère est une ligne de courbure de ces surfaces, on voit par là que :

Lorsqu'un plan ou une sphère coupe une surface constamment sous le même angle, la ligne d'intersection est une ligne de courbure de cette surface ([2]).

Si le dièdre de grandeur invariable se déplace de façon que son arête reste tangente à une courbe donnée et que l'une de ses faces coïncide avec le plan osculateur de la courbe, le théorème précédent ne conduit pas à la construction de la caractéristique de l'autre face du dièdre. On arrive à cette droite en considérant le déplacement du

---

([1]) *Mémoire sur la théorie générale des surfaces,* par M. O. Bonnet (*Journal de l'École Polytechnique,* XXXIIe Cahier, p. 17).

([2]) Joachimstahl (*Journal de Crelle,* t. 30, p. 347); O. Bonnet, *Mémoire sur les surfaces dont les lignes de courbure sont planes ou sphériques* (*Journal de l'École Polytechnique,* XXXVe Cahier, p. 120), et J.-A. Serret, *Mémoire sur les surfaces dont toutes les lignes de courbure sont planes ou sphériques* (*Journal de Mathématiques de M. Liouville,* 1re série, t. XVIII, p. 128).

dièdre complémentaire du premier dont une face coïncide alors avec le plan rectifiant de la courbe. On trouve ainsi que *la caractéristique de l'autre face est la projection de la droite rectifiante de la courbe* (¹).

Dans la trentième Leçon, nous reparlerons du déplacement d'un dièdre.

(¹) *Voir*, dans le Supplément à la dix-septième Leçon, ce qu'on appelle *plan rectifiant* et *droite rectifiante* en un point d'une courbe gauche.

VINGT-CINQUIÈME LEÇON.

HÉLICOIDE RÉGLÉ (FIN). — SURFACE DE VIS A FILET TRIANGULAIRE.

(APPLICATION DE GÉOMÉTRIE CINÉMATIQUE).

Paramètre de distribution des plans tangents à l'hélicoïde réglé. — *Surface de vis à filet triangulaire.* — Construction d'une génératrice. — Trace sur un plan horizontal. — Plan tangent. — Contour apparent. — Dessin d'une vis à filet triangulaire. — Courbe d'ombre. — Asymptote de l'indicatrice. — Hyperboloïde osculateur. — Tangente à la courbe d'ombre.

Paramètre de distribution des plans tangents à l'hélicoïde réglé. — *Construire le paramètre de distribution des plans tangents à l'hélicoïde réglé.*

Soient o (*fig.* 206) la projection horizontale de l'axe du dépla-

Fig. 206.

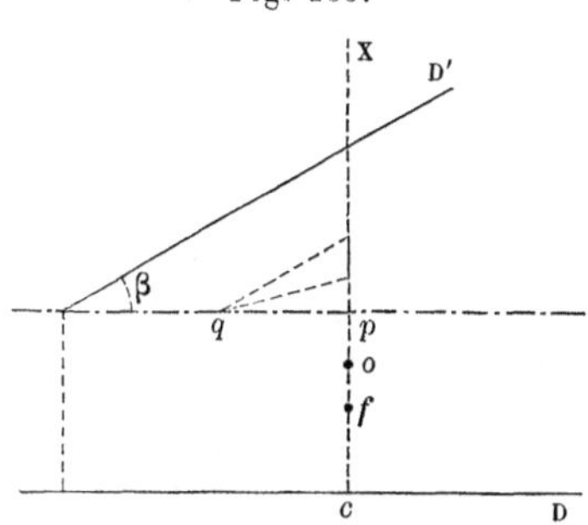

cement, (D, D') la génératrice de l'hélicoïde, et f la projection de l'adjointe L à un plan perpendiculaire à (D, D'). Cette adjointe L est une génératrice du paraboloïde des normales à l'hélicoïde réglé pour la droite (D, D').

k étant le paramètre de distribution des plans tangents à l'hélicoïde réglé, on a (p. 270)

$$k = \frac{fc}{\operatorname{tang}(D', L)}.$$

L'angle (D′, L) est le complément de l'angle β que (D, D′) fait avec le plan horizontal ; on a alors

$$k = fc \tang \beta = oc \tang \beta - of \tang \beta.$$

On sait que of est égal à $h \cot \beta$; donc

$$k = oc \tang \beta - h.$$

Dans le cas particulier où le segment oc est nul, c'est-à-dire lorsque la droite (D, D′) rencontre l'axe du déplacement, le paramètre est égal à h. Ainsi, *pour une surface de vis quelconque, le paramètre de distribution des plans tangents est égal au pas réduit des hélices décrites pendant la génération de la surface de vis.*

Si h est nul, alors la surface n'est plus hélicoïdale : elle est simplement une surface de révolution. On voit, dans ce cas, que *le paramètre de distribution des plans tangents à l'hyperboloïde de révolution engendré par une droite* D, *dont la distance à l'axe est oc, est égal à oc* tang β.

Appelons α l'angle que la tangente à l'hélice décrite par le point c fait avec le plan horizontal, on a

$$h = oc \tang \alpha.$$

Portant cette valeur de h dans l'expression du paramètre k, il vient

$$k = oc \tang \beta - oc \tang \alpha.$$

Pour construire k, portons à partir du point p, sur une perpendiculaire à la projection verticale de l'axe du déplacement, un segment $pq = oc$; par le point q menons une droite parallèle à D′, c'est-à-dire faisant avec pq l'angle β ; menons aussi une droite faisant avec cette même droite l'angle α. Ces deux droites interceptent sur X un segment qui est égal à k.

Lorsque $\alpha = \beta$, c'est-à-dire lorsque la droite (D, D′) se confond avec la tangente à l'hélice décrite par le point c, on voit que le paramètre est nul ; on a alors une surface développable engendrée par la droite mobile.

SURFACE DE VIS A FILET TRIANGULAIRE.

Supposons maintenant que la génératrice de l'hélicoïde réglé rencontre l'axe du déplacement sous un angle qui ne soit pas un angle droit. La surface ainsi engendrée porte, comme nous l'avons déjà dit, le nom de *surface de vis à filet triangulaire.*

On peut considérer cette surface comme le lieu d'une droite qui rencontre constamment sous le même angle l'axe d'un cylindre de révolution et qui s'appuie sur une hélice tracée sur ce cylindre. On voit que le cylindre de l'hélicoïde réglé général, auquel les génératrices restent tangentes, se réduit maintenant à une droite; l'hélice ligne de striction de l'hélicoïde réglé se réduit aussi à cette droite. Ainsi, *la surface de vis à filet triangulaire a pour ligne de striction l'axe du cylindre de révolution que sa génératrice rencontre constamment.*

D'après ce que nous venons de trouver, quel que soit l'angle sous lequel la génératrice de la surface de vis rencontre l'axe du déplacement, le paramètre de distribution est toujours égal au pas réduit. Comme pour l'hélicoïde réglé, la surface développable asymptote est engendrée par une droite parallèle à la génératrice de la surface de vis et située à une distance de l'axe du cylindre égale à $h \cot \beta$.

Construction d'une génératrice. — Soit $a'c'$ (*fig.* 207) la génératrice parallèle au plan vertical de projection. Cette droite, l'axe X du déplacement et la perpendiculaire abaissée du point a' sur cet axe, déterminent un triangle qu'on peut entraîner en même temps que la génératrice $a'c'$ et qui reste de grandeur invariable. Lorsque le sommet a' de ce triangle vient au point b', le sommet c' s'élève sur l'axe jusqu'au point d', tel que $c'd' = b'p'$; la génératrice $a'c'$ vient alors prendre la position $b'd'$.

Lorsque le sommet a' vient au point g', la génératrice part du point g' et rencontre l'axe sous un angle qui est égal à l'angle constant que les génératrices font avec X. Dans cette position, la génératrice est rencontrée par $a'c'$; ce point de rencontre, pendant le déplacement de la génératrice de la surface, décrit une hélice qui est une ligne double de la surface de vis.

Ce que nous disons pour la génératrice qui part du point g' peut se répéter pour toutes les génératrices qui partent des points situés

Fig. 207.

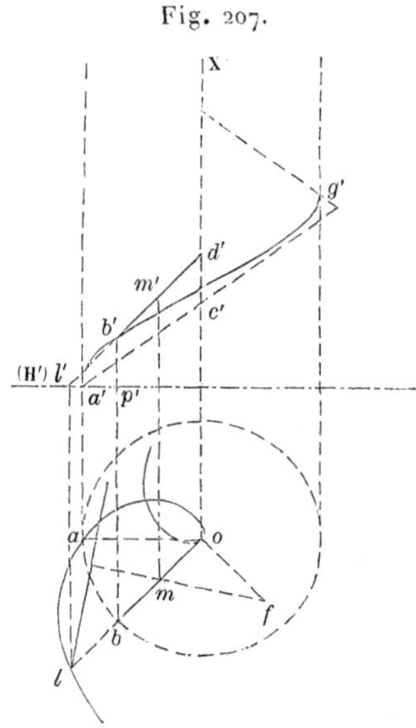

sur la ligne de contour apparent du cylindre qui contient le point g'. Il y a donc sur $a'c'$ une infinité de points qui décrivent des hélices doubles de la surface. Ainsi, *sur la surface de vis il y a une infinité d'hélices doubles.*

Trace sur un plan horizontal. — La génératrice $b'd'$ se projette horizontalement suivant la droite ob; la trace de cette droite sur le plan horizontal (H′) est le point l.

On a

$$ol = ob + bl.$$

En désignant par R le rayon du cylindre et par β l'angle que les génératrices de la surface de vis font avec le plan horizontal, on obtient

$$ol = \mathrm{R} + b'p' \cot\beta.$$

En désignant par ω l'angle aob, $b'p'$ est égal à $h\omega$, et, par suite,

on a

$$ol \text{ ou } \rho = R + h \cot \beta\omega,$$

équation en coordonnées polaires d'une *spirale d'Archimède*.

Cette spirale passe par le point o, par le point a, par le point l, et, si l'on considère la surface de vis dans toute son étendue, c'est-à-dire en ne prenant pas seulement la partie qui est au-dessus du plan (H'), on a alors une spirale complète; les points doubles de cette courbe sont les traces des hélices doubles dont nous venons de parler.

Plan tangent. — On peut considérer la surface de vis comme engendrée par cette spirale entraînée pendant le déplacement hélicoïdal.

Si l'on coupe la surface de vis par un plan horizontal à la hauteur du point m', qui se projette horizontalement en m, on a la spirale passant par le point (m, m').

Pour avoir le plan tangent au point (m, m') à la surface de vis, on peut construire la tangente à la spirale qui contient ce point, et pour cela prendre la sous-normale de cette spirale. La valeur de cette sous-normale est

$$\frac{d\rho}{d\omega} = h \cot \beta,$$

comme on le voit tout de suite au moyen de l'équation de la courbe. Il suffit donc de porter à partir du point o, sur une perpendiculaire à om, une longueur $of = h \cot \beta$, et, en joignant le point f au point m, on obtient une droite perpendiculaire à la trace du plan tangent en (m, m') sur le plan horizontal qui contient ce point, c'est-à-dire une droite qui est perpendiculaire à une horizontale du plan tangent. Nous retrouvons ainsi la construction à laquelle nous sommes arrivés pour l'hélicoïde réglé.

La droite fm est aussi la projection horizontale de la caractéristique du plan tangent en (m, m') supposé entraîné; cette caractéristique est tangente en ce point à la surface de vis. Les caractéristiques de tous les plans tangents à la surface de vis pour la génératrice ol sont donc des droites tangentes à la surface aux différents points de la génératrice ol et qui rencontrent une même verticale f; ces droites déterminent l'hyperboloïde qui passe par la verticale *f* et qui est de raccordement à la surface de vis pour la génératrice *ol*.

Du reste, on sait que l'on construit la caractéristique d'un plan tangent à la surface de vis mené par la droite *ob* en projetant sur ce plan la verticale *f*; cette caractéristique est donc l'arête d'un dièdre droit dont l'une des faces est ce plan tangent et dont l'autre face est le plan mené perpendiculairement à celui-ci par la droite *f*.

On voit ainsi que toutes ces caractéristiques appartiennent à la surface lieu de l'arête d'un dièdre droit dont les faces passent, l'une par la génératrice *ob* de la surface de vis, l'autre par la verticale projetée au point *f*. On sait que le lieu de cette arête est un hyperboloïde dont les plans des sections circulaires sont respectivement perpendiculaires aux deux droites fixes par lesquelles passent les faces du dièdre. L'hyperboloïde de raccordement formé par les caractéristiques des plans tangents doit donc avoir pour sections circulaires les sections faites par des plans horizontaux; et, en effet, si l'on prend le point de rencontre de *fm* avec la trace du plan tangent sur (H′), on a un point qui est la trace sur le même plan de la caractéristique projetée suivant *fm*, et le lieu de ce point est évidemment la circonférence décrite sur *fl* comme diamètre.

Par le point *l* menons une droite quelconque, considérons cette droite comme une horizontale d'un plan mené par la génératrice de la surface; on obtient la projection du point où ce plan touche la surface de vis en abaissant du point *f* une perpendiculaire sur cette droite et en prenant le point où cette perpendiculaire rencontre la génératrice *ob* de la surface de vis.

Nous allons faire usage de cette construction pour déterminer le contour apparent de la surface de vis sur le plan vertical de projection.

Contour apparent. — Le contour apparent de la surface de vis sur le plan vertical de projection est l'enveloppe des projections verticales de ses génératrices. Le point où une génératrice telle que $b'd'$ (*fig.* 208) touche cette enveloppe est la projection verticale du point où le plan, qui projette $b'd'$ sur le plan vertical de projection, touche la surface de vis.

Pour construire le point de contact de ce plan avec la surface de vis, prenons le plan horizontal (H′), élevons au point o dans ce plan une perpendiculaire à ob, projection de la génératrice $b'd'$, et portons sur cette perpendiculaire, dans le sens convenable, un segment of égal à $h \cot \beta$. Du point f abaissons une perpendiculaire sur la trace du plan tangent à la surface de vis sur (H′). Cette trace étant perpendiculaire à la ligne de terre, la droite que nous menons du point f est parallèle à la ligne de terre ; elle rencontre ob en un point m, dont la projection verticale est le point m', où la

Fig. 208.

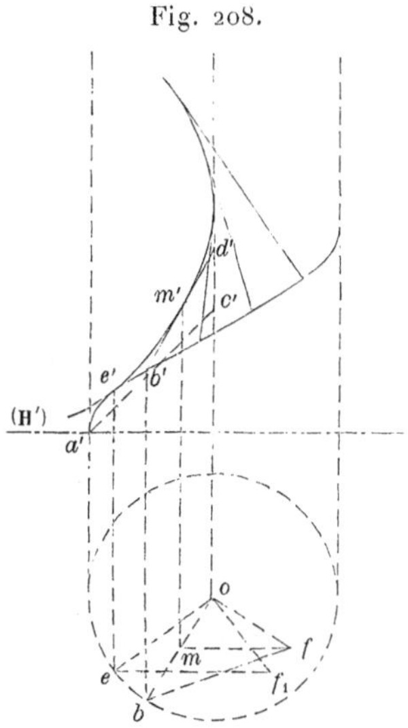

droite $b'd'$ est tangente à l'enveloppe des projections verticales des génératrices de la surface de vis.

Cette construction étant répétée pour différentes génératrices, on a des points de la courbe de contour apparent sur le plan vertical de projection.

Cette courbe est tangente à la projection verticale de l'hélice directrice, puisque cette dernière courbe est tracée sur la surface de vis. La courbe de contour apparent touche l'axe X, puisqu'il y a des génératrices de la surface qui se projettent sur cette droite.

Enfin, si l'on emploie la même construction pour la génératrice parallèle au plan vertical de projection et qui passe par le point a', on trouve sur cette droite un point qui est à l'infini ; cette droite est alors une asymptote de la courbe de contour apparent. Cette courbe est donc placée comme on le voit sur la figure. Il est utile de remarquer le sens dans lequel elle tourne sa concavité.

Dessin d'une vis à filet triangulaire. — Prenons (*fig.* 209) un cylindre qu'on appelle le *noyau* de la vis. Dans le plan méridien parallèle au plan vertical de projection, traçons un triangle isoscèle a, 1, 2 dont la base soit un segment $\overline{1\text{-}2}$ de la ligne de contour apparent de ce cylindre. Donnons à ce triangle un déplacement

Fig. 209.

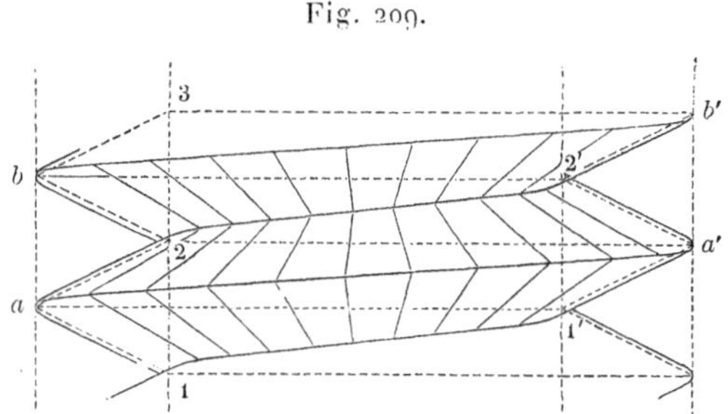

hélicoïdal tel que le pas de l'hélice décrite par le sommet 1 soit la base $\overline{1\text{-}2}$, c'est-à-dire que, lorsque le point 1 reviendra sur la ligne de contour apparent, il arrivera au point 2; puis, successivement, sur cette même ligne de contour apparent, il viendra aux points 3, 4, qui sont distants d'un intervalle égal à la base $\overline{1\text{-}2}$.

Lorsque le point 1 vient sur l'autre ligne de contour apparent, il la rencontre au point $1'$, qui est sur une droite perpendiculaire à l'axe à égale distance des points 1 et 2; le sommet a du triangle isoscèle qui engendre le filet de la vis vient en a', lorsque le point 1 est venu en $1'$, et alors le triangle prend la position $1'a'2'$. Puis, ce triangle continuant à se mouvoir, sa base $\overline{1'\text{-}2'}$ vient coïncider avec le segment $\overline{2\text{-}3}$, et le sommet a' vient au point b; en poursuivant, nous trouvons le point b', nouvelle position du sommet du triangle, et la base vient en $\overline{2'\text{-}3'}$.

Traçons les hélices décrites par les sommets de ce triangle. Le point a décrit une hélice tangente en a à une parallèle à l'axe du cylindre, et qui arrive en a' tangentiellement à la parallèle à l'axe du cylindre mené par le point a'.

Traçons les hélices décrites par le point 1 et par le point 2. Le côté $\overline{a\text{-}2}$ engendre une surface de vis à filet triangulaire qui, d'après ce que nous venons de voir, a pour contour apparent une courbe tangente à l'hélice décrite par le point a et à l'hélice décrite par le point 2.

En répétant la même construction pour l'hélice décrite par le point a et pour la surface de vis engendrée par le côté $\overline{a\text{-}1}$, on a un arc de courbe tangent à l'hélice décrite par le point a et à l'hélice décrite par le point 1.

On peut continuer ainsi en traçant les courbes de contour apparent des surfaces de vis engendrées par les côtés du triangle pendant le déplacement hélicoïdal. Pour achever de montrer la disposition de la vis, nous avons tracé quelques génératrices des surfaces de vis engendrées par les côtés $\overline{a\text{-}1}$ et $\overline{a\text{-}2}$.

Courbe d'ombre [1]. — Pour construire la courbe d'ombre sur la surface de vis éclairée par des rayons lumineux parallèles, nous n'avons qu'à faire usage de la construction à laquelle nous sommes arrivés pour l'hélicoïde réglé quelconque.

Fig. 210.

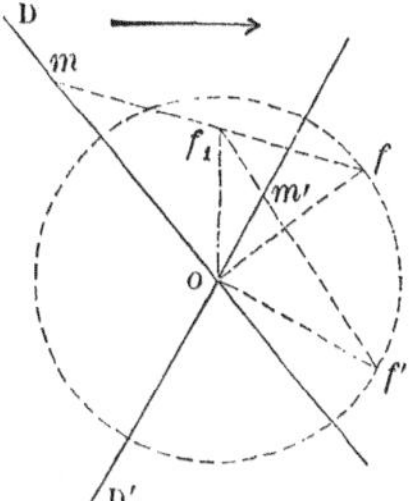

Cherchons (*fig.* 210) le point de la courbe d'ombre sur la génératrice D. Élevons au point o une perpendiculaire à cette droite, et portons dans un sens convenable un segment of égal à $h \cot\beta$; déterminons, relativement au rayon lumineux, un point f_1 tel que $of_1 = h \cot\gamma$, γ étant l'angle que le rayon lumineux fait avec le

(1) *Voir* à ce sujet une intéressante Note du général Poncelet, à la page 456 du Tome I de ses *Applications d'Analyse et de Géométrie.*

plan horizontal de projection. Nous savons que, le point f étant connu, on construit facilement le point f_1.

Joignons le point f au point f_1; la droite $f_1 f$ rencontre la droite D au point m, qui est la projection du point de la courbe d'ombre situé sur cette génératrice.

Pour une autre génératrice D', on élève au point o une perpendiculaire à cette génératrice; cette droite rencontre en un point f' la circonférence décrite du point o comme centre avec of pour rayon; en joignant le point f_1, qui est un point fixe, au point f', on a une droite qui rencontre la génératrice D' au point m' de la projection de la courbe d'ombre.

On obtient ainsi la construction par points de la projection horizontale de la courbe d'ombre.

Asymptote de l'indicatrice. — Déterminons (*fig.* 211) l'asymptote de l'indicatrice de la surface de vis pour le point m de la génératrice D.

Fig. 211.

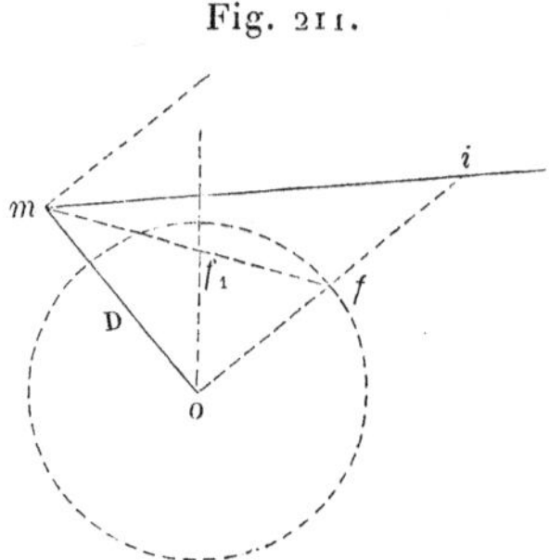

Le plan tangent en m à la surface de vis, entraîné dans le déplacement hélicoïdal, a une caractéristique qui se projette suivant la droite fm, le point f étant déterminé comme précédemment. En vertu de ce déplacement, le point m décrit une hélice dont la tangente se projette horizontalement suivant la perpendiculaire élevée du point m à la droite D. Ces deux droites : la caractéristique et la tangente en m à l'hélice décrite par ce point, sont deux tangentes conjuguées.

La génératrice D est l'une des asymptotes de l'indicatrice en m. Pour avoir l'autre asymptote, il faut construire une droite telle que, par rapport à cette droite et à D, le système de tangentes conjuguées que l'on possède soit un système de diamètres conjugués.

Pour cela, on prolonge of jusqu'au point i, tel que $fi = of$. On joint le point m au point i et l'on obtient la projection de l'asymptote de l'indicatrice qu'il s'agit de déterminer, puisque la droite oi est parallèle à la projection horizontale de la tangente en m à l'hélice décrite par ce point et que la droite mf joint le point m au milieu du segment oi intercepté par les projections des deux asymptotes.

Hyperboloïde osculateur. — Il résulte de cette construction que les asymptotes des indicatrices relatives aux points de la génératrice D se projettent suivant des droites qui passent par le même point i. Mais le lieu de ces asymptotes est l'hyperboloïde osculateur de la surface de vis pour la génératrice D; on voit donc que cet hyperboloïde contient la verticale projetée au point i. On l'obtient alors en construisant l'hyperboloïde de raccordement à la surface de vis le long de D, qui contient la verticale i.

On pouvait prévoir que l'hyperboloïde osculateur de la surface de vis pour D avait l'une de ses génératrices verticale, car toutes les génératrices de la surface rencontrant l'axe X, cette droite, pour le point où la génératrice D la rencontre, est une asymptote de l'indicatrice. L'axe appartient alors à l'hyperboloïde osculateur. On a par conséquent un hyperboloïde dont on projette les génératrices de l'un des systèmes sur un plan perpendiculaire à l'une des droites X de ce système; elles se projettent donc toutes suivant des droites qui passent par le point, projection de la génératrice parallèle à X.

Tangente à la courbe d'ombre (¹). — Soit à déterminer (*fig.* 212) la tangente en m à la projection de la courbe d'ombre qui passe par ce point. Prolongeons of jusqu'au point i, tel que $fi = of$; en joignant le point m au point i, on a l'une des asymptotes de la

(¹) *Voir* Poncelet, *Application de la méthode de Roberval au tracé des tangentes aux courbes de contour apparent et de séparation d'ombre et de lumière dans l'épure de la vis à filet triangulaire* (*Applications d'Analyse et de Géométrie,* t. I, p. 447).

projection de l'indicatrice relative au point projeté en m; la génératrice est l'autre asymptote.

On doit maintenant prendre la direction conjuguée de la projection horizontale du rayon lumineux par rapport au système des deux droites mo, mi. Pour cela, menons par le point i une parallèle à la projection horizontale du rayon lumineux, c'est-à-dire une perpendiculaire à of_1; cette droite rencontre om au point p; il

Fig. 212.

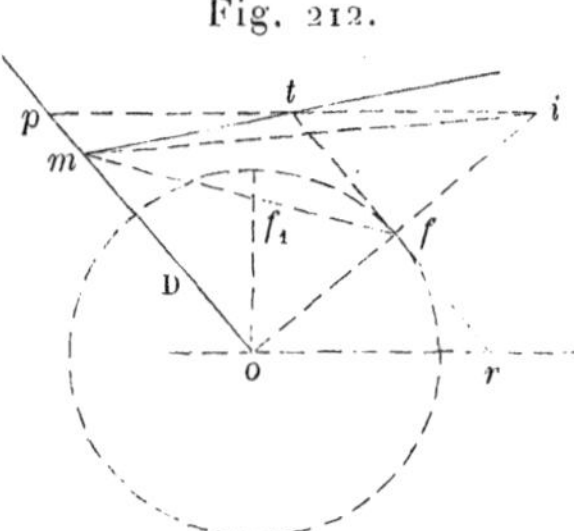

faut prendre le point t milieu du segment ip. Ce point est sur la tangente tf à la circonférence dont le rayon est of; en effet, cette tangente, étant parallèle à op, rencontre la droite ip en son milieu t, puisque le point f est le milieu du segment oi; la tangente demandée est donc la droite mt.

Menons par le point o une parallèle à ip, et appelons r le point où cette droite rencontre la tangente tf.

Puisque $of = fi$, on a $tf = fr$.

On peut donc déterminer le point t sans construire d'abord le point i. La construction de la tangente se réduit à ceci :

A l'extrémité f du rayon perpendiculaire à la génératrice D *qui contient le point m de la courbe d'ombre, on mène une tangente à la circonférence de rayon of; cette tangente rencontre le diamètre parallèle à la projection horizontale du rayon lumineux au point r. On porte sur la tangente en f le segment $ft = fr$, et la droite mt est la tangente demandée.*

VINGT-SIXIÈME LEÇON.

SURFACE DE VIS A FILET TRIANGULAIRE (FIN) SURFACE DE VIS A FILET CARRÉ. (APPL. DE GÉOM. CINÉM.).

Formes diverses de la projection de la courbe d'ombre. — Construction des points de la courbe d'ombre situés sur une hélice donnée. — Construction des points de la courbe de contour apparent situés sur l'hélice directrice. — *Surface de vis à filet carré.* — Plan tangent. — Asymptote de l'indicatrice. — Paraboloïde osculateur. — Lignes de courbure. — Rayons de courbure principaux. — La surface de vis à filet carré considérée comme une normalie. — Courbe d'ombre. — Points limites sur la courbe d'ombre. — Dessin d'une vis à filet carré.

SUPPLÉMENT. — Construction des centres de courbure principaux de la surface de vis à filet triangulaire. — Construction des centres de courbure principaux de la surface de vis à filet carré.

La projection horizontale de la ligne d'ombre de la surface de vis à filet triangulaire présente différentes formes selon l'inclinaison du rayon lumineux.

Formes diverses de la projection de la courbe d'ombre. — En désignant toujours par γ l'angle que le rayon lumineux fait avec un plan horizontal et par β l'angle que les génératrices de la surface de vis font avec un plan horizontal, on a à examiner les trois cas suivants : $\gamma > \beta$, $\gamma < \beta$, $\gamma = \beta$.

Pour déterminer la projection de la courbe d'ombre, nous employons un point f_1 (dont la distance of_1 à la projection horizontale de l'axe du cylindre, sur lequel est tracée l'hélice directrice de la surface de vis, est égale à $h \cot\gamma$), et une circonférence dont le rayon of est égal à $h \cot\beta$.

Il résulte de ces valeurs de of et de of_1 que, lorsque γ est plus grand que β, of_1 est plus petit que of; le point f_1 est alors (*fig.* 213) à l'intérieur de la circonférence qui a pour rayon of. Pour avoir le point de la courbe d'ombre situé sur la génératrice D, élevons au point o une perpendiculaire of à D; joignons le point f au point f_1, la droite ff_1 rencontre D au point m, qui appartient à la projection horizontale de la courbe d'ombre sur la surface de vis éclairée par des rayons lumineux parallèles entre eux et perpendiculaires à of_1. Lorsque le point f parcourt la circonférence décrite avec $h \cot\beta$ pour rayon, le point m, sommet du triangle rectangle mof, dont les hypoténuses passent par le point fixe f_1, décrit la courbe dont nous allons chercher la forme.

Menons le diamètre pq parallèlement à la projection du rayon

Fig. 213.

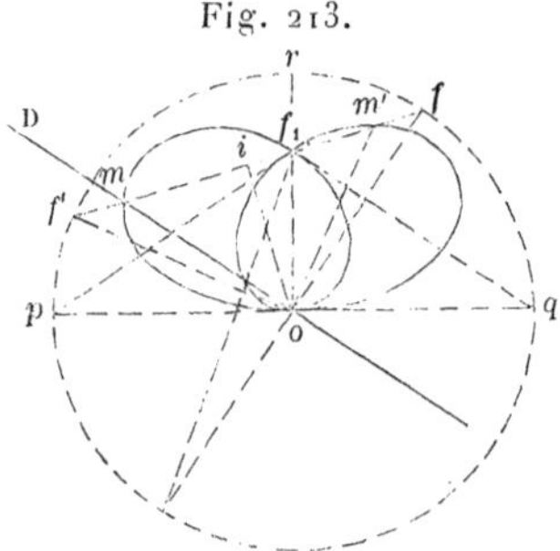

lumineux. Le point f se rapprochant du point q, le point m se rapproche du point f_1; lorsque le point f arrive au point q, le point m vient au point f_1 et la droite $f_1 m$ devient la tangente $f_1 q$ à la courbe au point f_1. Ce que nous disons pour le point q, nous pouvons le répéter pour le point p; la courbe est, du reste, symétrique par rapport au diamètre qui contient le point f_1.

Ainsi : *le point f_1 est un point double de la projection horizontale de la courbe d'ombre, et les tangentes en ce point double sont les droites qui joignent le point f_1 aux extrémités du diamètre pq, perpendiculaire à of_1.*

La droite mf rencontre la circonférence en deux points f et f'; à chacun de ces points correspond un point de la courbe. On a alors sur la droite ff_1 deux points m et m' de la projection horizontale de la courbe d'ombre. On voit donc que sur cette droite il y a les deux points confondus au point f_1 et les deux points m et m', c'est-à-dire quatre points; cette droite rencontrant la courbe en quatre points, *la projection horizontale de la courbe d'ombre est donc du quatrième degré.*

Les droites om, om', étant respectivement perpendiculaires aux côtés du triangle isoscèle fof', déterminent aussi avec la droite mm' un triangle isoscèle ; la perpendiculaire abaissée du point o sur la base mm' passe donc au milieu de cette base. Si nous appelons i le milieu de ff', ce point i est le milieu de mm' ; le lieu des points analogues au point i est le lieu des milieux des cordes, telles que mm', qui passent par le point f_1 ; c'est une ligne diamétrale de la courbe d'ombre. Les points tels que i appartiennent à la circonférence décrite sur of_1 comme diamètre ; *cette circonférence est donc une ligne diamétrale de la projection de la courbe d'ombre.*

Lorsque le point f vient au point r, extrémité du diamètre qui passe par le point f_1, le point m vient au point o, et la droite om devient perpendiculaire à ce diamètre $f_1 r$: la courbe arrive donc au point o tangentiellement à la ligne op ; en continuant, on voit que la courbe revient passer par le point f_1 et contient le point m' ; enfin on achève de la tracer en poursuivant le déplacement du point f.

Fig. 214.

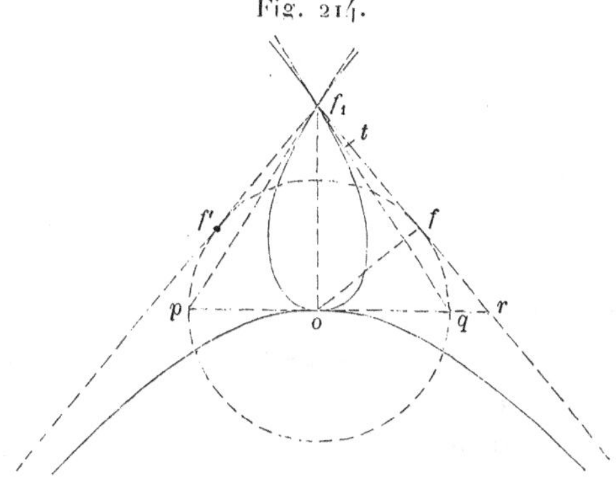

Supposons maintenant $\gamma < \beta$; alors on a $of_1 > of$ et le point f_1 (*fig.* 214) est en dehors de la circonférence décrite avec $h \cot \beta$ pour rayon. Le point f_1 est encore un point double de la courbe, et les tangentes en ce point sont les droites qui joignent le point f_1 aux extrémités du diamètre pq, perpendiculaire à of_1 ; on a, comme précédemment, une boucle tangente au point o à la droite pq. Cherchons les points de la courbe qui se trouvent sur les tangentes que l'on peut mener du point f_1 à la circonférence. Appelons f le point de contact de l'une de ces tangentes. On doit joindre le point o au point f; on obtient ainsi une droite perpendiculaire à f_1f; puis on élève au point o une perpendiculaire à of, et l'on a la projection de la génératrice sur laquelle se trouve le point qui est à la rencontre de cette droite avec f_1f; ces deux droites étant parallèles entre elles, ce point est à l'infini. On voit déjà que la ligne f_1f est la direction d'une asymptote; construisons la tangente en ce point à l'infini. Nous savons que l'on doit prendre le point de rencontre de la tangente en f avec le diamètre pq perpendiculaire à of_1, et porter le segment fr jusqu'au point t sur cette tangente fr; le point t appartient à la tangente à déterminer. Il résulte de cette construction, puisque le point t est sur la ligne f_1f, que cette droite est l'asymptote elle-même. Ainsi, *les tangentes que l'on peut mener du point* ${}_1$ *à la circonférence sont les asymptotes de la courbe.*

Fig. 215.

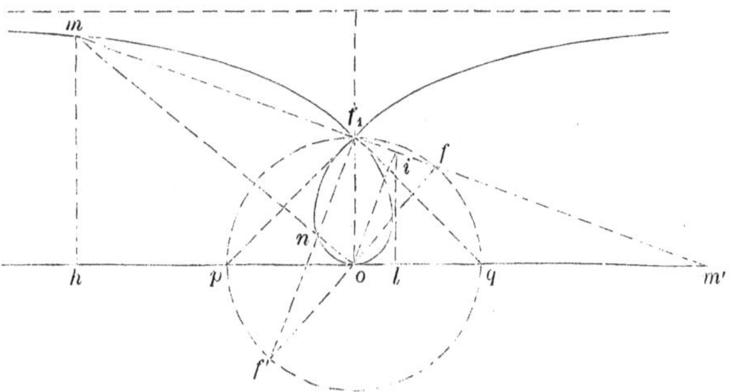

Enfin supposons $\gamma = \beta$, c'est-à-dire $of_1 = of$. On a encore (*fig.* 215) un point double au point f_1, et les tangentes en ce point sont les droites qui joignent le point f_1 à l'extrémité du diamètre pq, perpendiculaire à of_1; ces droites, actuellement, sont perpendiculaires l'une à l'autre.

Sur une droite f_1f, indépendamment du point f_1, on obtient les points de la courbe en élevant respectivement des perpendiculaires à of et of_1. On voit ainsi que le point de rencontre de f_1f avec le diamètre pq est toujours un point de la projection de la courbe d'ombre; cette droite pq fait, par conséquent, partie du lieu. Celui-ci se décompose en une droite, et la partie restante est du troisième degré.

La tangente à la circonférence au point f_1 donne la direction d'une asymptote; cherchons cette droite. Du point o abaissons sur la droite mm' la perpendiculaire oi. La perpendiculaire il abaissée du point i sur pq est toujours la moitié de la perpendiculaire mh abaissée du point m sur ce même diamètre pq, puisque le point i est le milieu de mm'. Lorsque la droite f_1f, tournant autour du point f_1, devient la tangente en f_1 à la circonférence, le point i vient se confondre avec le point f_1 et la perpendiculaire il devient le rayon f_1o. La distance du point m à pq est toujours double de la distance du point i à cette même droite; lorsque le point m est à l'infini, sa distance au diamètre pq est alors double de of_1. Ainsi, *l'asymptote est perpendiculaire à of_1 et est à une distance du point f_1 égale au rayon f_1o.*

La projection de la courbe d'ombre, dans ce cas, est la courbe connue que l'on nomme *strophoïde*. Il est facile, sur la figure, de retrouver quelques-unes des propriétés de cette courbe. Lorsque, par exemple, le point f vient en f', extrémité du diamètre fo, le point du lieu est en n sur la droite f_1f'; dans le triangle mff', les droites $f'f_1$, mo sont deux hauteurs, et l'on a alors

$$on \times om = \overline{of}^2.$$

Ainsi *la courbe est telle, que, si sur une droite om on prend un rayon vecteur* $on = \frac{\overline{of}^2}{om}$, *on retrouve la courbe elle-même.* Le lieu des points tels que n est la transformée de la courbe par rayons vecteurs réciproques; *la courbe se transforme donc en elle-même par rayons vecteurs réciproques* (1). (*Voir* la note p. 219).

On peut remarquer encore cette propriété : *Si un angle droit tel que mf_1n a son sommet au point double f_1, les hypoténuses telles que mn passent par le point fixe o de la courbe.*

Construction des points de la courbe d'ombre situés sur une hélice. — *Construire les points de la courbe d'ombre situés sur une hélice tracée sur la surface de vis;* en d'autres termes, on demande les points de la courbe d'ombre qui, en projection horizontale, se

---

(1) Cette courbure est alors une *anallagmatique* du troisième degré.

trouvent sur une circonférence dont le centre est au pied de l'axe de la surface de vis.

Décrivons (*fig.* 216) une circonférence (1) dont le rayon est égal à $h \cot\gamma$, une circonférence concentrique (2) dont le rayon est égal à $h \cot\beta$, et enfin décrivons la circonférence donnée, concentrique aux deux premières, sur laquelle on se propose de construire des points de la courbe d'ombre. Sur la circonférence (1), on a le point fixe f_1. Menons les deux droites ob, oc perpendiculaires l'une à l'autre; limitons l'une à la circonférence, projec-

Fig. 216.

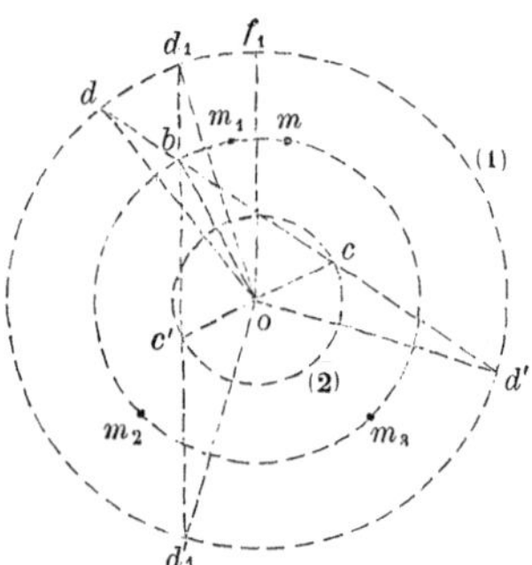

tion de l'hélice donnée, et l'autre à la circonférence (2); joignons les extrémités b et c de ces deux droites et prolongeons la droite bc jusqu'au point d de la circonférence (1); joignons le point d au point o. Si nous faisons tourner l'ensemble de la figure formée par les droites oc, ob, od et cd de façon que la droite od vienne coïncider avec la droite of_1, il est clair que le point b viendra en un point m, qui est un des points demandés, parce que, dans cette position, la figure obtenue est celle qu'il faudrait établir pour construire le point de la courbe d'ombre sur la génératrice om. On n'a donc, pour chercher les différents points demandés, qu'à examiner les différentes positions que peuvent prendre, l'une par rapport à l'autre, des droites analogues à od et oc. Ainsi, le point d peut être au point d' sur le prolongement de la droite dc, et, après avoir fait tourner la figure autour du point o de façon que le rayon od' vienne coïncider avec of_1, le point b viendra prendre une certaine position sur la circonférence donnée, et l'on a encore un des points demandés.

Nous pouvons prendre les droites perpendiculaires l'une à l'autre ob et oc'. Joignons le point c' au point b, nous obtenons le point d_1, et, après avoir fait tourner la figure autour du point o de façon que le rayon od_1 vienne coïncider avec la droite of_1, nous trouvons pour le point b une nouvelle position sur la circonférence donnée; c'est encore un point qui répond à la question. Enfin prolongeons la droite $d_1 b$ jusqu'au point d'_1, nous pouvons faire tourner la figure de façon que od'_1 vienne coïncider avec of_1, et nous arrivons encore à l'un des points cherchés. Nous avons trouvé ainsi, sur la circonférence donnée, les quatre points m, m_1, m_2, m_3 qui répondent à la question, c'est-à-dire qui sont des points de la projection horizontale de la courbe d'ombre situés sur la circonférence donnée.

Construction des points de la courbe de contour apparent situés sur l'hélice directrice. — Le problème que nous venons de traiter d'une façon générale s'applique au cas particulier où le cylindre circonscrit à la surface de vis a ses génératrices perpendiculaires au plan vertical de projection et où l'hélice donnée est l'hélice directrice de la surface de vis. Dans ce cas, la trace de ce cylindre sur le plan vertical de projection est la courbe de contour apparent sur ce plan vertical, et les points sur l'hélice directrice sont les points où la courbe de contour apparent sur la surface de vis touche cette hélice.

En projection horizontale, on a toujours (*fig.* 208) une circonférence décrite avec $h \cot \beta$ pour rayon. Le cylindre circonscrit a ses génératrices perpendiculaires au plan vertical; tous ses plans tangents sont perpendiculaires au plan vertical de projection. Les droites qui partent des points tels que f et qui rencontrent les génératrices en des points de la projection horizontale de la courbe de contour apparent sont parallèles à la ligne de terre.

Pour avoir les points situés sur l'hélice directrice, on construit le triangle rectangle bof; on le fait tourner autour du point o jusqu'à ce que son hypoténuse soit en ef_1, parallèle à la ligne de terre, le côté of_1 étant dirigé convenablement par rapport à oc. Le troisième sommet du triangle rectangle est alors sur la circonférence base du cylindre en un point e, qui est la projection horizontale du point e' demandé.

SURFACE DE VIS A FILET CARRÉ.

La surface de vis à filet carré est la surface lieu des droites perpendiculaires à l'axe d'un cylindre de révolution et qui rencontrent une hélice directrice tracée sur ce cylindre. Toutes ces droites sont parallèles à un plan perpendiculaire à l'axe du cylindre ; la surface admet donc ce plan comme plan directeur.

L'axe du cylindre est une ligne de striction de la surface de vis.

Le paramètre de distribution des plans tangents est égal, comme nous l'avons vu, au pas réduit de l'hélice directrice.

Plan tangent. — Supposons (*fig.* 217) que les génératrices du cylindre soient verticales. Pour le point (b', b) de l'hélice direc-

Fig. 217.

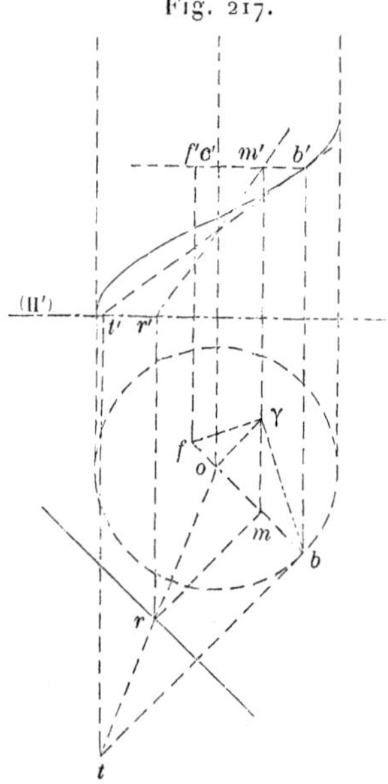

trice, on obtient les projections de la génératrice de la surface de vis en menant, d'une part, la droite $b'c'$ parallèlement à la ligne de terre et, d'autre part, la droite ob qui passe par le centre o de la circonférence, projection horizontale du cylindre.

Cherchons le plan tangent au point (m', m) de ($c'b'$, ob). Prenons un paraboloïde de raccordement le long de cette génératrice. Conservons le plan directeur de la surface comme plan directeur du paraboloïde, et prenons, pour directrices de cette surface, l'axe du cylindre et la tangente au point b' à l'hélice. Ce paraboloïde est de raccordement, car il a mêmes plans tangents que la surface au point c', au point b' et au point qui est à l'infini sur $c'b'$. On n'a donc qu'à construire le plan tangent au point (m, m') à ce paraboloïde pour avoir le plan tangent demandé. Ce paraboloïde rencontre le plan horizontal (H'), qui est un plan directeur, suivant la droite qui joint le point o au point t, trace de la tangente à l'hélice sur ce plan, le second plan directeur de ce paraboloïde est parallèle à bt, et, comme il est parallèle à l'axe du cylindre, c'est le plan projetant horizontalement la tangente à l'hélice. Pour le point (m, m') la génératrice de ce paraboloïde, du même système que cette tangente, se projette horizontalement suivant une droite menée du point m parallèlement à bt; cette droite rencontre le plan (H') au point r, où elle coupe la trace du paraboloïde sur ce plan. Le plan tangent au point (m, m') est alors le plan déterminé par la génératrice ob et par cette droite mr; il a pour horizontale la droite menée du point r parallèlement à la génératrice horizontale ob.

Asymptotes de l'indicatrice. Paraboloïde osculateur. — La droite mr est tangente à la surface de vis à filet carré; elle est donc tangente à l'hélice que décrit le point m pendant le déplacement hélicoïdal de la droite ob. Entraînons le plan tangent en m à la surface de vis à filet carré. La caractéristique de ce plan passe par le point m, où il touche la surface, et, comme ce plan fait toujours le même angle avec le plan horizontal, cette caractéristique est une ligne de plus grande pente, c'est-à-dire que cette droite n'est autre que mr. Puisque cette caractéristique du plan tangent se confond avec la tangente à l'hélice décrite par le point m, c'est que cette tangente est une asymptote de l'indicatrice. Ainsi, *les tangentes aux hélices décrites par les points de la génératrice ob, pendant le déplacement hélicoïdal de cette droite, sont les asymptotes des indicatrices de la surface de la vis à filet carré.* Mais ces tangentes appartiennent au paraboloïde de raccordement dont nous venons de faire usage; ce paraboloïde est donc le lieu des asymptotes des indicatrices de la surface pour les différents point de la droite *ob*. *Ce paraboloïde est alors le paraboloïde osculateur de la surface pour la génératrice ob.*

Rayons de courbure principaux. Lignes de courbure. — Pour un point quelconque *m*, les asymptotes de l'indicatrice sont à angle droit; les rayons de courbure principaux de la surface, qui sont de signes contraires, puisqu'elle est à courbures opposées, sont donc égaux. Les lignes de courbure en un point, étant dirigées suivant les bissectrices des angles compris entre les asymptotes de l'indicatrice, rencontrent sous un angle de 45° les génératrices de la surface. Ainsi, si l'on trace sur la surface de vis à filet carré des courbes qui rencontrent toujours sous un angle de 45° les génératrices de cette surface, on a ses lignes de courbure.

La surface de vis considérée comme une normalie. — Les génératrices de la surface de vis à filet carré sont les normales au cylindre donné qui partent des différents points de l'hélice directrice; on peut dire alors que cette surface de vis est une normalie à ce cylindre dont la directrice est une hélice tracée sur cette surface.

Appliquons cette propriété des normalies, démontrée précédemment (p. 296) :

Le plan tangent à une normalie en un point de sa directrice est normal à cette normalie au centre de courbure de la section que ce plan détermine dans la surface sur laquelle est tracée la courbe directrice.

Pour la génératrice *ob*, le point *o* est le point central, le paramètre de distribution des plans tangents est égal à *h* et le plan central est le plan vertical *ob*.

En élevant à *ob* la perpendiculaire $o\gamma$ égale à *h*, on obtient en γ le point représentatif de l'élément de normalie le long de *ob*.

La perpendiculaire γf à γb donne alors sur *ob* le point *f* où le plan tangent en *b* à la normalie est normal à cette surface.

D'après le théorème que nous venons de rappeler, le point *f* est le centre de courbure de la section faite dans le cylindre par le plan tangent en *b*. Ce dernier plan étant le plan osculateur de l'hélice directrice, le point f est le centre de courbure de cette courbe.

Remarquons que l'angle $\gamma b o$, complémentaire de l'angle que le plan tangent en b fait avec le plan central, est égal à l'angle que la tangente à l'hélice directrice fait avec le plan horizontal. La construction du point f n'est donc autre que la construction du centre de courbure de l'hélice à laquelle nous étions arrivés [p. 190] (¹). Si le plan tangent en b est entraîné lorsque ob décrit la surface de vis, son foyer est en f, puisque la trajectoire de ce point est normale à ce plan.

Courbe d'ombre. — Appliquons la construction trouvée pour la surface de vis à filet triangulaire. Appelons toujours γ l'angle que le rayon lumineux fait avec le plan horizontal; prenons (*fig.* 218)

Fig. 218.

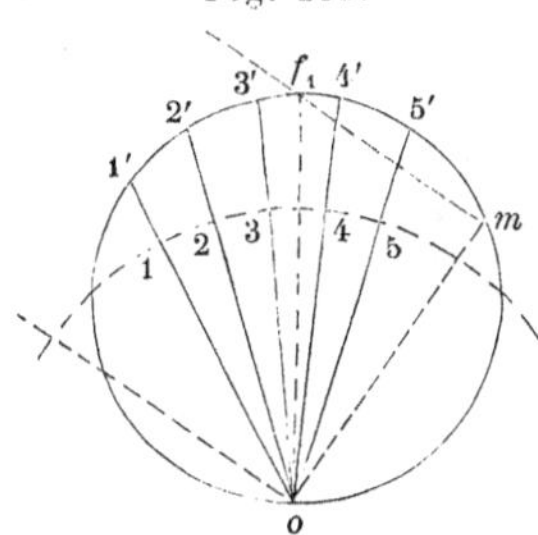

le segment of_1 perpendiculairement à la projection du rayon lumineux et égal à $h \cot\gamma$. La circonférence décrite avec $h \cot\beta$ pour rayon est maintenant à l'infini, puisque $h \cot\beta$ est infini. On doit mener par le point o une droite, puis joindre le point f_1 au point où elle rencontre cette circonférence, c'est-à-dire mener une parallèle à cette droite, enfin élever au point o une perpendiculaire à cette direction; on obtient, sur cette parallèle, le point m, projection d'un point de la courbe d'ombre.

Il résulte de cette construction que la projection horizontale de la courbe d'ombre est la circonférence décrite sur of_1 comme diamètre. La courbe d'ombre en projection horizontale est donc une circonférence qui passe par le pied de l'axe du cylindre.

Dans l'espace, *la courbe d'ombre est une hélice,* comme nous allons le montrer.

(¹) Cette construction résulte aussi de la construction trouvée (p. 297.)

Pour construire la courbe de l'espace, nous n'avons qu'à chercher l'intersection de la surface de vis avec le cylindre dont la base est la circonférence décrite sur of_1 comme diamètre; nous obtenons des points de la courbe d'intersection de la surface de vis et de ce cylindre, en prenant les traces des génératrices de la surface de vis sur ce cylindre. Construisons des génératrices en joignant le point o aux points 1, 2, 3, 4, 5, qui interceptent des segments égaux. On a

$$\text{arc}(1\text{-}2) = \text{arc}(2\text{-}3) = \text{arc}(3\text{-}4),$$

et ainsi de suite. Les génératrices de la surface de vis se projettent suivant les rayons $\overline{o\text{-}1}$, $\overline{o\text{-}2}$, $\overline{o\text{-}3}$, ... et ces droites dans l'espace, quand on passe de l'une à l'autre, s'élèvent successivement de hauteurs égales, puisqu'elles correspondent, en projection, à des arcs tels que $\widehat{1\text{-}2}$, $\widehat{2\text{-}3}$, ... égaux entre eux. Les traces de ces droites sur le cylindre, dont la base est la circonférence décrite sur of_1, se projettent en des points de cette dernière circonférence et interceptent aussi entre eux des arcs égaux.

On a donc dans l'espace des points qui s'élèvent de hauteurs égales et dont les projections $1'$, $2'$, $3'$, ... comprennent entre elles des arcs égaux, $\widehat{1'\text{-}2'}$, $\widehat{2'\text{-}3'}$, $\widehat{3'\text{-}4'}$, ... Ces points appartiennent alors à une hélice; la courbe d'ombre sur la surface de vis à filet carré est donc une hélice. On peut remarquer que le pas de cette hélice est égal à la moitié du pas de l'hélice directrice.

Points limites sur la courbe d'ombre. — Pour construire les projections des points limites, on doit prendre les points de contact de la projection de la courbe d'ombre avec des tangentes parallèles à la projection du rayon lumineux; ici nous trouvons comme points de contact f_1 et le point o. Mais, aux points qui se projettent horizontalement en o, les plans tangents à la surface de vis sont verticaux; d'autre part, la tangente au point f_1 et la tangente au point o à l'hélice courbe d'ombre étant également inclinées sur une verticale, si l'une est dans le plan tangent, l'autre ne peut être une tangente à la courbe d'ombre. Le point f_1 seul est un point limite, et l'on voit que, sur la courbe d'ombre dans l'espace, on a successivement une spire composée de points réels et une spire composée de points virtuels. On peut ajouter que, la courbe d'ombre de la surface de vis à filet carré étant une hélice, l'ombre portée par cette surface sur un plan horizontal est une cycloïde (p. 189).

Dessin d'une vis à filet carré. — Prenons (*fig.* 219) un cylindre qui forme le noyau de la vis. Dans le plan méridien parallèle au plan de projection, considérons un rectangle dont un côté, $\overline{1\text{-}2}$, est un segment de la ligne de contour apparent du cylindre du

Fig. 219.

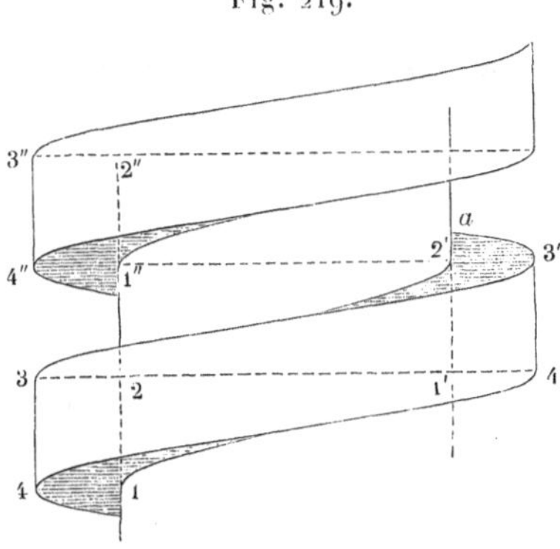

noyau; c'est ce rectangle qui, entraîné dans un déplacement hélicoïdal tel que le pas de l'hélice décrite soit double du côté $\overline{1\text{-}2}$, va engendrer le filet de la vis à filet carré. Lorsque le plan méridien qui contient ce rectangle a tourné de deux angles droits autour de l'axe du noyau, le rectangle vient dans la position $1'2'3'4'$; puis, ce plan méridien continuant son déplacement, il coïncide avec la position qu'il occupait d'abord, et le rectangle vient en $1''2''3''4''$, et ainsi de suite. Le point 3 décrit une hélice qui est tangente en ce point 3 à la ligne $\overline{3\text{-}4}$ et tangente au point $3'$ à la ligne $\overline{3'\text{-}4'}$; de même pour le point $4'$. La droite $\overline{3\text{-}4}$ du rectangle engendre une portion de surface cylindrique qui est limitée à ces deux hélices. L'hélice décrite par le point $3'$ est vue jusqu'au point a à partir duquel elle est cachée par le noyau; l'hélice décrite par le point 2 et l'hélice décrite par le point 3 limitent la portion de surface de vis à filet carré engendrée par le côté 2-3. Si nous traçons des génératrices de cette surface, nous avons toujours des droites perpendiculaires à l'axe du cylindre. De même pour l'hélice décrite par le point 1 et pour l'hélice décrite par le point 4; elles limitent la portion utile de la surface de vis à filet carré engendrée par le côté $\overline{1\text{-}4}$; puis nous n'avons qu'à répéter ce que nous venons de dire, et nous aurons successivement la projection de la portion vue du filet de la vis.

SUPPLÉMENT A LA VINGT-SIXIÈME LEÇON.

Construction des centres de courbure principaux de la surface de vis à filet triangulaire. — L'axe de la vis (*fig.* 220) étant vertical, menons

Fig. 220.

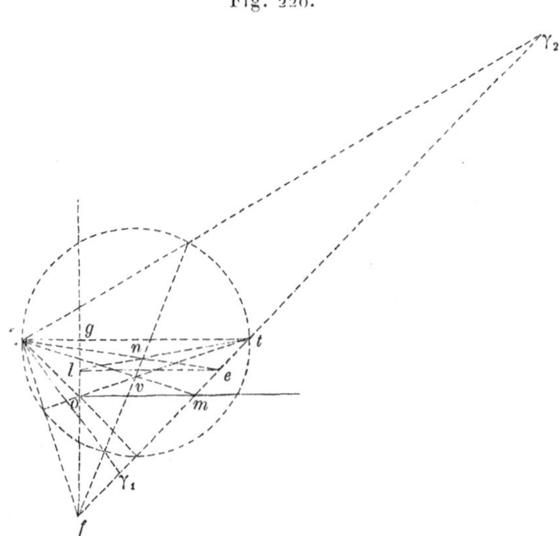

un plan horizontal (H′) par le point *o* où cet axe est rencontré par la génératrice *om*. Le point *f* étant la projection de l'adjointe au plan perpendiculaire à *om*, la normale au point *m* à la surface de vis se projette suivant *fm*.

Nous nous proposons de construire les centres de courbure principaux de la surface de vis qui sont sur la normale *fm*. Pour cela, nous allons déterminer les points de contact de deux normalies à cette surface qui contiennent cette normale. Prenons comme normalies le paraboloïde des normales à la surface de vis dont les pieds sont les points de *om* et l'hélicoïde réglé engendré par la normale *fm* elle-même, que nous supposons entraînée pendant le déplacement hélicoïdal de la génératrice *om* de la surface de vis.

Occupons-nous d'abord de cet hélicoïde réglé. Soit *t* la trace sur (H') de la normale *fm*. Le plan *omt* a alors pour trace sur ce plan la droite *ot*. Si ce plan est entraîné dans le déplacement hélicoïdal, sa caractéristique est perpendiculaire à *ot*, et elle passe par le point f_1, projection de l'adjointe au plan perpendiculaire à *fm*.

Construisons le point f_1. Pendant son déplacement, le plan *omt* contenant toujours la génératrice de la surface de vis telle que *om*, sa caractéristique se projette suivant une droite qui passe par *f*. Cette droite est alors la perpendiculaire abaissée de ce point *f* sur *ot*; le point où elle rencontre la perpendiculaire abaissée de *o* sur *fm* est le point f_1.

Il résulte de cette construction que $f_1 t$ est perpendiculaire à *of*.

Le point f_1 étant déterminé, on a tout de suite la projection $f_1 e$ de la normale en un point quelconque *e* de *fm* à l'hélicoïde réglé engendré par cette droite en joignant le point f_1 au point *e*.

Le paraboloïde des normales à la surface de vis le long de *om* contient l'adjointe projetée en *f*. Ses génératrices se projettent suivant des parallèles à *om*. Sa trace sur (H') se compose des droites *tg* et *og*. La génératrice qui passe en *e* se projette suivant *el*, qui est parallèle à *om*, et la trace de cette droite sur (H') est en *l* sur la trace du paraboloïde. Le plan tangent en *e* à ce paraboloïde a pour trace sur (H') la droite *lt*.

Si le point *e* était un centre de courbure principal, le plan tangent en ce point au paraboloïde serait perpendiculaire à la normale $f_1 e$. Nous devons donc maintenant faire varier la position du point *e* sur *fm* jusqu'à ce que la droite telle que $f_1 e$ soit perpendiculaire à la droite telle que *lt*. Mais, lorsque *e* décrit *fm*, le point *n* décrit sur (H') une droite qui passe par le point *f*; on a alors la construction suivante :

On mène les droites $f_1 m$, ot; elles se coupent en v. La droite fv rencontre la circonférence décrite sur $f_1 t$ comme diamètre en deux points : les droites qui joignent f_1 à ces deux points coupent fm en γ_1, γ_2, qui sont les projections horizontales des centres de courbure demandés.

Remarques. — Le paraboloïde des normales à la surface de vis pour la génératrice *om* est tangent au point *g* au plan (H').

Comme ce paraboloïde contient l'adjointe projetée en *f*, le plan (H') lui est normal au point *f* situé sur *og*. Nous avons donc sur la génératrice og du paraboloïde des normales les points f et g, où le plan (H′) est normal et tangent à cette surface.

Le produit des distances de ces points au point central o, relatif à og, est alors égal au carré du paramètre de distribution des plans tangents au paraboloïde pour la génératrice og ; mais ce paramètre est égal au paramètre de distribution des plans tangents à la surface de vis, c'est-à-dire au pas réduit h des hélices décrites pendant le déplacement ; on a donc

$$of \times og = h^2.$$

Comme dans le triangle $f_1 f t$, on a

$$f_1 g \times gt = og(og + of);$$

on voit donc que $f_1 g \times gt = h^2 + \overline{og}^2$.

Construction des centres de courbure principaux de la surface de vis à filet carré. — Nous allons résoudre ce problème en particularisant la construction que nous venons de donner pour la surface de vis à filet triangulaire.

La droite om (*fig.* 221) est dans le plan (H′). Le point f de la ques-

Fig. 221.

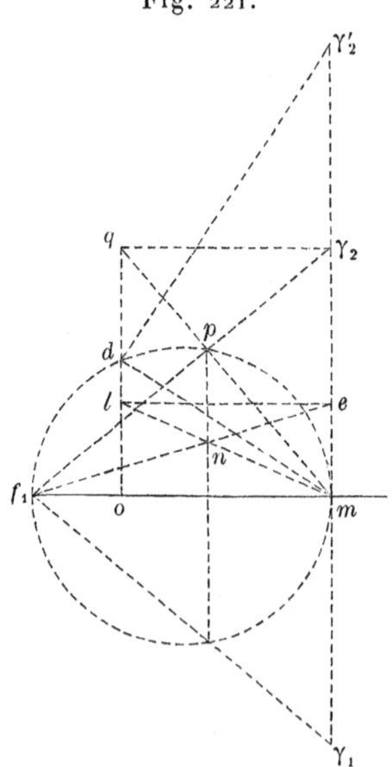

tion précédente est maintenant à l'infini. La normale en m se projette suivant une perpendiculaire à om. La trace de cette normale sur (H′) est au point m lui-même.

Le point g de la *fig.* 220 est maintenant confondu avec o. Le point f_1, en vertu de la remarque précédente, est alors tel que $of_1 \times om = h^2$. Comme le pas réduit h est donné, on peut construire le point f_1.

La construction précédente devient alors celle-ci :

On mène (*fig.* 221) *les droites* ef_1, lm. *Ces droites se coupent en* n. *La perpendiculaire abaissée de ce point sur* om *rencontre la circonférence décrite sur* $f_1 m$ *comme diamètre en deux points : les droites qui joignent ces points à* f_1 *rencontrent la normale en* m *aux points* γ_1, γ_2, *qui sont les projections horizontales des centres de courbure principaux demandés.*

Simplifions cette construction ; on a

$$\overline{m\gamma_2}^2 = mp \times mq = mo \times mf_1 = \overline{md}^2;$$

ainsi $m\gamma_2 = md$.

Le point d s'obtient du reste facilement, puisque le segment od est égal au pas réduit h.

Voici donc la construction à laquelle on arrive :

Sur la perpendiculaire od *à* om *on porte le pas réduit* h. *On prend les segments* $m\gamma_1$, $m\gamma_2$ *égaux à* md, *et l'on a en* γ_1, γ_2 *les projections horizontales des centres de courbure principaux demandés.*

L'angle odm est égal à l'angle que le plan tangent en m à la surface de vis fait avec le plan tangent en o à cette surface ; on a alors la longueur $m\gamma'_2$ du rayon de courbure principal projeté suivant $m\gamma_2$, en élevant la perpendiculaire $d\gamma'_2$ à dm.

VINGT-SEPTIÈME LEÇON.

SURFACES DÉVELOPPABLES.

Générations. — Surface d'ombre ou de pénombre dans le cas d'une surface lumineuse. — Surface développable circonscrite à deux coniques. — Surface d'ombre d'une ellipse éclairée par un cercle.

Générations. — Deux courbes directrices A, B (*fig.* 222) déterminent une surface développable : cette surface est l'enveloppe d'un plan qui se déplace en restant tangent à A et B. La génératrice de la surface, pour une position du plan mobile, est la droite qui joint les points où ce plan touche les courbes directrices A et B.

Fig. 222.

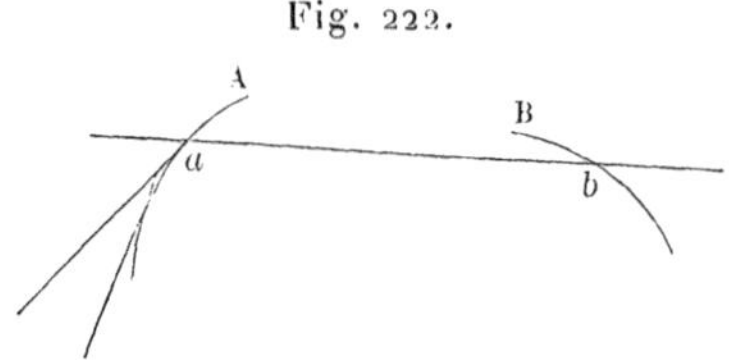

Pour le voir, il suffit de considérer les tangentes à l'une des courbes directrices, A par exemple; le plan passe toujours par l'une de ces tangentes, la caractéristique de ce plan passe alors par le point où il touche la surface formée par ces tangentes. Mais cette surface est une surface développable qui a pour arête de rebroussement la directrice A; le plan mobile, qui est mené par la tangente en a à A et qui ne se confond pas avec le plan osculateur de la courbe, doit alors être considéré comme tangent à la surface développable au point a et sa caractéristique passe par ce point.

Ce que nous venons de dire pour l'une des courbes peut se répéter pour l'autre; on voit ainsi que la caractéristique du plan mobile, c'est-à-dire la génératrice de la surface développable, passe par les points où ce plan touche les deux courbes directrices.

Pour construire la génératrice de la surface qui passe par le point a, considérons le cône qui a pour sommet a et pour directrice la courbe B. Par la tangente au point a de la courbe directrice A menons des plans tangents à ce cône; ces plans sont dans les positions pour lesquelles le plan mobile est tangent aux deux courbes directrices ; les génératrices de contact de ces plans et du cône sont les génératrices de la surface développable qui passent par le point a. On voit ainsi qu'une des directrices ne peut pas être une droite ; car, par une droite, on ne peut mener une série continue de plans tangents à une courbe donnée. Lors donc qu'une surface réglée donnée a pour directrice une droite, cette surface n'est pas développable.

On voit aussi qu'on peut considérer la surface développable définie au moyen des deux courbes directrices comme l'enveloppe des cônes passant par l'une des courbes directrices, et dont les sommets sont les points de l'autre courbe.

On peut définir une surface développable en donnant une courbe directrice A et un cône directeur. Pour déterminer les génératrices de la surface qui passent par le point a de A, on mène en ce point la tangente à cette courbe, puis on construit les plans tangents au cône directeur menés parallèlement à cette tangente ; les génératrices de la surface développable sont les droites qui partent du point a et qui sont menées parallèlement aux génératrices de contact de ces plans tangents et de ce cône.

Cette définition de la surface développable peut être rattachée à la première ; on peut dire que, dans ce cas, la surface développable est définie par deux courbes directrices dont l'une, à l'infini, est donnée par un cône qui la contient.

Au lieu de courbes directrices, on peut employer des surfaces directrices : une surface développable peut être définie au moyen de deux surfaces directrices. Un plan tangent commun à ces deux surfaces, qui se déplace en restant tangent à ces surfaces, enveloppe la surface développable qui a pour directrices les deux surfaces données. Ici, comme pour le cas où l'on donne deux courbes directrices, la génératrice de la surface développable, pour une position du plan mobile, passe, ainsi qu'il est facile de le voir, par les points où ce plan touche les deux surfaces données.

Une surface développable peut encore être définie au moyen d'une surface directrice et d'une courbe directrice. Si cette courbe directrice est à l'infini et donnée au moyen d'un cône qui la contient, la surface développable est déterminée par une surface directrice et un cône directeur.

Dans ce dernier cas, pour un plan tangent à la surface directrice parallèle à l'un des plans tangents au cône directeur, la génératrice de la surface développable est parallèle à la génératrice de contact du cône directeur et de ce plan tangent; elle passe par le point de contact du plan tangent à la surface directrice.

Surface d'ombre ou de pénombre dans le cas d'une surface lumineuse. — Comme exemple de surface développable définie au moyen de surfaces directrices, on peut prendre les surfaces d'ombre que l'on rencontre lorsque, au lieu de prendre un point lumineux, on a une surface lumineuse.

Soient (A) (*fig.* 223) une sphère lumineuse, (B) la sphère

Fig. 223.

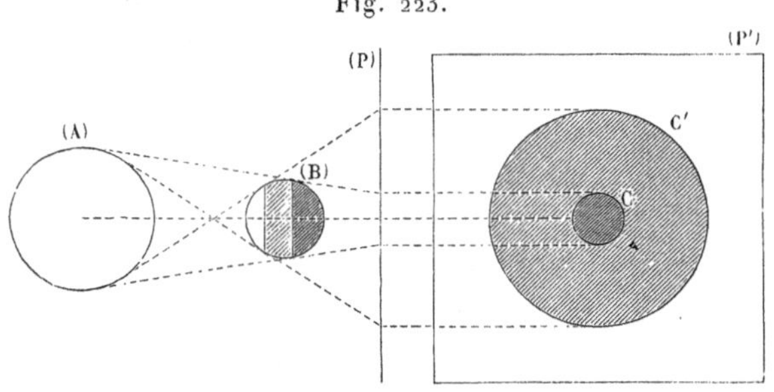

éclairée et (P) un plan perpendiculaire à la ligne des centres de ces deux sphères sur lequel il y a l'ombre portée par (B) éclairée par la surface (A).

Les plans tangents aux deux sphères, qui laissent ces surfaces d'un même côté par rapport à ces plans, enveloppent un cône de révolution. La trace de ce cône sur le plan (P) est la circonférence de cercle C que nous indiquons en supposant le plan (P) rabattu en (P') sur le plan de la figure; tous les points à l'intérieur de la circonférence C sont dans l'ombre; ils ne reçoivent aucun rayon lumineux.

Si nous prenons les plans tangents à ces sphères qui laissent ces surfaces de côtés différents par rapport à ces plans tangents, nous avons comme enveloppe un autre cône de révolution; la trace de ce cône sur le plan (P) est une circonférence C′ concentrique à C. Les points, situés à l'intérieur de cette circonférence et en dehors de C, sont partiellement éclairés : C′ est une *ligne de pénombre*. C est la courbe d'ombre portée; elle est la trace du cône d'ombre sur le plan (P) ; C′ est la trace du *cône de pénombre*.

Le cône d'ombre touche la sphère (B) aux différents points d'un petit cercle qui est la courbe d'ombre, et le cône de pénombre touche cette sphère suivant un petit cercle qui est la courbe de pénombre. On voit ainsi que, lorsqu'au lieu d'un point lumineux on a une surface lumineuse, on est conduit à déterminer la surface développable circonscrite au corps éclairé et au corps éclairant, et que sur le corps éclairé on doit chercher deux lignes : la ligne d'ombre et la ligne de pénombre.

Si (A) est le Soleil, (B) la Lune, et si la surface sur laquelle on prend l'ombre portée, au lieu d'être un plan, est la surface de la Terre, la courbe d'ombre renferme la région pour laquelle il y a éclipse totale de Soleil; la portion comprise entre la ligne qui limite cette région et la trace du cône de pénombre est la partie pour laquelle il y a éclipse partielle.

Par suite du mouvement des astres, on a sur la surface de la Terre l'enveloppe des courbes d'ombre portée par la Lune; on obtient ainsi deux lignes entre lesquelles se trouve la région, sur la surface de la Terre, pour laquelle il y a successivement éclipse totale de Soleil. L'enveloppe des courbes de pénombre donne des lignes qui limitent les régions terminées, d'autre part, aux premières dont nous venons de parler et pour lesquelles il y a successivement éclipse partielle.

Comme exemple de surface développable, nous considérerons une surface lumineuse plane terminée par une circonférence de cercle et nous supposerons que le corps éclairé se réduise à une ellipse placée de façon que la droite, qui joint son centre au centre du cercle lumineux, soit perpendiculaire aux plans de ces deux courbes. Nous allons d'abord parler de la surface développable circonscrite à deux coniques.

Surface développable circonscrite à deux coniques (¹). — Soient (P) (*fig.* 224) le plan de la conique A, (Q) le plan de la conique (B), et T la droite d'intersection des deux plans (P) et (Q). Un plan tangent commun aux coniques A et B coupe la droite T en un point t et a pour traces sur les plans des coniques les tangentes ta, tb à ces courbes. La génératrice de la surface développable dans le plan des droites ta, tb est, d'après ce que nous venons de dire, la droite ab; par le point t nous pouvons mener deux tangentes à la conique B; le plan de la tangente tc et de la tangente ta est un plan tangent commun aux deux coniques; il touche la surface déve-

Fig. 224.

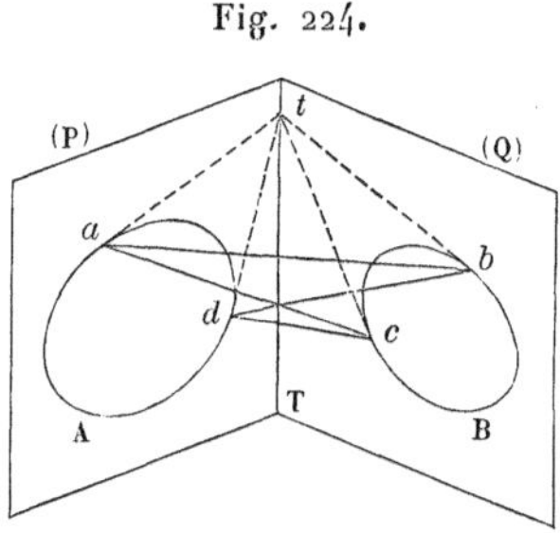

loppable enveloppe des plans tangents communs à ces deux courbes suivant la droite ac. On voit ainsi que par le point a de la conique A passent deux génératrices de la surface développable et, par conséquent, que la conique A est une ligne double de cette surface.

Il en est de même pour la conique B. Ainsi *les deux coniques directrices de la surface développable sont deux lignes doubles de cette surface.*

Supposons que le plan d'une des coniques soit tangent à l'autre conique (*fig.* 225). Soit d le point où le plan (Q) touche la conique A. Pour le point a il y a toujours les deux génératrices ab et ac, mais pour le point d nous trouvons les droites dc et db, qui sont toutes les deux dans le plan (Q). Lorsque nous faisons varier le point t sur la droite T, comme nous supposons cette droite extérieure à la conique B, nous trouvons, pour les points de contact de cette conique avec les tangentes issues de chacun des points de

(¹) De la Gournerie, *Traité de Géométrie descriptive*, IIᵉ Partie, p. 71 et suiv.

la droite T, tous les points de B; il y a donc, parmi les génératrices de la surface développable, une infinité de droites qu'on peut mener à partir du point d dans le plan (Q); ce plan fait donc

Fig. 225.

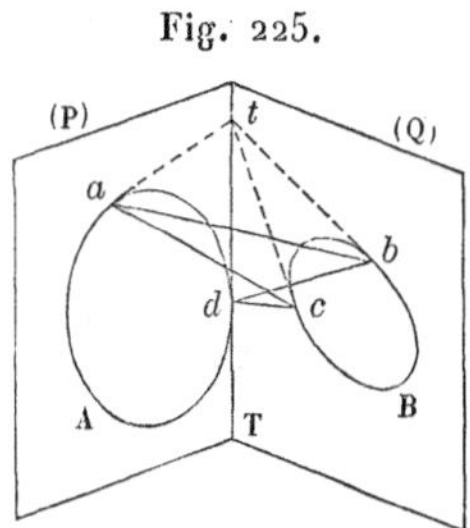

partie de la surface, qui, actuellement, se décompose. La courbe A est toujours une ligne double de la surface.

Supposons maintenant (*fig.* 226) que le plan d'une des coniques coupe l'autre conique. Appelons mn la corde de la conique A, qui appartient au plan (Q). Pour tout point de la droite T, en dehors de la conique A, on peut tracer deux tangentes à chacune des coniques, et, en joignant deux à deux les points de contact de

Fig. 226.

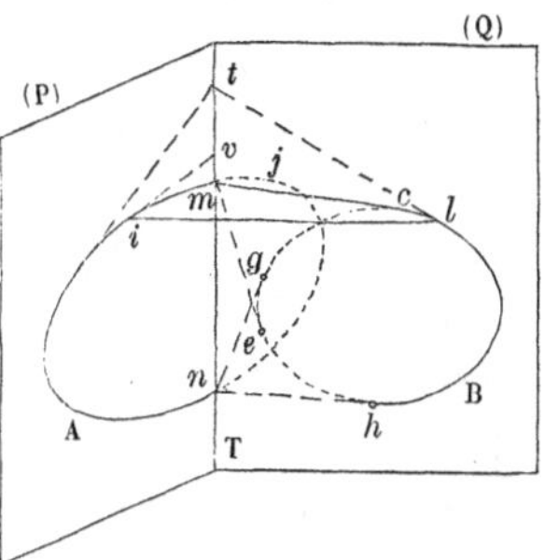

ces tangentes, on a quatre génératrices de la surface. Lorsque le point t se rapproche du point m, on obtient toujours pour chacune des positions de ce point quatre génératrices de la surface. En un des points de contact de A avec l'une des tangentes qu'on peut mener à cette courbe à partir d'un point de T, on a toujours deux génératrices de la développable, c'est-à-dire que la courbe A est toujours une ligne double de la surface développable.

Supposons que le point t soit arrivé au point m. On peut, à partir de ce point, mener deux tangentes à la conique B; c, e sont les points de contact de ces tangentes avec B. Mais, si nous continuons à déplacer le point t sur la droite T, lorsqu'il a dépassé le point m, il se trouve sur la corde mn; on peut toujours mener des tangentes à la courbe B, mais aux points de contact de ces tangentes ne correspondent pas des génératrices réelles de la surface développable, puisqu'on ne peut pas mener de tangentes à la conique A. C'est à partir du point n qu'on peut mener de nouveau des tangentes à la conique B. Appelons g et h les points de contact de B avec les tangentes issues du point n; on voit que les quatre points c, g, e, h partagent la conique B en quatre arcs, les uns, ge, clh, tels, qu'à partir de chacun des points de ces arcs il y a deux génératrices de la surface développable : ce sont alors des arcs doubles sur la surface; quant aux deux autres, il n'y a pas de génératrices de la surface aboutissant aux différents points de ces arcs.

Dans tous les cas, c'est en projetant les génératrices de la surface développable et en prenant les enveloppes des projections de ces génératrices qu'on a la projection de l'arête de rebroussement de la surface; nous allons faire voir que, lorsque le plan d'une des coniques coupe l'autre conique, *les extrémités des arcs doubles sont des points de l'arête de rebroussement de la surface développable et sont des points de rebroussement sur cette arête de rebroussement.*

Les génératrices de la surface développable, qui partent du point i de la conique A, rencontrent B en des points des arcs doubles de cette courbe. Prenons seulement la génératrice li; lorsque le point i se déplace sur A, le point l se déplace sur B; lorsque le point i est venu en m, le point l est venu au point c; le point i continuant son mouvement dans le même sens sur la conique A, le point l repasse par les premières positions qu'il avait d'abord occupées.

Si l'on suppose l'arc mi infiniment petit du premier ordre, la tangente de la conique A au point i rencontre la droite T en un point v; la distance vm est infiniment petite du second ordre, et l'arc lc correspondant sur B est du même ordre que vm. On voit ainsi que *le point c est un point de l'arête de rebroussement de la surface développable.*

Projetons les coniques A et B sur un plan arbitraire. On obtient la *fig.* 227, dont les lettres correspondent aux lettres de la *fig.* 226.

Fig. 227.

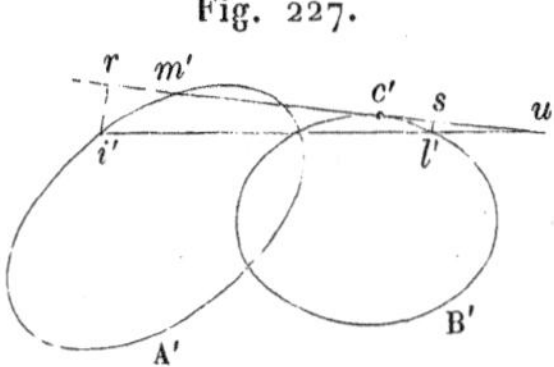

Abaissons des points i' et l' les perpendiculaires $i'r$, $l's$ sur la projection $m'c'$ de la génératrice de la surface développable.

On a

$$\frac{ru}{su} = \frac{i'r}{l's},$$

d'où

$$su = ru\,\frac{l's}{i'r}.$$

Le segment ru a une longueur finie, puisque, lorsque i' vient en m', le point r vient en m' et le point u en c'; le segment $l's$ est infiniment petit du quatrième ordre, puisque l'arc $l'c'$ est infiniment petit du deuxième ordre; le segment $i'r$ est infiniment petit du premier ordre. Par suite, su est infiniment petit du troisième ordre et ce segment est alors négligeable devant $c's$, qui est infiniment petit du deuxième ordre. Il résulte de là que le point de rencontre u des projections $m'c'$, $i'l'$ de deux génératrices infiniment voisines est toujours, ainsi que le point s, d'un même côté de c' sur la droite $m'c'$; et, comme les droites $i'l'$, $m'c'$ sont tangentes à la projection de l'arête de rebroussement, nous allons conclure que cette projection a un point de rebroussement au point c'. En effet, dans le voisinage d'un point ordinaire, les tangentes à une courbe rencontrent la tangente en ce point ordinaire de part et d'autre de ce point; il en est de même pour un point d'inflexion. C'est seulement lorsqu'on a un rebroussement qu'on trouve sur la tangente en ce point, et d'un même côté par rapport à ce point, les rencontres de cette tangente avec les tangentes infiniment voisines. Ainsi la projection de l'arête de rebroussement est tangente en c' à $m'c'$, et ce point c' est un point de rebroussement.

Comme le plan sur lequel nous avons fait la projection est arbitraire, on voit que *le point c* (*fig.* 226) *est un point de rebroussement de l'arête de rebroussement de la surface développable.*

Surface d'ombre d'une ellipse éclairée par un cercle. — Après ces généralités, revenons au cas où l'on a une aire lumineuse circulaire éclairant une ellipse placée comme nous l'avons dit précédemment. Nous représentons seulement la surface d'ombre, c'est-à-dire la surface développable enveloppe des plans tangents aux deux courbes qui laissent ces deux courbes d'un même côté par rapport à chacun de ces plans.

Prenons (*fig.* 228) comme plan vertical de projection un plan parallèle au plan du cercle lumineux, et comme plan horizontal un plan perpendiculaire au plan du cercle et parallèle au grand axe de l'ellipse éclairée.

Les projections verticales des deux courbes sont alors concentriques et l'ellipse a pour grand axe une droite parallèle à la ligne de terre; les projections horizontales du cercle et de l'ellipse sont les droites mn, ab parallèles à la ligne de terre.

Pour déterminer un plan tangent commun à ces deux courbes, on n'a qu'à mener à ces courbes deux tangentes parallèles entre elles, de façon que les deux courbes soient placées de la même manière par rapport à ces tangentes.

Menons la tangente à l'ellipse en un point quelconque p' de cette courbe. Abaissons du point o' une perpendiculaire sur cette tangente, cette droite rencontre la circonférence en un point q' pour lequel la tangente est parallèle à la tangente à l'ellipse au point p'. La droite $p'q'$ est la projection verticale d'une génératrice de la surface; projetons le point q' au point q sur mn, le point p' au point p sur le segment ab : la droite pq est la projection horizontale de la génératrice $p'q'$ de la surface développable. La trace (t', t) de cette droite sur le plan horizontal (H'), mené par le grand axe de l'ellipse, appartient à la trace de la surface d'ombre sur ce plan (H').

La génératrice de la surface développable qui passe par le point p'', symétrique de p' par rapport à (H'), a aussi pour trace le point (t', t); ainsi, le point (t', t) appartient à une ligne double qui est située sur le plan (H′), plan de symétrie de la surface développable. Nous allons démontrer que *cette ligne double est une conique.*

Fig. 228.

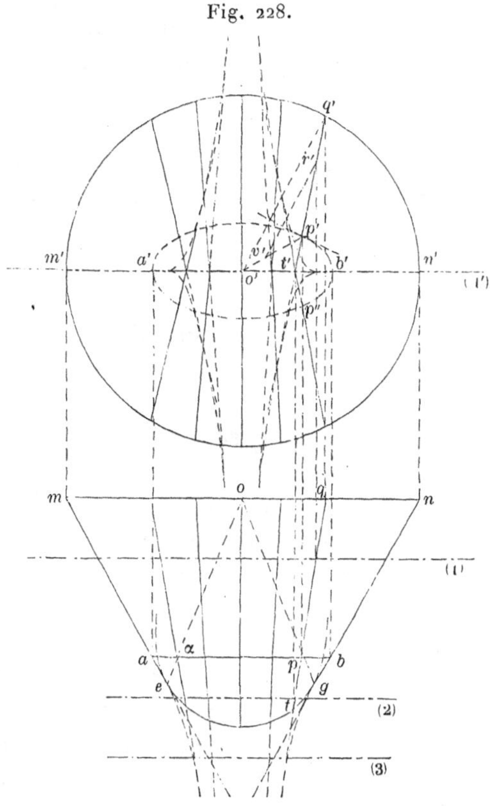

D'un point quelconque de l'espace on peut mener à la surface développable quatre plans tangents. En effet, considérons le point donné comme sommet de deux cônes ayant chacun pour directrice l'une des courbes données. Les plans tangents qu'on peut mener du point donné à la surface développable sont des plans tangents à ces cônes; nous devons donc, pour avoir les plans tangents à la surface développable, chercher les plans tangents communs à deux cônes du second degré ayant même sommet. Les traces de ces deux cônes sur un plan quelconque sont deux coniques; les traces des plans tangents communs à ces deux cônes sont les tangentes communes à ces deux coniques, et, comme pour deux coniques il existe quatre tangentes communes, on voit qu'il y a quatre plans tangents communs aux deux cônes et que, par conséquent, par un point de l'espace on peut mener quatre plans tangents à la surface développable. Dans le cas particulier où les plans tangents sont menés d'un point situé dans le plan (H′), ces plans tangents, par suite de la symétrie, sont eux-mêmes symétriques deux à deux par rapport à (H′), et les traces de ces quatre plans sur (H′) se réduisent à deux droites; ces deux droites sont les tangentes qu'on peut mener du point donné à la trace de la surface développable sur (H′). On voit que cette trace de la surface développable est une courbe telle, que d'un point pris dans son plan on ne peut lui mener que deux tangentes; cette courbe est donc une conique.

Cette courbe peut être prise comme directrice de la surface développable et, comme son plan rencontre la circonférence de cercle qui termine l'aire lumineuse, on voit que cette courbe se partage en quatre arcs dont deux sont des arcs doubles. Les extrémités des arcs doubles sont les points de contact des tangentes qu'on peut mener à cette conique par les points m et n. Si nous ne considérons que la surface d'ombre, nous ne devons prendre que les droites qui se projettent suivant ma, nb. Ces droites touchent la conique double trace de la surface développable sur (H′) aux extrémités e, g d'un arc double.

Cherchons sur la droite ma, par exemple, le point où cette droite touche l'arête de rebroussement de la surface développable, c'est-à-dire le point de contact de cette droite avec la conique double. Nous allons faire usage du théorème suivant, que nous allons d'abord démontrer :

Si l'on coupe une surface développable par des plans parallèles entre eux, les centres de courbure des sections faites par ces plans dans la surface, relativement aux points où les plans sécants rencontrent une même génératrice, sont sur une droite qui passe par le point où cette génératrice touche l'arête de rebroussement de la surface développable.

Prenons les développées des sections que ces plans parallèles font dans la surface développable. Par une génératrice de cette surface, on peut mener un plan tangent à toutes ces développées. Considérons ce plan et un plan analogue pour la génératrice infiniment voisine de la surface développable.

Déplaçons l'un de ces plans de façon à l'amener en coïncidence avec l'autre. Nous obtenons sur ce plan une caractéristique. Mais cette droite passe par les points de contact du plan mobile avec les développées et par le point où la génératrice de la surface développable touche l'arête de rebroussement de cette surface ; le théorème est donc démontré (¹).

Revenons à la surface d'ombre. La circonférence donnée et l'ellipse donnée sont les sections faites dans cette surface par deux plans parallèles entre eux : le centre de courbure de la circonférence correspondant au point m est le point o; le centre de courbure de l'ellipse correspondant au point a est le point α; la droite $o\alpha$ rencontre ma au point e, qui appartient à l'arête de rebroussement et qui est le point de contact de ma avec la conique double. On trouve de même le point g sur la droite nb, et l'on peut tracer en g, tangentiellement à cette droite nb, l'arc de la conique double qui passe par le point t et qui arrive au point e tangentiellement à ma. L'arête de rebroussement a pour projection horizontale l'enveloppe des projections horizontales des génératrices de la surface; elle a des points de rebroussement aux points projetés en g et e; mais, par suite de la symétrie de la surface par rapport au plan (H′), cette arête de rebroussement arrive au point g et au point e tangentiellement à l'arc eg. Les branches des rebroussements se superposent en projection, et l'on ne voit qu'un arc de la courbe à partir du point g et un seul arc à partir du point e.

La droite qui joint le point o au point α passe par le point e de l'arête de rebroussement. On peut faire une remarque analogue pour la droite qui joint le point o à un centre de courbure quel-

(¹) Si, au lieu d'un déplacement infiniment petit du plan mobile, on prend un déplacement continu, toujours dans les mêmes conditions, on arrive à ce théorème, dû à M. Halphen : *Les sections faites dans une surface développable par des plans parallèles entre eux ont leurs développées situées sur une même surface développable* (*Bulletin de la Société mathématique de France*, 21 novembre 1877).

conque de l'ellipse : cette droite rencontre toujours l'arête de rebroussement de la surface développable ([1]).

On peut énoncer ce résultat de la manière suivante :

La perspective de l'arête de rebroussement de la surface développable sur le plan de l'ellipse, en mettant l'œil au centre du cercle lumineux, est la développée de cette ellipse ; les points de rebroussement de cette développée sont les perspectives des points de rebroussement de l'arête de rebroussement.

Cherchons *la section faite dans la surface par un plan parallèle aux deux courbes directrices*. Un pareil plan partage en segments proportionnels les portions des génératrices de la surface qui sont comprises entre les courbes directrices. Cette propriété subsiste en projection : la courbe qui passe, par exemple, par le point r', et qui est obtenue en coupant la surface par un plan (1) parallèle au plan vertical, est la courbe lieu des points, tels que r', qui partagent les segments analogues à $p'q'$ dans le même rapport $\frac{p'r'}{r'q'}$.

Cette courbe est parallèle à une ellipse. En effet, puisqu'elle résulte de l'intersection de la surface développable et d'un plan parallèle au plan vertical, sa tangente en r' est la trace de son plan sur le plan tangent en ce point à la surface développable. Cette tangente est alors parallèle à la tangente au point p' à l'ellipse donnée, et la normale à la courbe en r' est la parallèle $r'v'$ à $o'q'$; cette parallèle rencontre $o'p'$ en un point v', et l'on a $\frac{o'v'}{v'p'} = \frac{q'r'}{r'p'}$, c'est-à-dire un rapport constant. Le point v' appartient donc à une ellipse semblable à l'ellipse donnée.

Quel que soit le point de la courbe de section, tel que r', on a toujours, correspondant à ce point, un point, tel que v', appartenant à une ellipse homothétique à l'ellipse donnée ; comme la tangente au point v' à cette ellipse est parallèle à la tangente au point p', la droite $r'v'$ lui est normale.

([1]) Ainsi, sur la projection verticale, en joignant le point o' au centre de courbure de l'ellipse correspondant au point p', on a une droite qui passe par le point où $q'p'$ touche la projection de l'arête de rebroussement.

Au moyen des triangles semblables $o'q'p'$, $v'p'r'$, on voit que $\frac{v'r'}{o'q'}$ est un rapport constant, et, comme le rayon $o'q'$ est constant, $v'r'$ est un segment de longueur constante. La courbe lieu des points, tels que r', peut donc être considérée comme obtenue en portant une longueur constante $v'r'$ sur les normales à l'ellipse lieu des points, tels que v'; *elle est donc parallèle à cette ellipse.*

Selon la position du plan sécant, cette courbe présente les différentes formes que nous avons trouvées en cherchant les développantes de la développée d'une ellipse.

Le plan sécant (1) donne comme section une courbe dont la forme est celle d'une ellipse.

Le plan sécant (2), qui rencontre la projection de l'arête de rebroussement et la ligne double eg, donne une courbe qui a deux points doubles aux points où le plan sécant rencontre la ligne double et quatre points de rebroussement aux points où ce plan sécant rencontre l'arête de rebroussement.

Enfin la courbe résultant de l'intersection de la surface par un plan (3), qui ne rencontre que la projection de l'arête de rebroussement, a seulement quatre points de rebroussement.

Nous n'avons parlé que de la trace de la surface sur le plan (H'), mais il est clair que nous aurions pu parler de la trace de la surface sur le plan perpendiculaire au plan vertical et mené par le petit axe de l'ellipse directrice; nous aurions encore trouvé sur ce plan une conique double. La développable circonscrite aux deux courbes données a donc en tout quatre lignes doubles : les deux lignes données et les deux lignes que nous venons de trouver dans les plans menés perpendiculairement au plan vertical par les axes de l'ellipse donnée.

Au lieu du cercle lumineux, supposons qu'on donne un cône de révolution ayant pour base ce cercle. Le sommet du cône est alors un point qui se projette verticalement au point o'. Transportons maintenant le plan du cercle lumineux parallèlement à lui-même. Pour chacune des positions de ce plan, la surface développable précédente est changée, et, lorsque le plan sécant est à l'infini, on a une surface développable circonscrite à l'ellipse et à une circonférence de cercle d'un rayon infini et tout entière à l'infini. La surface est alors la surface développable définie au moyen de l'ellipse et du cône de révolution qui est maintenant un cône directeur; les plans tangents à cette surface sont parallèles aux plans tangents de ce cône, c'est-à-dire qu'ils sont également inclinés sur le plan de l'ellipse.

Comme cas particulier de la surface développable circonscrite à deux coniques, nous sommes ainsi conduits à une surface dont tous les plans tangents sont également inclinés sur le plan de l'ellipse directrice. Si le plan de l'ellipse directrice est horizontal, cette surface développable prend le nom de *surface d'égale pente*. La surface d'égale pente qui a pour directrice une ellipse est donc un cas particulier de la surface d'ombre que nous avons représentée. Nous étudierons directement la surface d'égale pente qui a pour directrice une ellipse horizontale, et nous retrouverons les résultats auxquels nous sommes arrivés pour le cas plus général examiné dans cette Leçon.

VINGT-HUITIÈME LEÇON.

SURFACE D'ÉGALE PENTE. — SURFACES GAUCHES.

Définition et remarques. — Surface d'égale pente lorsque la directrice est une ellipse horizontale. — Sections planes. — Plan tangent mené d'un point donné. — Plan tangent parallèle à une droite donnée. — *Surfaces gauches.* — Générations. — Paraboloïde hyperbolique. — Plan tangent. — Représentation. — Perspective cavalière d'une portion de paraboloïde.

Définition et remarques. — On donne le nom de *surface d'égale pente* à une surface dont tous les plans tangents sont également inclinés sur un plan horizontal. Ces plans sont assujettis à deux conditions : l'une d'être tangents à la surface, l'autre de faire un angle donné avec un plan fixe. Comme il ne reste pour ces plans qu'un seul paramètre variable, ils enveloppent une surface développable. Le cône directeur de cette surface est un cône de révolution dont l'axe est vertical.

Il résulte de là que les génératrices de la surface d'égale pente sont des lignes de plus grande pente des plans tangents de cette surface; leurs projections sur un plan horizontal sont des normales à la trace de la surface d'égale pente sur ce plan horizontal. L'enveloppe de ces normales, c'est-à-dire la développée de cette trace, est la projection horizontale de l'arête de rebroussement de la surface d'égale pente. Sur le cylindre droit qui a pour base cette développée, cette arête de rebroussement est une hélice, puisque ses tangentes, c'est-à-dire les génératrices de la surface d'égale pente, sont également inclinées sur le plan horizontal.

Surface d'égale pente qui a pour directrice une ellipse horizontale. — Nous allons représenter la surface d'égale pente qui a pour directrice une ellipse horizontale (*fig.* 229); prenons pour plan vertical de projection un plan vertical parallèle au grand axe de cette courbe. Donnons-nous le cône directeur de révolution.

La génératrice qui passe par le point A se projette horizontalement suivant la normale au point A à l'ellipse directrice; elle est parallèle à la génératrice du cône directeur projetée suivant *sa*. La projection verticale de la génératrice est parallèle à la projection verticale $s'a'$ de la génératrice du cône.

La génératrice qui passe par le point A rencontre le plan vertical mené par le grand axe de l'ellipse en un point (M, M'). Ce point est aussi la trace, sur le même plan, de la génératrice de la surface qui se projette horizontalement suivant A″M, symétrique-

Fig. 229.

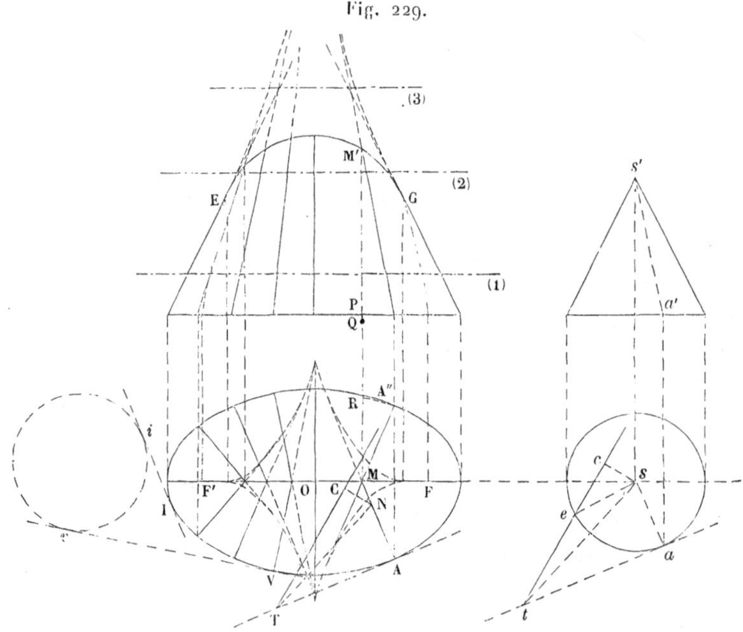

ment placée avec AM par rapport au plan vertical OM. Le lieu des points tels que (M, M') est donc une ligne double de la surface.

Nous allons démontrer que *cette courbe est une conique*.

Puisque les génératrices de la surface sont également inclinées, en appelant α l'angle que ces génératrices font avec le plan horizontal, on a

$$\frac{\text{M}'\text{P}}{\text{MA}} = \operatorname{tang}\alpha = \text{const.}$$

Redressons la normale MA″, qui est égale à MA. Nous obtenons, sur la perpendiculaire élevée du point M au grand axe de l'ellipse, un point R qui appartient, comme nous l'avons démontré, page 125, à une conique (R) dont deux des sommets sont aux foyers F, F′ de l'ellipse donnée.

Lorsqu'on modifie dans un rapport constant les ordonnées de cette courbe (R), on a toujours une ellipse ayant pour sommets les deux foyers de l'ellipse donnée. Prenons ce rapport constant égal à tangα; nous avons des points tels que Q, pour lesquels on a

$$\frac{\mathrm{QM}}{\mathrm{MA}} = \operatorname{tang}\alpha$$

et qui appartiennent toujours à une ellipse dont deux sommets sont aux foyers F, F′.

Transportons cette courbe parallèlement à elle-même, de façon que son axe FF′ coïncide avec la projection verticale de l'ellipse directrice, le point Q vient au point M′; le lieu des points Q est alors la projection verticale de la trace de la surface sur le plan vertical mené par le grand axe de la courbe directrice. On voit donc que *la trace de la surface sur le plan de symétrie mené par le grand axe* OM *est une conique.* (On a un résultat analogue pour le plan de symétrie mené par le petit axe de l'ellipse directrice.)

Le plan de cette courbe rencontrant l'ellipse donnée, celle-ci contient deux arcs doubles. On obtient les deux extrémités d'un de ces arcs en menant, par les extrémités du grand axe de l'ellipse donnée, les tangentes à la conique lieu des points tels que M′; ces droites sont parallèles aux génératrices de contour apparent du cône directeur. Pour avoir sur ces génératrices les points qui appartiennent à l'arc double, il suffit de prendre ceux qui se projettent aux centres de courbure de l'ellipse donnée correspondant aux extrémités du grand axe de cette courbe.

Appelons E, G ces deux points; faisons passer par les points E, M′, G un arc de conique tangent en E et G aux génératrices menées parallèlement aux lignes de contour apparent du cône directeur. Les projections des génératrices de la surface sur le plan vertical sont des droites tangentes à la projection de l'arête de rebroussement; cette projection verticale doit arriver aux points E et G tangentiellement à l'arc double E, M′, G.

Sections planes. — La section de la surface d'égale pente par un plan horizontal est, en projection sur le plan horizontal, une courbe parallèle à l'ellipse directrice, car les portions des génératrices comprises entre le plan sécant et le plan de l'ellipse directrice sont égales ; elles se projettent suivant des segments égaux, et, comme ces segments sont comptés sur les normales à l'ellipse directrice, on voit que le lieu des extrémités de ces segments est une courbe parallèle à cette ellipse.

Si le plan sécant est le plan horizontal (1), on a une section dont la forme rappelle celle d'une ellipse.

Si l'on coupe par le plan horizontal (2), qui rencontre la conique double et l'arête de rebroussement, la section est une courbe qui a deux points doubles et des points de rebroussement sur l'arête de rebroussement.

Enfin, le plan horizontal (3), qui ne rencontre plus la conique double, mais qui rencontre toujours l'arête de rebroussement, donne lieu à une courbe sur laquelle il y a encore quatre points de rebroussement.

Cherchons *la section faite dans la surface par un plan quelconque.*

Soit CT la trace du plan sécant, sur le plan de l'ellipse, et, au lieu de nous donner l'inclinaison de ce plan, menons une droite ct qui représente la trace, sur le même plan, d'un plan mené par le sommet s du cône directeur parallèlement au plan sécant. Menons la tangente at à la base du cône directeur prise sur le plan de l'ellipse, et joignons le point t au point s. La tangente au point A à l'ellipse directrice est parallèle à at et rencontre la trace du plan sécant au point T ; menons du point T une parallèle à ts, cette droite détermine sur la normale AN un point N. Ce point N est la projection du point où la génératrice AN de la surface rencontre le plan sécant ; TN est la tangente en N à la section de la surface par ce plan.

En effet, le point où la génératrice AN rencontre le plan sécant est un point de la trace, sur ce plan, du plan tangent suivant AN à la surface d'égale pente. Cette trace est parallèle à ts, et, comme elle passe par le point T, c'est la droite TN menée parallèlement à ts. On obtient ainsi le point N, et la tangente en ce point à la section plane de la surface est la droite TN.

On peut *construire un point de cette courbe pour lequel la tangente est parallèle à une droite donnée*. Par le point s on mène une parallèle à cette droite ; cette parallèle rencontre ct en un point à partir duquel on mène les tangentes à la base du cône. Les génératrices du cône, qui passent par les points de contact de ces tangentes, sont parallèles aux génératrices de la surface d'égale pente qui contiennent les points demandés.

La génératrice de la surface, qui est parallèle à se, est parallèle au plan sécant ; elle rencontre alors ce plan à l'infini ; elle est parallèle à une asymptote de la courbe d'intersection. Pour avoir cette asymptote, il suffit de prendre la droite d'intersection du plan sécant et du plan tangent à la surface développable le long de la génératrice parallèle à se.

Menons sc perpendiculairement à ct et NC perpendiculairement à CT, on a

$$\frac{\text{NC}}{\text{NA}} = \frac{sc}{sa};$$

et, comme ce dernier rapport est constant, on voit que *la courbe d'intersection de la surface d'égale pente par un plan quelconque est, en projection horizontale, le lieu des points dont le rapport des distances à la trace du plan sécant et à l'ellipse directrice est constant*.

Remarques. — Cette propriété s'étend à deux surfaces d'égale pente quelconques. Si l'on a sur un plan (*fig*. 230) les directrices

Fig. 230.

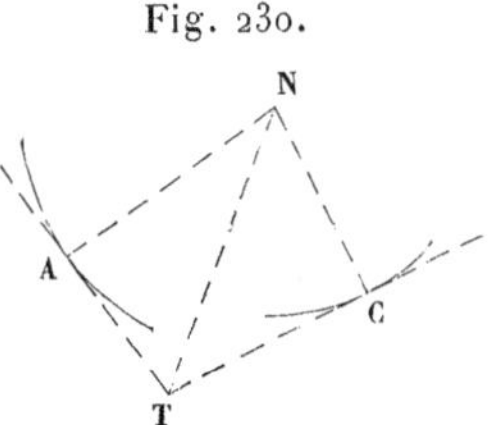

de deux surfaces d'égale pente, la projection de la courbe d'intersection de ces surfaces sur ce plan est toujours telle que

$$\frac{\text{NC}}{\text{NA}} = \text{const.};$$

et, pour avoir la tangente en N à la projection de cette courbe, il suffit de prendre le point de rencontre des tangentes aux courbes directrices issues des points A et C et de joindre le point N à ce point de rencontre.

Si l'une des directrices est une droite AT (*fig.* 231) et l'autre directrice un point F, auquel cas les surfaces sont l'une un plan

Fig. 231.

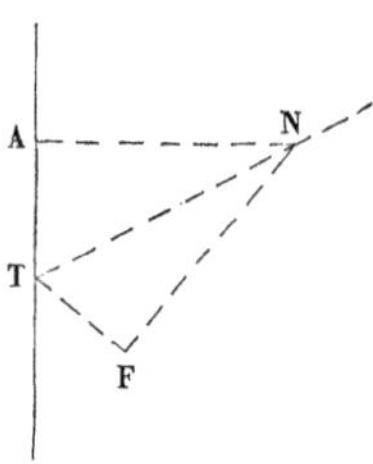

et l'autre un cône de révolution dont le sommet est F, on a toujours $\frac{\text{NA}}{\text{NF}} = \text{const.}$, et l'on voit que la projection de la section conique, intersection du cône de révolution par le plan sécant, est le lieu des points dont le rapport des distances à une droite fixe et à un point fixe est constant.

En appliquant ce que nous venons de dire pour la construction de la tangente, on trouve qu'il faut mener par le point F la trace du plan tangent au cône de révolution, c'est-à-dire la perpendiculaire FT à NF, prendre le point de rencontre de cette droite avec AT et joindre ce point de rencontre au point N : on a ainsi la tangente à la conique en N.

D'un point donné mener un plan tangent à la surface d'égale pente.

Transportons le cône directeur de manière à lui donner pour sommet le point donné et prenons la trace de ce cône sur le plan de l'ellipse directrice. Les plans tangents demandés doivent avoir pour traces des tangentes communes à cette circonférence et à l'ellipse directrice; mais il faut choisir parmi ces tangentes celles qui correspondent à des génératrices de la surface d'égale pente et du cône directeur parallèles entre elles. Ainsi, aux points V et v (*fig.* 229) on a bien pour la surface d'égale pente et pour le cône des génératrices parallèles entre elles, tandis que pour les points I et i cela n'a pas lieu.

La parallèle menée du point I à la génératrice du cône qui passe par le point i est relative à une nappe de la surface qui est, par rapport au plan de l'ellipse directrice, la symétrique de celle que nous avons considérée. C'est la surface formée par ces deux nappes qui donne lieu, dans les plans de symétrie, aux coniques doubles traces de la surface, et c'est cette surface complète qui a quatre lignes doubles : l'ellipse directrice donnée, les deux coniques situées dans les plans de symétrie et enfin une ligne à l'infini.

La marche que nous venons d'indiquer pour la construction du plan tangent mené d'un point est applicable dans le cas d'une surface développable quelconque.

Mener à la surface d'égale pente des plans tangents parallèlement à une droite donnée.

Par le sommet s du cône directeur menons une droite parallèle à la droite donnée et par cette droite menons des plans tangents au cône directeur. Ces plans sont parallèles aux plans demandés, et leurs traces sur le plan de l'ellipse sont parallèles aux traces des plans cherchés. Il suffit donc de mener à l'ellipse directrice des tangentes parallèles à ces traces pour avoir des horizontales des plans tangents demandés. Il faut toujours avoir soin d'examiner parmi ces tangentes celles qui répondent à la question.

Cette solution est applicable au cas d'une surface développable dont le cône directeur n'est pas de révolution.

En effectuant le développement de la surface d'égale pente, on peut remarquer que l'ellipse directrice et l'arête de rebroussement se transforment en un arc et sa développée.

SURFACES GAUCHES.

Générations. — Nous avons vu que le déplacement d'une droite, indépendamment de ses points, est défini au moyen de trois conditions. Pour engendrer une surface gauche, on peut alors se donner trois courbes ou surfaces directrices. Lorsque l'on donne trois courbes directrices, on construit les génératrices qui partent d'un point a (*fig.* 232) de l'une d'elles, en prenant les intersections des cônes ayant pour sommet le point a et pour directrices les deux autres courbes directrices données.

Si, pour un point m, la génératrice ainsi construite est telle qu'aux points e, g les plans tangents à la surface réglée se con-

Fig. 232.

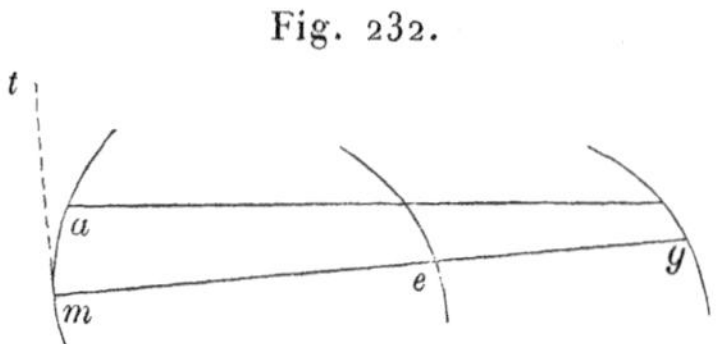

fondent, elle est appelée *génératrice singulière*. Le plan tangent le long de cette génératrice est alors le même pour tous les points de la surface, excepté pour le point m, car le plan tangent en ce point est le plan de la génératrice mg et de la tangente mt à la courbe directrice, c'est-à-dire un plan bien défini et qui n'est pas nécessairement confondu avec le plan tangent en e ou en g; le point m est alors le point central sur cette génératrice.

On peut définir une surface gauche en donnant une courbe directrice et deux surfaces directrices; on construit la génératrice qui part d'un point de la courbe directrice en prenant les intersections des cônes dont les sommets sont en ce point et qui sont circonscrits aux deux surfaces directrices.

On peut définir une surface gauche en donnant deux courbes ou surfaces directrices et un cône directeur. Supposons donnés deux courbes directrices et un cône directeur, pour construire les génératrices qui partent d'un point d'une des courbes directrices, on transporte en ce point le sommet du cône directeur, on prend les points de rencontre de ce cône avec la seconde courbe directrice et l'on joint ces points au sommet de ce cône.

Lorsque l'une des courbes directrices se réduit à une droite et que le cône directeur est un plan, on a une surface réglée que l'on désigne sous le nom de *conoïde*. Lorsque la directrice rectiligne du conoïde est perpendiculaire au plan directeur, on dit que le conoïde est *droit*.

Enfin on peut définir une surface réglée en considérant la droite qui l'engendre comme faisant partie d'une figure de forme invariable et en donnant les conditions qui définissent le déplacement d'une pareille figure.

Paraboloïde hyperbolique. Plan tangent. — Prenons un paraboloïde hyperbolique comme premier exemple d'une surface gauche (*fig.* 233). Supposons que son plan directeur soit horizontal et que ses directrices aient pour projections (A′, A), (B′, B).

Fig. 233.

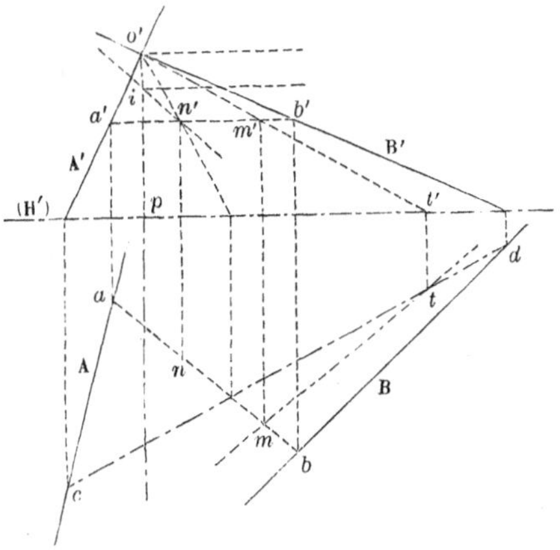

Menons l'horizontale $a'b'$; cette droite est la projection verticale d'une génératrice de la surface, génératrice que nous appelons *du premier système* : a' se projette au point a sur A, b' au point b sur B; ab est la projection horizontale de cette génératrice du premier système.

Cherchons le plan tangent au point (m', m) de cette génératrice. Ce plan est déterminé par $a'b'$ et par la génératrice du second système qui passe par le point (m', m). Pour construire cette génératrice du second système, nous n'avons qu'à mener par le point (m', m) une droite qui rencontre deux des génératrices du premier système.

Comme génératrices du premier système, prenons cd qui est la trace du paraboloïde sur le plan horizontal (H′) et o', qui représente une génératrice du premier système, car c'est une droite horizontale qui rencontre les deux directrices. On a alors tout de suite la projection verticale $o'm'$ de la génératrice du second système qui passe par m', et, en élevant par le point t', où la droite $o'm'$ rencontre (H′), la perpendiculaire $t't$ à cette ligne, on a sur cd le point t, qui est la trace sur (H′) de cette génératrice du second système; mt est alors la projection horizontale de cette droite : mt, $m't'$ sont les projections horizontale et verticale de la génératrice cherchée. Cette droite et (ab, $a'b'$) donnent le plan tangent demandé.

Par une construction inverse, on détermine le point où un plan mené par (ab, $a'b'$) touche le paraboloïde.

Si le plan mené par (ab, $a'b'$) est vertical, ce plan est alors un plan central pour cette génératrice, et le point où il touche le paraboloïde est le point central sur $a'b'$.

Le lieu de ces points centraux est la ligne de striction du paraboloïde; cette ligne de striction peut être considérée comme la ligne de contact du paraboloïde et d'un cylindre circonscrit dont les génératrices sont verticales. Cette courbe est alors une parabole.

La tangente en un point de cette ligne de striction est la tangente conjuguée, par rapport aux deux génératrices du paraboloïde, de la verticale qui passe par ce point.

Le cylindre circonscrit au paraboloïde a pour contour apparent, sur le plan vertical de projection, la perpendiculaire $o'p$ à la ligne de terre. La parabole, projection verticale de la ligne de striction, touche cette perpendiculaire au point o'. Si n' est le point central sur $a'b'$, la tangente en ce point à cette parabole est la droite $n'i$ qui passe par le point i, milieu du segment intercepté sur la verticale $o'p$ par les projections des deux génératrices du paraboloïde qui passent en n'. Les diamètres de la parabole, projection verticale de la ligne de striction, sont parallèles à la droite qui joint le point i au milieu de $o'n'$; ils sont donc parallèles à la ligne de terre. On voit aussi que o' est le sommet de cette parabole.

Mener à un paraboloïde un plan tangent parallèlement à un plan donné (Q).

On prend la trace de ce plan sur le plan directeur donné; par chacune des directrices on mène un plan parallèle à cette trace. Ces deux plans se coupent suivant une droite qui est une génératrice du paraboloïde. Le plan mené par cette génératrice parallèlement au plan (Q) est le plan tangent demandé.

Projections diverses d'une portion de paraboloïde. — Prenons (*fig.* 234) pour plan horizontal un plan perpendiculaire à l'axe du paraboloïde, axe que nous plaçons verticalement, et pour plan vertical un plan parallèle à l'un des plans principaux. Limitons la portion que nous voulons représenter à des génératrices également distantes de l'axe; ces droites forment en projection hori-

Fig. 234.

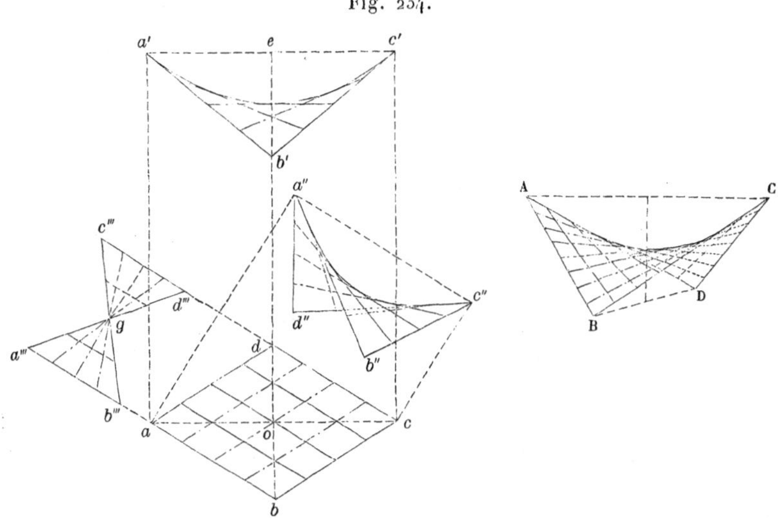

zontale le losange *abcd*; les points *a* et *c* se projettent verticalement en *a'* et *c'*, qui sont à la même hauteur; les points *b* et *d* se projettent verticalement en un seul point *b'*, et les quatre côtés du losange *abcd* se projettent verticalement suivant *a'b'*, *b'c'*.

Traçons un certain nombre de génératrices de chacun des systèmes. Pour cela, divisons *ad* en parties égales ainsi que *ab*, et par les points de division menons les génératrices du paraboloïde. Les projections de ces droites sur le plan vertical de projection enveloppent la ligne de contour apparent du paraboloïde, c'est-à-dire une parabole.

Projetons le paraboloïde sur un plan vertical parallèle à *dc*, c'est-à-dire parallèle à l'un des plans directeurs. Le point *a* se projette en a''. Le point c'', nouvelle projection verticale du point c, est toujours à la même hauteur que le point a'', et les points b et d se projettent en b'' et d'', au-dessous de $a''c''$, d'une distance égale à $b'e$.

Joignons d'' et b'' aux points a'' et c'', nous obtenons les nouvelles projections verticales des génératrices qui limitent la portion du paraboloïde que nous représentons. En prenant encore les projections des génératrices du paraboloïde sur le plan vertical de projection, on a des droites qui enveloppent la ligne de contour apparent du paraboloïde sur le nouveau plan vertical de projection. Cette courbe est encore une parabole, puisque nous avons dit que la courbe de contact d'un cylindre circonscrit à un paraboloïde est une parabole ou, en d'autres termes, le cylindre circonscrit à un paraboloïde est toujours un cylindre parabolique.

Si l'on projette le paraboloïde sur un plan perpendiculaire à l'un de ses plans directeurs, comme il y a nécessairement une génératrice g perpendiculaire à ce plan directeur, toutes les génératrices du paraboloïde se projettent, les unes perpendiculairement à la nouvelle ligne de terre, et les autres suivant des droites qui passent par le point g.

Perspective cavalière d'une portion de paraboloïde. — Il est facile de tracer la perspective cavalière de la portion du paraboloïde représentée.

Prenons comme plan de front un plan parallèle au premier plan vertical de projection que nous venons d'employer. AC est une droite de front qui correspond à $a'c'$. Sur une perpendiculaire élevée du milieu de AC et à partir de ce point milieu, portons un segment égal à $b'e$.

Par l'extrémité de ce segment menons une ligne fuyante et portons sur cette droite des longueurs réduites correspondant à ob et od; nous obtenons les points B et D.

Joignons deux à deux les points A, B, C, D, nous avons les projections des quatre côtés du losange; partageons AB et CD en huit parties égales, nous n'avons qu'à joindre les points de division ainsi obtenus pour avoir les perspectives cavalières des génératrices de la surface.

Il faut avoir soin de joindre d'abord le point de division le plus rapproché du point A au point de division le plus rapproché du point D, puis successivement on passe aux points de division voisins du premier point considéré, et l'on a alors, par l'enveloppe de ces droites, la parabole ligne de contour apparent du paraboloïde en perpective cavalière. On peut tracer les autres génératrices en divisant BC et AD en un même nombre de parties égales et en joignant convenablement les points correspondants.

VINGT-NEUVIÈME LEÇON.

SURFACES GAUCHES (SUITE).

Surface gauche définie par deux courbes directrices et un plan directeur. — Conoïde droit circonscrit à une sphère. — Plan tangent au conoïde en un point. — Plan tangent au conoïde parallèle à un plan donné. — Génératrices singulières du conoïde. — Conoïde de Plucker. — Surface gauche définie par deux courbes directrices et un cône directeur. — Cas particulier où le cône directeur est de révolution. — Surface gauche définie par trois courbes directrices.

SUPPLÉMENT. — Génératrices singulières de surfaces gauches.

Surface gauche définie par deux courbes directrices et un plan directeur. — *Une surface gauche est définie par deux directrices et un plan directeur; on demande le plan tangent en un point d'une génératrice de cette surface.*

Les directrices données sont (A, A′), (B, B′) (*fig.* 235). Le plan directeur est horizontal.

Soit (m, m') le point pour lequel on demande le plan tangent.

On a immédiatement, pour la génératrice $a'b'$ qui contient ce point, un paraboloïde de raccordement : il suffit de prendre le paraboloïde qui a pour plan directeur un plan horizontal et pour directrices les tangentes en a' et b' aux courbes directrices données. Ce paraboloïde est de raccordement, puisque, aux points a', b' et au point qui est à l'infini sur la droite $a'b'$, il a les mêmes plans tangents que la surface gauche. On construit alors pour le point (m, m') le plan tangent à ce paraboloïde et l'on a le plan demandé.

On sait que le long d'une génératrice $a'b'$ on peut construire une infinité de paraboloïdes de raccordement; tous ces paraboloïdes ont pour plan directeur le plan directeur de la surface gauche et pour directrices des droites tracées par les points a' et b' respectivement dans les plans tangents en ces points à la surface gauche. Menons dans ces plans tangents, par a' et b', des droites de front; ces droites se projettent horizontalement suivant des parallèles à la ligne de terre. Le paraboloïde, dont ces droites sont les directrices, a alors les plans de projection pour plans directeurs; sur chacun de ces plans les projections des génératrices forment des systèmes rayonnants. Sur le plan vertical, par exemple, on a des droites qui passent par le point t', projection verticale de la génératrice du paraboloïde perpendiculaire au plan vertical de projection. Cette génératrice se projette horizontalement suivant une droite qui rencontre ab au point c; le point c est la projection horizontale de la génératrice de ce paraboloïde particulier, généra-

Fig. 235.

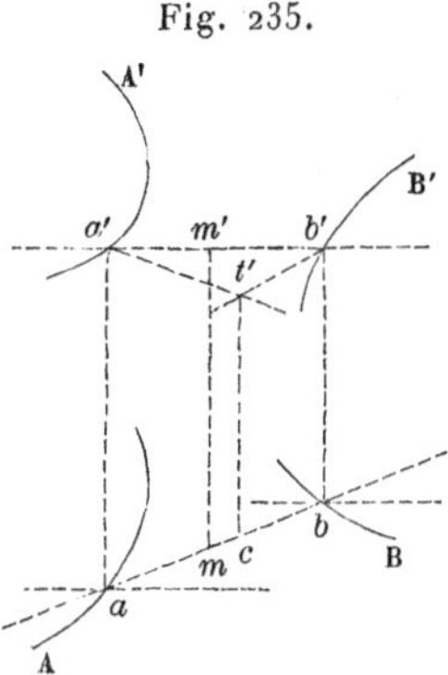

trice qui est perpendiculaire au plan horizontal de projection. Sur le plan horizontal, les génératrices se projettent suivant des droites qui passent par le point c. Le point de la droite ab, qui se projette au point c, est donc le point pour lequel le plan vertical qui projette ab est tangent au paraboloïde; le point c est alors le point central sur la génératrice ab. On voit ainsi que le point central sur ab est au point de rencontre de cette droite et de la perpendiculaire à la ligne de terre menée par le point de rencontre des projections verticales des directrices du paraboloïde de raccordement qui a le plan vertical pour plan directeur.

Si les directrices $a't'$, $b't'$ sont parallèles entre elles, le point t' est à l'infini, et le point central c est aussi à l'infini.

Voilà une circonstance où le point central sur une génératrice est à l'infini; il est facile d'obtenir des surfaces gauches pour lesquelles cette particularité se présente ([1]).

Conoïde droit circonscrit à une sphère. — Considérons comme exemple de surface gauche à plan directeur un conoïde droit circonscrit à une sphère.

Prenons (*fig.* 236) pour plan horizontal de projection le plan directeur du conoïde, et pour plan vertical un plan parallèle au

Fig. 236.

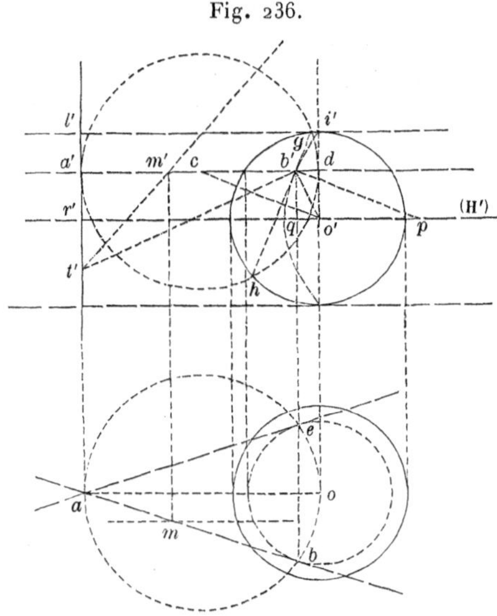

plan mené par la directrice rectiligne et par le centre de la sphère directrice. La directrice rectiligne est la verticale qui se projette horizontalement au point a; le centre de la sphère se projette au point (o, o'); la droite ao est parallèle à la ligne de terre.

Pour construire une génératrice du conoïde, coupons par un plan horizontal. Ce plan rencontre la directrice rectiligne au point a' et la sphère suivant un petit cercle ayant pour projection horizontale une circonférence dont le centre est au point o. Les tangentes ae, ab à cette circonférence menées du point a sont les projections horizontales des génératrices du conoïde situées dans

([1]) Voir sur les génératrices singulières le Supplément à cette Leçon.

ce plan horizontal. Les points de contact b, e de ces tangentes sont sur la circonférence décrite sur ao comme diamètre; les génératrices de la surface se projettent alors horizontalement suivant ae et ab.

Les points de contact b, e sont symétriquement placés par rapport à la droite ao et se projettent verticalement en un seul point b'. Quel que soit le plan sécant horizontal que l'on prenne pour construire des génératrices de la surface, on a toujours à tracer la même circonférence décrite sur ao comme diamètre. Les points de contact avec la sphère directrice des génératrices du conoïde se projettent donc en des points de cette circonférence et forment alors la ligne d'intersection de cette sphère avec le cylindre droit dont la base est la circonférence décrite sur ao comme diamètre. Cette ligne d'intersection est une courbe du quatrième ordre; mais, par suite de la position du plan vertical qui est parallèle au plan vertical de symétrie ao, cette courbe se projette suivant un arc de section conique.

En la considérant comme l'intersection d'un cylindre de révolution et d'une sphère, nous pouvons appliquer ce que nous avons dit précédemment pour déterminer l'intersection de deux surfaces de révolution dont les axes se rencontrent.

Si l'on veut le point de la courbe qui se trouve sur l'horizontale $a'b'$, on considère cette droite comme la projection d'une section droite du cylindre; on inscrit dans ce cylindre une sphère le long de cette section droite, et l'on prend l'intersection de cette sphère avec la sphère donnée : cette intersection est un petit cercle qui se projette verticalement suivant la droite gh. Cette droite rencontre la projection verticale de la section droite du cylindre au point b'; le point b' est le point cherché, et la corde gh est la tangente en ce point à la projection verticale de la courbe qui résulte de l'intersection du cylindre et de la sphère.

On peut, au moyen de cette construction, démontrer que *cette courbe est un arc de parabole*. La tangente au point b' à cet arc de courbe étant la corde gh, la normale au point b' est parallèle à la ligne qui joint le centre o' de la sphère donnée au centre c de la section droite du cylindre qui contient le point b'; cette normale rencontre en p la parallèle à la ligne de terre qui passe par le point o' : on a $o'p = cb'$. Abaissons du point b' la perpendiculaire $b'q$ sur $o'p$; comme qo' est égal à $b'd$, on a alors $pq = cd$, c'est-à-dire que le segment pq, compris entre le point q, pied de l'ordonnée du point b', et le point p, pied de la normale $b'p$, est égal au rayon de la section droite du cylindre, c'est-à-dire qu'il est constant : la courbe est donc une parabole.

Plan tangent au conoïde en un point. — Cherchons le plan tangent au conoïde au point (m, m') de la génératrice $(ab, a'b')$. Prenons le paraboloïde de raccordement qui a pour plan directeur le plan horizontal, et dont les directrices sont la directrice rectiligne du conoïde et la parallèle au plan vertical de projection tracée du point b' sur le plan tangent en ce point à la sphère. Cette droite se projette verticalement suivant la perpendiculaire $b't'$ au rayon $b'o'$, puisque le plan tangent à la sphère est perpendiculaire à $b'o'$.

Ce paraboloïde a même plan tangent que le conoïde, au point qui est à l'infini sur $a'b'$: c'est le plan horizontal qui contient cette droite. Au point a', il a même plan tangent que le conoïde : c'est le plan vertical mené par $a'b'$. Au point b', le plan tangent à la sphère est aussi le plan tangent au conoïde; car le plan tangent au conoïde au point b' est, comme le plan tangent à la sphère, déterminé à la fois par $a'b'$, qui est tangente à la sphère, et par la tangente au point b' à la courbe de contact du conoïde et de la sphère.

La projection $b't'$ de la directrice de ce paraboloïde rencontre au point t' la projection de la directrice rectiligne du conoïde, et, comme les génératrices du paraboloïde se projettent verticalement suivant des droites passant par le point t', il suffit de mener la droite $t'm'$ pour avoir la génératrice qui contient m'; la projection horizontale de cette droite est la ligne menée par le point m parallèlement à la ligne de terre. Le plan déterminé par cette droite et par $a'b'$ est le plan tangent demandé ([1]).

([1]) *Paraboloïde osculateur*. — La normalie au conoïde, qui a pour directrice la ligne de contact de cette surface avec la sphère, est une normalie développable. Cette ligne de contact est alors une ligne de courbure du conoïde.

Pour avoir l'asymptote de l'indicatrice en (b, b'), il suffit de construire une droite du plan tangent en ce point à la sphère directrice, telle que l'angle, qu'elle

Plan tangent au conoïde, parallèle à un plan donné. — Si l'on demande de mener au conoïde un plan tangent parallèle à un plan donné, une horizontale du plan donné est alors parallèle à la génératrice du conoïde qui contient le point de contact demandé. On mène par le point a une parallèle à une horizontale du plan donné, et l'on a la projection horizontale de la génératrice qui contient ce point de contact. De cette projection horizontale, on déduit facilement la projection verticale, puis on achève en employant, comme précédemment, un paraboloïde qui a pour plans directeurs les deux plans de projection.

Génératrices singulières du conoïde. — Ce conoïde possède des génératrices singulières. Prenons la génératrice qui se projette verticalement suivant $l'i'$. Le plan tangent au point i' au conoïde est le plan horizontal qui est tangent en ce point à la sphère donnée et il est le même que le plan tangent au point qui est à l'infini sur la génératrice $l'i'$. Cette génératrice est alors une génératrice singulière.

Le point central est le point l'; car, toutes les génératrices du conoïde étant perpendiculaires à la directrice rectiligne donnée, cette directrice est la ligne de striction du conoïde.

Les plans tangents au conoïde aux différents points de $l'i'$ sont

---

forme avec la génératrice (ab, $a'b'$), ait pour bissectrice la tangente en (b, b') à cette ligne de courbure.

On peut effectuer les constructions en amenant le plan tangent en (b, b'), à être horizontal; on peut aussi opérer de la manière suivante.

Prenons sur le plan horizontal (H'), qui contient le centre de la sphère, la trace de la tangente en (b, b') à la ligne de courbure et joignons ce point au point o.

Sur la projection horizontale, abaissons du point a une perpendiculaire sur cette droite et prolongeons-la d'une longueur égale à elle-même à partir du point où elle rencontre la tangente en b à la circonférence décrite sur ao comme diamètre.

La droite qui joint le point b à l'extrémité du segment ainsi porté est la projection horizontale de l'asymptote de l'indicatrice en b. On a par suite l'asymptote de l'indicatrice au point (b, b') et, comme la directrice rectiligne est l'asymptote de l'indicatrice au point (a, a'), on a les deux directrices du paraboloïde osculateur, qui a du reste pour plan directeur le plan directeur de la surface. Sachant construire l'asymptote de l'indicatrice pour un point quelconque du conoïde, il est alors facile de déterminer la tangente en un point d'une courbe d'ombre sur cette surface.

confondus avec le plan tangent au point qui est à l'infini sur cette génératrice singulière; le paramètre de distribution des plans tangents est nul. Cela se voit aussi immédiatement en remarquant que la distance, entre la génératrice infiniment voisine de $l'i'$ et cette droite, est infiniment petite par rapport à l'angle que ces deux droites font entre elles; car cette distance est égale à la distance au plan tangent en i' d'un point de la courbe de contact du conoïde et de la sphère, infiniment voisin de i'.

La génératrice du conoïde qui se projette verticalement suivant la droite $r'o'$ est telle, que le plan tangent au point central r' sur cette génératrice est le même qu'au point de contact de cette génératrice avec la sphère. Pour ces deux points, le plan tangent est le plan vertical qui projette la génératrice; les plans tangents aux différents points de cette droite sont confondus avec le plan tangent au point central. On a une génératrice singulière pour laquelle le paramètre est infini. On arrive immédiatement à ce dernier résultat en remarquant que, si le point r' s'élève infiniment peu sur la directrice rectiligne, la génératrice tourne d'un angle qui est infiniment petit par rapport au chemin parcouru par r'.

On trouve donc sur le conoïde des génératrices singulières, les unes déterminées par les plans tangents à la surface directrice, menés parallèlement au plan directeur, les autres par les plans tangents à la surface directrice, menés par la directrice rectiligne.

On trouve de même des génératrices singulières sur un conoïde quelconque en menant des plans tangents à la surface directrice parallèlement au plan directeur, ou, en menant par la directrice rectiligne des plans tangents à la surface directrice : dans ces plans tangents, les génératrices du conoïde sont des génératrices singulières de cette surface.

Entre la génératrice singulière du conoïde droit pour laquelle le paramètre est nul et la génératrice singulière pour laquelle le paramètre est infini, on peut trouver sur le conoïde droit une génératrice pour laquelle le paramètre a une valeur arbitraire; mais, pour toutes ces génératrices du conoïde droit, le point central est à distance finie, puisqu'il est toujours sur la directrice rectiligne du conoïde. On peut rencontrer sur les surfaces gauches, non seulement de pareilles génératrices, mais des génératrices singulières pour lesquelles le paramètre peut avoir une valeur quelconque, le point central étant à l'infini ([1]).

Voici un dernier exemple de surface gauche à plan directeur.

Conoïde de Plücker ([2]). — Soient (*fig.* 237) D et Δ les projections horizontales de deux horizontales données D′, Δ′. La perpendiculaire commune O à ces droites se projette au point de rencontre o de D et Δ.

Fig. 237.

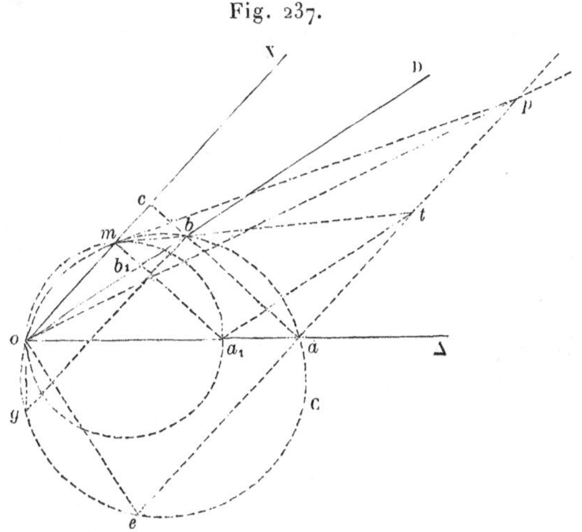

Par O, menons un plan arbitraire. Le paraboloïde hyperbolique, qui a ce plan pour plan directeur et dont les directrices sont les deux droites données, a l'une de ses génératrices X′ qui est perpendiculaire à ce plan directeur. Cette droite X′ est perpendiculaire à toutes les génératrices qu'elle rencontre, et elle est la ligne de striction de ce paraboloïde.

([1]) Voir le Supplément à cette Leçon.

([2]) PLUCKER a trouvé cette surface en étudiant les complexes linéaires (*Neue Geometrie des Raumes*, p. 97). Elle joue un grand rôle dans *The theory of screws* de R.-S. BALL, où elle est appelée *cylindroïde*, du nom que lui a donné M. A. CAYLEY. *Voir* aussi : F. LINDEMANN, *Ueber unendlich kleine Bewegungen und über Kräftesysteme bei allgemeiner projectivischer Massbestimmung* (*Math. Ann.*, VIIe Vol., p. 56); PICQUET, sa Communication du 4 novembre 1885 à la *Société Mathématique de France*, et les Notes que j'ai publiées dans les *Comptes rendus des séances de l'Académie des Sciences*, 6 novembre 1871 et 2 février 1885.

Lorsqu'on fait tourner autour de O le plan mené par cette droite, les droites X' engendrent une surface : c'est le conoïde de Plücker. Ainsi :

Le lieu des perpendiculaires communes à O *et aux droites qui s'appuient sur* D', Δ' *est le conoïde de Plücker* ([1]).

Le lieu des lignes de striction des paraboloïdes isoscèles qui contiennent D' *et* Δ' *est un conoïde de Plücker.*

Pour construire les droites X', il suffit de prendre les perpendiculaires communes à O et aux droites qui s'appuient sur l'une des directrices, et qui passent par un même point de l'autre.

Prenons, par exemple, comme point fixe le point *a'* de Δ'. Parmi les droites menées de ce point, et qui s'appuient sur D', il y en a une perpendiculaire à Δ'. Cette droite donne Δ' comme génératrice du conoïde; de même D' appartient au conoïde. Sur une droite quelconque *a'b'*, on a le point *c'* de la génératrice X', et les points de D' et Δ'. Cette droite rencontre alors le conoïde en trois points.

Le conoïde de Plücker est donc une surface du troisième degré.

Par suite, *un plan mené par une génératrice, c'est-à-dire un plan tangent au conoïde, coupe cette surface suivant cette génératrice et une conique.*

Je dis que, *quel que soit le plan tangent, la projection horizontale de cette conique est une circonférence de cercle.*

Prenons le plan déterminé par X' et *a'b'*. Appelons C' la conique suivant laquelle il coupe le conoïde, et C la projection horizontale de cette courbe.

Les points *a*, *b*, *o* appartiennent à C; cherchons deux autres points de cette courbe. Par *a'*, menons une parallèle à D'. La per-

---

([1]) Si, parmi les droites qui s'appuient sur D' et Δ', on prend celles qui rencontrent une courbe quelconque, elles forment une surface réglée qui donne lieu à cette propriété :

Si une surface réglée a deux directrices rectilignes et que l'on prenne les perpendiculaires communes à ses génératrices et à la perpendiculaire commune aux deux directrices rectilignes, on obtient des droites qui appartiennent à un conoïde de Plücker.

D'après cela *les perpendiculaires communes à une génératrice d'un hyperboloïde et aux génératrices du même système appartiennent à un conoïde de Plücker.*

pendiculaire commune à cette droite et à O est la génératrice du conoïde projetée suivant la perpendiculaire *oe* à D.

Cette droite rencontre en *e* la trace *ae* du plan (X', *a'b'*) sur le plan horizontal mené par Δ'. Le point *e* est alors un point de C. De même, au moyen du point *b*, on obtient le point *g*.

Il résulte de la construction des points *e* et *g* qu'ils sont sur la circonférence circonscrite au triangle *oab*; donc : C *est une circonférence de cercle.*

Ainsi : *un plan tangent au conoïde coupe cette surface suivant une génératrice et une conique dont la projection sur un plan parallèle aux deux directrices données est une circonférence* (1).

On peut définir le conoïde au moyen de la directrice O, de la conique C', et d'un plan directeur perpendiculaire à O. Un plan parallèle au plan directeur coupe O en un point par lequel passent deux génératrices du conoïde, donc :

La directrice O *est une droite double du conoïde* (2).

Reprenons la génératrice X', menons un plan par cette droite et faisons-le tourner autour de X'.

Dans chacune de ses positions, il coupe le conoïde suivant une conique C', dont la projection est une circonférence C; je vais démontrer que :

Toutes ces circonférences C *sont tangentes entre elles en o, et que leurs centres sont sur une droite symétrique de* X, *par rapport à la bissectrice de l'angle* (D, Δ).

Quel que soit le plan sécant mené par X', il coupe D' et Δ' cha-

---

(1) La construction de la trace d'une génératrice quelconque sur le plan (X', *a'b'*) conduit facilement à cette propriété.

(2) Les plans horizontaux tangents à C' contiennent les génératrices extrêmes du conoïde. Il est facile de voir que :

Les génératrices extrêmes sont perpendiculaires l'une à l'autre; elles sont à égales distances du point milieu du segment de la perpendiculaire commune à D' *et* Δ' *limitée à ces droites.*

Les génératrices qui partent d'un même point de O *font des angles égaux avec les génératrices extrêmes.*

Deux génératrices à égales distances des génératrices extrêmes font respectivement des angles égaux avec ces droites.

La plus courte distance entre D' *et* Δ' *est egale à la plus courte distance entre les génératrices extrêmes multipliées par le sinus de l'angle* (D', Δ').

cune en un point, et la droite qui joint les projections de ces points est parallèle à ab; donc les circonférences C, qui sont circonscrites aux triangles tels que oab, sont tangentes entre elles en o.

La tangente en o à ces circonférences fait, avec D, un angle égal à l'angle bao. La ligne des centres fait alors, avec D, un angle complémentaire de celui-ci, c'est-à-dire égal à l'angle (X, Δ). Par suite, cette droite est la symétrique de X par rapport à la bissectrice de l'angle (D, Δ).

Dans le cas particulier où les plans sécants sont menés par l'une des directrices, les circonférences correspondantes ont leurs centres sur la projection de l'autre directrice.

Plan tangent. — Sur X′, on prend le point m' qui se projette en m : on demande le plan tangent en m' au conoïde.

Par m, faisons passer une circonférence C. Le centre de cette courbe est sur la ligne des centres que nous savons construire, et sur la perpendiculaire élevée à X du milieu de om. Cette circonférence C coupe Δ au point a : la parallèle at à X est la projection de la trace du plan tangent demandé sur le plan horizontal mené par Δ′.

Ce plan est, en effet, le plan mené par X′, qui coupe le conoïde suivant C′, et il contient la tangente en m' à cette conique.

Autrement. — Élevons au point m la perpendiculaire ma_1 à X. Décrivons sur oa_1 une circonférence de cercle. Cette courbe et la projection de la conique, section du conoïde par le plan (m', D′).

La tangente en m' à cette conique, qui est dans le plan tangent demandé, se projette suivant la tangente mt à la circonférence oma_1. La trace de cette droite sur le plan horizontal mené par Δ′ se projette au point t, où mt est coupée par la parallèle a_1t à D, parallèle qui est la trace du plan sécant sur le plan horizontal (Δ′).

Il suffit maintenant de mener du point t la parallèle ta à X pour avoir la trace du plan tangent demandé sur le plan horizontal (Δ′).

On trouve une construction analogue en employant b_1.

Paraboloïde osculateur. — La conique C′ est l'intersection du conoïde par son plan tangent en m'. La tangente en m' à C′ est alors une asymptote de l'indicatrice du conoïde en m'. Le lieu des tangentes analogues à celle-ci, lorsqu'on fait tourner le plan sécant autour de X′, est le paraboloïde osculateur du conoïde par la génératrice X′.

Sur le plan horizontal (Δ′), la trace de ce paraboloïde est la droite *op* (¹).

Surface gauche définie par deux courbes directrices et un cône directeur. — Une surface gauche est définie par deux courbes directrices et son cône directeur. Pour construire une génératrice de la surface, celle qui passe, par exemple, par le point *a* de l'une des courbes directrices, on transporte le cône directeur de façon à lui donner pour sommet le point *a*; il est coupé par l'autre courbe directrice en un certain nombre de points; les droites qui joignent ces points au point *a* sont des génératrices de la surface. Si, pour l'une de ces droites *ab*, on demande le plan tangent au point *m*, on emploie un paraboloïde de raccordement qui a pour plan directeur le plan tangent au cône directeur le long de *ab* et les mêmes plans tangents que la surface aux points *a* et *b*.

Cas particulier où le cône directeur est de révolution. — Examinons en particulier le cas où le cône directeur est de révolution. Prenons comme plan horizontal (*fig.* 238) un plan perpendiculaire à l'axe de ce cône de révolution. Pour une génératrice quelconque de la surface, le plan central, étant parallèle à un plan méridien du cône, est un plan vertical. Le plan central de la surface gauche pour une génératrice *ab* est l'un des plans directeurs du paraboloïde des normales à cette surface pour cette génératrice. Les génératrices de ce paraboloïde, qui ne sont pas parallèles au plan central, c'est-à-dire les normales de la surface gauche, se projettent alors horizontalement suivant des droites qui passent par un même point. On connaît le plan tangent à la surface réglée au point *a*, où *ab* rencontre l'une des directrices données, et la normale en ce point à cette surface; de même au point *b*. Le point de

(¹) On connaît les asymptotes de l'indicatrice en *m*′. Les bissectrices des angles compris entre ces droites donnent les axes de cette indicatrice.

Par suite, on a les plans des sections principales du conoïde en *m*′. Les points où ces plans touchent le paraboloïde des normales au conoïde relatif à X′ sont les centres de courbure principaux du conoïde pour *m*′.

Il est alors facile de construire ces centres de courbure principaux.

rencontre c des projections horizontales de ces deux normales est le point par lequel passent les projections horizontales des normales à la surface réglée pour les différents points de la génératrice ab. Par suite, pour un point (m, m'), la normale à la surface se projette horizontalement suivant la droite cm, et la trace du plan tangent en m sur le plan horizontal (H') est la perpendiculaire abaissée sur cm de la trace t, sur ce plan, de la génératrice ab.

Fig. 238.

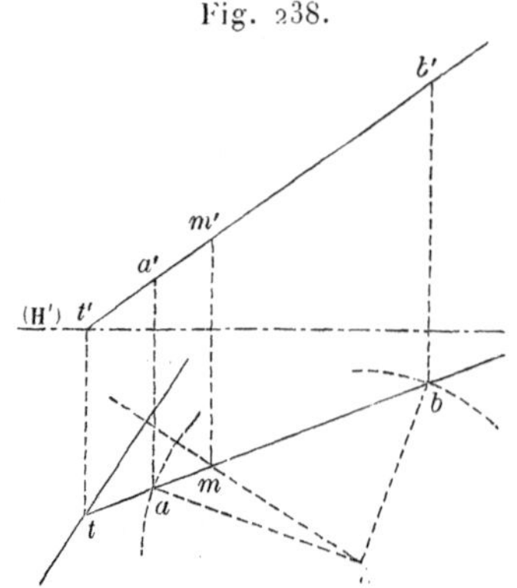

On peut encore arriver à ce résultat de la manière suivante.

Supposons que la génératrice ab soit liée invariablement à un plan horizontal. On peut faire glisser ce plan horizontal sur lui-même, de façon que la génératrice qui lui est liée se déplace en rencontrant constamment les deux directrices données. Pour un déplacement infiniment petit de ab, ainsi lié à ce plan horizontal, le point a décrit une trajectoire parallèle au plan horizontal et pour laquelle le plan normal est le plan vertical projeté suivant ac. De même pour le point b, le plan normal à la trajectoire de ce point se projette suivant bc; le point c est alors la projection horizontale de l'axe instantané de rotation relatif au déplacement infiniment petit de ab. Pour un point quelconque m de ab, la trajectoire de ce point a pour plan normal le plan vertical mc; ce plan vertical contient la normale à la surface réglée, et, par suite, la trace du plan tangent en m à cette surface sur (H') est la perpendiculaire abaissée du point t sur la droite mc.

Cette construction n'est autre que celle à laquelle nous étions arrivés pour l'hélicoïde réglé, et l'on voit ainsi que, si, pour l'hélicoïde réglé, la construction du plan tangent en un point d'une génératrice s'obtient simplement, c'est parce que le cône directeur de cette surface est un cône de révolution.

Surface gauche définie par trois courbes directrices. — Enfin, supposons que la surface gauche soit définie par trois courbes directrices (*fig.* 239). Pour la génératrice *abc* qui rencontre les directrices données aux points *a*, *b* et *c*, nous connaissons les plans

Fig. 239.

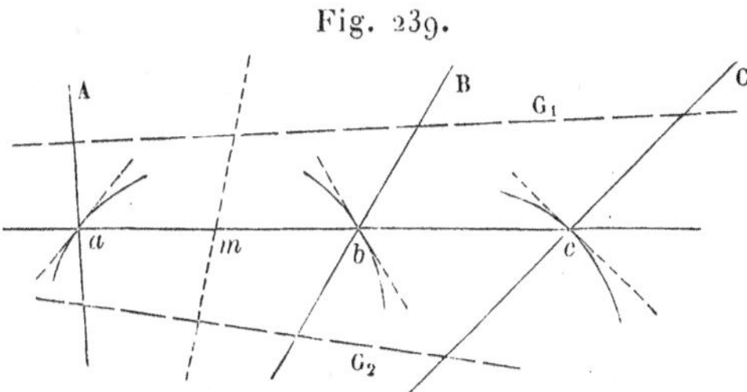

tangents à la surface en ces points : ce sont les plans déterminés par la génératrice et par les tangentes aux courbes directrices aux points *a*, *b*, *c*. En traçant respectivement par *a*, *b*, *c* des droites A, B, C dans ces plans tangents, nous avons les directrices d'un hyperboloïde de raccordement à la surface.

Afin de déterminer le plan tangent à la surface gauche au point *m* de la génératrice *abc*, nous n'avons qu'à construire le plan tangent en ce point *m* à cet hyperboloïde de raccordement. Pour cela, menons deux génératrices G_1, G_2 de cet hyperboloïde du même système que la génératrice *abc*. La droite partant du point *m* et qui rencontre G_1 et G_2 est la génératrice de l'hyperboloïde du même système que A, B, C. Cette droite et la génératrice *abc* déterminent le plan tangent demandé.

Inversement, si par la génératrice *abc* on mène un plan quelconque, on obtient le point où ce plan touche la surface réglée en prenant le point de rencontre de la génératrice *abc* avec la droite suivant laquelle ce plan coupe l'hyperboloïde de raccordement.

La droite d'intersection de ce plan et de l'hyperboloïde n'est autre que la droite qui joint les traces de G_1 et de G_2 sur le plan donné mené par *abc*. On a donc facilement le point de contact de ce plan avec la surface réglée.

Il est clair que, pour les tracés, on doit choisir convenablement les génératrices auxiliaires G_1, G_2. Dans la Leçon suivante, nous verrons que l'on peut, par un choix convenable de ces génératrices, arriver à des tracés très simples.

SUPPLÉMENT A LA VINGT-NEUVIÈME LEÇON.

Génératrices singulières de surfaces gauches. — Prenons (*fig.* 240) une surface gauche qui a pour plan directeur le plan vertical de pro-

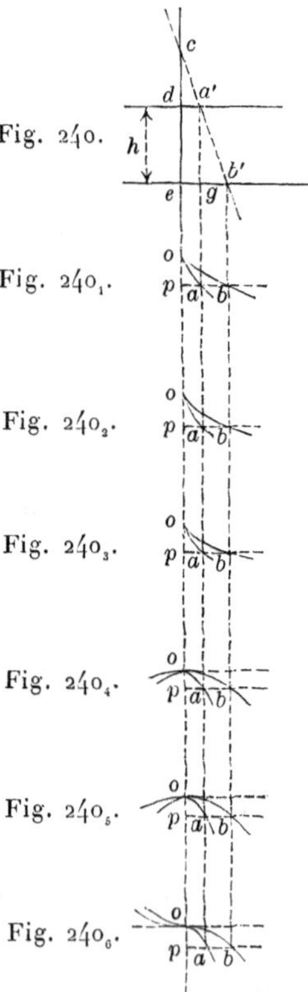

jection et qui est définie au moyen de deux directrices horizontales da', eb'. Soit de une génératrice verticale de la surface. Supposons que les deux directrices soient deux courbes quelconques; elles se projettent horizontalement (*fig.* 240_1), suivant les deux lignes oa, ob qui passent par le point o.

Puisque le plan vertical est le plan directeur de la surface, nous obtenons une génératrice en menant un plan pab parallèle à ce plan vertical; le point a est la projection horizontale du point a', le point b du point b', et la génératrice de la surface qui est dans ce plan vertical est la droite $a'b'$. Cette projection $a'b'$ rencontre la projection de la génératrice verticale o en un point c, et, lorsque $a'b'$ est une génératrice infiniment voisine de la verticale o, le point c est le point central sur cette verticale.

Calculons la distance cd. Appelons h la distance verticale qui sépare les plans des deux directrices horizontales.

On a

$$\frac{cd}{h} = \frac{a'd}{gb'} = \frac{pa}{ab},$$

d'où l'on tire

$$cd = h \times \frac{pa}{ab}. \tag{1}$$

Le paramètre de distribution k des plans tangents pour la génératrice verticale est égal à la plus courte distance op divisée par la tangente de l'angle σ compris entre les deux génératrices; mais

$$\tang \sigma = \frac{gb'}{h} = \frac{ab}{h};$$

on a donc

$$k = h\frac{op}{ab}. \tag{2}$$

1° Les deux courbes oa et ob (*fig.* 240_1) se coupent sous un certain angle : op, ap et ab sont des infiniment petits du même ordre. Alors $\frac{pa}{ab}$ est un rapport fini; il en est de même de $\frac{op}{ab}$. Par conséquent, la distance cd donnée par la relation (1), c'est-à-dire la distance du point d au point central, est une distance finie, et le paramètre donné par (2) est fini. Nous sommes dans le cas d'une génératrice ordinaire d'une surface gauche.

2° Les courbes se projettent horizontalement (*fig.* 240_2) suivant des lignes tangentes entre elles au point o, alors ab est infiniment petit par rapport à op et par rapport à ap; la distance cd donnée par (1) est infinie, et le paramètre de distribution donné par l'expression (2) est infini. Les plans tangents aux différents points de la génératrice sont confondus avec le plan tangent qui a pour trace horizontale la tangente commune aux projections des deux lignes directrices. Il faut remarquer que ce plan tangent unique n'est ni parallèle au plan directeur ni confondu avec le plan central.

3° La tangente aux projections horizontales des deux directrices est la droite *op* (*fig.* 240_3), alors *ap* et *ab* sont des infiniment petits du même ordre et sont infiniment petits par rapport à *op*. La distance *cd* est finie, et le paramètre est infini. Nous avons là encore une génératrice singulière; mais, dans ce cas, le plan tangent aux différents points de la génératrice est confondu avec le plan central.

4° Les projections horizontales des directrices sont (*fig.* 240_4) tangentes entre elles à la parallèle à la ligne de terre menée par le point *o* : *op* est alors infiniment petit par rapport à *ap* et à *ab*; la distance *cd* est une distance finie, et le paramètre est nul. Nous avons une génératrice singulière pour laquelle le point central est à distance finie; les plans tangents aux différents points de la génératrice sont confondus avec le plan tangent au point qui est à l'infini sur cette droite.

5° Les courbes directrices se projettent (*fig.* 240_5) suivant des lignes osculatrices entre elles en *o*, leur tangente en ce point étant toujours la parallèle à la ligne de terre menée par *o*; *op* et *ab* sont maintenant infiniment petits du second ordre. La distance *cd* est alors infinie, et le paramètre est fini; le plan tangent, aux différents points de la génératrice qui sont à distance finie, est confondu avec le plan parallèle au plan directeur.

6° Les courbes (*fig.* 240_6) sont tangentes entre elles à la parallèle à la ligne de terre menée par le point *o*; elles sont osculatrices entre elles, en ce point, lequel est un point d'inflexion sur ces courbes. (On conçoit la possibilité d'arriver à de pareilles courbes en prenant deux courbes gauches osculatrices et en projetant ces deux courbes sur un plan perpendiculaire à leur plan osculateur commun. Les projections de ces courbes présentent un point d'inflexion, et en ce point ces projections sont des courbes osculatrices.) Ici *op* est un infiniment petit du troisième ordre et *ab* du deuxième. La distance *cd* est alors infinie, et le paramètre est nul.

Les différentes données que nous venons d'examiner sont au nombre de six; pour trois d'entre elles, *le point central étant à distance finie, le paramètre présente toutes les valeurs depuis zéro jusqu'à l'infini;* puis, pour les trois autres, *le point central étant à l'infini, le paramètre présente aussi toutes les valeurs depuis zéro jusqu'à l'infini.*

TRENTIÈME LEÇON.

SURFACES GAUCHES (SUITE). — PROBLÈMES RELATIFS AUX SURFACES GAUCHES (APPL. DE GÉOM. CINÉM.).

Surface gauche définie par trois courbes directrices : Biais passé gauche. — Cône directeur. — Plan tangent en un point : différentes solutions. — Génératrices singulières. — *Problèmes relatifs aux surfaces gauches* (appl. de Géom. ciném.). — Surfaces réglées engendrées pendant le déplacement d'une figure de forme invariable. — Dièdre mobile. — Droite mobile dont quatre points restent sur quatre surfaces données. — Construction de la tangente à la courbe de contact de la surface engendrée par une droite, tangente à trois surfaces directrices, avec l'une de ces surfaces. — Lieu des droites liées à une figure, dont les déplacements sont assujettis à quatre conditions, et qui, à partir de leurs positions primitives, n'engendrent pas de pinceaux.

SUPPLÉMENT. — *Applications de Géométrie cinématique.* — Déplacement d'un dièdre de grandeur invariable dont l'arête est tangente à deux surfaces données et les faces tangentes à ces mêmes surfaces. — Hyperboloïde osculateur le long d'une génératrice d'une surface réglée définie par trois courbes ou surfaces directrices. — Construire l'hyperboloïde osculateur d'une normalie. — Sur les trajectoires des points d'une droite mobile.

Surface gauche définie par trois courbes directrices : biais passé gauche. — Comme exemple de surface gauche définie par trois courbes directrices, nous allons prendre une surface que l'on rencontre dans le Cours de Stéréotomie et qu'on appelle *biais passé gauche*. Les trois directrices de cette surface sont deux circonférences égales, dont les plans sont parallèles, et la perpendiculaire aux plans de ces circonférences qui passe par le milieu du segment de droite compris entre les centres de ces courbes.

Prenons (*fig.* 241) le plan vertical de projection parallèle aux plans des circonférences directrices C_1, C_2 et le plan horizontal parallèle au plan (H') perpendiculaire à celui-ci et mené par la ligne des centres de C_1 et de C_2. Les circonférences se projettent verticalement suivant les circonférences égales C'_1, C'_2, et la directrice D a pour projection verticale le point o' qui est à égales distances des centres des circonférences. Les génératrices de la surface gauche se projettent verticalement suivant des droites qui passent par o', puisqu'elles rencontrent toutes la directrice D.

Soit $a'b'c'd'$ l'une de ces génératrices; les quatre points a', b', c', d' se projettent horizontalement en a, b, c, d. Comme le point o' est à égales distances des centres des deux circonférences,

Fig. 241.

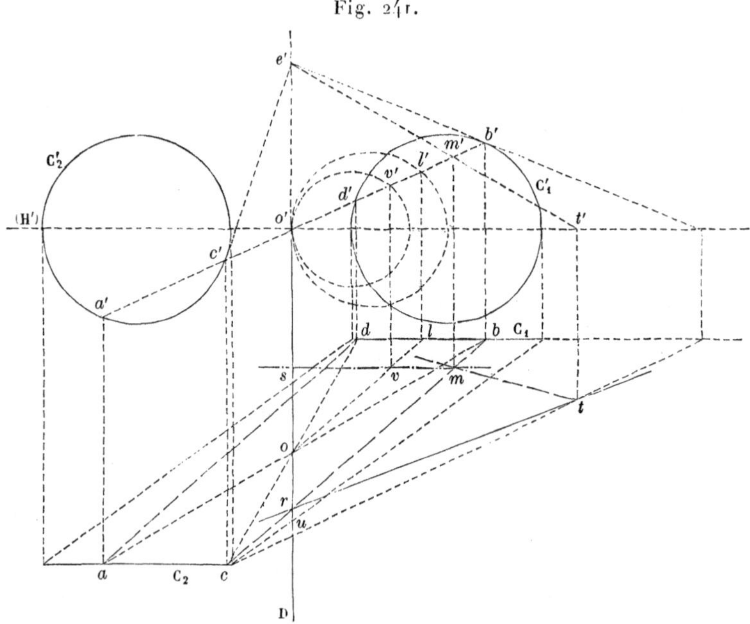

les points a et b sont à égales distances de la projection horizontale de D; il en est de même des points c et d. En joignant deux à deux les quatre points a, b, c, d, on obtient un parallélogramme et ses diagonales; le point de rencontre o de ces diagonales est sur la directrice rectiligne D et sur la droite qui joint les centres des deux circonférences.

Une droite telle que $a'b'$, qui passe par o', correspond à quatre droites qui rencontrent les trois directrices données. Mais parmi ces droites il y en a toujours deux qui passent par le même point o;

l'ensemble de ces dernières droites forme un cône ayant pour sommet ce point o et pour directrices les circonférences données. Le *biais passé gauche* est la surface engendrée par les deux autres droites telles que ad, bc.

Par le point o menons ol parallèlement à ad et bc; le point l est alors le milieu de bd. En projetant le point l en l' sur la droite $o'b'$, on obtient le point l' qui est le milieu de $b'd'$. Pour une génératrice quelconque du biais passé, on a un point tel que l'. Le lieu de ces points est une circonférence de cercle qui passe par le centre de C'_1; cette circonférence n'est autre que la trace du cône directeur de la surface sur le plan de cette circonférence directrice.

Cône directeur. — On voit ainsi qu'en plaçant en o le sommet du cône directeur du biais passé gauche, ce cône a pour trace, sur le plan de C_1 ou de C_2, une circonférence de cercle.

Plan tangent en un point. — Prenons un point (m, m') sur la génératrice $(bc, b'c')$ et proposons-nous de construire le plan tangent en ce point au biais passé gauche. Nous allons employer un hyperboloïde de raccordement à cette surface le long de la génératrice bc. Menons au point c' une tangente à C'_2; cette tangente se projette horizontalement sur le segment de droite C_2 suivant lequel se projette cette circonférence; de même, menons au point b' une tangente à C'_1. Les projections verticales de ces tangentes se rencontrent en un point e' qui est sur le prolongement de D. Cela résulte de la situation de la directrice rectiligne par rapport aux circonférences directrices qui ont des rayons égaux.

L'hyperboloïde de raccordement que nous allons employer a pour directrices les tangentes en c', b' aux deux circonférences directrices du biais passé et la directrice rectiligne D de cette surface.

Pour construire le plan tangent au point (m, m'), on doit chercher une génératrice de cet hyperboloïde qui rencontre deux droites de cette surface du même système que bc. Prenons pour l'une de ces droites la trace de l'hyperboloïde sur le plan horizontal (H'), qui contient déjà la directrice rectiligne D. Cette trace s'obtient en joignant par une droite les traces sur ce plan des tangentes aux circonférences directrices, tangentes qui sont les directrices de l'hyperboloïde.

La perpendiculaire e' au plan vertical rencontre les directrices de l'hyperboloïde projetées suivant $e'c'$, $e'b'$ et la droite D à laquelle elle est parallèle. Cette perpendiculaire au plan vertical est donc aussi une droite de l'hyperboloïde du même système que la génératrice qui contient le point m. En joignant le point e' au point m', on a la projection verticale d'une génératrice de cet hyperboloïde, et, comme la trace de cette droite sur (H') doit être sur la trace de l'hyperboloïde sur le même plan, cette trace est au point t. En joignant le point m au point t, on a alors la projection horizontale de la ligne $e'm'$. Les droites mt et $m't'$ sont les projections d'une droite qui, avec la génératrice de l'hyperboloïde, définissent le plan tangent demandé. La trace sur (H') de ce plan tangent est la droite rt.

Autres solutions pour déterminer le plan tangent. — Le plan tangent en un point d'une génératrice d'une surface gauche est le plan déterminé par cette génératrice et par une tangente menée par ce point à la surface. On a alors facilement le plan tangent, après avoir construit en (m, m') la tangente à une courbe tracée sur le biais passé.

Or il est très aisé de construire la tangente à la section faite dans le biais passé par un plan mené par le point (m, m') parallèlement au plan vertical de projection.

Ce plan sécant étant parallèle aux plans des courbes directrices détermine avec les circonférences C_1, C_2 trois plans qui partagent toutes les génératrices de la surface en segments proportionnels; ces segments se projettent sur le plan vertical de projection suivant des segments dont le rapport est égal au rapport dans lequel se trouvent partagés les segments des génératrices dans l'espace. Pour une génératrice quelconque de la surface, les segments tels que $c'm'$, $m'b'$ sont donc dans un rapport constant.

Sur le plan vertical de projection, la courbe lieu des points tels que m' partage alors dans un rapport constant les segments interceptés par C'_1, C'_2 sur des droites telles que $c'b'$, qui passent constamment par le point o'.

Nous savons construire la normale à la courbe lieu des points tels que m'. Pour déterminer cette droite, élevons au point o' (*fig.* 242) ([1]) une perpendiculaire à $o'm'$; menons au point c' la normale à C'_2; elle rencontre en un point γ la perpendiculaire que nous venons de mener; traçons de même la normale au point b' à

Fig. 242.

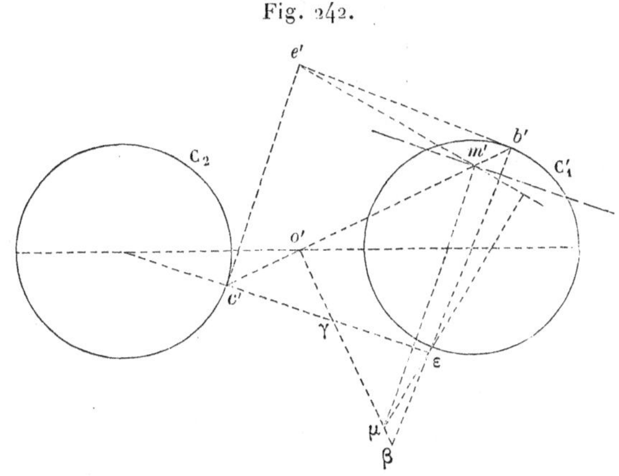

C'_1; elle rencontre la perpendiculaire $o'\gamma$ au point β : la normale demandée passe par le point μ, qui partage le segment $\gamma\beta$ de façon que $\frac{\gamma\mu}{\mu\beta} = \frac{c'm'}{m'b'}$.

Pour déterminer le point μ, il suffit de prendre le point de rencontre ε des droites $c'\gamma$, $b'\beta$ et d'abaisser de ce point ε une perpendiculaire sur la droite $e'm'$: cette perpendiculaire coupe $o'\gamma$ au point μ. En effet, les triangles $b'c'e'$, $\beta\gamma\varepsilon$ sont semblables, puisqu'ils ont leurs côtés respectivement perpendiculaires; en abaissant du point ε une perpendiculaire sur $e'm'$, on a l'homologue de cette droite; elle partage le côté $\gamma\beta$ comme le point m' partage le côté $c'b'$. Ayant le point μ, on a la normale $m'\mu$, et la perpendiculaire à cette droite menée par le point m' est une droite de front du plan tangent demandé.

Nous venons de déterminer le plan tangent en construisant la tangente en m' à la section faite dans le biais passé par un plan mené par ce point parallèlement au plan vertical de projection et

---

([1]) Nous faisons cette construction sur une figure particulière pour ne pas compliquer la *fig.* 241.

en donnant de cette section plane une certaine définition. Nous allons montrer que la projection verticale de cette section plane peut être engendrée d'une autre façon (¹). Il en résulte une construction de la normale à la projection verticale de cette courbe et une autre construction du plan tangent.

Le plan sécant mené par le point m rencontre (*fig.* 241) la génératrice ol du cône directeur au point (v, v'); ce point appartient à la trace du cône directeur sur ce plan. Cette trace est une circonférence de cercle qui se projette verticalement suivant une circonférence tangente au point o' à la projection verticale de la circonférence lieu des points tels que l'.

Puisque la droite ol est parallèle à la génératrice bm, on a

$$bm = vl$$

et, par suite,

$$b'm' = v'l'.$$

On obtient donc la projection verticale de la section plane en portant sur des droites partant du point fixe o' et à partir des points où elles rencontrent C'_1 des segments tels que $b'm'$, égaux aux segments tels que $v'l'$, interceptés par deux circonférences fixes.

Il résulte de là un moyen de construire la normale en m' à la

Fig. 243.

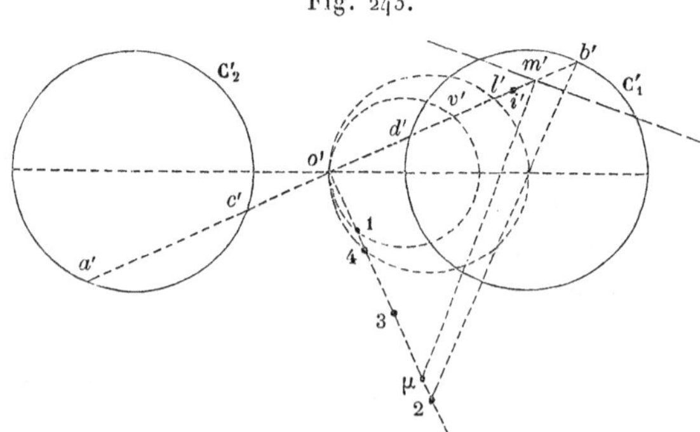

courbe ainsi obtenue. Élevons (*fig.* 243) (²) au point o' une perpendiculaire à $o'b'$; appelons i' le point milieu du segment $v'b'$. Le

(¹) *Traité de Géométrie descriptive* de M. DE LA GOURNERIE, IIe Partie, p. 214.

(²) Nous avons fait une figure particulière pour ne pas compliquer la *fig.* 241

point i' est aussi le milieu du segment $l'm'$, puisque nous supposons que le segment $b'm'$ est égal à $v'l'$. La normale au point v', à la circonférence qui contient ce point, rencontre au point 1 la perpendiculaire à la droite $o'b'$ que nous venons de mener par le point o'. La normale au point b' à la circonférence directrice donne le point 2 sur cette perpendiculaire; la normale au point l' à la trace du cône directeur donne le point 4; enfin la normale cherchée vient donner le point μ sur $o'2$.

Puisque le point i' est le milieu de $v'b'$, le segment $\overline{1\text{-}3}$ est égal au segment $\overline{3\text{-}2}$.

Puisque le point i' est le milieu du segment $l'm'$, le segment $\overline{4\text{-}3}$ est égal au segment $\overline{3\text{-}\mu}$.

Il résulte de là que le segment $\overline{2\text{-}\mu}$ est égal au segment $\overline{1\text{-}4}$, et que, par conséquent, il est aussi facile de construire le point μ qu'il a été facile de déterminer le point m' sur la droite $o'b'$. Connaissant la droite $m'\mu$, il suffit d'élever une perpendiculaire à cette droite pour avoir une droite de front du plan tangent demandé : ce plan est donc déterminé.

Génératrices singulières. — Il y a sur le biais passé gauche des génératrices singulières. Telles sont les génératrices situées dans le plan horizontal (H') : elles rencontrent la directrice rectiligne (*fig.* 241) aux points s, u. Ces génératrices rencontrent les circonférences directrices en des points pour lesquels les plans tangents sont verticaux et confondus. Le plan tangent est unique tout le long de ces génératrices; il est différent aux points s et u, qui sont les points centraux sur ces génératrices.

On a encore des génératrices singulières en prenant les génératrices qui se projettent verticalement suivant les droites menées par le point o' tangentiellement aux projections verticales des circonférences directrices; aux points où ces droites rencontrent ces circonférences directrices, on a, pour chacune de ces droites, un même plan tangent.

PROBLÈMES RELATIFS AUX SURFACES GAUCHES (APPL. DE GÉOM. CINÉM.).

Surfaces réglées engendrées pendant le déplacement d'une figure de forme invariable ([1]). — Nous allons considérer maintenant les surfaces réglées engendrées par des droites faisant partie de figures mobiles de forme invariable.

Quatre plans (A), (B), (C), (E), *liés invariablement, se coupent suivant une droite* D; *chacun de ces plans est tangent à une surface donnée. Lorsqu'on déplace ce faisceau de plans de façon que ces quatre plans restent respectivement tangents aux surfaces données, la droite* D *engendre une surface* (D). *Nous nous proposons de construire le plan tangent à* (D) *pour un point de la droite* D.

Soit a (*fig.* 244) le point de contact du plan (A) avec l'une des

Fig. 244.

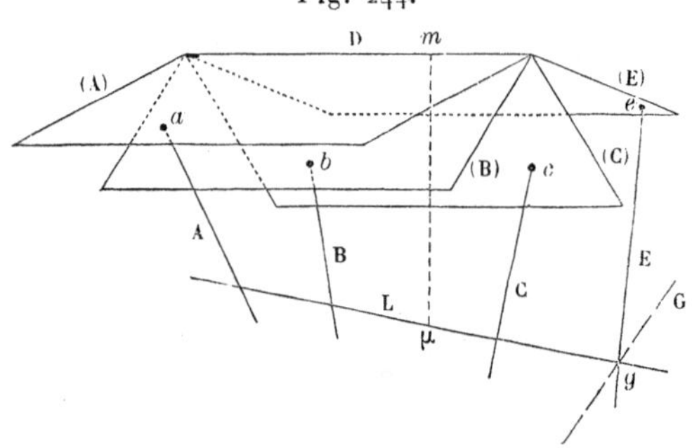

surfaces directrices données. Lorsqu'on déplace la figure de forme invariable, le plan (A) a une caractéristique qui passe par le point a; mais la caractéristique d'un plan qui passe par une droite D est la projection de l'adjointe au plan perpendiculaire à cette droite; la normale A au point a à la surface directrice donnée doit donc rencontrer cette adjointe.

([1]) *Étude sur le déplacement* (*loc. cit.*, et *Comptes rendus des séances de l'Académie des Sciences,* 6 et 13 juin 1870, 3 et 10 mars 1873). Ces deux dernières Communications ont été reproduites dans le *Bulletin de la Société mathématique de France,* t. I, p. 106. Dans le même volume, page 114, on trouve une intéressante Note de M. Halphen, *Sur le mouvement d'une droite.*

Ce que nous venons de dire pour l'un des plans, on peut le répéter pour les trois autres; on voit donc que, en menant aux surfaces directrices données des normales issues des points où ces surfaces sont touchées par les quatre plans (A), (B), (C), (E), on obtient quatre droites qui doivent rencontrer l'adjointe au plan perpendiculaire à D. Ces quatre droites A, B, C, E sont parallèles à un plan perpendiculaire à D; par suite elles rencontrent la droite à l'infini sur ce plan. Il n'y a alors qu'une seule droite à distance finie qui rencontre A, B, C, E, et cette droite L est l'adjointe demandée.

Construisons L. Considérons le paraboloïde qui a pour directrices les normales A, B, C. Coupons ce paraboloïde par le plan mené, par la normale E, perpendiculairement à la droite D, c'est-à-dire par un plan parallèle à l'un des plans directeurs de ce paraboloïde; la section est une droite G, qui rencontre E en un point g : la génératrice du paraboloïde (A, B, C), qui passe par le point g, est la droite L qu'il s'agissait de construire.

La droite L, adjointe au plan perpendiculaire à D, est, comme on le sait, une droite qui appartient au paraboloïde des normales de la surface (D) engendrée par D; on obtient donc le plan tangent en un point quelconque m de D à la surface (D) de la manière suivante : on mène par m un plan perpendiculaire à D, ce plan rencontre L en un point μ, la droite $m\mu$ est la génératrice du paraboloïde des normales, et, par conséquent, c'est la normale au point m à (D); le plan tangent demandé lui est perpendiculaire.

On peut encore dire que ce plan tangent est le plan mené par D perpendiculairement au plan déterminé par le point m et par la droite L.

Au moyen de la droite L, on obtient la caractéristique de l'un quelconque des quatre plans du faisceau mobile en projetant cette droite L sur ce plan.

On peut remarquer que ce paraboloïde des normales à la surface (D) par la droite D est déterminé; par conséquent, cette droite engendre un élément de surface réglée, quoique les conditions qui définissent le déplacement de la figure de forme invariable ne soient qu'au nombre de quatre seulement, et que, en général, dans ces circonstances, les points admettent des surfaces trajectoires et les droites engendrent des pinceaux. Dans une figure de forme invariable, dont les déplacements sont assujettis à quatre conditions, il y a une infinité de droites, telles que D ([1]).

Prenons (*fig.* 245) le cas particulier où l'on n'a plus que *deux plans assujettis à rester tangents à une surface donnée, la droite* D *étant en outre assujettie à toucher deux autres surfaces données.* Des points de contact a et b des deux plans avec

Fig. 245.

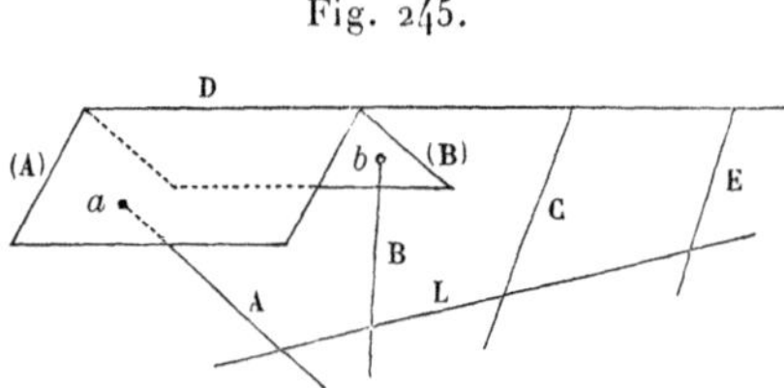

la surface directrice, menons des normales à cette surface; des points, où la droite D touche les autres surfaces directrices, menons les normales C, E à ces surfaces. L'adjointe au plan perpendiculaire à D rencontre A et B, comme nous l'avons montré, et, comme cette droite appartient au paraboloïde des normales de la surface (D) engendrée par D, elle rencontre aussi C et E; elle doit donc rencontrer A, B, C, E. On la détermine comme nous venons de le dire et, lorsqu'elle est construite, on achève comme précédemment pour déterminer soit le plan tangent en un point quelconque m de D, soit la caractéristique de l'une des faces du dièdre mobile.

Supposons (*fig.* 246) que l'angle du dièdre formé par les plans (A) et (B) diffère infiniment peu de deux angles droits; alors a et b sont infiniment voisins de D, et la droite qui joint ces deux points est la tangente conjuguée de D par rapport à la surface directrice à laquelle la droite D est maintenant tangente. Cette droite est toujours assujettie, en outre, à toucher deux autres surfaces directrices données. En définitive, *la droite* D *doit rester maintenant tangente à trois surfaces directrices, et un plan* (A) *mené par cette droite reste tangent à l'une de ces surfaces successivement aux points de contact de* D *avec cette surface.*

([1]) *Voir* à la fin de cette Leçon.

Le paraboloïde employé pour déterminer la droite L, adjointe au plan perpendiculaire à D, est le paraboloïde des trois droites A, B, C. Mais A et B sont deux droites infiniment voisines; ce paraboloïde est donc le paraboloïde qui est mené par C et qui se raccorde avec la normalie ayant pour directrice une courbe passant par les points a et b.

Ce paraboloïde de raccordement a pour plans tangents, aux

Fig. 246.

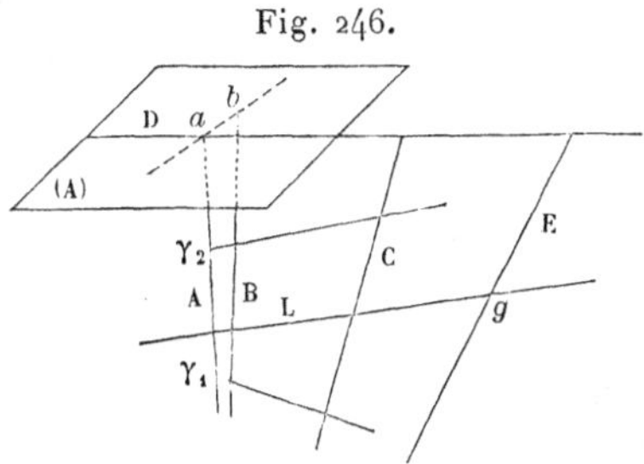

centres de courbure principaux γ_1 et γ_2 situés sur la normale A, les plans des sections principales de la surface directrice. Les directrices de ce paraboloïde sont les droites qui joignent les points γ_1, γ_2 aux points de rencontre de la droite C avec ces plans des sections principales. Ce paraboloïde est déterminé par ces deux droites et par son plan directeur, qui est toujours le plan perpendiculaire à D.

En prenant le point de rencontre g de la droite E avec ce paraboloïde, la génératrice L qui passe par g est l'adjointe à l'aide de laquelle on construit, comme précédemment, le plan tangent en un point quelconque m de la droite D.

En projetant L sur le plan (A) tangent en a à la surface directrice donnée, on obtient la caractéristique de ce plan mobile. Comme cette droite est conjuguée de la tangente à la ligne de contact de (D) avec la surface directrice, il suffit de prendre la tangente conjuguée de cette projection de l'adjointe L *pour avoir, au point a, la tangente à la courbe de contact de la surface réglée* (D) *avec la surface directrice à laquelle le plan* (A) *reste tangent.*

Dièdre mobile. — La propriété de l'adjointe au plan perpendiculaire à D de se projeter sur les faces d'un dièdre de forme invariable, qui a pour arête cette droite, suivant les caractéristiques de ces faces, montre comment on construit cette adjointe lorsque l'on donne les caractéristiques des faces d'un dièdre mobile. Il suffit de mener suivant les caractéristiques des faces de ce dièdre des plans normaux à ces faces; leur intersection est l'adjointe cherchée. Au moyen de cette adjointe, on construit, comme précédemment, les plans tangents à la surface réglée engendrée par l'arête du dièdre. Par exemple, nous avons déjà dit que, lorsqu'un dièdre droit se déplace de manière que ses faces contiennent deux droites, l'arête du dièdre engendre un hyperboloïde; la remarque que nous venons de faire permet donc de construire les plans tangents à un pareil hyperboloïde.

Puisque la droite L appartient au paraboloïde des normales engendré par l'arête du dièdre mobile, on peut la prendre comme *droite conjuguée* de cette arête; on voit alors que *le déplacement de ce dièdre mobile peut être obtenu au moyen d'une simple rotation autour de cette adjointe.*

Dans le cas particulier où la caractéristique d'une des faces du dièdre mobile est perpendiculaire à la génératrice D de la surface gauche (D), l'adjointe L est à l'infini et ne peut pas être prise comme axe de rotation permettant le déplacement du dièdre; le déplacement autour de cet axe à l'infini est une simple translation dans la direction de D, ce qui ne déplace pas le dièdre.

On voit également que, dans ce cas particulier, *la caractéristique de l'autre face est aussi perpendiculaire à* D et que *ces deux caractéristiques ne rencontrent pas* D *au même point* (¹).

Si (D) est une surface développable, les caractéristiques des faces du dièdre rencontrent D au même point; elles peuvent être l'une et l'autre perpendiculaires à D et le déplacement du dièdre peut s'effectuer au moyen d'une rotation infiniment petite.

Droite mobile dont quatre points restent sur quatre surfaces données. — Nous venons de considérer le déplacement d'une droite indé-

---

(¹) *Voir* mes Notes suivantes : *Sur le déplacement infiniment petit d'un dièdre de grandeur invariable* (*Comptes rendus des séances de l'Académie des Sciences,* 11 juin 1877); *Nouvelle démonstration d'un théorème relatif au déplacement infiniment petit d'un dièdre, et nouvelle application de ce théorème* (*Bulletin de la Société mathématique de France,* t. VI, p. 5); *Démonstrations géométriques d'un théorème relatif aux surfaces réglées* (*Id.,* p. 7).

pendamment de ses points; examinons le cas où la droite mobile se déplace de façon que quatre de ses points a, b, c, e (*fig.* 247) restent sur quatre surfaces données.

On ne connaît pas les trajectoires décrites par les quatre points a, b, c, e, mais on sait que le plan normal à la trajectoire décrite par le point a contient la conjuguée Δ de la droite D; la normale A à la surface sur laquelle reste le point a rencontre donc la conju-

Fig. 247.

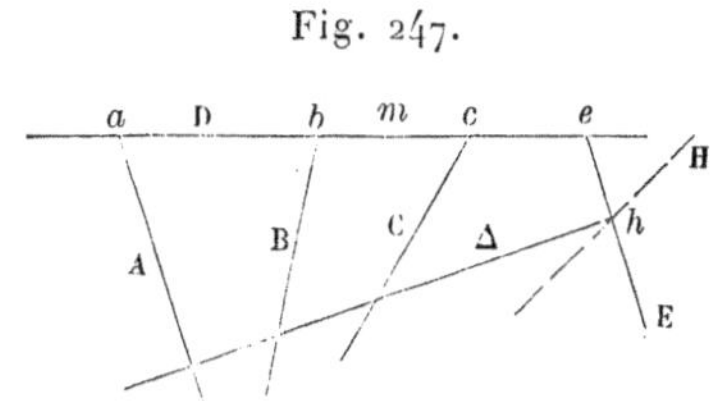

guée de D. Il en est de même des normales aux trois autres surfaces directrices élevées respectivement des points b, c, e; donc la conjuguée de D est la droite Δ qui rencontre les quatre normales A, B, C, E aux surfaces directrices.

Il n'y a qu'une seule droite rencontrant A, B, C, E, puisque D rencontre déjà ces quatre droites. Pour construire Δ, coupons l'hyperboloïde, défini par A, B, C, par le plan (D, E), qui le rencontre suivant la droite D; alors la section est une droite H. Cette droite rencontre E en un point h, et la génératrice de l'hyperboloïde qui passe par h est la droite Δ. Connaissant Δ, on obtient tout de suite la tangente à la trajectoire d'un point quelconque m de D : c'est la perpendiculaire élevée de ce point au plan (m, Δ). On a aussi le plan tangent en ce point à la surface engendrée par D : c'est le plan mené par D perpendiculairement au plan (m, Δ).

Supposons, comme cas particulier, que *les points a et b soient sur une même surface, et que la droite mobile soit en outre assujettie à toucher deux autres surfaces données.*

Les normales élevées des points a et b (*fig.* 248) à la surface sur laquelle restent ces points rencontrent la conjuguée de D, et, comme cette conjuguée appartient au paraboloïde des normales à la surface engendrée par cette droite, elle rencontre aussi les normales C et E aux deux autres surfaces directrices; Δ est alors déterminé, comme précédemment, au moyen de quatre droites A, B, C, E.

Si les points a et b sont infiniment voisins, la droite D est tangente à trois surfaces directrices, et le point a décrit sur la surface directrice $[a]$ la courbe de contact de cette surface et de la surface réglée engendrée par D. Dans ce cas, l'hyperboloïde défini par A, B, C est l'hyperboloïde mené par C, et qui est de raccordement avec l'élément de normalie qui contient A et B. Aux centres de courbure principaux γ_1 et γ_2, les plans tangents à cette normalie

Fig. 248.

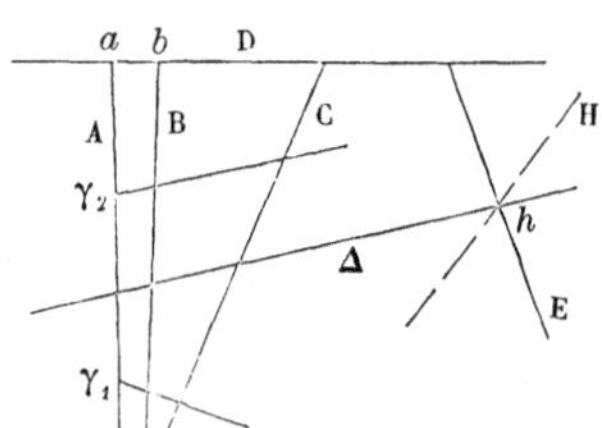

sont les plans des sections principales de la surface $[a]$. Les trois directrices de cet hyperboloïde sont alors D et les droites partant des points γ_1, γ_2 et aboutissant aux points où la droite C rencontre les plans des sections principales de $[a]$. Cet hyperboloïde de raccordement étant défini au moyen de ces trois droites, on sait construire, comme précédemment, la génératrice de cet hyperboloïde qui rencontre E, et obtenir ainsi la droite Δ. Connaissant Δ, on peut déterminer la tangente à la trajectoire du point a, ce qui donne une autre solution de cette question, précédemment résolue : *Une droite tangente à trois surfaces directrices engendre une surface réglée; construire la tangente à la courbe de contact de cette surface avec l'une des surfaces directrices.*

Les points a et b peuvent être confondus sans que les surfaces directrices de ces points soient confondues. Les points a et b confondus décrivent alors la ligne d'intersection (a) des surfaces directrices; par suite, *la droite* D *est assujettie à avoir un point a sur une courbe (a) pendant que les points c, e restent sur des surfaces données.* La solution, dans ce cas, est très simple : la droite conjuguée est dans le plan normal en a à la trajectoire (a) de ce point, et elle rencontre C, E; par conséquent, c'est la droite qui joint les traces des normales C, E sur le plan normal en a à la trajectoire (a).

Enfin, dans le cas où *la droite est assujettie à avoir deux de ses points sur deux courbes données,* la droite Δ est l'intersection des plans normaux menés en ces points aux trajectoires données de ces points.

Droites liées à une figure dont les déplacements sont assujettis à quatre conditions et qui, à partir de leurs positions primitives, n'engendrent pas de pinceaux. — Il reste maintenant à revenir sur ce que nous avons annoncé relativement aux droites qui engendrent des éléments de surfaces réglées pour tous les déplacements d'une figure assujettie à quatre conditions seulement.

Considérons un pareil déplacement dans le cas où il y a deux axes simultanés de rotation D et Δ. Appelons X une droite qui, pour tous les déplacements de la figure, engendre le même élément de surface réglée. Un point de cette droite a pour surface trajectoire, autour de sa position, la surface engendrée par X, et la normale à cette surface est la droite issue de ce point, qui rencontre D et Δ. Les normales aux surfaces trajectoires des points de X forment alors le paraboloïde des normales à l'élément de surface réglée engendré par X. La droite X doit, par conséquent, déterminer avec D et Δ un paraboloïde dont un plan directeur lui est perpendiculaire ; X doit alors rencontrer à angle droit la perpendiculaire O commune à D et à Δ.

Prenons une droite qui s'appuie sur D et Δ, et menons la perpendiculaire commune X à cette droite et à O. Cette droite X, qui est bien déterminée, remplit les conditions dont nous venons de parler. On a alors toutes les droites telles que X en prenant les perpendiculaires communes à O et aux droites qui s'appuient sur D et Δ. *Les droites* X *sont donc les génératrices du conoïde de Plücker* que nous avons étudié précédemment [1].

---

[1] En faisant usage d'une propriété énoncée au bas de la page 361. On peut dire : *Lorsqu'une figure de forme invariable n'est assujettie qu'à quatre conditions, les axes de tous les déplacements qu'on peut lui imprimer, à partir d'une de ses positions, sont les génératrices d'un conoïde de Plücker.*

SUPPLÉMENT A LA TRENTIÈME LEÇON.

APPLICATIONS DE GÉOMÉTRIE CINÉMATIQUE.

Dièdre mobile dont l'arête reste tangente à deux surfaces données et dont les faces restent tangentes à ces mêmes surfaces. — En considérant d'abord le déplacement d'un dièdre dont les faces sont tangentes à une même surface, puis en supposant que ce dièdre diffère infiniment peu de deux angles droits, nous avons trouvé, dans cette Leçon, une propriété relative à l'adjointe à un plan perpendiculaire à l'arête de ce dièdre. Cette propriété peut être énoncée ainsi :

Lorsqu'un plan contenant une droite se déplace de telle façon qu'il reste, ainsi que la droite, tangent à une surface, l'adjointe à un plan perpendiculaire à cette droite est tangente à une normalie à la surface donnée, qui a pour directrice une courbe dont la tangente est conjuguée de la droite mobile.

Cette propriété permet de résoudre immédiatement le problème suivant :

L'arête d'un dièdre mobile reste tangente à deux surfaces données, et les faces de ce dièdre sont tangentes à ces surfaces; déterminer l'adjointe à un plan perpendiculaire à cette arête.

Supposons, comme cas particulier, que les surfaces données soient les nappes de la développée d'une surface (S) et que le dièdre mobile soit le dièdre droit formé par les plans des sections principales de (S) relatifs à la normale A. On peut alors déplacer ce dièdre d'une infinité de manières autour de la position qu'il occupe sans qu'il cesse de remplir ces conditions. En conséquence, il doit y avoir une infinité d'adjointes à un plan perpendiculaire à A.

D'après ce qui précède, ces adjointes doivent être tangentes à deux éléments de normalies. Comme les deux droites infiniment voisines, qui déterminent respectivement chacun de ces éléments de normalies, sont perpendiculaires à A et qu'elles doivent pouvoir être rencontrées par une infinité de droites, elles appartiennent toutes les quatre à un même paraboloïde hyperbolique; ce paraboloïde est le lieu de toutes ces adjointes. Mais ces adjointes peuvent être prises comme axes instantanés de rotation au moyen desquels s'obtiennent tous les déplacements du dièdre droit; par suite on voit que :

Le lieu des axes autour desquels il faut faire tourner les plans des sections principales d'une surface pour les amener dans l'une quelconque des positions infiniment voisines qu'ils peuvent occuper est un paraboloïde hyperbolique.

Ce paraboloïde, que j'ai appelé *paraboloïde des huit droites*, permet d'obtenir facilement la liaison qui existe entre les éléments de courbure des deux nappes de la développée d'une surface (1).

Construction de l'hyperboloïde osculateur d'une surface réglée définie par trois surfaces ou courbes directrices (2). — Nous avons vu (p. 311) que, pour construire l'hyperboloïde osculateur d'une surface réglée (D) le long d'une génératrice D, on doit construire les asymptotes des indicatrices de (D) en trois points de D.

La construction de l'asymptote de l'indicatrice de (D) au point a, où cette droite touche une surface directrice (A), se ramène à la construction de l'asymptote de l'indicatrice de cette surface en a. Pour le montrer, considérons la courbe de contact (a) de (D) et de (A). Aux différents points de cette courbe, ces deux surfaces ont les mêmes plans tangents. Par suite, lorsque le plan tangent en a aux surfaces (A) et (D) se déplace en restant tangent à (A), de façon que son point de contact soit toujours un point de (a), sa caractéristique est conjuguée de la tangente au point a à la ligne (a) relativement à (A) et à (D). Ces deux surfaces ont donc en a un système commun de diamètres conjugués.

Ce système de diamètres, que l'on connaît pour (A), est aussi un système de diamètres conjugués par rapport aux asymptotes de l'in-

---

(1) Pour plus de développements relativement à ce paraboloïde, je renvoie aux Communications que j'ai faites à l'Académie des Sciences et dont voici les titres :

1° *Détermination de la liaison géométrique qui existe entre les éléments de courbure des deux nappes de la surface des centres de courbure principaux d'une surface donnée* (12 février 1872).

2° *Détermination des relations analytiques qui existent entre les éléments de courbure des deux nappes de la développée d'une surface* (7 décembre 1874).

3° *Sur le paraboloïde des huit droites* (2 avril 1877).

4° *Sur les surfaces dont les rayons de courbure principaux sont fonctions l'un de l'autre* (30 avril 1877).

(2) Ed. Weyr. Académie de Vienne, 1880.

J. Solin. Académie de Prague, 1883.

dicatrice de (D) en a, mais on a l'une de ces droites, c'est la génératrice D : on peut alors facilement construire l'autre.

Cherchons maintenant l'asymptote de l'indicatrice de (D) au point où D rencontre une courbe directrice. Prenons d'abord un dièdre mobile dont les faces sont tangentes en b et c à cette courbe et dont l'arête D touche deux surfaces directrices (E), (F).

Aux points b et c menons respectivement des perpendiculaires aux faces du dièdre. Ces droites et les normales E, F aux surfaces directrices sont quatre droites perpendiculaires à D.

La droite unique L, qui les rencontre, est l'adjointe au plan perpendiculaire à D. En projetant L sur les faces du dièdre, on obtient les caractéristiques de ces faces pour un déplacement infiniment petit du dièdre.

Supposons que le dièdre diffère infiniment peu de deux angles droits; on n'a plus alors qu'un plan (P) sur lequel une droite D est marquée; ce plan touche toujours la courbe directrice en un point de D, et cette droite reste tangente aux surfaces directrices (E), (F).

Les points b et c sont actuellement infiniment voisins; les droites B, C déterminent un élément de surface réglée dont le plan directeur est perpendiculaire à D et dont les directrices sont : la tangente à la courbe donnée et l'axe de courbure de cette courbe. On peut construire le paraboloïde qui passe par E et qui se raccorde avec cet élément de surface. Ce paraboloïde est rencontré par F en un point; la génératrice de ce paraboloïde qui passe par ce point est l'adjointe L au plan perpendiculaire à D. En projetant L sur (P), on a la caractéristique de ce plan et l'on achève comme précédemment.

Construire l'hyperboloïde osculateur d'une normalie. — Soit (A) une normalie à une surface (S) dont la directrice est une courbe plane E. Appelons toujours a un point de cette courbe, A la normale en a à (S), et (T) le plan tangent à cette surface en a.

Aux points de contact de A avec les nappes de la développée de (S) on peut construire, comme nous venons de le voir, les directrices de l'hyperboloïde qui est osculateur de la normalie (A) le long de A. On est ainsi conduit à se donner les droites de courbure des nappes de cette développée. Il y a entre ces droites de courbure une liaison nécessaire qui ne permet pas de les prendre arbitrairement (p. 461).

Pour définir complètement l'hyperboloïde osculateur, dont on connaît déjà deux directrices, il reste à construire une troisième directrice. Dans le cas actuel, nous allons employer pour cela un procédé particulier. Appelons at la tangente en a à E, et $a\tau$ la tangente conjuguée de *at* par rapport à (S). Le plan (A, *at*), tangent à la normalie (A) en *a*, est perpendiculaire au plan (T). Ces deux plans forment un dièdre qui est toujours droit lorsque, ces plans restant tangents respectivement à (A) et à (S), le point *a* décrit E. L'arête de ce dièdre est alors constamment tangente à cette courbe.

Pour un déplacement infiniment petit, les faces de ce dièdre ont chacune une caractéristique. Le plan (T) a pour caractéristique $a\tau$, conjuguée de *at*. La face (A, *at*) a pour caractéristique une droite que l'on construit ainsi : par *at* on mène un plan perpendiculaire au plan de E, et par $a\tau$ on mène un plan perpendiculaire à (T); ces deux plans se coupent suivant une droite dont la projection sur la face (A, *at*) est la caractéristique de cette face (p. 369).

Cette caractéristique et *at* sont deux tangentes conjuguées de (A). On a donc, en *a*, la droite A, qui est une asymptote de l'indicatrice de (A) pour ce point, et un système de tangentes conjuguées; on peut alors construire l'autre asymptote de cette indicatrice.

Cette droite est la troisième directrice de l'hyperboloïde osculateur demandé. Cet hyperboloïde est alors déterminé.

La construction de l'hyperboloïde osculateur d'une normalie permet de résoudre facilement un certain nombre de problèmes.

Voici les énoncés de quelques-uns de ces problèmes :

Construire le plan osculateur en un point de la courbe de contact d'une surface et d'un cylindre ou d'un cône qui lui est circonscrit.

Construire le rayon de courbure de la développée de la section faite dans une surface par un plan quelconque.

Construire le centre de courbure de l'une des branches de la section faite dans une surface par l'un de ses plans tangents ([1]).

Sur les trajectoires des points d'une droite mobile ([2]). — On peut considérer ces trajectoires à deux points de vue, ayant chacun leur intérêt propre :

1° On peut chercher à construire les éléments de ces trajectoires, connaissant deux d'entre elles.

([1]) Voir (*Comptes rendus de l'Académie des Sciences*, séances des 1er, 15 et 22 mars 1875) les solutions que j'ai données de ces problèmes et de quelques autres.

([2]) Voir A. Schönflies, *Sur la courbure des lignes décrites par les points d'un solide invariable en mouvement* (*Mémoires de la Société royale des Sciences de Liège*, 2e série, t. XI).

2° On peut chercher les propriétés communes à ces trajectoires.

Relativement au premier point de vue, je dirai seulement que les axes de courbure des trajectoires des points d'une droite peuvent se construire au moyen d'une simple droite ([1]).

Voici maintenant les énoncés de quelques propriétés de ces trajectoires ([2]) :

Les tangentes aux trajectoires de tous les points d'une droite appartiennent à un paraboloïde hyperbolique qui a l'un de ses plans directeurs perpendiculaire à la conjuguée de cette droite.

Pour une position quelconque d'une droite pendant son déplacement, les axes de courbure des trajectoires de tous les points de cette droite appartiennent à un hyperboloïde ([3]).

La surface formée par les normales principales des trajectoires de tous les points d'une droite est une surface du quatrième ordre qui possède une droite triple.

Le lieu des centres de courbure des trajectoires de tous les points d'une droite est une courbe du cinquième ordre.

Les centres des sphères osculatrices des trajectoires de tous les points d'une droite sont sur une cubique gauche ([4]).

Lorsque quatre points d'une droite mobile restent sur quatre plans donnés, un point quelconque de cette droite décrit une ellipse ([5]).

Lorsque les points d'une droite sont assujettis seulement à trois conditions, ils se déplacent sur leurs surfaces trajectoires. Pour un déplacement, les points de la droite mobile décrivent des lignes sur ces surfaces. Voici quelques résultats relatifs à ces lignes ([6]) :

([1]) *Comptes rendus de l'Académie des Sciences*, séance du 6 juin 1870.

([2]) Voir (*Comptes rendus de l'Académie des Sciences*, séances des 3 et 10 mars 1873) les démonstrations que j'ai données de ces propriétés et de quelques autres.

([3]) Ce théorème est dû à M. Haag (*Bulletin de la Société Philomathique*, séance du 25 juin 1870). M. Ribaucour, de son côté, m'avait communiqué l'énoncé de ce théorème, dans le cas particulier où la droite mobile est normale à la trajectoire de ses points.

([4]) Ce théorème est dû à M. Haag.

([5]) On peut compléter ainsi cette propriété : *La droite mobile engendre une surface du quatrième ordre dont le cône directeur est de révolution. Si la droite mobile entraîne le plan qui la contient et qui reste constamment parallèle à l'axe de ce cône directeur, un point invariablement lié à ce plan décrit aussi une ellipse.*

([6]) *Voir* mon Mémoire intitulé *Sur les surfaces trajectoires des points d'une*

Le lieu des points d'une figure de forme invariable dont les trajectoires sont tangentes à des lignes asymptotiques de leurs surfaces trajectoires est une surface du troisième ordre.

De là cette propriété : *Il existe toujours une droite dont tous les points décrivent des éléments de lignes asymptotiques sur leurs surfaces trajectoires.*

Le lieu des points d'une figure dont les trajectoires ont leurs plans osculateurs normaux aux surfaces trajectoires de ces points est une surface de sixième ordre.

Le lieu des centres de courbure principaux des surfaces trajectoires des points d'une droite est une courbe gauche du sixième ordre, etc., etc. (¹).

---

figure de forme invariable dont le déplacement est assujetti à quatre conditions (*Recueil des Savants étrangers,* t. XXII, et *Journal de Mathématiques de M. Resal,* 3ᵉ série, t. I, p. 57).

(¹) En terminant ce qui est relatif à la Géométrie cinématique, je crois devoir rappeler que, pour la partie historique concernant *la question du déplacement d'une figure de forme invariable,* j'ai renvoyé à la *Notice* de M. Chasles (*voir* p. 160, 358, 360); c'est pourquoi je n'ai pas parlé des travaux des géomètres d'ailleurs si connus : Descartes, Pascal, Roberval, Jean Bernoulli, d'Alembert, Euler, Giulio Mozzi, Lexell, Carnot, Cauchy, Poinsot, G. Giorgini.

Le travail de M. Chasles renferme aussi des Notes intéressantes dans lesquelles sont cités : de Prony, Möbius, Lefébure de Fourcy, P. Breton, Transon, Salmon, Bresse, Gilbert, Rodrigues, Stegmann, de Jonquières, l'abbé Jullien, Steichen, Lamarle, Bellavitis, F. Lucas et moi-même.

TRENTE ET UNIÈME LEÇON.

SURFACES TOPOGRAPHIQUES.

Lignes de niveau. — Intersection de surfaces topographiques. — Courbes intercalaires. — Lignes d'égale pente. — Tracé des lignes d'égale pente. — Plan tangent à une surface topographique. — Cône circonscrit. — Lignes de plus grande pente. — Emploi des surfaces topographiques pour la représentation des Tables. — Anamorphose. — Emploi de deux surfaces topographiques qui représentent deux fonctions. — Représentation des lois naturelles.

Lignes de niveau. — Pour représenter la surface d'un terrain, dans la méthode des projections cotées, on coupe cette surface par des plans horizontaux équidistants ; les lignes d'intersection ainsi obtenues sont appelées des *lignes de niveau*. Les projections cotées de ces lignes servent à représenter la surface du terrain.

Fig. 249.

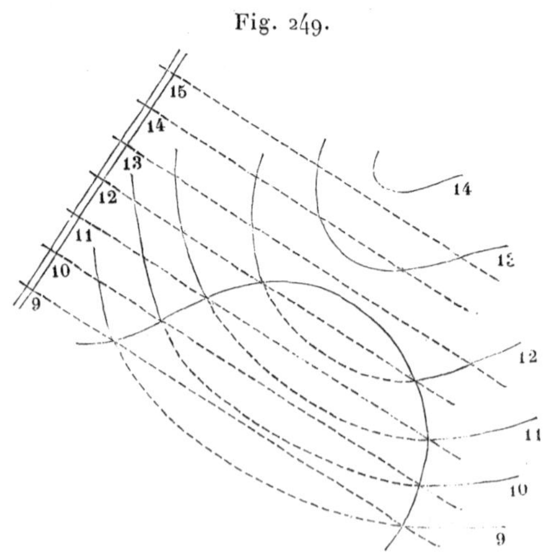

En général, cette surface ne rencontre une verticale qu'en un point ; de là résulte que deux lignes de niveau ne se rencontrent pas.

On donne le nom de *surfaces topographiques* aux surfaces qui ne sont pas définies géométriquement et qui peuvent être représentées par des lignes de niveau ne se rencontrant pas.

Proposons-nous de *construire l'intersection d'une surface topographique par un plan quelconque.* La surface est donnée par ses lignes de niveau cotées, et le plan par son échelle de pente.

Prenons (*fig.* 249) les intersections des horizontales du plan et des lignes de niveau qui ont respectivement les mêmes cotes, et joignons par un trait les points ainsi obtenus. Cette solution n'est qu'approximative, puisque la surface topographique n'est donnée qu'approximativement par des lignes de niveau. Il en est de même de tous les problèmes que nous allons résoudre.

Si le plan sécant est vertical (*fig.* 250), pour déterminer son

Fig. 250.

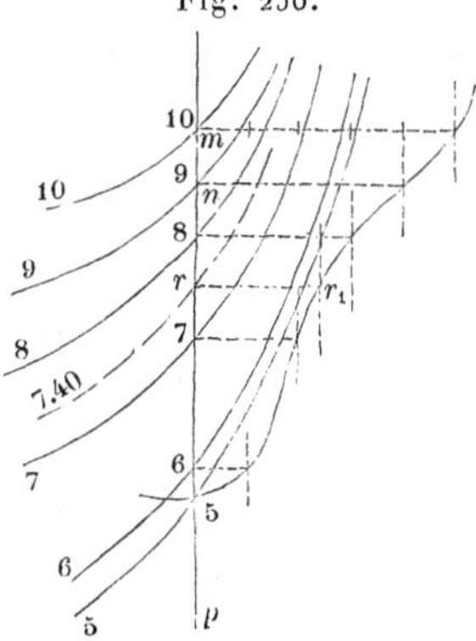

intersection avec la surface, on l'amène à être horizontal en le faisant tourner autour de l'une de ses horizontales. Le point où le plan vertical mp rencontre la ligne de niveau 10 est au-dessus de l'horizontale 5 de ce plan, de cinq unités de l'échelle du dessin. Pour avoir le rabattement de ce point, on porte sur la perpendiculaire élevée en m à mp, à partir de ce point m, cinq unités de l'échelle du dessin. Pour le point n, où le plan rencontre l'horizontale 9, on porte quatre unités, et ainsi de suite. En réunissant les extrémités des segments ainsi portés, on obtient la projection du rabattement, sur le plan horizontal coté 5, de la ligne d'intersection de la surface donnée et du plan vertical.

Si l'on demande de déterminer sur la droite mp le point de la surface qui est coté 7,40, on prend la différence entre 7,40 et 5, soit 2,40; on mesure à l'échelle du dessin le segment dont la longueur est 2,40, on porte ce segment sur une perpendiculaire à mp, et, par l'extrémité de cette perpendiculaire, on mène une droite parallèle à mp; cette parallèle rencontre la projection du rabattement de la ligne d'intersection de la surface par le plan vertical mp en un point r_1; en projetant ce point sur mp, on a le point r qui est coté 7,40.

Courbes intercalaires. — On peut reproduire cette construction pour un certain nombre de plans verticaux et déterminer sur les projections de ces plans le point coté 7,40; en réunissant tous ces points, on a la ligne de niveau cotée 7,40 et qui est ce qu'on appelle une *courbe intercalaire*.

Inversement, si l'on donne la projection d'un point, on peut déterminer sa cote en construisant la ligne d'intersection de la surface par un plan vertical qui contient ce point. Généralement, on ne construit pas cette courbe et l'on cote le point approximativement à simple vue.

Construire l'intersection de deux surfaces topographiques données par leurs lignes de niveau.

On prend les lignes de niveau de même cote et leurs points de rencontre; on joint les points ainsi obtenus et l'on a approximativement la ligne d'intersection des deux surfaces.

Intersection d'une droite et d'une surface topographique.

Par la droite on mène un plan; on construit la ligne d'intersection de ce plan et de la surface; la ligne ainsi obtenue rencontre la droite donnée au point où cette droite rencontre la surface topographique donnée.

Intersection d'une courbe et d'une surface topographique.

Par les points à cote ronde de la courbe on mène des droites parallèles entre elles et horizontales; ces droites forment les lignes de niveau d'un cylindre horizontal qui a pour courbe directrice la courbe donnée; on prend l'intersection de ce cylindre avec la surface topographique; cette ligne d'intersection rencontre la courbe donnée aux points cherchés.

Lignes d'égale pente. — La pente d'une ligne en un point est la tangente trigonométrique de l'angle que fait avec le plan de comparaison la tangente à cette ligne. Quand les tangentes à la ligne considérée sont également inclinées sur le plan de comparaison, on dit que la ligne est d'égale pente; les lignes d'égale pente sont des hélices sur leurs cylindres projetants.

Fig. 251.

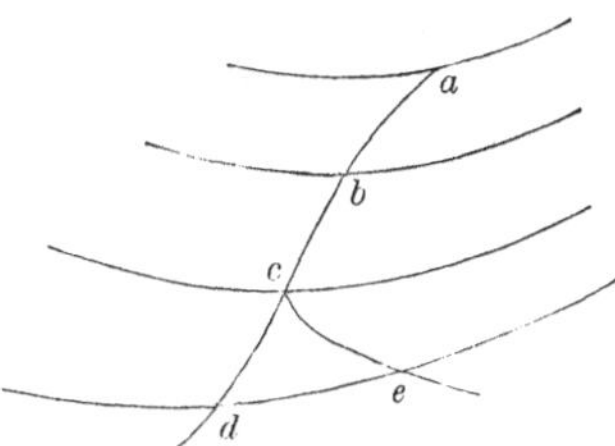

A partir d'un point a (fig. 251) on demande de tracer sur une surface topographique une ligne dont la pente est donnée.

Si la pente est $\frac{1}{n}$ et si l'équidistance des lignes de niveau est 1, on décrit du point a comme centre, avec un rayon égal au segment qui correspond à n, un arc de cercle qui rencontre au point b la ligne de niveau immédiatement au-dessous du point a; puis, avec la même ouverture de compas, on décrit du point b un arc de cercle qui rencontre au point c la ligne de niveau immédiatement au-dessous du point b, et ainsi de suite. En réunissant tous ces points, on obtient approximativement la ligne demandée.

Au point c, on aurait pu marcher vers le point e, où la circonférence décrite du point c comme centre rencontre la ligne de niveau immédiatement inférieure; on aurait ainsi obtenu la ligne $abce$, qui présente ce qu'on appelle un *lacet*.

Entre deux points donnés a, m (fig. 252), tracer une ligne d'égale pente.

Ce problème ne peut se résoudre que par tâtonnement.

On connaît la distance horizontale qui sépare les deux points donnés et la différence de niveau de ces deux points; on a alors, au moyen de ces deux quantités, la pente approximative de la ligne qui joint les deux points a et m; connaissant cette pente, traçons à partir de a une première ligne d'égale pente; nous n'arrivons pas au point m : nous aboutissons, par exemple, au point b. Diminuons la pente de manière à nous rapprocher du point m, à l'extrémité de cette ligne ; nous arrivons au point c. En continuant ainsi, nous dépassons le point m et nous arrivons au point e. A l'aide des points b, c, e, il est aisé de construire une courbe d'erreur au moyen de laquelle on détermine approximativement le rayon servant à décrire des arcs de cercles qui conduisent au tracé de la ligne demandée.

Sur une droite ox et à partir d'un point o, portons le rayon qui

Fig. 252.

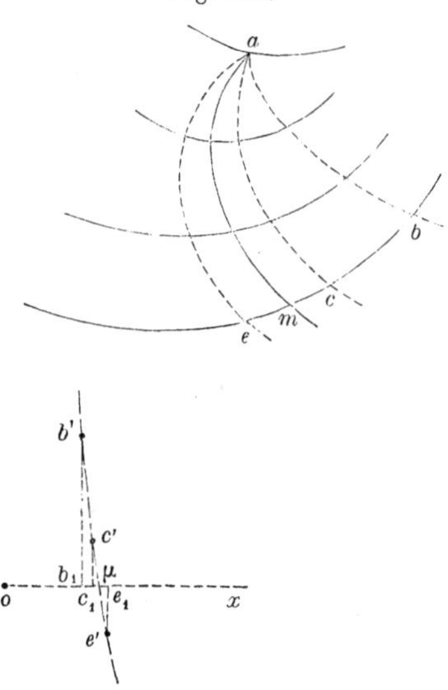

a servi à déterminer la ligne d'égale pente arrivant au point b; nous obtenons le point b_1 ; élevons la perpendiculaire $b_1 b'$ égale à la distance du point b au point m. Faisons la même chose pour le point c et enfin pour le point e; nous devons, dans ce dernier cas, porter la distance em sur une ordonnée placée au-dessous de la droite ox si nous avons placé les premières au-dessus. En réunissant les points b', c', e', on a une courbe d'erreur qui rencontre la droite ox en un point μ ; c'est avec une ouverture de compas égale à $o\mu$ que l'on trace des arcs de cercles pour déterminer la ligne d'égale pente.

Une ligne de plus grande pente sur une surface topographique est une trajectoire orthogonale des lignes de niveau.

Le plan tangent en un point d'une surface topographique est déterminé par la tangente à la courbe intercalaire qui passe par ce point et par la ligne de plus grande pente. Si le plan tangent au point que l'on considère coupe la surface, celle-ci est à courbures opposées : dans ce cas, lorsque pour un point le plan tangent est horizontal, on dit que l'on a un *col*.

Par une droite donnée, mener un plan tangent à une surface topographique.

Par les points à cote ronde de la droite (*fig.* 253), menons des tangentes aux lignes de niveau de même cote. Ces droites hori-

Fig. 253.

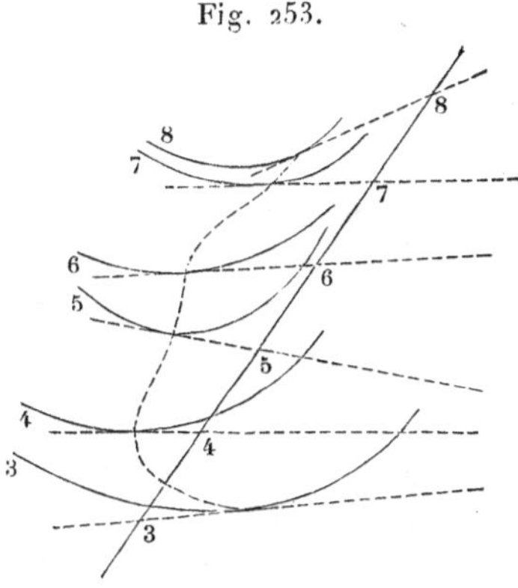

zontales s'appuient sur une droite et sont tangentes à la surface topographique ; elles appartiennent alors à un conoïde qui a pour directrices la droite donnée et la surface topographique donnée. Le plan tangent à ce conoïde, mené par la droite, est le plan qui touche cette surface en un point par lequel passe une génératrice singulière ; cette droite est parallèle à la génératrice qui lui est infiniment voisine ; on doit donc, pour déterminer approximativement le point de contact, prendre parmi ces horizontales deux d'entre elles qui sont voisines et parallèles. On voit sur la figure que les horizontales 6 et 7 sont sensiblement parallèles ; par conséquent, si l'on trace la ligne de contact du conoïde et de la surface topographique, c'est entre le point 6 et le point 7 de cette ligne que se trouve le point de contact du plan tangent demandé.

La même solution est applicable lorsqu'au lieu d'une surface topographique on donne une courbe et qu'on demande le plan tangent à cette courbe mené par une droite donnée.

Mener un plan tangent à une surface topographique par une droite horizontale.

Menons aux lignes de niveau (*fig.* 254) des tangentes parallèles à la droite donnée; nous avons les génératrices d'un cylindre ho-

Fig. 254.

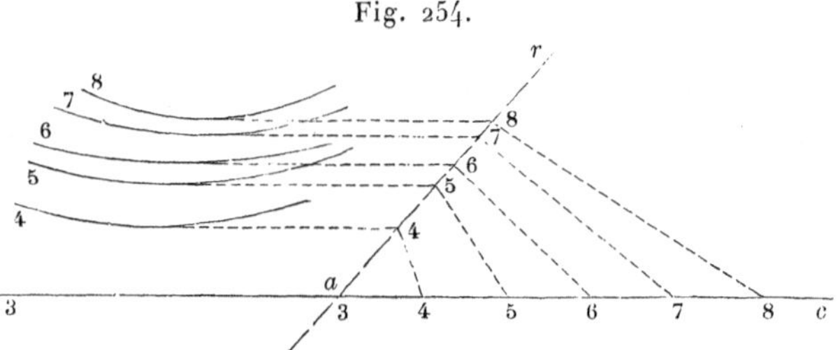

rizontal circonscrit à la surface donnée; le plan tangent demandé est tangent à ce cylindre. Coupons ce cylindre par un plan vertical *ar*; le plan tangent demandé contient la tangente qui est issue du point *a* à la courbe d'intersection de ce cylindre par ce plan vertical. Cherchons cette tangente. Pour cela, menons à la courbe d'intersection *ar* un plan tangent par une droite auxiliaire quelconque tracée à partir du point *a*; cette droite peut être considérée comme se projetant sur la droite donnée. Portons alors sur la projection de la droite donnée, à partir du point *a*, des segments égaux dont nous considérons les extrémités comme les points cotés de cette droite auxiliaire : le point *a* est coté 3, les points suivants seront cotés 4, 5, 6, 7, 8,.... Joignons le point 5 de cette droite au point où la droite *ar* est rencontrée par l'horizontale 5 du cylindre, puis le point coté 6 au point où l'horizontale 6 coupe la droite *ar*, et ainsi de suite; nous avons des droites horizontales s'appuyant sur la droite auxiliaire projetée suivant *ac* et sur la courbe d'intersection du cylindre par le plan vertical *ar*. En appliquant ce que nous venons de dire, on doit chercher deux de ces horizontales qui soient successives et sensiblement parallèles entre elles; c'est entre les points de rencontre de ces droites avec *ar* que se trouve le point de contact du plan mené par la droite *ac* tangentiellement à la courbe projetée suivant *ar*. Par le point ainsi obtenu on mène une parallèle à la droite donnée, elle rencontre la ligne de contact de la surface topographique et du cylindre circonscrit en un point qui est le point de contact du plan tangent demandé.

Cône circonscrit. — *Un point est donné par sa projection cotée : on demande le cône qui a pour sommet ce point et qui est circonscrit à une surface topographique donnée.*

On peut, par le point donné, mener des plans verticaux, construire les rabattements des sections de la surface topographique par ces plans et, au moyen de ces rabattements, construire les tangentes à ces courbes issues du point donné, relever ces courbes et le point de contact de ces tangentes; on détermine ainsi les points de contact de la surface topographique avec des tangentes issues du point donné et situées dans les plans verticaux menés à partir de ce point. En réunissant tous ces points de contact, on a la courbe de contact du cône circonscrit.

On peut encore mener par le point donné des droites quelconques; par ces droites on mène des plans tangents à la surface topographique, et les points de contact de ces plans tangents appartiennent à la courbe de contact du cône circonscrit qui a pour sommet le point donné.

Enfin, on peut opérer en n'employant (*fig.* 255) qu'une droite

Fig. 255.

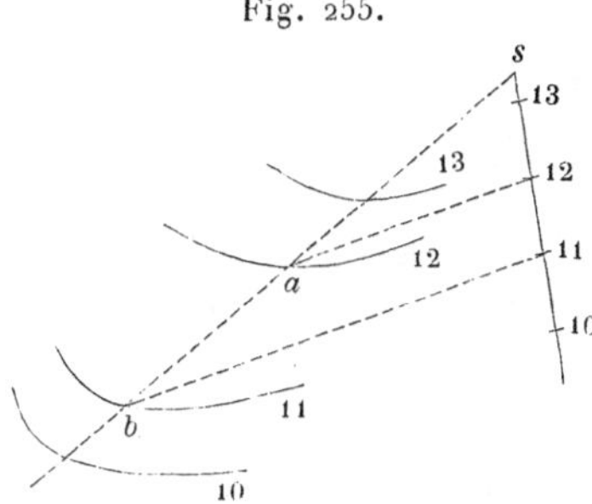

menée à partir du point donné s. Par s menons un plan vertical; ce plan coupe la surface suivant une certaine courbe; nous pouvons, par la droite arbitraire menée du point s, construire un plan tangent à cette courbe et déterminer le point de contact de ce plan tangent.

En faisant usage de la même droite arbitraire, on peut, au moyen d'une construction analogue, déterminer le point de contact du plan tangent, mené par cette droite, à une autre section faite dans la surface topographique par un plan vertical mené par le point s; et, en recommençant la construction pour un certain nombre de sections verticales, on a une suite de points de contact des tangentes menées du point s à la surface topographique. La réunion de tous ces points forme la courbe de contact du cône circonscrit dont le sommet est au point donné s.

On demande le point de cette courbe de contact situé sur une zone limitée à deux lignes de niveau données. Pour cela, on prend sur la droite arbitraire menée par le point s les points ayant mêmes cotes que ces lignes de niveau et l'on trace une droite sab; on joint le point a où cette droite rencontre l'une des lignes de niveau au point à même cote sur la droite menée à partir du point s. De même, on joint le point b au point à même cote sur cette même droite. On obtient ainsi deux droites. On fait tourner la ligne sab autour du point s jusqu'à ce que ces deux droites soient parallèles entre elles, et alors c'est entre le point a et le point b que se trouve le point de contact cherché.

Ce que nous venons de dire pour un cône circonscrit peut se répéter sans beaucoup de modifications lorsqu'on demande un cylindre circonscrit à une surface topographique.

Lignes de plus grande pente. — En Topographie, on ne représente pas toujours les surfaces par des lignes de niveau; on trace, entre les lignes de niveau, des portions de lignes de plus grande pente dont l'espacement et l'épaisseur du trait dépendent de la plus ou moins grande inclinaison de la portion de terrain renfermée entre les deux lignes de niveau que l'on considère; ces lignes sont appelées des *hachures*. Puis on répète le même tracé entre deux lignes de niveau successives, en ayant soin de ne pas faire correspondre ces lignes de plus grande pente, de telle sorte que, si l'on conserve simplement les hachures sur la feuille du dessin, il soit possible de retrouver les lignes de niveau.

On voit qu'il est important de connaître la manière dont sont dirigées les lignes de plus grande pente sur les surfaces, puisque c'est par des portions de lignes de plus grande pente qu'on représente les surfaces en Topographie.

Il peut y avoir, à partir d'un point, une infinité de lignes de plus grande pente; c'est ce qui arrive, par exemple, quand on considère le point de rencontre d'une surface de révolution avec son axe.

Cherchons *comment sont dirigées les projections des lignes de plus grande pente d'un ellipsoïde dont un axe est vertical.* Les lignes de niveau sont alors des ellipses homothétiques. Prenons leurs projections. Parmi ces nouvelles ellipses il y en a une infiniment petite qui se confond avec le centre de toutes ces courbes. Nous allons faire voir que, si, à partir d'un point quelconque m (*fig.* 256) de l'ellipse M, on trace la ligne de plus grande pente

Fig. 256.

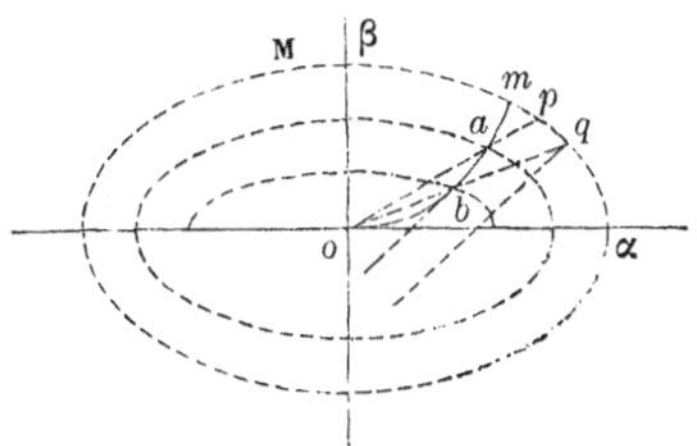

qui, en projection, est une trajectoire orthogonale de toutes ces ellipses homothétiques, cette ligne vient au centre o de ces ellipses tangentiellement à leur grand axe.

Le point o est un point de cette ligne, puisqu'il y a une ellipse infiniment petite réduite à ce point. Joignons le point o à un point a de cette ligne, lequel est situé à l'intérieur de l'ellipse M; on a une droite qui rencontre M en un point p qui est entre le point m et l'extrémité α du grand axe. Cela se voit facilement en considérant d'abord le point m' (1) de la ligne de plus grande pente, qui est infiniment voisin de m : l'élément mm', normal à M, se trouve dans l'angle aigu que fait le diamètre om' avec M; p' étant le point de rencontre de om' et de M, ce point est alors entre m et α. Ceci peut se répéter successivement pour les différents points de la ligne de plus grande pente qui sont de plus en plus près de o. Ainsi, pour le point b à l'intérieur de l'ellipse qui contient le point

(1) Sur la figure, nous n'avons pas tracé la droite $om'p'$.

a, on a un rayon vecteur ob qui rencontre l'ellipse M en un point situé entre le point p et le point α, et ainsi de suite. A mesure qu'on se rapproche du point o, on a, en joignant le point o à ces différents points, des rayons vecteurs qui rencontrent l'ellipse M en des points qui se rapprochent du point α.

Au point b, la tangente à la ligne de plus grande pente est parallèle à la normale au point q à l'ellipse M, où le rayon vecteur ob rencontre M; en effet, puisque toutes les ellipses lignes de niveau de la surface sont homothétiques, la tangente au point b à l'ellipse qui contient ce point est parallèle à la tangente au point q, et alors, au point b, la ligne de plus grande pente qui rencontre à angle droit l'ellipse qui contient le point b doit avoir pour tangente une parallèle à la normale au point q à l'ellipse M.

Si le rayon vecteur ob tourne autour du point o de manière à se rapprocher de $o\alpha$, la droite ob tend à devenir la tangente au point o à la projection de la ligne de plus grande pente : elle devient cette tangente lorsque le rayon vecteur est normal à l'ellipse M. Cette normale est $o\alpha$; donc $o\alpha$ est la tangente en o à la projection de la ligne de plus grande pente.

Ce que nous venons de dire pour le point m, qui est arbitraire sur l'ellipse M, peut se répéter pour tous les points de cette courbe, excepté pour le point β, qui est l'extrémité du petit axe; la droite $o\beta$ est, du reste, la projection d'une ligne de plus grande pente. On voit donc qu'il y a sur la surface une infinité de lignes de plus grande pente qui convergent vers le point o, tangentiellement au grand axe $o\alpha$.

Prenons maintenant un hyperboloïde dont un axe est vertical et projeté en o. Coupons cet hyperboloïde par des plans horizontaux et projetons les lignes de niveau ainsi obtenues. On a une série d'hyperboles homothétiques. Si nous partons d'un point de l'une des asymptotes de ces courbes et si nous traçons la ligne de plus grande pente, nous trouvons une ligne faisant un angle droit avec cette asymptote et rencontrant successivement à angle droit toutes les hyperboles; par conséquent une ligne qui s'écarte du centre commun o de toutes ces courbes. On a donc une série de lignes de plus grande pente; mais il n'y a que les deux lignes de plus grande pente, projetées suivant les axes de toutes ces hyperboles, qui sont des lignes passant par le point o. On rencontre ici pour le centre o un point analogue aux points des surfaces topographiques pour lesquels il y a un col; on distingue facilement les cols sur une carte topographique : ce sont les points autour desquels il n'y a pas de hachures.

Emploi des surfaces topographiques pour la représentation des Tables. — Une Table à simple entrée, c'est-à-dire une Table contenant deux colonnes de nombres, les nombres de l'une des colonnes correspondant aux nombres de l'autre colonne, peut être représentée par une courbe.

Appelons y le nombre de l'une des colonnes; cette valeur de y peut être donnée par la valeur d'une certaine fonction $f(x)$, où x est le nombre de l'autre colonne. On peut tracer la courbe $y = f(x)$, et la considérer comme la représentation de la Table à simple entrée.

Si, par exemple, on prend la Table de logarithmes, on n'a qu'à construire une courbe dont les ordonnées sont les logarithmes des nombres représentés par des segments de l'axe des abscisses, et la courbe obtenue ainsi, la *logarithmique,* peut remplacer la Table de logarithmes.

On peut aussi employer une simple droite cotée. On porte sur une droite, à partir d'un de ses points, des longueurs proportionnelles aux logarithmes des nombres et l'on inscrit ces nombres aux extrémités de ces segments. Cette échelle cotée peut être considérée comme représentant la Table de logarithmes; elle est employée dans l'instrument appelé *règle à calculs.*

Considérons une Table à double entrée : la Table de multiplication, par exemple; elle donne le produit z de deux nombres x, y.

On peut représenter la Table de multiplication au moyen de la surface dont l'équation est

$$z = xy. \tag{1}$$

Cette surface est un paraboloïde hyperbolique, et pour la représenter on peut faire usage de la méthode des projections cotées. En prenant différentes valeurs de z, on a des lignes de niveau dont les équations sont

$$xy = 2, \qquad xy = 3, \qquad xy = 4, \quad \ldots,$$

c'est-à-dire que, pour représenter la Table de multiplication, on a des lignes de niveau qui sont des hyperboles. La figure formée par l'ensemble de toutes ces hyperboles peut remplacer la Table de multiplication.

Pour faire le produit de deux nombres, on cherche le point du plan qui a pour coordonnées ces nombres : il est sur une hyperbole dont la cote donne le produit cherché.

Anamorphose. — M. Léon Lalanne a eu l'idée de faire une *anamorphose* (¹) de cette figure.

Voici quelques mots d'explication à ce sujet :

Prenons les logarithmes des deux membres de l'équation (1), on a

$$\log z = \log x + \log y;$$

en posant

$$\log x = x', \qquad \log y = y',$$

il vient

$$(2) \qquad \log z = x' + y'.$$

Prenons maintenant pour coordonnées x' et y', c'est-à-dire que sur les axes des x et des y on a l'échelle logarithmique dont nous venons de parler. Pour une valeur de z, l'équation (2) correspondant à cette valeur représente une droite perpendiculaire à la bissectrice de l'angle des axes; *les hyperboles précédentes sont alors transformées en droites parallèles entre elles*, et, en opérant comme précédemment, on obtient le produit de deux nombres en cherchant la cote de la droite qui contient le point dont les coordonnées correspondent aux deux nombres donnés.

(¹) *Mémoire sur les Tables graphiques et sur la Géométrie anamorphique appliquée à diverses questions qui se rattachent à l'art de l'ingénieur*, par M. Léon Lalanne (*Annales des Ponts et Chaussées*, 1846). A l'occasion de l'Exposition universelle de 1878, le Ministère des Travaux publics a publié des Notices relatives aux travaux des ponts et chaussées qui renferment un très intéressant *résumé historique*, dû à M. Léon Lalanne, et qui a pour titre *Méthodes graphiques pour l'expression des lois empiriques ou mathématiques à trois variables avec des applications à l'art de l'ingénieur et à la résolution des équations numériques d'un degré quelconque.*

La surface topographique employée maintenant est une surface cylindrique. La projection cotée de cette surface forme un Tableau qui remplace la Table de multiplication. M. Lalanne a construit ce Tableau en 1843, et lui a donné le nom d'*abaque* ou *compteur universel*.

Emploi de deux surfaces topographiques qui représentent deux fonctions. — On peut employer les surfaces topographiques pour déterminer deux des quantités qui entrent dans deux relations telles que

$$z = f(x, y)$$

et

$$Z = \varphi(x, y).$$

Si, par exemple, on donne à z et à Z deux certaines valeurs, on peut se proposer de trouver les valeurs correspondantes pour x et y. Pour cela, on représente la surface topographique que l'on obtient en donnant à z différentes valeurs; on a une suite de courbes correspondant à une équation telle que

$$f(x, y) = \text{const.},$$

qui sont les projections des lignes de niveau de cette surface. On opère de même pour l'autre équation : on a les lignes de niveau de l'autre surface. On prend les points de rencontre des lignes de niveau dont l'une correspond à la valeur de z et l'autre à la valeur de Z, et les coordonnées de ces points de rencontre sont les valeurs cherchées de x et de y.

Représentation des lois naturelles. — Au moyen des surfaces topographiques, on représente aussi les lois naturelles, par exemple la loi des températures pour un lieu déterminé; on en trouve un exemple frappant dans l'*Appendice à la Météorologie de Kaemtz* [1]. La figure construite par M. Léon Lalanne correspond à la température de la ville de Halle, déterminée pour les mois de l'année et pour les différentes heures du jour : les abscisses correspondent aux mois, les ordonnées aux heures; les courbes tracées sont les courbes d'égale température, et l'ensemble de ces

---

(1) *Voir* la traduction de M. Ch. Martins.

courbes forme une surface topographique sur laquelle on voit facilement le point pour lequel la température est maximum à une certaine époque de l'année et, en général, tout ce qui est relatif aux variations de la température de la ville de Halle.

Avec les surfaces topographiques et leur emploi, nous avons achevé de traiter toutes les questions qui figurent dans le programme du Cours de Géométrie descriptive.

Les matières développées dans la deuxième Partie complètent l'étude des modes de représentation des corps supposés éclairés.

Dans cette deuxième Partie, j'ai cherché à apporter l'unité de méthode dans les démonstrations en faisant usage de propositions de *Géométrie cinématique*.

Les éléments de *Géométrie cinématique*, préambule naturel de la Cinématique, et leur application à l'Optique, ont été introduits dans ce Cours, afin que dans son ensemble il constituât l'*Enseignement géométrique* de l'École Polytechnique.

FIN.

11148 Paris. — Imprimerie de GAUTHIER-VILLARS, quai des Augustins, 55